半导体与集成电路关键技术丛书

CMOS 模拟集成电路
全流程设计

李金城 著

机械工业出版社

本书理论与实践并重，为读者提供 CMOS 模拟集成电路全流程设计的理论与实践指导，以及与设计流程有关的背景知识和重要理论分析，同时配有相关的设计训练，包括具体案例和 EDA 软件的操作与使用方法。本书搭建完整的知识体系，帮助读者全面了解和掌握模拟集成电路设计的理论与方法。本书不仅包括从器件版图结构原理到芯片设计的完整流程，而且还对集成电路设计中重要的实际问题进行了分析和讨论，使读者得到完整的理论与实践指导，从而具备直接从事 CMOS 模拟集成电路设计工作的基本能力。

本书可为集成电路行业从业人员提供参考，同时也可以供相关专业学生学习使用。

图书在版编目（CIP）数据

CMOS 模拟集成电路全流程设计 / 李金城著 . —北京：机械工业出版社，2023.9

（半导体与集成电路关键技术丛书）

ISBN 978-7-111-73706-3

Ⅰ . ① C… Ⅱ . ① 李… Ⅲ . ① CMOS 电路 – 模拟集成电路 – 电路设计 – 计算机仿真 Ⅳ . ① TN432

中国国家版本馆 CIP 数据核字（2023）第 156235 号

机械工业出版社（北京市百万庄大街 22 号 邮政编码 100037）

策划编辑：林 桢 责任编辑：林 桢

责任校对：张爱妮 王 延 封面设计：马精明

责任印制：邰 敏

北京富资园科技发展有限公司印刷

2023 年 11 月第 1 版第 1 次印刷

184mm×260mm · 26 印张 · 662 千字

标准书号：ISBN 978-7-111-73706-3

定价：129.00 元

电话服务 网络服务

客服电话：010-88361066 机 工 官 网：www.cmpbook.com

010-88379833 机 工 官 博：weibo.com/cmp1952

010-68326294 金 书 网：www.golden-book.com

封底无防伪标均为盗版 机工教育服务网：www.cmpedu.com

前 言 ▶▶▶▶▶▶

    集成电路产业是信息技术产业的核心，是支撑经济社会发展和保障国家安全的战略性、基础性和先导性产业。加快推进集成电路产业发展，对转变经济发展方式、保障国家安全、提升综合国力具有重大战略意义。发展集成电路产业已上升为国家战略，拥有强大的集成电路产业和领先的技术，已成为实现科技强国、产业强国的关键标志。

    集成电路可以大体划分为模拟集成电路和数字集成电路两大类，它们既相互独立，又相辅相成，在电路系统中都发挥着不可替代的作用。随着集成电路工艺水平的提高，数字集成电路的信号处理能力越来越强，大有"一统天下"的趋势，但是自然界中的信号是模拟信号，人们能够感知的信号也是模拟信号，数字电路无法直接处理，必须通过模拟电路将其进行模－数、数－模转换，所以模拟集成电路将会伴随着数字集成电路一直存在下去。

    模拟集成电路的重要作用不只限于模－数、数－模转换，还包括放大、滤波、存储和电源管理等很多方面，而且数字集成电路内部也必须由很多模拟电路进行辅助。另外，虽然数字集成电路设计过程中的自动化程度很高，但其所依靠的标准逻辑单元和输入/输出单元等器件也是用模拟集成电路的技术实现的。因此，可以说没有模拟集成电路设计，就没有数字集成电路设计，而且无论集成电路工艺发展到哪个工艺节点，模拟集成电路设计的基本理论与方法都不会过时。

    本书各章将以 CMOS 模拟集成电路设计流程为主线，讲述 CMOS 集成电路工艺与器件、Spice 原理与仿真、工艺角与 PVT 仿真、版图设计技术与常用技巧以及 DRC、LVS、RCX/PEX 和后仿真。同时在此基础上介绍了一个四运放芯片设计案例，内容涵盖了共源极放大器原理、MOS 器件参数获取方法、运算放大器基本结构分析、运算放大器设计指标计算与仿真、版图设计与验证、寄生参数提取与后仿真、芯片整体规划、Padframe 搭建和芯片整体版图设计与验证，以及 MPW 流片、封装与测试等全部内容，充分引导读者完成一个完整的 CMOS 模拟集成电路设计流程。同时，本书电路图形符号形式与软件保持一致。

    CMOS 模拟集成电路有几个特殊的专有问题需要考虑，它们对电路的性能和可靠性至关重要，其中主要包括金属电迁移（ElectroMigration，EM）、电压降（IR Drop）、静电放电（Electro-Static Discharge，ESD）、闩锁（Latch-up）、保护环（Guardring）和版图匹配（Layout Matching）等，以及与工艺相关的沟道效应（Channelling Effect）、阴影效应（Shadowling Effect）、阱邻近效应（Well Proximity Effect，WPE）和浅沟槽隔离（Shallow Trench Isolation，STI）等对版图匹配的影响。本书用专门的章节对上述问题进行了讨论，并给出了常用的解决方案，以帮助读者避免因此类问题造成的设计缺陷和电路隐患。

本书的章节安排涵盖原理图输入到后仿真，是一个十分完整的设计流程。对流程中的每个设计步骤先介绍原理，再结合案例给出 EDA 软件的操作方法，具有完整的可操作性。带隙参考源和运算放大器是学习模拟集成电路设计必备的基础，书中用较大的篇幅对其进行了原理性分析、设计和仿真，努力做到重点突出，理论与实践并重。本书内容由浅入深，力求把复杂问题简单化，并且为了便于理解和记忆，对很多重要公式、方法和结论等进行了分类和归纳。同时为了减少在学习过程中对文献的考证量，并降低对集成电路设计先修课程的依赖程度，本书对相应的背景知识和基本原理都进行了介绍，使各部分内容独立成章，自成体系。

学习和完成每章中的实验，并经过反复实践和练习后，读者将能够熟练地使用 EDA 软件，独立完成 CMOS 模拟集成电路的整个流程。电路理论部分可以使读者掌握带隙参考源和运算放大器的基本电路结构和工作原理，能够对带隙参考源进行温度系数仿真，能够对运算放大器进行单位增益带宽、相位裕度，以及其他重要设计指标的仿真，并可根据仿真结果对电路进行调整和优化。通过本书中的四运放芯片设计案例，读者可以了解芯片的设计、流片、封装和测试的基本过程，并掌握 CMOS 模拟集成电路从原理图到芯片的整个过程。

学习本书一定要理论与实践并重，对书中各章的实验要亲自动手实践，只有这样才能真正掌握 CMOS 模拟集成电路全流程设计的理论与方法，并能熟练地使用 EDA 软件完成各个设计步骤。通过动手实践不仅能建立感性认识，提高熟练程度，而且还能提高职业敏感性，减少常见的操作失误，避免常见错误，同时亲身感受设计过程中可能出现的困难和问题，也能有效提高设计实践的自信心。

另外，希望读者学习本书时要反复实践，不仅要学会使用 EDA 软件完成整个设计流程，而且还要做到脱离书本和熟练使用，以便为今后专注于电路理论深造和电路设计优化打下坚实的基础。如果连基本流程都没走过或者走不通，创新与优化根本无从谈起，一切都只是纸上谈兵，面对实际项目依然是一个新手，在设计过程中会错误百出，失误不断，工作效率低下，导致项目进展缓慢，干劲和热情也可能随之消失。

本书可以作为集成电路专业高年级本科生和研究生的学习参考书，有效地把完整的设计流程和系统的理论体系融合起来，帮助读者在理论和实践方面共同提高。由于目前我国集成电路领域不仅人才严重短缺，而且国内高校集成电路专业招生规模又相对较小，因此每年都会有大量电子信息大类的学生转行进入到集成电路专业攻读研究生，或者从事集成电路领域的相关工作，所以本书立足于电子信息大类学生的专业知识基础，通过合理安排各章内容，适当调整难易程度，使电子信息大类专业的读者也能顺利学习书中的内容。

本书是一本以设计流程为主线的专业书，掌握好本书内容，可以帮读者打下坚实基础，具备从事模拟集成电路设计相关工作的基本能力，为以后的职业生涯和学术深造创造有利条件。另外，本书的理论与实践体系非常完整，有一定基础的读者也可以参考本书来查遗补漏，把自己打造成全流程的设计人才。

感谢鹏城实验室研究员、中国科学院大学兼职教授陈春章博士对本书的审阅和提出的宝贵意见，感谢李力南博士对我在理论和技术上的支持，感谢张育镇和魏荣同学对本书进行的校对、实验验证和提出的改进建议，感谢我的家人对我工作的大力支持，同时也感谢广大同仁对本书内容的肯定。由于作者水平有限，书中难免有错误和不足之处，欢迎广大读者批评指正，并通过交流共同提高。希望本书能为我国集成电路人才培养做出一些贡献。

李金城

2023.9

目 录 ▶▶▶▶

第 1 章

CMOS 模拟集成电路设计概述

1.1 CMOS 模拟集成电路设计的重要性与挑战

摩尔定律指出，当价格不变时，集成电路上可容纳的元器件数目，每隔 18 ～ 24 个月便会增加一倍，性能也将提升一倍[1]。集成电路按摩尔定律不断发展，特征尺寸从最初的几十微米发展到现在的几纳米，单颗芯片可容纳的晶体管数量越来越多，并出现了系统级芯片（也称为片上系统）（System-on-a-Chip, SoC）。SoC 不仅减小了功耗、体积和成本，还提高了产品的可靠性。

CMOS 集成电路工艺主要是针对数字电路优化的，不断减小的器件尺寸、线宽和间距不仅缩小了逻辑单元面积，而且还减小了逻辑门延时，同时还降低了电源电压和功耗，使数字电路在各种大规模 SoC 中成为信号处理的主体。

由于自然界中绝大多数信号都是模拟的，如声、光、电、压力和浓度等，人体感知自然世界也是模拟的，因此在进行数字信号处理之前需要把模拟信号转换成数字信号，即模 - 数转换（Analog to Digital Conversion，ADC），在进行数字信号处理之后再将数字信号转换成模拟信号，即数 - 模转换（Digital to Analog Conversion，DAC），ADC 和 DAC 都需要模拟集成电路来完成。

将模拟电路和数字电路集成在一起，可以大大提高 SoC 的集成度，减小电子设备体积，并降低成本和功耗，这就要求模拟电路必须用 CMOS 工艺来实现，而且还要尽量与标准 CMOS 工艺兼容，这就给 CMOS 模拟集成电路设计提出了重要挑战。

首先是低电压设计。随着工艺进步，集成电路的电源电压越来越低，这就要求模拟电路也必须采用低电压设计技术，并最大限度地提高信号的动态范围。其次是低功耗设计，随着集成电路集成度的大规模提高，对芯片功耗的要求越来越严格，因此必须采用各种技术最大限度地降低功耗。再次是高速度，由于数字信号处理能力不断提高，信号处理速度也越来越快，这也给 ADC 和 DAC 提出了高速转换的要求。最后是高精度，对高精度的追求是个永恒的主题，而 CMOS 工艺可提供的工艺精度是有限的，必须采用新的电路结构和数字校准算法才能不断提高信号处理的精度。

进行 CMOS 模拟集成电路设计不仅要懂得电路原理，还要了解设计流程及其相关原理，并能熟练使用 EDA 软件完成设计，除此之外还要具有一定的设计经验。因此，要想学好模拟集成电路设计，除了学习电路理论以外，还要加强实践训练，掌握与设计流程相关的原理与方法。

本书将以 CMOS 模拟集成电路设计流程为主线，讲述模拟集成电路设计的流程与方法，并结合设计实例，使读者系统地学习和实践 CMOS 模拟集成电路设计流程，积累设计经验，为以后的深入学习打下基础。

1.2　CMOS 模拟集成电路设计流程简介

CMOS 模拟集成电路设计流程如图 1.1 所示，整个流程包括原理图输入（Schematic Entry）、Spice 仿真（Spice Simulation）、版图设计（Layout）、设计规则检查（Design Rule Check，DRC）、原理图与版图比对（Layout Versus Schematic，LVS）、寄生参数提取（RCX/PEX）、后仿真（Post-Simulation）和版图流片（GDSII Tapeout）。

1）原理图输入（Schematic Entry）：把电路的原理图输入到 EDA 软件中，包括调用、放置和连接器件，以及设置器件参数和添加激励源等。

2）Spice 仿真（Spice Simulation）：对输入的原理图进行 Spice 仿真，并根据仿真结果对电路参数进行调整和优化，直到仿真结果满足设计要求。

3）版图设计（Layout）：根据电路连接关系对器件版图进行布局布线，布局是调用并摆放器件，布线是根据电路连接关系用金属或多晶硅线条连接器件。

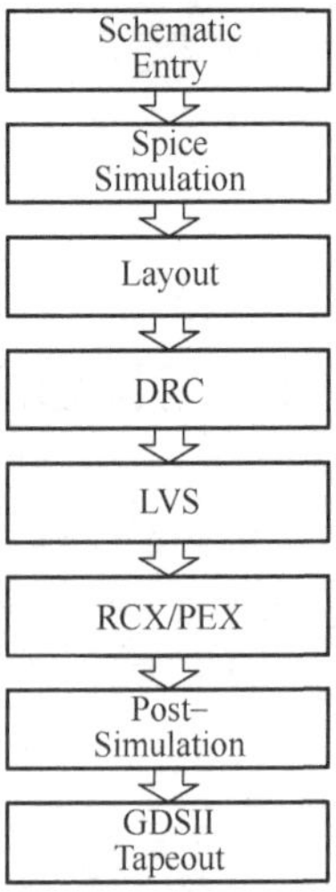

图 1.1　CMOS 模拟集成电路设计流程

4）设计规则检查（DRC）：检查版图是否满足设计规则要求，比如最小宽度或最小距离等，违反设计规则的版图可能会存在短路、开路或失效等问题。

5）原理图与版图比对（LVS）：对版图与原理图的连接关系进行比对。

6）寄生参数提取（RCX/PEX）：版图寄生参数提取，包括寄生电阻、寄生电容和寄生电感等，其中 RCX（RC Extraction）和 PEX（Parasitic Extraction）分别是版图验证工具 Assura 和 Calibre 对寄生参数提取的命名方法。

7）后仿真（Post-Simulation）：将寄生参数反标到电路中进行后仿真的过程，由于包括了寄生参数，所以后仿真比前仿真更接近实际情况。

8）版图流片（GDSII Tapeout）：Tapeout 是集成电路领域的一个专业名词，是指提交 GDSII 版图数据给 Foundry（集成电路加工厂，比如中芯国际、台积电等）进行芯片加工。Tapein 与 Tapeout 出自于早期对磁带数据的写入和读出，那时把 Foundry 读出 GDSII 版图数据进行芯片加工的过程称为 Tapeout，虽然现在早已不用了，但是这个词一直沿用至今。

本书将以图 1.1 的设计流程为主线，对各个步骤的原理与方法进行讲解，并对每一步所使用 EDA 软件的操作方法进行介绍和演示，同时还会分享一些经验、教训和技巧，使读者少走弯路，快速入门和提高。

1.3　如何学好模拟集成电路设计

学好 CMOS 模拟集成电路设计需要理论与实践并重，达到初级水平应具备以下 6 个基本条件：

1）具有一定的 CMOS 集成电路理论基础。

2）了解 CMOS 器件版图结构和选型策略。

3）能够独立完成模拟集成电路全流程设计。

4）掌握运算放大器电路的原理、设计、仿真与优化方法。

5）对版图匹配、闩锁、电迁移和静电放电等问题的处理方法有一定的认识。

6）具有简单的 shell 命令和 vi 基础，能够解决常见的文件管理与编辑问题。

在上述 6 个基本条件中，1）和 4）属于 CMOS 电路理论部分，其中 1）的电路理论用于指导 4）的设计、仿真与优化；2）、3）和 5）属于集成电路设计实践部分，包括把电路从原理图变为版图的各个环节，以及在各环节中必须考虑的重要问题；6）属于辅助能力，用于管理、查阅和编辑文件，以保证设计流程的顺利进行。

CMOS 模拟集成电路设计应该从理论学习开始，按照从 MOS 管的结构原理和 I–V 特性开始，再到单级放大器和差分放大器的顺序逐渐深入；模拟集成电路设计不仅要学习电路理论，还要进行设计实验，熟练掌握从原理图输入到后仿真的全部流程。要求设计者不仅要掌握 EDA 软件的使用方法，而且还要了解许多与芯片设计相关的背景知识，懂得流程中每一步的作用和原理，知道优化版图结构和提高电路性能的思路与方法。

与 CMOS 模拟集成电路设计相关的背景知识有很多，包括 CMOS 工艺原理、MOS 器件版图结构、Spice 语法及仿真、版图设计规则、工艺角、寄生参数、电迁移、闩锁、静电放电、保护环、衬底连接方案、PAD 原理结构和版图匹配原则等。

本书重点在于 CMOS 模拟集成电路设计流程及背景知识，帮助读者形成完整的 CMOS 模拟集成电路设计知识体系，核心电路理论和全流程设计实战案例集中在第 8 章中讨论。读者可以在熟练掌握本书内容的基础上，按照书中的章节内容，再参考合适的专项教材深入学习和提高，其中电路理论可以学习参考文献 [2, 3]，电路仿真可以学习参考文献 [4]，版图设计可以学习参考文献 [5, 6]。本书以电子信息大类学生的知识体系为起点，力求做到系统和完整，并结合设计实践需求，对常用的技巧和方法以及常见的错误进行归纳总结，帮助读者少走弯路，迅速提高。

本书每一章的原理说明都配有相应的设计实践内容，为了保证设计实践的顺利进行，下面从最基本的 shell 命令开始展开介绍。

1.4　必备的 shell 命令和 vi 基础

大部分集成电路 EDA 工具都运行在 UNIX 或 Linux 系统上，在设计过程中经常需要对文件进行管理、查看或修改。在实际工作中，这些操作大都在终端窗口进行，尽量不使用图形界面，其中管理文件使用 shell 命令，查看或简单修改文件使用 vi，掌握一些基本的 shell 命令和 vi 使用方法是必需的，它是集成电路设计人员必备的技能。

下面描述几个需要使用 shell 命令和 vi 的实际场景，同时为了便于理解，对每个场景所使用的命令进行简单解释。

场景 1：新建文件夹，进入文件夹，启动软件

在开始一个新的设计之前，需要新建一个文件夹，然后进入这个文件夹，再启动软件，这样所有的设计数据都将自动存放在这个新建文件夹中。不要打开终端就启动软件，否则会把 home 目录弄得很乱，大量的中间数据文件混放在一起，会给后续的管理、使用和查找造成不便，这是第一次使用 EDA 软件的设计人员经常出现的问题。

正确的做法是先右键单击打开一个终端，得到如图 1.2 所示的终端窗口，在自己的 home 目录下（例如 /home/cadence）新建一个文件夹（new_folder），再进入这个文件夹（new_folder），然后键入 icfb&（5141 版）或者 virtuoso&（617 版）来启动 Cadence 软件。下面分别解释每一行的含义。

第 1 行：cd 命令可以回到自己的 home 目录，即回到 /home/cadence，这里的 cadence 为用户名。

第 2 行：pwd 可以显示当前的目录位置，第 3 行为 pwd 命令返回的当前路径。

第 4 行：mkdir 可以新建一个文件夹，后面跟着文件夹名，本例为 new_folder。

第 5 行：cd new_folder 可以进入到 new_folder 文件夹中。

第 6 行：pwd 用于确认所在位置。

第 8 行：icfb&（或 virtuoso&）用于启动 Cadence 软件，其中 & 是后台符，带着后台符启动软件，软件运行后这个终端窗口仍然能用。

图 1.2　新建文件夹启动 Cadence 的正确做法

场景 2：终止卡住不动的进程

有时候会由于种种原因导致软件卡住不动，鼠标也无法单击，此时可在终端中输入 ps 命令，列出当前各个进程的编号列表，然后使用 kill 命令终止这个卡住的进程。如图 1.3 所示，输入 ps 命令得到进程列表，其中 icfb 进程的编号为 6008，输入 kill 6008 后，可以强行关闭 Cadence。

图 1.3　使用 kill 命令终止进程

场景 3：修改文件权限

EDA 软件会在运行过程中锁定某些文件夹或文件的权限，这些文件夹或文件用于保存中间数据、设计结果或者其他信息，防止它们被其他软件或用户修改或删除。软件正常退出时这些锁定的权限会释放，而异常退出时，例如场景 2 中的使用 kill 命令终止，则软件没有机会释放权限，会造成再次运行时出现权限不够的问题，导致软件无法正常运行。

想解决这类问题需要使用修改文件夹或文件权限的命令。如图 1.4 所示的 ls –al 命令可列出当前文件夹中的各文件夹和文件的权限内容，权限用 rwx 表示。每行一共有三组 rwx，从左边数第一组代表文件拥有者的权限，第二组代表本组人的权限，第三组代表所有可以登录到本系统的其他人的权限。rwx 中 r 代表可读，w 代表可写，x 代表可执行，最左边 rwx 前面的 d 代表文件夹。例如，图中 abc.txt 的权限为 " –r–xr–xr–x"，由于它第一个符号是 "–" 而不是 "d"，因此它不是一个文件夹而是一个文件，第一组 "r–x" 表示文件拥有者可对此文件进行读和执行，第二组和第三组 "r–x" 分别表示本组人和所有可以登录到本系统的其他人也可以读和执行。

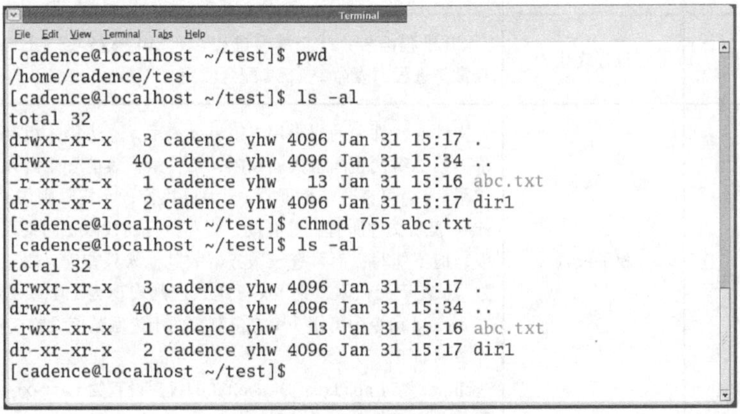

```
                          Terminal
File  Edit  View  Terminal  Tabs  Help
[cadence@localhost ~/test]$ pwd
/home/cadence/test
[cadence@localhost ~/test]$ ls -al
total 32
drwxr-xr-x   3 cadence yhw 4096 Jan 31 15:17 .
drwx------  40 cadence yhw 4096 Jan 31 15:34 ..
-r-xr-xr-x   1 cadence yhw   13 Jan 31 15:16 abc.txt
dr-xr-xr-x   2 cadence yhw 4096 Jan 31 15:17 dir1
[cadence@localhost ~/test]$ chmod 755 abc.txt
[cadence@localhost ~/test]$ ls -al
total 32
drwxr-xr-x   3 cadence yhw 4096 Jan 31 15:17 .
drwx------  40 cadence yhw 4096 Jan 31 15:34 ..
-rwxr-xr-x   1 cadence yhw   13 Jan 31 15:16 abc.txt
dr-xr-xr-x   2 cadence yhw 4096 Jan 31 15:17 dir1
[cadence@localhost ~/test]$
```

图 1.4　修改文件权限

chmod 755 abc.txt 可以修改 abc.txt 的权限为 " –rwxr–xr–x"，这样文件拥有者就增加了对该文件的写权限，而本组人和可登录到本系统的其他人的权限不变。上述命令中 755 三个数字分别对应文件拥有者、本组人和可登录系统的其他人的权限，7 用二进制表示为 111，5 用二进制表示为 101，可以看出二进制的 1 代表有此项权限，0 代表无此项权限，理解了这个数字的含义，用户可以自由设置文件夹或文件的权限。

通过上面的场景可以看出，掌握一定的 shell 命令非常重要，但由于 shell 命令非常多，而且选项也十分复杂，初学者很难抓住重点。表 1.1 列出了 10 条必备的 shell 命令，表 1.2 列出了 4 个最常用的 shell 操作技巧，这些都是必须要掌握的。

表 1.1　常用的 shell 命令

编号	常用命令	功能	用法及说明
1	cd	目录切换	cd /home/user1：切换到 /home/user1 cd 回车：回到用户的 home 目录下面 cd ..：返回到上一级目录
2	pwd	显示当前路径	显示当前目录位置，常用于确认当前所在位置，或者生成当前路径字符串用于复制

（续）

编号	常用命令	功能	用法及说明
3	ls	文件列表	ls：当前目录的文件和文件夹名列表，不显示以点开头的文件，不显示权限 ls –al：当前目录信息列表，每行显示一个文件或文件夹，包括权限，经常与权限设置指令（chmod）配合使用
4	mkdir	新建文件夹	mkdir test：可在当前文件夹中新建一个名为 test 的文件夹
5	cp	文件或文件夹复制	cp a.txt aa.txt：复制 a.txt 到 aa.txt cp –r dir1 dir2：复制文件夹 dir1 到 dir2，其中的 –r 表示重复执行，经常用于各种文件夹操作命令中
6	rm	文件或文件夹删除	rm abc.txt：删除文件 abc.txt rm –r dir1：删除文件夹 dir1
7	ps	进程列表	ps 回车：显示所有进程列表，经常与进程终止命令（kill）配合使用
8	kill	进程终止	kill 进程编号：终止编号进程，如 kill 9876 可终止编号为 9876 的进程，经常与进程列表命令（ps）配合使用
9	chmod	权限设置	文件或文件夹的权限用 3 组 rwx 表示，左边第一组 rwx 代表所有者的权限，第二组代表同组人的权限，第三组代表能登录到此服务器的其他人的权限。r 为可读、w 为可写、x 为可执行，无权限则用 – 表示。例如 rwxr-xr-- 表示文件所有者具有读、写和执行的权限；同组人具有读和执行的权限，但不能写；而可登录服务器的其他人只能读。用二进制的 1 表示有权限，0 表示无权限，则 r–x 可用二进制表现为 101，对应的二进制数为 5，在 chmod 命令中可用 3 个二进制数的十进制数值设置权限 举例如下： chmod 754 abc.txt：将 abc.txt 的权限设置为 rwxr-xr--，7、5、4 的二进制分别为 111、101、100
10	history	历史命令显示	显示本窗口的历史命令，命令按输入顺序编号，如果想执行某条历史命令，输入叹号和命令编号即可，如 !23。该命令经常用于命令查阅，或者重新执行

表 1.2　常用的 shell 操作小技巧

编号	常用命令	说明
1	上下箭头 （↑↓）	按上箭头，可显示上一条命令，按下箭头可显示下一条命令，每按一次推进一条，经常用于重复执行的命令
2	Tab 键补齐	在命令输入过程中可按 Tab 键补齐，命令越长，效率越高
3	鼠标滚轮复制	将光标放置在想要输入字符的位置，然后用鼠标选中需要复制的字符，选中之后到字符窗口中按鼠标滚轮，被选中的字符就会自动粘贴到光标处。滚轮复制不仅对终端窗口有效，而且对 vi 和 EDA 软件的对话框也有效
4	后台符（&）	启动软件时打上后台符（&），可以保持这个终端窗口一直可用。例如，输入 icfb&，在启动 Cadence 后终端窗口仍然可以输入其他命令

shell 命令的学习要在实践中逐步积累，先记住最常用的命令，再逐步增加，如果不分主次地死记硬背，过一段时间就全忘了，到头来还是等于 0。初学者的正确做法是，首先要熟练掌握和使用表 1.1 和表 1.2 中所列出的内容，然后在必要时逐条增加。

以上是关于 shell 命令的使用场景，下面看看 vi 文本编辑器的使用场景。

场景 4：用 vi 查看或修改文本文件

vi 是终端窗口自带的文本编辑器，经常用来查看或修改文本文件。vi 编辑器有两种工作模式，即插入（insert）模式和命令（command）模式，使用时经常需要反复切换，虽然不太方便，但仍然被大量使用，必须认真练习。

例如，图 1.5 中的第一行 ls –al 是文件列表命令，通过文件列表发现其中 cds.lib 是个文本文件（记录 Cadence 中各个 library 的存放路径）；使用最后一行的 vi 命令可以打开 cds.lib 文件，打开后的效果如图 1.6 所示。

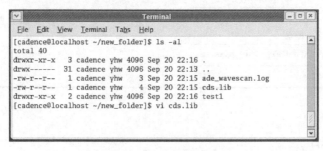

图 1.5　用 vi 打开文本文件

图 1.6　cds.lib 文件的内容

刚打开的 vi 处于 command 模式，只能做一些移动光标、查找字符、复制或删除之类的操作，此时单击鼠标无效，需要用按键进行操作。例如，按 X 键（x）可删除光标处的字符，按 D 键两次（dd）可删除光标所在行等。当需要退出 vi 时，先按一下 Esc 键，确保 vi 处于 command 模式，然后输入 :q!（冒号 +q+！），强行退出 vi，不保存任何修改。

在 command 模式下按 I 键或 A 键，就可以进入 insert 模式，在窗口的左下方会出现 insert。在 insert 模式下可以编辑文件，所敲击的任何字符都会显示在文本中。完成编辑后按 Esc 键可重新返回到 command 模式，按 :WQ 键可存盘退出 vi，如果放弃修改则可按 :Q! 键强行退出。表 1.3 是部分常用的 vi 命令，它们非常实用，可以满足一般的应用场景需求。

表 1.3　vi 实用命令表（command 模式下）

工作模式切换
按 I 键或 A 键进入 insert 模式
按 Esc 键返回 command 模式

移动光标	
k、j、h、l	上、下、左、右移动（最常用）
w、b	按单词前后移动
gg、G	移动到文件头和尾
H、M、L	移至屏幕上端、中央和下端

删除字符	
x	删除光标所在处的字符
dd	删除（剪切）整行

复制粘贴	
yy	复制当前行
dd	剪切整行（也经常用于删除整行）
p	粘贴在当前行下

存盘退出	
:wq	保存并退出
:q!	不存盘强制退出

字符搜索	
/string	例如，/abc 可搜索文中的 abc

1.5　本章小结

本章首先讨论了 CMOS 模拟集成电路设计的重要性与挑战，然后介绍了 CMOS 模拟集成电路的设计流程，给出达到初级水平应具备的 6 个基本条件，最后重点强调了掌握一些基本 shell 命令和 vi 操作的重要性，并通过场景说明和命令列表的形式对最常用的 shell 命令和 vi 操作命令进行了介绍，为后续的设计实验做好准备。

知识点巩固练习题

1. 单项选择：模拟集成电路采用 CMOS 工艺实现的好处是（　　　）。

A. 设计简单　　　　　　　　　　B. 与数字电路工艺兼容
C. 噪声小　　　　　　　　　　　D. 温度特性好

2. 多项选择：CMOS 模拟集成电路面临的主要挑战是（　　　）。

A. 低功耗设计　　B. 低电压设计　　C. 电路仿真　　　　D. 高速高精度

3. 简答：简述 CMOS 模拟集成电路设计流程。

4. 简答：达到 CMOS 模拟集成电路设计初级水平应具备哪些条件？

5. 调研：对将要学习的内容进行网络调研，包括 CMOS 工艺、MOS 器件的版图结构、Spice 模型、Spice 语法结构、Spice 仿真类型、版图设计规则、工艺角、寄生参数、电迁移、闩锁、静电放电（ESD）、保护环、衬底连接、Pad 原理结构和版图匹配原则等概念。

6. shell 命令和 vi 操作综合训练：

1）新建一个名字为 test 的文件夹，然后进入这个文件夹。

2）用 vi 编辑一个文本文件 abc.txt，然后存盘退出 vi，文件内容如下：

CMOS，the complementary metal oxide semiconductor technology，is the most rapidly developing high-tech fabrication technique.

Despite tremendous advances in semiconductor technology，analog design continues to face new challenges，thus calling for innovations.

3）用文件列表命令观察 abc.txt 权限。

4）在 test 文件夹中新建一个名为 dir1 的文件夹，并将 abc.txt 复制到 dir1 中。

5）删除 test 文件夹中的 abc.txt。（注：复制＋删除两项操作也可以用一条移动指令实现）

6）用 vi 打开 dir1 文件夹中的 abc.txt，将最后一行复制到第一行尾部，然后删除最后一行，完成后存盘退出 vi。（提示：可以用鼠标滚轮复制和复制粘贴快捷键两种方法实现，建议两种方法都尝试一下）

7）复制文件夹 dir1 到上一层目录，并将其权限修改为：所有者可读、写、执行，其他人只能读。

8）回到 test 文件夹，新建一个名为 work 的文件夹并进入，然后输入 icfb&，启动 Cadence。

9）使用 ps 命令查看 icfb 的进程编号，然后用 kill 命令关闭 Cadence。

10）删除文件夹 test 和 dir1（dir1 为刚刚复制的文件夹）。（注：完成这个操作后，所有的练习数据可都被删除干净，重复上述操作，直到能够独立且熟练为止，今后的设计工作基本上都是从新建文件开始）

7. shell 命令和 vi 操作进阶：在网络上搜索常用的 shell 命令 20 条和常用的 vi 操作 20 条进行练习，扩展提高使用 shell 命令和 vi 操作的水平，并将它们打印出来随时查阅参考。

第2章

CMOS 器件与原理图输入

CMOS 工艺可以集成 MOS 管、电阻、电容、二极管、晶体管、电感和互感器等器件。但是由于工艺限制，这些器件精度都不高，寄生参数较大，频率特性也不好，同时还有较大的温度系数和电压系数，甚至有些器件引脚的电位也受到限制。了解 CMOS 器件版图结构原理及其寄生特性，有助于合理选择器件类型、优化版图结构和减小寄生参数，本章将讨论这些内容，它们是 CMOS 模拟集成电路设计工程师必须掌握的基础知识。

另外，本书将按照图 1.1 所示的模拟集成电路设计流程逐步深入展开，本章后面将在介绍 CMOS 器件与 PDK（Process Design Kit，工艺设计工具包）的基础上，以有源负载共源极放大器为例，使用 Cadence 进行原理图（schematic）与符号图（symbol）的设计，希望读者能边学边练。

2.1 半导体与 CMOS 工艺

沙子中含有大量的 SiO_2，可从沙子里提炼高纯度单晶硅用于制造集成电路，单晶硅的纯度要求达到 99.9999999%（9 个 9）以上，并使硅原子按金刚石结构排列成晶核，当晶核的晶面取向相同时就可形成单晶硅，晶面取向不同时为多晶硅（Polysilicon）[7]。单晶硅和多晶硅都可用于制造集成电路，其中单晶硅用于形成硅衬底，而多晶硅可用于制作 MOS 管的栅、多晶硅电阻或电容等器件。

如图 2.1 所示为从沙子到芯片的制造过程，首先用石英砂制造单晶硅，石英砂比普通沙的 SiO_2 含量高，石英砂经过提炼后得到冶金级硅，再经过提纯、精炼和沉积便可形成多晶硅，多晶硅经过拉制可得到单晶硅锭 [8]。把硅锭切割成硅片得到晶圆（wafer），每片晶圆上都可以制作出很多集成电路裸芯片（die），经过切片、测试和封装后就可以制造出集成电路芯片（chip）产品。

石英砂   硅锭   晶圆(wafer)   裸芯片(die)   芯片(chip)

图 2.1 从沙子到芯片

本征半导体是没有杂质原子和缺陷的纯净晶体 [9]。锗（Ge）和硅（Si）都是 4 价元素，是常用的半导体材料，在本征半导体中，虽然原子最外层的 4 个价电子都能与周围原子的最外层电子形成共价键，但是在热或光的激发下，一些共价键中的电子可能离开共价键，形成导带电子和价带空穴，导带电子和价带空穴被称为载流子。由于本征半导体的两种载流子总是成对出现，始终处于热平衡状态，在外加电场的作用下这些载流子可以定向移动形成电流，使材料具有一定的导电性，所以被称为本征半导体。

在本征半导体中掺入定量的特定杂质原子，本征半导体就变成了非本征半导体，其中掺入 5 价元素的非本征半导体被称为 N 型半导体，掺入的 5 价元素被称为施主杂质；掺入 3 价元素的非本征半导体被称为 P 型半导体，掺入的 3 价元素被称为受主杂质。与本征半导体的热平衡情况不同，非本征半导体中的两种载流子始终处于非平衡状态，其中占主导地位的载流子被称为多数载流子，简称多子，占次要地位的载流子被称为少数载流子，简称少子。由于 N 型半导体掺入了 5 价元素，所以多子为自由电子，而 P 型半导体掺入了 3 价元素，所以多子为空穴。

在本征半导体中，处于热平衡状态的两种载流子浓度相同，这个浓度被称为本征载流子浓度，与半导体的材料和温度有关，温度越高，载流子的浓度也越高。而在非本征半导体中，多子的浓度约等于掺杂浓度，通常高于本征载流子浓度几个数量级以上，而少子的浓度则通常小于本征载流子浓度，通常也相差几个数量级，因此相对于多子的浓度来说，少子的浓度可以忽略不计。

载流子在电场力的作用下会产生漂移运动，在弱电场情况下其平均漂移速度 v_{dp} 的大小与电场强度 E 成正比，即

$$| v_{dp} | = \mu | E |\qquad\qquad(2\text{-}1)$$

式中，比例系数 μ 被称为载流子的迁移率，单位为 $cm^2/(V \cdot s)$。载流子的漂移运动可以形成漂移电流，漂移电流的大小与载流子的迁移率成正比。虽然在电场力的作用下空穴与自由电子的漂移方向相反，但它们形成的漂移电流方向却是相同的，所以半导体中总的漂移电流是空穴漂移电流和自由电子漂移电流的和。

在外加电场相同的情况下，漂移电流密度越大，表明半导体导电能力越强。漂移电流密度不仅与载流子的迁移率成正比，而且也与载流子的浓度成正比。虽然本征载流子浓度不为零，并且在电场作用下本征半导体可以产生一点漂移电流，但是由于非本征半导体的多子浓度通常高于本征载流子浓度好几个数量级，所以其漂移电流密度将远远大于本征半导体的漂移电流密度，在漂移电流计算时，本征半导体的漂移电流密度可以忽略不计。

由于本征半导体漂移电流密度非常小，相对于非本征半导体而言，本征半导体通常可以被看作是绝缘体，因此只有非本征半导体才可以制造集成电路。由于非本征半导体的导电能力与多子的迁移率 μ 有关，且迁移率 μ 越大，则半导体的导电能力越强，器件的工作速度就越快，Ge 和 Si 的迁移率见表 2.1，其中自由电子迁移率为 μ_n，空穴迁移率为 μ_p，无论是 Ge 和 Si，它们的 μ_n 都远大于 μ_p，所以在增益、频率特性和驱动能力等方面，N 型半导体器件比 P 型半导体器件要好很多。

表 2.1　Ge 和 Si 迁移率的典型值（T=300K）　　　　［单位：$cm^2/(V \cdot s)$］

元素	自由电子迁移率 μ_n	空穴迁移率 μ_p
Si	1350	480
Ge	3900	1900

如图 2.2 所示，当 N 型半导体与 P 型半导体接触在一起时就会形成 PN 结，在交界部

分，N 型的电子会向 P 区扩散，P 型的空穴会向 N 区扩散，扩散后形成一个由 N 区指向
P 区的电场，随着电场强度的增加，最终扩散力与电场
力达到平衡，扩散过程停止，在交界处会形成没有自由
电子与空穴的空间电荷区，也被称为耗尽区。把 PN 结
两端引出电极就可形成二极管，P 区引出的电极为阳极，
N 区引出的电极为阴极。

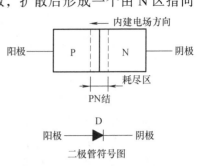

图 2.2　PN 结和二极管符号图

向二极管两端施加电压可以破坏扩散力与电场力的
平衡，当施加的阴极电压高于阳极电压时，外加电压增
加了电场力，致使载流子扩散依然无法进行，由于没有
扩散电流，所以表现为二极管截止。反之，外加电压会
减小电场力，载流子恢复扩散，二极管内有扩散电流，所以表现为二极管导通。这种随外
加电压导通或截止特性使二极管具有了单向导电性，可以在电路中发挥重要作用。在
CMOS 工艺中会形成很多种类的 PN 结，这些 PN 结不仅可以用于制造集成电路中的二极
管，而且在反偏状态下的二极管还可以用于实现器件之间的电气隔离。

掺入 5 价或 3 价元素的过程叫作掺杂，掺杂通常采用离子注入（ion implantation）的
方法。当离子注入浓度较低时为轻掺杂（用 N–、n– 或 P–、p– 表示），当离子注入浓度较
高时为重掺杂（用 N+、n+ 或 P+、p+ 表示），显然重掺杂半导体的导电能力要高于轻掺杂
半导体的导电能力。

在大块轻掺杂区域进行局部重掺杂，则轻掺杂区域通常被称为衬底，重掺杂区域被称为扩
散区（diffusion）或有源区（active）。扩散区和衬底既可以是同型（同为 N 型或 P 型）也可以是
异型，在 CMOS 工艺中同型掺杂和异型掺杂都会出现，其中同型掺杂主要用于欧姆接触引出电
极连接，而异型掺杂主要用于形成 MOS 器件与衬底的隔离，下面分别对它们进行讨论。

半导体器件需要用金属引出电极，当半导体与金属接触时，重掺杂可以使电子借隧道
效应穿过势垒，形成低阻值的欧姆接触，所以能够用于引出电极。而轻掺杂则接触电阻很
大，电极的连接效果就会很差，不能用于引出电极。因此从轻掺杂的衬底引出电极需要首
先进行同型重掺杂，然后再引出电极。

如图 2.3 所示为 N 阱通过欧姆接触与金属连接的剖面图，N 阱是轻掺杂的 N 型半导
体，它通常作为衬底，而且要连接到电源 V_{DD} 上。为了进行有效的连接，需要在 N 阱中
进行同型重掺杂以得到 N+ 扩散区，以便能与金属形成欧姆接触。需要指出的是，图 2.3
中的 SiO_2 用于金属与半导体的绝缘隔离，为了使金属与 N+ 扩散区形成欧姆接触，需要
在 SiO_2 上打孔，这个孔被称为接触孔。

由于异型离子注入可以在扩散区和衬底之间形成二极管，所以只要控制好偏压，保持
二极管反偏，就能使同一衬底上的多个扩散区之间实现二极管隔离。如图 2.4 所示为两个
P+ 扩散区的二极管隔离剖面图，在 N 阱内的两个 P+ 扩散区与 N 阱形成了两个二极管，
而 N 阱通过 N+ 扩散区连接到最高电位 V_{DD} 上，这样就可以保证两个二极管始终处于反偏
状态，实现了两个 P+ 扩散区的二极管隔离。

同理，只要将 P 型衬底接最低电位 GND，就可以实现 N+ 扩散区之间的二极管隔离。
如图 2.5 所示为 N 阱工艺的二极管隔离剖面图，图中同时给出了两个 P+ 扩散区之间和两
个 N+ 扩散区之间的二极管隔离剖面图。图中整个晶圆为 P 型衬底，N 阱制作在 P 型衬底
上。根据图 2.5 中的电位关系可知，N 阱与 P 型衬底之间的二极管也是反偏的，确保了 N
阱与 P 型衬底的隔离。这种只有 N 阱而没有 P 阱的工艺被称为 N 阱工艺。

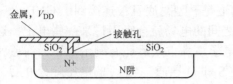

图 2.3　N 阱通过欧姆接触与金属连接的剖面图

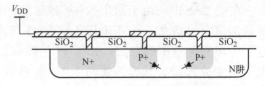

图 2.4　两个 P+ 扩散区的二极管隔离剖面图

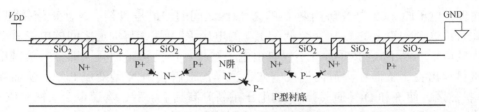

图 2.5　N 阱工艺的二极管隔离剖面图

如图 2.6a 所示，把两个 P+ 扩散区注入在 N 阱上，或把两个 N+ 扩散区注入在 P 型衬底上，则两个扩散区之间的区域被称为沟道，沟道与其衬底是一体的。衬底用 B 表示，沟道两侧的扩散区用 S 和 D 表示，它们通过接触孔连接到金属上。在正对沟道正上方制作金属电极，这个金属电极用 G 表示。根据图 2.6 中施加的电压关系可知，N 阱与 P 型衬底之间的二极管处于反偏状态，沟道两侧的扩散区与其衬底也都处于反偏状态，因此图中所有的 S 和 D 之间都不导通。这里需要说明一下，图中的两组 S、D、G 和 B 是相互独立的，这里使用相同的字母，只是为了方便后续的 MOS 管引脚命名。

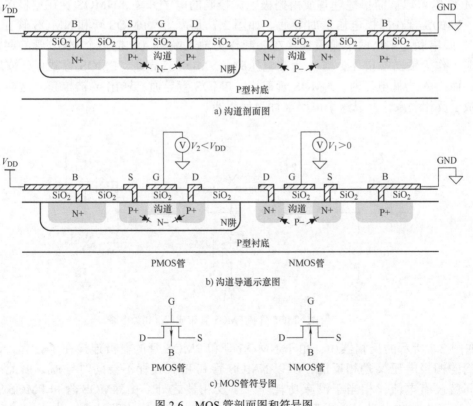

a) 沟道剖面图

b) 沟道导通示意图

c) MOS管符号图

图 2.6　MOS 管剖面图和符号图

在图 2.6b 中，由于两个 N+ 扩散区之间的沟道是 P 型衬底且被连接到了 GND 上，此时给沟道上的 G 加一个正电压 V_1，则 G 与沟道之间的电场就会吸引过来一些电子，这些电子将填充沟道里的空穴。如果 V_1 足够高，则电子填满空穴后还有剩余，那么沟道就会由 P 型变成 N 型，从而连通两个 N+ 扩散区，使 S 和 D 导通。当 V_1 的电压降为 0 后，沟道又会恢复成 P 型，重新将 S 和 D 隔离开，因此 S 和 D 相当于一个电子开关的两端，接通和断开由 G 的电压控制。

同理，位于图 2.6b 中 N 阱内两个 P+ 扩散区之间的沟道是 N 阱，N 阱被连接到了 V_{DD} 上，此时给这个沟道上的 G 加一个低于 V_{DD} 的电压 V_2，则 G 与沟道之间的电场就会排斥沟道内的电子。当 V_2 足够低时，不仅自由电子被排斥出沟道，而且一部分共价键中的电子也被排斥出去，从而在沟道内形成空穴，这样沟道就会由 N 型变成 P 型，从而连通两个 P+ 扩散区，使 S 和 D 导通。当 V_2 的电压重新升高到 V_{DD} 后，沟道也会又恢复成 N 型，重新将 S 和 D 隔离，因此它也是一个由 G 控制的电子开关。

沟道两边的扩散区分别被称为源极（Source，S）和漏极（Drain，D），沟道上的电极板被称为栅极（Gate，G），它们与衬底背栅（Backgate，B）构成了 MOS 管，其中两个 N+ 扩散区与它的栅极构成的器件被称为 NMOS 管，两个 P+ 扩散区与它的栅极构成的器件被称为 PMOS 管，它们的符号如图 2.6c 所示。

早期 MOS 管的栅极材料是铝，被称为金属（Metal），而栅极与沟道之间的二氧化硅被称为氧化物（Oxide），沟道被称为半导体（Semiconductor），将 Metal-Oxide-Semiconductor 的首字母连起来就是 MOS（金属 – 氧化物 – 半导体），MOS 管也因此而得名。需要指出的是，在实际的工艺中，栅极下的二氧化硅厚度应小于其他部分的厚度。

MOS 管可以被简单地理解成由栅极电压控制的电子开关，NMOS 管在栅极电压高时导通，PMOS 管在栅极电压低时导通。如图 2.7 所示，将 PMOS 管和 NMOS 管在 V_{DD} 和 GND 之间串联起来，两个栅极连接在一起作为输入端口 A，把两个 MOS 管的漏极连接在一起，作为输出端口 Y。当 A 为高电压时，NMOS 管导通，PMOS 管截止，输出 Y 被拉低；而当 A 为低电压时，NMOS 管截止，PMOS 管导通，输出 Y 被拉高。这样 A 和 Y 就形成了反相关系，所以这个电路被称为反相器。

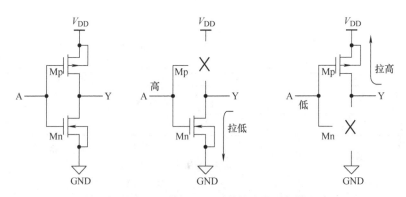

图 2.7　由 NMOS 管和 PMOS 管构成的反相器电路

在图 2.7 所示的反相器中，由于 NMOS 管和 PMOS 管的栅极连接在了一起，而导通时它们的栅极电压又是相反的，所以 NMOS 管和 PMOS 管不会同时导通，因此电源和地之间就没有电流，相当于没有功耗。除了反相器之外，由 NMOS 管和 PMOS 管相互配合，还可以构成各种其他类型的逻辑门，静态时也都没有直流功耗。由于 NMOS 管和

PMOS 管互补得如此完美, 人们就把由它们构成的电路称为互补金属–氧化物–半导体 (Complementary–Metal–Oxide–Semiconductor, CMOS)。

　　需要指出, 虽然在静态时 CMOS 逻辑门的电源和地之间没有直流通路, 即没有功耗, 但在逻辑门翻转过程中, NMOS 管和 PMOS 管也会有同时导通的瞬间, 这会造成一定的功耗。另外, 逻辑门对负载电容的充放电也会产生功耗。由于这些功耗都与逻辑门的翻转有关, 所以随着时钟频率的增加, CMOS 电路的功耗也会增加, 又由于现代大规模集成电路的时钟频率都很高, 所以解决功耗和散热问题依然是 CMOS 集成电路设计的难点。

　　随着 CMOS 工艺按摩尔定律不断向前推进, 栅极与沟道之间的二氧化硅层越来越薄, 栅极漏电现象变得越来越严重, 这个问题在深亚微米工艺之前还不十分明显, 而在几十纳米之后, 栅极漏电功耗已经成为功耗的主要来源。在深亚微米工艺之前, 只要关断时钟 (clock-gating) 就相当于关断了电路, 而深亚微米工艺之后情况就不同了, 除了关断时钟, 还必须降低电源电压或者抬高衬底电压, 才能最大限度地减小栅极漏电功耗。随着集成电路规模的扩大, 功耗和散热已经成为设计瓶颈, 只有通过更多的技术创新, 才能保证摩尔定律继续向前推进, 进一步提高芯片的集成度。

2.2　MOS 管

　　在图 2.6 的讨论中, MOS 管的栅极用金属铝制作, 因此被称为铝栅 CMOS 工艺。铝栅 CMOS 工艺需要先进行源漏扩散区注入, 然后再制作铝栅, 铝栅必须严格地对准沟道上方。但由于对准误差的存在, 铝栅 CMOS 工艺只能达到微米级水平, 而对于亚微米和深亚微米以上, 必须采用多晶硅 (polysilicon) 栅自对准 CMOS 工艺。与铝栅 CMOS 工艺相比, 基于多晶硅栅的自对准工艺大大提高了 CMOS 芯片的集成度, 成为 CMOS 领域的主流工艺, 而铝栅 CMOS 工艺已经基本上退出了历史舞台, 目前主要应用在抗辐射等一些特殊领域。

　　如图 2.8 所示为多晶硅栅自对准工艺示意图, 这种工艺要先制作多晶硅栅, 然后横跨多晶硅栅进行整体的扩散区离子注入, 由于离子不能穿过多晶硅栅, 这样就在多晶硅栅的下面天然地形成了沟道, 栅的两侧形成源区和漏区, 实现了栅与沟道的自对准。另外, 制作栅的多晶硅本身导电性极差, 而在进行源漏注入时, 多晶硅栅也被进行了离子注入, 进行离子注入后其导电性会大大提高。所以在自对

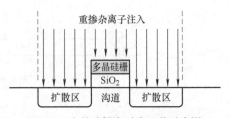

图 2.8　多晶硅栅自对准工艺示意图

准工艺中, 对源漏扩散区注入的同时, 多晶硅栅也得到了注入, 天然地解决了多晶硅栅的导电性问题。需要指出的是, 实际工艺中的离子注入角度与图中垂直向下不同, 需要 $7° \sim 9°$ 的倾斜, 有关这个问题将在第 6 章的倾斜角度离子注入部分进行详细说明。

　　在进行集成电路工艺加工之前, 需要预先设计好扩散区、栅、金属线条和接触孔等的图形, 这些图形就是版图。如图 2.9 所示为多晶硅栅 MOS 管的版图, 最左侧为 MOS 管完整版图, 旁边是 MOS 管各个图层的分解图, 包括栅 (GT)、扩散区 (AA)、金属 (M1) 和接触孔 (CT)。从分解图中可以看出, 扩散区 (AA) 是一个整体, 由于多晶硅栅的遮挡, 实际形成的扩散区被分成了两个独立的部分, 分别为源区 (S) 和漏区 (D), 多晶硅

栅与扩散区的交叠部分称为沟道，在源漏区上打接触孔，通过金属（M1）拉出电极 D 和 S。图中 MOS 管源漏扩散区之间的距离定义为沟道长度 L，扩散区的宽度定义为沟道宽度 W，大部分情况下 L 小于 W，这有些不太符合人们的基本认知习惯。栅伸出扩散区的部分是为了确保在一定的工艺误差下，栅极仍然能完整跨过扩散区。

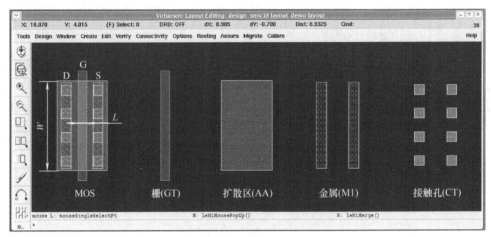

图 2.9   多晶硅栅 MOS 管的版图

如图 2.10 所示为 NMOS 管的剖面图，左图为垂直栅方向的剖面图，右图为沿着栅方向的剖面图。垂直栅方向的剖面图比较简单，与铝栅的结构非常相似，这里不再解释，而沿着栅方向的剖面图有些特殊的地方需要说明。从图中可以看出，栅的两端高中间低，低的部分下面是沟道，高的部分是栅超出扩散区的部分。低的部分氧化层比较薄，被称为栅氧层，高的部分氧化层比较厚，被称为场氧层。栅氧越薄越好，这样可以提高栅与沟道之间的电场强度，但是太薄了又容易击穿，通常情况下为几十到几百埃（Å）的量级（1Å=0.1nm）。在一些特殊的高电压大功率工艺中，比如 BCD（Bipolar CMOS DMOS）工艺，栅氧层厚度可达几千埃。

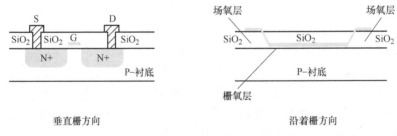

垂直栅方向   沿着栅方向

图 2.10   NMOS 管剖面图

有时 MOS 管的宽长比（W/L）会很大，造成版图很细很长，这时需要采用多个短 MOS 管并联的结构，即多指结构。如图 2.11 所示为多指结构 MOS 管版图，左侧是一个 4 栅多指结构 MOS 管版图，每条栅代表一个 MOS 管，栅两侧为 S 和 D 扩散区，相邻 MOS 管共用 S 和 D。中间是把栅并联起来的版图，可以看出，用 GT 层直接把各个栅连接起来，再打上接触孔，连接到 M1 即可。右侧是将源漏也并联在一起的版图，它是多指结构 MOS 管最终的版图样子。

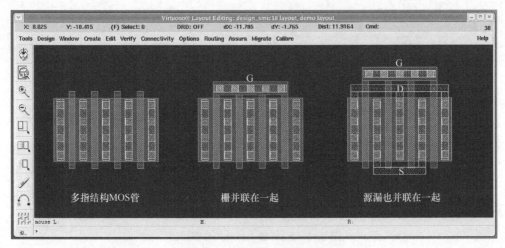

图 2.11　多指结构 MOS 管版图

　　MOS 管的很多特性都与宽长比（W/L）有关，由于 W/L 是个比值，并没有规定宽和长的具体尺寸，因此就存在 W 和 L 的尺寸优化问题。由 MOS 管的 $I-V$ 特性可知，在忽略沟道调制效应条件下，进入饱和区之后，MOS 管的 I_{ds} 近似与 V_{DS} 无关，但随着 L 的减小，沟道长度调制效应会越来越明显[3]。为了提高恒流特性，在保持 W/L 不变的情况下，可以适当增加 L，但这也会使 W 等比例增加，导致 MOS 管的版图面积和寄生效应也随之增加。因此，优化 MOS 管的宽长比需要综合考虑多方面的因素。

　　由表 2.1 可知，Si 的电子迁移率几乎是空穴迁移率的 3 倍，所以在相同尺寸下 NMOS 管的驱动能力也几乎是 PMOS 管的 3 倍。由于 CMOS 逻辑门的输出通常由 NMOS 管作为下拉管，由 PMOS 管作为上拉管，为了平衡逻辑门的上拉和下拉能力，在 L 相同的情况下，通常会将 PMOS 管的 W 设置为 NMOS 管的 3 倍。

　　如图 2.12 所示，在进行离子注入时，离子除了纵向扩散之外，还会横向扩散，横向扩散部分被称为鸟嘴，在 Spice 模型中用参数 LD 描述。鸟嘴不仅使有效栅长 L_{eff}（$L_{eff}=L-2LD$）减小，而且还会增加栅极与源极、漏极之间的交叠电容，不仅影响器件的高频特性，而且还会在采样保持电路中造成时钟馈通（Clock Feedthrough）。

　　随着 CMOS 工艺的不断发展，MOS 管的栅氧层厚度也越来越薄，击穿电压也越来越低，而且同一个工艺可以支持多种电压的 MOS 管。以 0.18μm 工

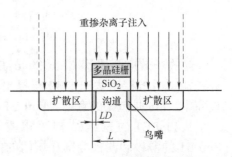

图 2.12　离子横向扩散产生鸟嘴

艺为例，其核心电路电源电压为 1.8V，为了支持 3.3V 的电路设计，0.18μm 工艺也提供 3.3V 的 MOS 管，1.8V 与 3.3V 的 MOS 管在版图结构上基本相同，主要区别在于栅氧层厚度不同。图 2.13 是 1.8V 和 3.3V 的 MOS 管版图对比，左边是 1.8V 的 MOS 管，右边是 3.3V 的 MOS 管，每个 MOS 管都由 4 个 MOS 管并联构成。这两种 MOS 管的版图结构基本相同，差别在于 3.3V 的 MOS 管额外增加了 3.3V 识别层，这个识别层用于指导工艺流程，将它所覆盖的栅氧层生长得厚一些。

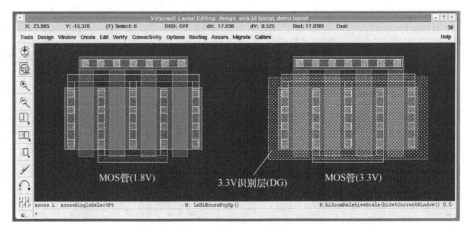

图 2.13 1.8V 和 3.3V MOS 管版图

基于多晶硅栅的自对准工艺有力地推进了摩尔定律的发展，使 CMOS 工艺从微米级开始，经历了亚微米、深亚微米到几十纳米的发展阶段。在几十纳米之后，多晶硅栅 MOS 管遇到了越来越多的困难，给 MOS 管的新结构带来了挑战。FinFET 和 GAAFET 就是两种典型的 MOS 管新结构（见图 2.14），它们为摩尔定律能够延续到几纳米奠定了基础。

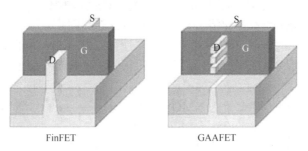

图 2.14 FinFET 和 GAAFET 结构示意图

鳍式场效应晶体管（Fin Field-Effect Transistor，FinFET）的结构由加州大学伯克利分校胡正明教授团队于 1999 年提出[10]，2011 年 Intel 公司首先在其 22nm 工艺节点上实现商用。Fin 是鱼鳍的意思，FinFET 是根据晶体管的形状与鱼鳍相似而得名。

从 FinFET 的三维结构可以看出，FinFET 的栅极像城墙，而沟道就是城门洞，FinFET 的源极和漏极分别在城门的内外两侧。如果把普通 CMOS 看成 2D 平面器件，那 FinFET 就相当于一个 3D 立体器件，它把平面沟道变成立体沟道，利用高度增加沟道截面积，减小了 MOS 管的平面面积。FinFET 为摩尔定律在几十纳米后继续向前推进创造了条件，成为目前高端芯片的主流器件。

随着 FinFET 尺寸的缩小，单鳍 FinFET 的电流驱动能力不断下降，短沟效应和衬底电流泄漏也变得越来越严重，当工艺推进到 5nm 以下时，单鳍 FinFET 的电流驱动能力明显不足，使 FinFET 工艺无法继续前进，正在逐步被全包围栅极场效应晶体管（Gate-All-Around FET，GAAFET）所取代。

GAAFET 的沟道完全被栅隔离包围，这样不仅可以提高栅的控制能力，而且衬底电流泄漏也比 FinFET 少很多[11]。为了提高驱动能力，GAAFET 只需要在平面的垂直方向多堆叠几个沟道（纳米薄片）即可，不会占用更多平面资源，而多鳍 FinFET 则需要占用更多的平面面积，在 3nm、2nm 及以下的工艺中，GAAFET 几乎是唯一的选择。

CMOS 工艺能加工的最小栅长 L 通常定义为工艺的特征尺寸，即多晶硅栅线条的最小宽度。CMOS 工艺按照摩尔定律发展，特征尺寸也从最初的十几微米发展到现在的几纳米，后面的路将越走越难，摩尔定律什么时候终结也是业界正在探讨的问题。就连 Intel 公司这样的 IDM（Integrated Device Manufacture，可简单理解为设计和制造一体）公司也感到力不从心，打算放弃追求最小线宽，而把重点放到芯片的 3D 封装上，以便从另一个角度提升单颗芯片的计算能力和系统集成度。

绝缘体上硅（Silicon On Insulator，SOI）是另外一种比较重要的 CMOS 工艺，该工艺是在硅衬底和背衬底之间引入了一层埋氧化层，将 MOS 管与衬底进行了绝缘隔离，其结构如图 2.15 所示。SOI 消除了 MOS 器件与衬底的寄生结电容，其工作速度快，电路功耗低[12]。由于它比普通 CMOS 工艺复杂，集成度也相对较低，所以主要应用于高速、超低功耗和抗电离辐射等领域。

除了 MOS 管外，CMOS 工艺还可以制造电阻、电容和晶体管等其他类型的器件，它们也是构成 CMOS 模拟集成电路的重要器件，下面进行介绍。

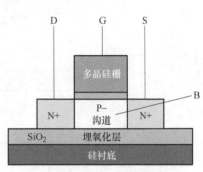

图 2.15　SOI 结构示意图

2.3　CMOS 电阻

电阻是电路中的重要元件，CMOS 工艺可以制作多种电阻，长条形的扩散区、N 阱和多晶硅栅等都可以制作成电阻，中高端工艺中很细的金属线条也可以制作成电阻。版图设计者需要了解不同类型电阻的版图结构和电学特性，为合理选型和优化版图做好准备。

方块电阻 $R_\square$：由于 CMOS 工艺是平面工艺，所以电阻率用方块电阻（sheet resistance，薄层电阻）$R_\square$ 来表征，这是描述电阻导电特性的重要概念。$R_\square$ 就是正方形平面对边之间的电阻值，根据电阻的串并联关系可知，$R_\square$ 与正方形的边长无关。CMOS 电阻通常制作成长条形，EDA 工具只需要提取出电阻包含的正方形个数，然后乘以 $R_\square$ 就能算出电阻值。不同类型的 CMOS 电阻具有不同的 $R_\square$、温度系数、电压系数和噪声特性，这些特性对器件选型非常重要，下面对常见的 CMOS 电阻类型进行讨论。

1. 扩散电阻

扩散区可以制作扩散电阻，其由长条形的扩散区构成，两端通过接触孔引出电极连接到金属，分为 N 型和 P 型两类。为了实现器件隔离，N 型扩散电阻要制作在 P 型衬底上，P 型扩散电阻要制作在 N 型衬底上。对于 N 阱 CMOS 工艺，N 型扩散电阻可以直接制作在 P 型衬底上，而 P 型扩散电阻必须制作在 N 阱里，并且为了保证电阻与衬底之间的二极管隔离，要求 P 型衬底必须接地，N 阱接电源。

图 2.16 是 N 型扩散电阻版图和剖面图，由于 N 阱 CMOS 工艺已经将 P 型衬底接地，所以 N 型扩散电阻与衬底之间已经天然地形成了二极管隔离。图中长条形的 N 型扩散区是电阻的主体，两个接触孔打在长条形扩散区的两端用于连接金属。由于接触

孔处的扩散区不属于电阻的识别区域，所以需要在版图中划出电阻识别层，EDA 工具将根据电阻识别层内包含的方块个数和扩散区的 $R_\square$ 来计算总电阻值，本例中有 4 个方块。

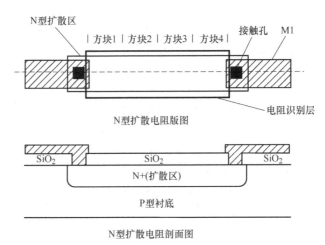

图 2.16   N 型扩散电阻版图和剖面图

硅化（salicide）：为了可以与扩散区、N 阱和多晶硅栅等表面形成导体般（conductor-like）的接触，CMOS 工艺会将它们的表面进行硅化处理[3]。硅化可以在表面形成一个低电阻层，能够减小 MOS 管电极的引出电阻，常用的硅化材料有 TiSi$_2$、CoSi$_2$ 和 NiSi 等。因此，根据是否对扩散区进行硅化，可以把扩散电阻分为硅化（salicide）电阻和非硅化（nonsalicide）电阻两类。为了隔离多晶硅栅与源漏扩散区，硅化前要在多晶硅栅的边缘生长氧化隔离带，然后再进行硅化物淀积（the deposition of the silicide），由于这个工艺过程具有自对准（self-aligned）特性，所以 salicide（硅化）一词是由"self-aligned silicide"组合而成的。

由于硅化扩散电阻是与源漏区同时进行离子注入和硅化的，所以其方块电阻既不可选也不可调，硅化扩散电阻的 $R_\square$ 较小，大概是几欧到十几欧；非硅化扩散电阻需要加入硅化阻挡层（SAlicide Block，SAB），将非硅化区域挡住。非硅化扩散电阻的 $R_\square$ 是硅化扩散电阻的 $R_\square$ 的十几倍，能够用来制作中阻值电阻。

N 阱中的 P+ 扩散区也可以制作扩散电阻，由于 N 阱接连 V_{DD}，P 型扩散电阻也能实现二极管隔离，它的版图结构与 N 型扩散电阻版图结构基本相同，这里不再赘述。

扩散电阻的误差通常在 10% ~ 20% 之间，温度系数在 500 ~ 1000ppm/℃ 之间，并且电压系数也很大。由于扩散电阻的精度低，寄生参数大，温度特性和电压特性也不好，所以只能用在低精度的电路中，作为保护或限流电阻使用比较合适。

图 2.17 所示为扩散电阻版图，上边两个为 N 型扩散电阻，下边两个为 P 型扩散电阻。图中的电阻都是 20 个有效方块，每种电阻都分为硅化和非硅化两类，其中 N 型和 P 型硅化电阻的阻值较小，其方块电阻主要由硅化物决定，所以基本相同，其总阻值分别为 130Ω 和 120Ω；而两个非硅化电阻的阻值都比较大，N 型为 1kΩ，P 型为 2.3kΩ，可见与硅化电阻相比，非硅化电阻是硅化电阻的 10 ~ 20 倍。

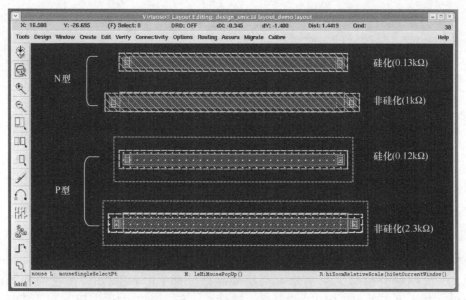

图 2.17　扩散电阻版图

2. N 阱电阻

用 N 阱也可以制作电阻，如图 2.18 所示为 N 阱电阻版图和剖面图，在长条形 N 阱两端制作了 N 型扩散区，N 型扩散区上有接触孔可连接金属引出电极。N 阱的离子注入浓度由工艺决定，它比 N 型扩散区的浓度低很多，因此方块电阻在 kΩ 量级，远远大于非硅化的 N 型扩散电阻，适合制作大阻值电阻。N 阱电阻的精度很低，误差在 70% 左右，温度系数高达几千 ppm/℃，与衬底的寄生电容也很大，在电路中常作为保护电阻或限流电阻使用。

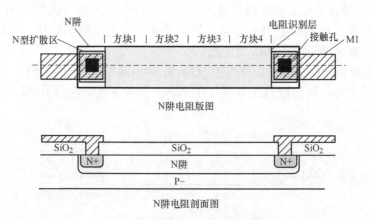

图 2.18　N 阱电阻版图和剖面图

为了减小方块电阻，利用 N+ 离子浓度大于 P+ 离子浓度的特点，在 N 阱中进行 N+ 和 P+ 两次离子扩散注入，N+ 浓度超出的部分可以用于减小 N 阱的方块电阻，这样在不用特殊工艺步骤的情况下，就能有效地减小 N 阱的方块电阻。图 2.19 所示为 N 阱电阻版图，上面是普通 N 阱电阻，下面是进行了 N+ 和 P+ 两次离子注入的 N 阱电阻。两个电阻都是 20 个方块，其中普通 N 阱电阻的阻值是 10.7kΩ，而进行 N+ 和 P+ 两次离子扩散注入的 N 阱电阻的阻值是 4.7kΩ，方块电阻减小了一半以上。

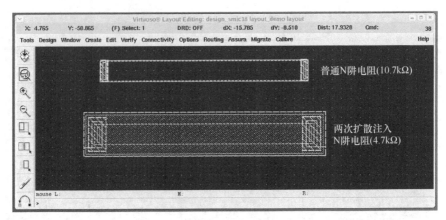

图 2.19   N 阱电阻版图

3. Poly 电阻

CMOS 数模混合信号工艺通常有两层多晶硅，即 Poly1 和 Poly2，它们都可以制作 Poly 电阻，其中 Poly1 主要用于制作 MOS 管的栅，但也可以制作电阻，在不额外增加工艺步骤的情况下，它的方块电阻较小且不可变，因此只适合制作小阻值电阻。Poly2 主要用于制作电阻和电容，电阻的性能比扩散电阻和 N 阱电阻都好，是中低端混合信号工艺的首选电阻。

在 CMOS 自对准工艺中，用没有掺杂的多晶硅制作栅，未掺杂的多晶硅栅基本不导电，需要与源漏同时掺杂（离子注入）才能具有导电性，因此用 Poly1 制作的电阻有 N 型和 P 型之分。硅化后 Poly1 电阻的方块电阻较小，在几欧到十几欧的量级，误差在 35% 左右，温度系数大约为 1000 ppm/℃，适合作为低阻值低精度电阻。

Poly2 进行独立的离子注入，可以通过调整工艺得到不同的方块电阻，使用比较灵活，很多 CMOS 混合信号工艺都提供几种 Poly2 方块电阻供用户选择。Poly2 方块电阻的正常阻值是几百欧，可制作中阻值电阻，如果增加一些高电阻识别层，Poly2 方块电阻可以达到几千欧，能够用于制作高阻值电阻。

Poly1 电阻和 Poly2 电阻在版图结构上是基本相同的，图 2.20 所示为 Poly2 电阻版图和剖面图，图中可以看出接触孔直接打在 Poly2 上与金属相连引出电极。

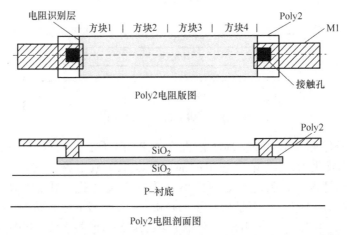

图 2.20   Poly2 电阻版图和剖面图

Poly2 电阻的电压系数和温度系数都优于扩散电阻和 N 阱电阻，寄生参数也相对较小，同时 Poly2 上下都有绝缘隔离，电极电压也不受限制，因此成为中低端 CMOS 混合信号集成电路设计的首选电阻。虽然 Poly2 电阻比其他类型电阻性能优良，但是它需要额外制版和工艺流程，尤其是当需要多种 Poly2 方块电阻时，芯片成本会进一步提高。

图 2.21 所示为 Poly1 和 Poly2 电阻版图，每个电阻都包括 20 个有效方块，最上面两个是 Poly1 硅化电阻，第一个是 N 型，第二个是 P 型。下面 3 个是 Poly2 电阻，它们的 $R_\square$ 从上到下依次是正常方块、1k 方块和 2k 方块。从图中可以看出，两个 Poly1 电阻阻值相差不大，N 型为 365Ω，P 型为 383Ω，$R_\square$ 不到 20Ω，其 $R_\square$ 主要由表面硅化物决定；3 个 Poly2 电阻阻值差别很大，正常方块的阻值为 1.176kΩ，1k 方块的阻值为 21.5kΩ，2k 方块的阻值为 40.5kΩ，其中正常方块的 $R_\square$ 大约为 60Ω，远远小于 1k 和 2k 方块的 $R_\square$。

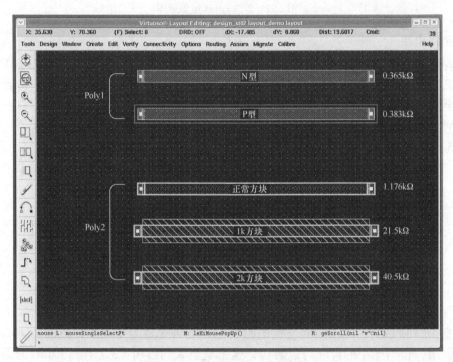

图 2.21　Poly1 和 Poly2 电阻版图

需要指出的是，Poly2 最主要的功能是制作电容，如果 PDK 中有其他种类电容可替代，那么就尽量不使用 Poly2 电容，在这种情况下 Poly 电阻最好只用 Poly1 制作，以减少额外的制版和工艺步骤。在不增加额外制版和工艺步骤的情况下，只用 Poly1 可以制作出硅化和非硅化两类电阻，而每类电阻又都可以分为 N 型和 P 型两种。

如图 2.22 所示，图中有 3 个 Poly1 电阻，它们都包括 20 个方块，上面两个是 N 型硅化和 P 型硅化的 Poly1 电阻，根据阻值可以算出 N 型硅化的 Poly1 电阻的 $R_\square$ 为 7.5Ω，P 型的为 9.9Ω。下面的电阻是非硅化的 Poly1 电阻，其 $R_\square$ 比较大，接近 1kΩ，是该工艺提供的唯一一种高阻值电阻，虽然在其图层中没有给出 N 型注入和 P 型注入的区分层，但是它一定是属于其中之一，且不能由用户制定。

还需要说明一下，图 2.21 中的电阻来自 0.5μm 工艺，图 2.22 的电阻来自 0.18μm 工艺，同样是硅化的 Poly1 电阻，0.5μm 的方块电阻接近 20Ω，而 0.18μm 的方块电阻不到 10Ω，二者相差将近一倍。

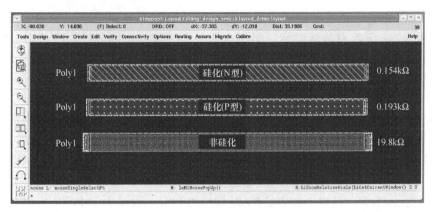

图 2.22　3 种 Poly1 电阻版图

4. 金属电阻

随着集成电路工艺的不断进步，金属线条越来越细，使得用细金属条制作电阻成为可能。在高端的集成电路工艺中，一般都会提供金属电阻。为了用更小的面积得到更大的电阻，金属电阻通常会做成如图 2.23 所示的形状。另外，虽然每层金属都可以制作电阻，但在几何尺寸相同的条件下，金属层越厚，制作的电阻阻值越小。顶层金属最厚，主要用于连接电源、地和制作电感，所以用它制作电阻时，面积效率最低。

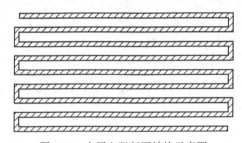

图 2.23　金属电阻版图结构示意图

如图 2.24 所示为一个 M1 的金属电阻版图，金属线宽为 230nm，阻值为 10Ω，左侧为电阻版图，根据图中的尺寸可以看出，这个电阻大约占用（3.7×4.5）μm^2 的面积，中间和右侧为分解图，其中，中间为 M1 的线条，右侧为电阻识别层（M1R）。

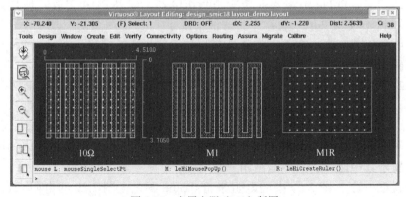

图 2.24　金属电阻（M1）版图

2.4　CMOS 电容

CMOS 工艺可以制作多种电容，包括 PN 结电容、MOS 电容、PIP 电容、MIM 电容和 MOM 电容等。这些电容又可分为固定电容和可变电容，其中 PIP 电容、MIM 电容和 MOM 电容为固定电容，PN 结电容和 MOS 电容为可变电容。固定电容的主要功能是耦合、滤波、反馈和电荷分配等，而可变电容又被称为变容二极管（varactor），主要用于调节 LC 谐振回路的频率。

了解各种电容的版图结构和电学特性对电容选型、版图设计与优化非常重要，下面将进行详细讨论。需要说明的是，虽然在早期的 RF CMOS 电路中，VCO（Voltage Controlled Oscillator，压控振荡器）中的变容二极管主要用反偏的 PN 结电容实现，但现在基本上已经被性能更加优良的 MOS 变容二极管所取代，因此下面将不再讨论 PN 结电容，有兴趣的读者可参考相关资料。

1. MOS 电容和变容二极管

MOS 管栅极与沟道之间的栅氧层很薄，电容密度较大，可以用来制作电容，即 MOS 电容。在标准 CMOS 工艺中，MOS 电容可以用普通 MOS 管直接实现，将 MOS 管的 S 和 D 连接在一起作为电容一极，G 作为电容另外一极。

当普通 MOS 晶体管连接成 MOS 电容时，其电容量会随着栅源电压 V_{GS} 而变化，C_{GS} 与 V_{GS} 的曲线如图 2.25 所示。从图 2.25 中可以看出，曲线呈现出两边平直中间凹陷的形状，两边的平直部分分别对应沟道积累区到强反型区，此时栅极与沟道相当于平板电容，电容是定值。而在中间的过渡区域，沟道经历了从耗尽区到反型区的变化过程，C_{GS} 表现出先下降再上升的变化过程，这种变化使得 MOS 电容一般不适合作为级间耦合电容使用，而主要用于电源去耦，尤其是在射频或高速电路中用来补偿引线电感和抑制电源噪声。

虽然图 2.25 中 C_{GS} 的压控特性可以用来做变容二极管，但 C_{GS} 随电压变化的曲线不是单调的，这会给电路设计带来很多不便。为了得到单调的变化曲线，可以像制作 PMOS 管一样将 NMOS 管也制作在 N 阱里，这样就可以消除图中的强反型区，得到 C_{GS} 随 V_{GS} 变化的单调曲线，用这种方法制作的 MOS 变容二极管被称为积累模式 MOS 变容二极管（accumulate mode MOS varactor）[13, 14]。

图 2.26 所示为积累模式 MOS 变容二极管的剖面图和 C_{GS} 变化曲线，在 V_{GS} 从负到正的变化过程中，很大的负电压将沟道内的多数载流子（电子）排斥掉，使沟道处于耗尽状态，此时 C_{GS} 很小（C_{min}）；而很大的正电压会吸引很多过剩的载流子（电子）到沟道，使沟道处于积累状态，此时 C_{GS} 为平板电容，其电容值达到最大（C_{max}）。由于用 N 阱做衬底，沟道只有从耗尽到积累的变化，没有反型的过程，所以 C_{GS} 的变化是单调的。

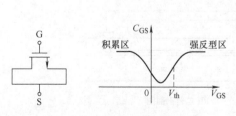

图 2.25　V_{GS} 与 C_{GS} 的变化关系

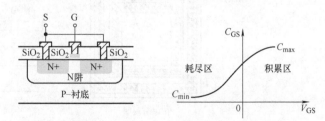

图 2.26　积累模式 MOS 变容二极管剖面图和 C_{GS} 变化曲线

图 2.27 所示为多指结构的积累模式 MOS 变容二极管版图，版图中略去了一些层的显示，以突出 MOS 变容二极管的版图特点。从图 2.27 中可以看出，MOS 变容二极管的栅极 G 作为变容二极管的一极，源极和漏极连接在一起作为另一极 S，外圈的扩散区为 P 型扩散区，用于 P 型衬底接地。

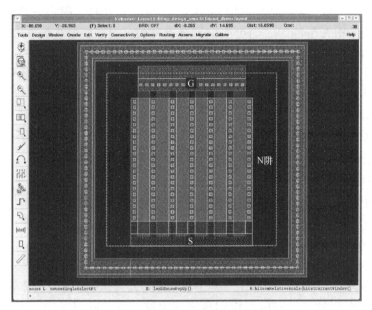

图 2.27   多指结构的积累模式 MOS 变容二极管版图

2. PIP 电容

PIP（Poly Insulator Poly）电容是由 Poly1 和 Poly2 交叠构成的平板电容，由于 Poly2 与 Poly1 之间的介质层很薄，所以它的电容密度较大，又由于这两个 Poly 层都通过绝缘介质与外界隔离，所以电压系数也比较小，而且电极连接也基本不受限制，是中低端混合信号工艺中性能最优的电容。

图 2.28 所示为 PIP 电容版图和剖面图，剖面图中的 a 和 b 代表电容的两个端口。由于 Poly1 和 Poly2 上都可以直接打接触孔与金属相连，因此处于底层的 Poly1 要超出 Poly2。为了减少寄生电阻，PIP 电容上要尽量多打接触孔。PIP 电容在 CMOS 混合信号集成电路设计中被经常使用，它的主要缺点是 Poly2 需要额外制版和工艺步骤，会增加芯片成本。

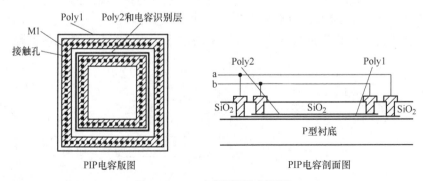

图 2.28   PIP 电容版图和剖面图

图 2.29 所示为 PIP 电容版图，电容约为 290fF，有效电容面积为（20×20）μm^2，从图中可以看出，Poly2 位于 Poly1 上方，两个极板上都打满了孔，Poly1 右侧上的接触孔没有封闭，主要是要给 Poly2 的电极留出金属走线空间。

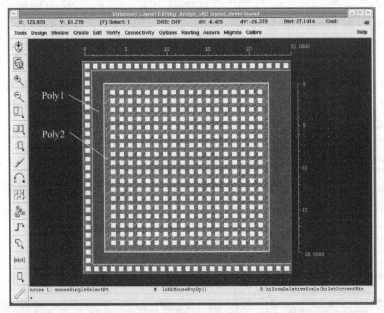

图 2.29　PIP 电容版图

3. MIM 电容

MIM（Metal Insulator Metal）电容是由两层金属板构成的平板电容，其剖面图如图 2.30 所示。从图中可以看出，为了提高电容密度，MIM 电容在两层金属之间制作了金属夹层，金属夹层与金属之间不仅间距较小，并且还填充了高介电常数（high-K）的介质层，因此它的电容密度比较大。左图为单夹层 MIM（Single MIM）电容，右图为双夹层MIM（Dual MIM）电容，双夹层的电容密度比单夹层的电容密度更大。总体来说，与 PIP电容相比，单夹层 MIM 电容密度略小，大概是 PIP 电容的 75%。

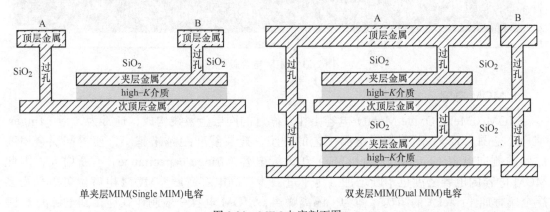

图 2.30　MIM 电容剖面图

MIM 电容性能优良，其精度和稳定度都较高，通常从 0.35μm 工艺开始都可以提供MIM 电容。MIM 电容适合高精度电路使用，电容两极电位不受限制，金属夹层与衬底距离远，因此与衬底的寄生电容也很小。与 PIP 电容一样，MIM 电容的金属夹层也需要额外的制版和工艺流程，与标准数字 CMOS 工艺不兼容，增加了工艺复杂度和制版与流片成本。

由于 MIM 电容的综合指标与 PIP 电容相差不大，如果 PDK 中同时有 MIM 电容和 PIP 电容，一般也只会选择 MIM 电容，但如果在版图中已经用到了 Poly2 层，例如使用了 Poly2 电阻，那么是否选择 MIM 电容还要看实际情况，很少同时使用 MIM 电容和 PIP 电容。

图 2.31 所示为单夹层 MIM 电容版图，最左侧是完整的 MIM 电容版图，其他图是各个图层的分解，其中与其相邻的 M5 是电容的底板，M5 的右侧是 MIM 夹层，夹层含在 M5 内，作为第二个极板与 M5 形成极板电容，电容的两极用过孔连接到 M6，图中电容面积为（15×15）μm^2，总容量为 0.22pF。由于这种单夹层 MIM 电容是从顶层金属 M6 引出电极，因此需要将连线上升到 M6，使用起来稍显不便。

由于 MIM 电容只使用了最上面的两三层金属，而且 MIM 电容的面积通常也较大，所以很多设计会把一些电路模块放在 MIM 电容下面，这样可以大大节省版图面积！

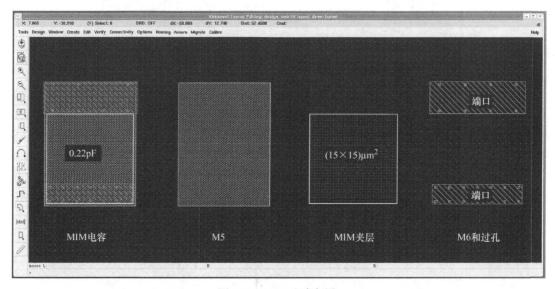

图 2.31　MIM 电容版图

4. MOM 电容

MOM（Metal Oxide Metal）电容由相互靠近的同层金属线构成，通常为叉指（finger）结构（见图 2.32）。随着集成电路工艺的进步，金属线间距越来越小，使得同层金属线之间的侧向电容（lateral capacitance）和边缘电容（fringe capacitance）不断增大，因此 MOM 电容的电容密度也不断增加。为了进一步提高电容密度，MOM 电容也可以采用多层金属叠加（stack）的结构，而为了隔离噪声，MOM 电容一般制作在连接到电源的 N 阱上。MOM 电容主要用于 90nm 以上的 CMOS 工艺，其优点是电容密度大，面积效率高，不需要额外的制版和工艺步骤，与 COMS 工艺完全兼容。

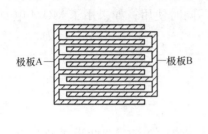

MOM电容结构示意图　　　　　　　　　　　MOM电容版图

图 2.32　MOM 电容叉指结构图

5. 电容特性比较与选型

对于以上介绍的 4 种 CMOS 模拟集成电路的主要电容，表 2.2 给出了它们的主要优缺点。了解这些优缺点不仅有利于电容选型，而且还能帮助综合评估电容对电路整体性能的影响，有利于在芯片设计初期合理规划版图设计方案。

表 2.2　CMOS 电容主要特性对比表

类型	优点	缺点
MOS	与 CMOS 工艺兼容，电容密度大，并且 MOS 变容二极管是 VCO 压控器件的唯一选择	精度不高，压控现象明显，两极电位受限制，只能用于低精度电路或电源去耦
PIP	电容密度高，电压系数小，精度优于 MOS 电容，两极电位不受限制	与标准 CMOS 工艺不兼容，寄生参数大，受衬底噪声影响大
MIM	精度高，寄生参数小，受衬底噪声影响小，电容下面可以放置其他电路	与标准 CMOS 工艺不兼容，面积效率低，电极连接需跳到高层
MOM	与标准 CMOS 工艺兼容，电容密度大，匹配精度高，两极电位不受限制	只有高端工艺提供，精度低，受衬底影响大

关于电容特性及选型比较，下面给出几条结论性的总结供大家参考：

1）PIP 电容和 MIM 电容都是平板电容，性能差别不大，都需要额外的制版和工艺步骤，一般不同时使用。

2）由于 MOM 电容与 MIM 电容的综合性能差不多，而 MOM 电容又与 CMOS 工艺兼容，在能满足设计要求的情况下，应该首选 MOM 电容。

3）MIM 电容的面积效率最低，但它的绝对值精度很高，若在 MIM 电容下面摆放其他电路模块，也可以提高面积效率。

4）虽然 MOM 电容的绝对值精度不高，但它的比值精度却可以很高，而一般高精度电路总是由比值决定性能，所以使用 MOM 电容也可以设计出较高精度的电路。比如 SAR-ADC 中的电容阵，通常是由特殊结构的 MOM 电容实现的。

5）就品质因数 Q 而言，MOM 电容最高，MIM 电容次之。

6）就衬底噪声和寄生参数而言，MIM 电容最好，因为它远离衬底，MOM 电容次之，因为当 MOM 电容由多层叠加实现时，MOM 电容与衬底距离较近。

　　需要说明的是，虽然表 2.2 列出了 4 种主要电容，但是在实际设计中，电容的可选性并不大，因为出于成本考虑，PIP 电容和 MIM 电容一般不同时使用；如果用了 MOM 电容，PIP 电容和 MIM 电容一般就不会再用了。

2.5　CMOS 电感

　　片上电感是 RF CMOS 电路中的重要元件，在压控振荡器（VCO）、低噪声放大器（LNA）、匹配和滤波电路中都需要用到电感元件[14]。由于 CMOS 工艺是平面工艺，所以只能制作平面螺旋电感，形状有四边形、六边形、八边形和圆形等，电感值一般可以做到 nH 量级，图 2.33 所示为四边形和六边形平面螺旋电感结构示意图。

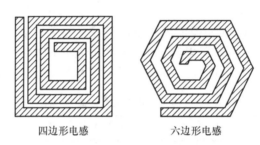

四边形电感　　　　　　　　六边形电感

图 2.33　四边形和六边形平面螺旋电感结构示意图

　　平面螺旋电感的电感值由螺旋形状、绕线匝数、线宽和线间距等共同决定。受趋肤效应、邻近效应、衬底耦合、馈通电容、线条电阻和线间寄生电容等多种因素的影响，电感电路模型比较复杂，而且模型计算结果与实际测量值也偏差较大。虽然 RF CMOS 工艺提供的电感模型是通过电磁仿真和实测修正得到的，但是精度依然不高，所以在电路和版图设计时要留出适当裕量，确保能覆盖目标频率范围。

　　平面螺旋电感的最高谐振频率和品质因数 Q 与多种因素有关，除了包括前面提到的螺旋形状、绕线匝数、线宽和线间距外，还与金属层数和一些额外的工艺处理有关。通常 CMOS 工艺用最顶层金属制作电感，因为顶层金属最厚，寄生电阻较小，有利于得到相对较高的 Q 值。

　　CMOS 电感的典型 Q 值为 3 ～ 10，而普通分立元件的电感 Q 值可达几十，甚至上百。虽然 CMOS 电感的 Q 值不高，但是在阻抗变换式中经常用到 $1+Q^2$ 作为分子或分母，即使 Q 为 3，二次方后也差不多接近 10，基本可以认为远大于 1，可以把 $1+Q^2$ 当作 Q^2 来处理，因此按照高 Q 值推导出的阻抗变换公式依然有效。

　　图 2.34 所示为电感版图，电感由顶层金属 M6 制作，形状是六边形，一共绕了 2.5 圈。通常电感的面积都很大，为了给大家一个感性认识，图中特意标出了电感的外径为 125μm。由于在平面上绕制，电感线圈内部的电极只能通过 M5 引出。

　　电感在 RF CMOS 集成电路中起着非常关键的作用，作为一般的模拟集成电路设计者，对电感有个大致了解就可以了，但作为 RF CMOS 方向的读者来说，这些还远远不够。

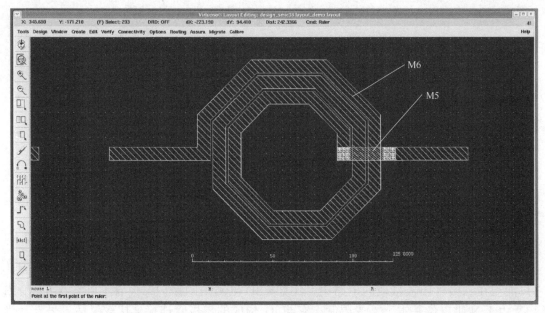

图 2.34 电感版图

2.6 CMOS 二极管

二极管具有单向导电性,在电路中可以用于整流、限幅、钳位和稳压等。在 CMOS 集成电路设计中经常用到两种二极管,即 PN 结二极管和 MOS 二极管,下面对它们的结构进行讨论。

1. PN 结二极管

当 P 型半导体与 N 型半导体结合在一起时,就可以构成 PN 结二极管。图 2.35 所示为 PN 结二极管结构图和符号图,其中阳极从 P 型引出,阴极从 N 型引出,电流方向是从阳极指向阴极。

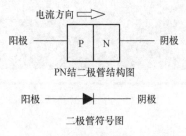

图 2.35 PN 结二极管结构图和二极管符号图

在 CMOS 工艺中,P 型与 N 型的接触机会很多,所以构成 PN 结二极管的机会也很多。如图 2.36 所示,在 N 阱 CMOS 工艺中,在 P 型衬底上制造 N+ 扩散区,则 P 型衬底与 N+ 扩散区构成 PN 结,从而形成二极管。在 N 阱内制造 P+ 扩散区,P+ 扩散区与 N 阱也可以构成 PN 结二极管。需要指出,左侧剖面图中的 P+ 和右侧剖面图中的 N+ 只是用于引出二极管的电极,即 N 阱和 P 型衬底,并不参与构成 PN 结。

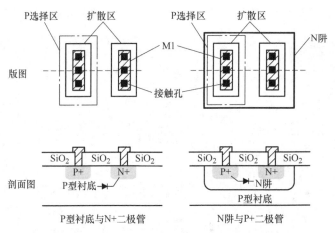

图 2.36　N 阱 CMOS 工艺中的 PN 结二极管版图和剖面图

　　由于 P 型衬底必须接地，所以由 P 型衬底与 N+ 构成的二极管阳极必须接地，因此它只能用在二极管阳极接地的电路中，比如 ESD 电路中的保护二极管（可参考 6.2 节内容）。由于 N 阱电位基本上不受限制，它与 P+ 构成的二极管连接就比较灵活。另外，当 N 阱接电源时，二极管处于反偏状态，这种连接也经常用在 ESD 保护电路中。

　　图 2.37 所示为 PN 结二极管版图，左侧是 N+ 位于 P 型衬底上的结构，右侧是 P+ 位于 N 阱内的结构，二极管外圈的扩散区用于连接 P 型衬底或 N 阱，扩散区上打满了孔以减小接触电阻。

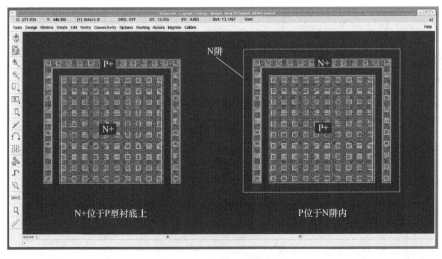

图 2.37　PN 结二极管版图

2. MOS 二极管

　　把普通 MOS 管的栅极 G 和漏极 D 连接在一起，可以得到类似于 PN 结二极管的 I–V 特性，因此把这种连接方式的 MOS 管称为 MOS 二极管[3]。如图 2.38 所示，将 NMOS 管的栅极 G 与漏极 D 连接在一起，作为二极管的阳极，源极 S 作为二极管的阴极，或者把 PMOS 管的源极 S 作为二极管的阳极，将栅极 G 与漏极 D 连接在一起，作为二极管的阴极，当正向电压大于 MOS 管的阈值电压 V_{th} 时，MOS 管就处于饱和导通状态，相当于二极管导通。

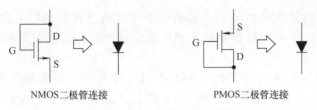

NMOS二极管连接　　　　　　PMOS二极管连接

图 2.38　MOS 管的二极管连接

2.7　CMOS 双极晶体管

如图 2.39 所示，双极晶体管（bipolar transistor）从结构上可以简单地看成是两个反向对接的 PN 结二极管，这两个二极管共用了中间极。当两边为 N 型、中间为 P 型时，可构成 NPN 型晶体管，反之为 PNP 型晶体管。引出中间的半导体作为晶体管的基极（B），引出两边半导体分别作为集电极（C）和发射极（E）。

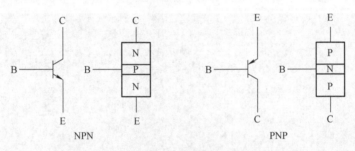

NPN　　　　　　　　　　　　PNP

图 2.39　双极晶体管结构示意图

N 阱 CMOS 工艺实现 PNP 型晶体管不需要额外的制版和工艺步骤，与标准数字 CMOS 工艺完全兼容。N 阱 CMOS 工艺的 PNP 型晶体管从结构上可分为纵向 PNP 型晶体管和横向 PNP 型晶体管两种，图 2.40 所示为它们的版图和剖面图，为了便于理解和说明，图中没有画出接触孔和金属，而只用箭头指向电极作为示意。

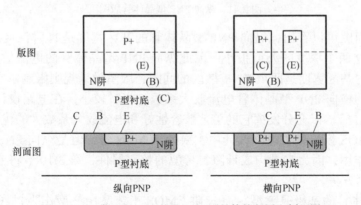

纵向PNP　　　　　　　　　　横向PNP

图 2.40　N 阱 CMOS 工艺的 PNP 型晶体管版图和剖面图

图 2.40 中的纵向 PNP 型晶体管从下到上分别由 P 型衬底、N 阱和 P+ 扩散区构成，显然 N 阱应该为晶体管的基极 B，由于 P 型衬底必须接地，而 PNP 型晶体管集电极 C 的电位最低，所以 P 型衬底为晶体管的集电极，那么 P+ 扩散区就只能是发射极 E。由于 P

型衬底必须接地，所以纵向 PNP 型晶体管只能用于集电极接地的电路，例如用于构成射极跟随器等。由于电流从 E 到 C 是从上到下垂直流动的，所以被形象地称为纵向 PNP 型晶体管。

与纵向 PNP 型晶体管不同，横向 PNP 型晶体管是由 N 阱和阱内两个独立的 P+ 扩散区构成的，N 阱为晶体管的基极 B，两个 P+ 扩散区分别为晶体管的集电极 C 和发射极 E。横向晶体管的引脚电位没有限制，使用起来比纵向结构的晶体管灵活很多。在实际的横向 PNP 型晶体管版图设计中，通常用集电极 C 包围发射极 E 以提高电流放大系数。由于电流从 E 到 C 是在两个 P+ 扩散区之间横向流动的，所以被形象地称为横向 PNP 型晶体管。

如图 2.41 所示为纵向 PNP 型晶体管版图，左侧为完整版图，右侧为略去了一些层而只保留了扩散区和 N 阱的版图。从图中可以看出，最外环 P+ 扩散区用于衬底连接，是晶体管的集电极，中间环 N+ 扩散区用于 N 阱连接，是晶体管的基极，中心的 P+ 扩散区是发射极。为了给基极留出布线通道，完整版图中两个扩散区环上的金属 M1 没有封闭。

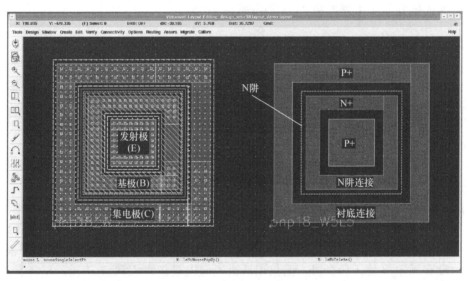

图 2.41　纵向 PNP 型晶体管版图

从结构剖面图可以看出，纵向 PNP 型晶体管的基区宽度是 N 阱深度减去 P+ 扩散区的深度，通常这两个深度的差值很小，因此纵向 PNP 型晶体管的电流放大系数 β 较大。而横向晶体管的基区宽度是两个 P+ 扩散区的间距，版图设计规则限制了它的最小值，所以低端工艺中的横向 PNP 型晶体管电流放大系数 β 相对较小，在电路设计中应尽量使用纵向 PNP 型晶体管，以充分发挥它的工艺兼容性好和电流放大系数大的优势。

虽然在 CMOS 模拟集成电路设计中主要使用 MOS 管，但是纵向 PNP 型晶体管也具有非常重要的作用，因为它是构成带隙参考源的核心器件，第 3.10 节将介绍带隙参考源电路原理和仿真方法。

NPN 型晶体管的基极是 P 型，而 N 阱 CMOS 工艺又用 P 型作为衬底，所以在 N 阱 CMOS 工艺中制作 NPN 型晶体管的核心问题是将 P 型的基极与 P 型衬底隔开。隔开 P 型的基极可以采用两种工艺，一种是浅 P 阱工艺，另一种是深 N 阱工艺。

如图 2.42 所示为 CMOS 工艺 NPN 型晶体管版图结构示意图，左图为浅 P 阱 NPN 型晶体管的结构剖面图，右图为深 N 阱 NPN 型晶体管的结构剖面图。其中左图中的浅 P 阱制作在 N 阱上，实现了浅 P 阱与 P 型衬底的隔离，为浅 P 阱成为基极创造了条件。而右图中的深 N 阱和普通 N 阱环将一部分 P 型衬底隔离出来，被隔离出来的 P 型衬底也可以作为基极，由于 N 阱和深 N 阱必须接高电位，所以必须为 NPN 型晶体管的集电极，两个剖面图中的 N+ 扩散区都为发射极。

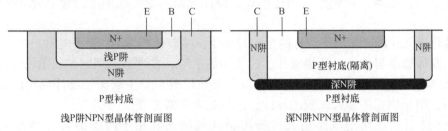

图 2.42　CMOS 工艺 NPN 型晶体管版图结构示意图

图 2.43 为深 N 阱 NPN 型晶体管版图，最左侧的为 NPN 型晶体管的完整版图，右边为分解图。与完整版图相邻的是深 N 阱和 N 阱环的版图，在其右侧的扩散区版图中，外圈的 N+ 扩散区用于连接 N 阱环，内圈的 P+ 扩散区用于连接 P 型隔离衬底，内部的 N+ 扩散区用于制作晶体管的另一个 N 型电极，最右边的金属 M1 版图标出了晶体管的电极。

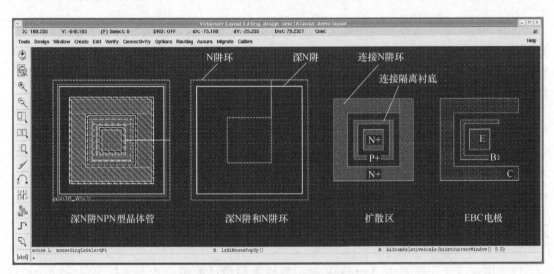

图 2.43　深 N 阱 NPN 型晶体管版图

在一般的 CMOS 模拟集成电路设计中，选用与标准数字 CMOS 工艺兼容的器件可以降低成本。从前面的讨论可以看出，无论是纵向结构还是横向结构，PNP 型晶体管都与标准 CMOS 工艺兼容，而 NPN 型晶体管却需要额外浅 P 阱或深 N 阱的工艺步骤，与标准 CMOS 工艺的兼容性差，增加了芯片成本，在电路设计中尽量不用。

2.8　CMOS 工艺 PDK

工艺设计工具包（Process Design Kit，PDK）是由 Cadence 基于其模拟设计平台提出的连接 IC 工艺制造与设计的数据平台，可将 IC 工艺数据、器件模型和 EDA 工具有机地结合在一起，是集成电路设计必备的数据包，也是沟通 IC 设计公司、Foundry 与 EDA 厂商的桥梁。PDK 主要包括所选工艺的技术文件（Technology File）、参数化单元（Pcell）、Spice 模型、DRC/LVS 和 RCX/PEX 等规则文件和说明文档等。

技术文件（Technology File）是用于版图设计和验证的工艺技术文件，内容包括版图的层定义、层属性、层颜色与填充格式、设计规则和电气规则等，是 PDK 中最重要的文件。

参数化单元（Pcell）用于器件的生成与调用，主要包括 MOS 管、电阻、电容、电感、二极管、晶体管等器件，以及接触孔、过孔和线条等。在进行原理图和版图设计时，Pcell 可通过图形界面直接调用，EDA 工具会按照参数设置自动生成满足设计规则的器件符号图或版图，用于原理图输入或版图设计，使用起来非常方便。

Spice 模型文件用于电路仿真，版图验证规则文件用于版图的设计与验证，包括 DRC、LVS、RCX（或 PEX）等的设计步骤，验证工具不同，规则文件的格式也有所不同。

在开始一个新的集成电路设计项目时，首先要确定流片工艺和选择 Foundry，并获取相应的 PDK，再结合本章讲述的器件版图结构原理，对 PDK 中的器件进行分析和比较，初步确定器件选型方案，然后按照 CMOS 模拟集成电路设计流程启动芯片设计流程。

设计流程的第一步是原理图输入，下面将以一个单级有源负载放大器为例进行设计。为了使初学者也能顺利上手操作，本书的设计流程介绍尽量做到详细和具体，把每一步的操作落实到实处。由于电路很简单，所以读者可以专注于设计流程。希望读者边看边练，做到独立和熟练操作，为后续的二阶运算放大器设计打下基础。

举例使用的工具是 Cadence 的 5141 版本（以下简称 5141 版），SMIC 0.18μm CMOS 工艺的 PDK。由于 Cadence 的 617 版本（以下简称 617 版）菜单和操作界面与 5141 版基本相同，使用 617 版也能顺利进行流程操作，在流程介绍过程中也会指出几处不同版本操作上的差异，供使用 617 版的读者参考。

2.9　有源负载共源极放大器原理图输入

原理图输入（schematic entry）是模拟集成电路设计的第一步，包括原理图设计和符号图设计两个环节，下面对操作流程进行具体介绍。

1. 在新建文件夹中启动 Cadence

通过终端窗口输入命令，在自己的 home 目录下新建一个文件夹 design_smic18，然后进入这个文件夹，输入命令 icfb& 来启动 Cadence，或者输入 virtuoso& 来启动 617 版。图 2.44 所示为相应的 shell 命令和启动的 Cadence 主窗口（Command Interpreter Window，CIW）。

2. 建库并关联 SMIC 0.18μm CMOS 工艺库

通过 Cadence 主菜单的 Tools → Library Manager... 打开 Library Manager 窗口，选择 Library Manager 菜单的 File → New → Library... 打开 New Library 对话框，输入库名字 design_smic18 后单击 OK 按钮，如图 2.45 所示。

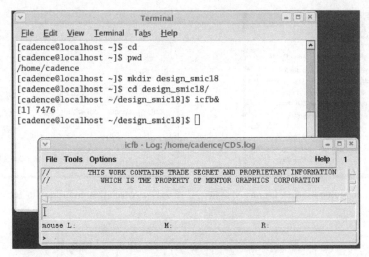

图 2.44　shell 命令和 Cadence 主窗口

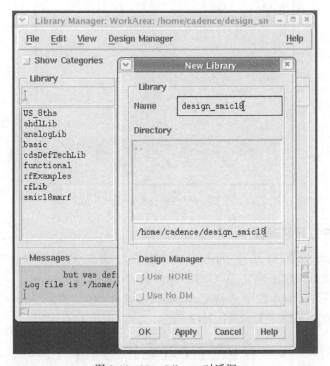

图 2.45　New Library 对话框

在弹出的 Technology File for New Library 对话框中，选择中间的 Attach to an existing techfile 选项，单击 OK 按钮，如图 2.46 所示。

在弹出的 Attach Design Library to Technology File 对话框中，选择 smic18mmrf，然后单击 OK 按钮，如图 2.47 所示。这样就建成一个关联了 SMIC 0.18μm CMOS 工艺的设计库，在 Library Manager 窗口中可以查看到它，此时这个库是空的，在 Cell 和 View 栏中都没有内容，如图 2.48 所示。

图 2.46 Technology File for New Library 对话框

图 2.47 Attach Design Library to Technology File 对话框

图 2.48 在 Library 栏中查看 design_smic18 库

3. 新建 Cell 并打开原理图（schematic）窗口

在 Library Manager 窗口选中 design_smic18 库，通过菜单 File → New → Cell View... 打开 Create New File 对话框，在 Cell Name 栏中输入 CS_stage，即 Common-Source Stage 的缩写，然后在 Tool 栏中选择 Composer-Schematic，此时 View Name 栏会自动变成 schematic（不能手动输入），如图 2.49 所示，然后单击 OK 按钮。

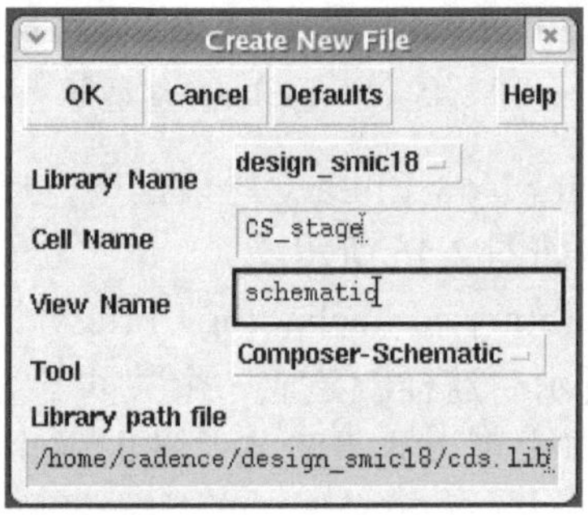

图 2.49 Create New File 对话框

单击 OK 按钮后得到如图 2.50 所示的 Virtuoso Schematic Editing 窗口，原理图设计将在这个窗口中进行。另外，design_smic18 库的 Cell 栏中增加了 CS_stage，View 栏中增加了 schematic。

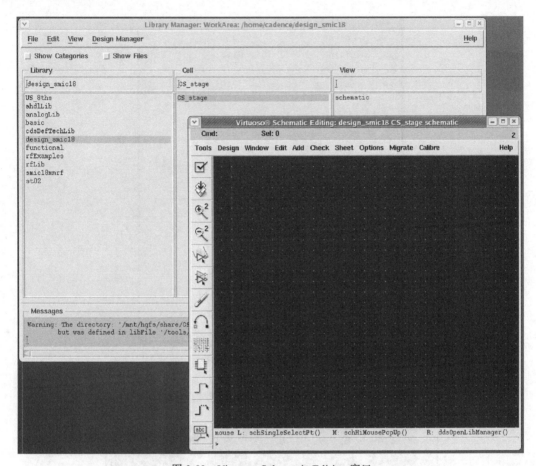

图 2.50　Virtuoso Schematic Editing 窗口

下面将要进行具体的设计，在设计过程中间难免会出现操作失误或错误，一旦发现错误请立刻按 U 键，这样可以撤回一步。5141 版默认设置只能撤回一步，而 617 版默认设置可以撤回多步。

4. 元件例化（instance）

元件例化就是从目标工艺库中选择器件，并将其摆放到原理图窗口中的过程，本例的目标工艺库是 smic18mmrf。放到原理图中的器件一般都是 Pcell（参数化的器件），例化 Pcell 时需要填写它的主要参数。

本例的原理图需要从 smic18mmrf 库中挑选 n18（NMOS 管）和 p18（PMOS 管），它们都是工作电压为 1.8V 的 MOS 管，将 n18 的宽长比设置为 $W/L=5\mu/1\mu$，p18 的宽长比设置为 $W/L=15\mu/1\mu$，现在主要是为了学习设计流程和 EDA 工具的使用，所设置的宽长比可能不是最优的。

按 I 键弹出如图 2.51 所示的 Add Instance 对话框，单击 Browse 选择 Library 为 smic18mmrf，Cell 为 n18，View 为 symbol，并填写 Length 为 1μ，Finger Width 为 5μ，Fingers 为 1，然后单击 Hide 并将鼠标移到原理图窗口上，这时就可以看到一个 MOS 管

符号图随鼠标移动，单击鼠标即可放下，这样就完成了 NMOS 管的例化。照此方法再例化 PMOS 管，使用 p18 管，注意要设置 Finger Width 为 15μ，完成后的效果如图 2.52 所示（按 F 键可全屏显示）。

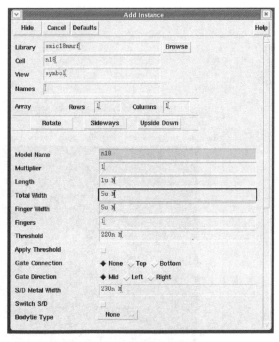

图 2.51　Add Instance 对话框

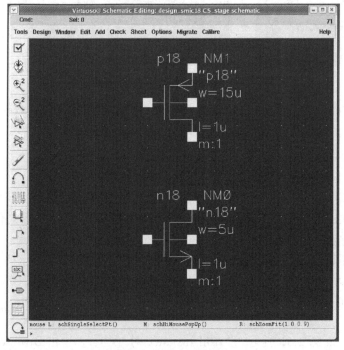

图 2.52　元件例化的效果图

5. 放置端口（Pin）

每个电路模块都需要电源、地和输入输出端口，其中电源和地属于全局（global）端口，不必单独引出（如果一定要引出，则需要将它们的属性设置为 inout）。本例的输入端口为 vin（信号输入）和 vb（有源负载管的栅极偏压），输出端口为 vout。

按 P 键弹出如图 2.53 所示的 Add Pin 对话框，在 Pin Names 栏中输入 vin，Direction 选择 input，Attach Net Expression 选择 No，其他选项要与图中保持一致。然后单击 Hide，端口 vin 就会随鼠标光标在原理图窗口中移动，单击鼠标左键即可放下。用同样方法再放置输入端口 vb 和输出端口 vout，注意别忘了把 vout 的 Direction 设置为 output，初学者经常会忘记设置 Direction，最终结果如图 2.54 所示。

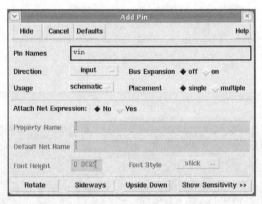

图 2.53　Add Pin 对话框

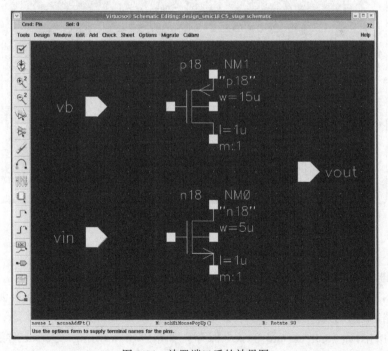

图 2.54　放置端口后的效果图

接下来放置电源和地，注意它们是全局端口。按 I 键弹出 Add Instance 对话框（见图 2.55），单击 Browse 选择 analogLib，之后勾选左上角的 Show Categories，在 Category

栏中选择 Sources 的 Globals，在 Cell 栏中选择 vdd，在 View 栏中选择 symbol，然后单击 Hide，将 vdd 放在原理图中，用相同方法再放置 gnd，完成后的总效果如图 2.56 所示。

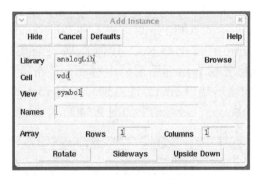

图 2.55 放置全局端口

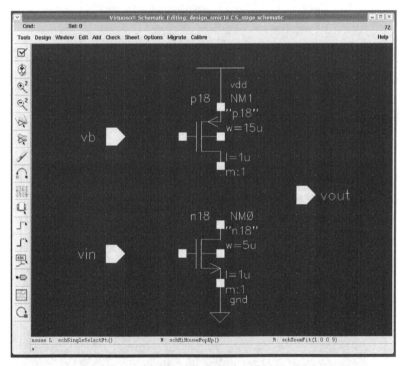

图 2.56 放置电源和地端口后的效果图

6. 布线

按 W 键进入布线状态，MOS 管属于 4 端口器件（栅、源、漏和衬底），其中 PMOS 管的衬底是 N 阱，它必须接 vdd，而 NMOS 管的衬底必须接 gnd。根据有源负载共源极放大器的电路原理，按照图 2.57 的样子完成布线。按 Esc 键退出布线状态，单击左边最上面带有对勾的图标（Check and Save）保存。如果弹出 warning 或 error 对话框，一定要仔细检查分析，否则会影响后续的设计步骤。这样就完成了原理图设计，下面设计它的符号图。

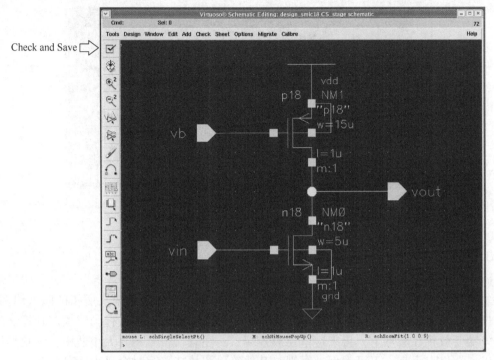

图 2.57　完成布线后的原理图

7. 创建 symbol view

在 Library Manager 窗口的 Cell 栏中选择 CS_stage，然后在菜单中选择 File → New → Cell View... 弹出 Create New File 对话框（见图 2.58），在 Tool 栏中选中 Composer–Symbol，View Name 栏会自动变成 symbol，然后单击 OK 按钮，弹出 Virtuoso Symbol Editing 窗口，并且 CS_stage 又增加了 symbol view，总效果如图 2.59 所示。

图 2.58　Create New File 对话框

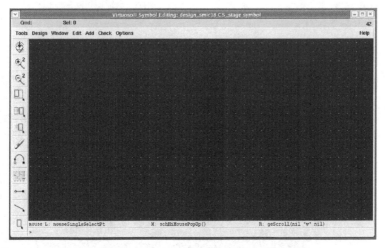

图 2.59　Virtuoso Symbol Editing 窗口

8. 画线

通常放大器的符号图是一个三角形，而直接用工具生成的都是矩形，所以这里最好用手工绘制符号图。如图 2.60 所示为画线后的效果图，单击图中箭头所指的画直线图标，可画出三角形和短线，如果不能画出斜线，则可以单击鼠标右键进行画线模式切换。端口线的外端要放置在格点上，将来这里要放置端口。注意，符号图要大小适中，三角形横纵方向以 6 个格点为宜，不可太大，否则与其他符号图放在一起时会显得十分巨大。

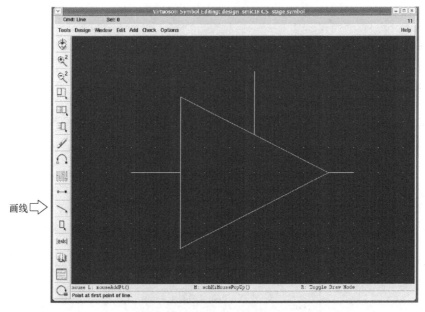

图 2.60　画线后的效果图

9. 添加端口（Pin）

原理图与符号图的端口必须严格一致，端口的数量、名称、大小写和属性等都要相同，否则会报错。按 P 键弹出如图 2.61 所示的 Add Pin 对话框，在 Pin Names 栏输入 vin，在 Direction 栏选择 input，在 Type 栏选择 square，单击 Hide，放置前可以单击右键进行必要的旋转（617 版取消了这个功能，需要到 Edit 窗口中进行旋转操作），将端口 vin 放置到符号图中。注意，端口一定要放置在格点上，端口名字不要超出符号图范围，否则会给将来的使用带来不便。用相同的操作放置输入端口 vb 和输出端口 vout，注意 vout 的 Direction 是 output，完成后的效果图如图 2.62 所示。

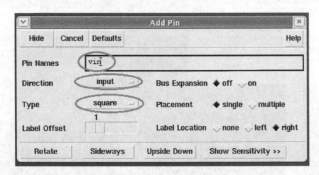

图 2.61　Add Pin 对话框

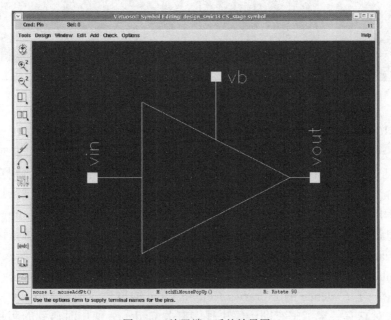

图 2.62　放置端口后的效果图

10. 添加 Label

在符号图上放一些文字，例如模块名字和必要的提示或说明等，可以使符号图更实用，这就需要添加 Label。放大器的符号图基本上都是一个三角形，为了在调用后能够区分出这是本例设计的放大器，可以在符号图上添加 Label，例如写出 CS_stage 放在符号图上。另外还需要在符号图上放置一个默认的 Label，即 [@instanceName]，有了这个默认的 Label，在重复例化时就可以自动编号。

首先添加 [@instanceName]，按 L 键（Label 的首字母）可弹出 Add Symbol Label 对话框，单击 Defaults 可使 Label 栏变为 [@instanceName]，移动光标到符号图窗口，将 [@instanceName] 放置到符号图上，并且要将光标（即 [@instanceName] 的中间点）放

置在符号图区域的内部，不要超出符号图中其他元素的范围，否则将来也会给调用带来不必要的麻烦。最后在 Label 栏内填写 CS_stage，单击 Hide 完成放置，完成后的效果如图 2.63 所示。

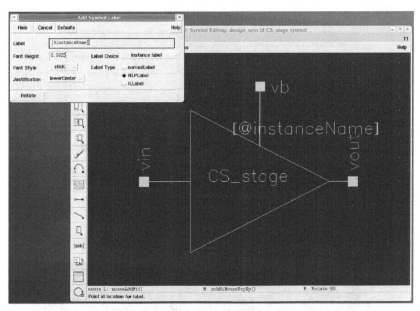

图 2.63 添加 Label 后的效果图

11. schematic 与 symbol 比对检查

symbol 设计完成之后，需要将 schematic 与 symbol 进行比对，要保证两者的端口完全一致，包括名称、大小写及输入输出属性。比对的方法很简单，只要打开 schematic view 再 Check and Save 一下即可（Cadence 617 版在保存符号图时也会进行比对，不用专门去打开原理图）。如果有端口不一致，或者有其他错误，就会出现 warning 或 error，具体的错误信息都会显示在 Cadence 的主窗口（CIW）上。一定要仔细分析错误信息并进行改正，直到 warning 或 error 消失为止，到此就完成了原理图与符号图的输入工作。

其实 symbol view 也可以自动生成，下面将介绍其中两种最常用的方法，在介绍之前有必要先讨论一下 Cadence 的 Library、Cell 和 View 的概念，以及 Library Manager 工具的使用方法，对它有一定了解有助于解决很多有关 Cadence 使用时遇到的实际问题。

2.10 Library、Cell 和 View

无论是模拟集成电路设计，还是数字集成电路设计，EDA 工具都会把某个设计归入到一个 Library（库）中进行管理，在模拟电路的 Library 中，每个设计单元被称为 Cell，每个 Cell 又有不同的 View，比如原理图（schematic view）、符号图（symbol view）和版图（layout view）等。Library Manager 是 Cadence 对 Library 进行管理的工具，用它可以新建 Library，创建 Cell 和 Cell View。Cadence5141 采用 CDB（Cadence DataBase）格式，而 Cadence 617 采用 OA（OpenAccess）格式，Cadence 617 自带格式转换工具，可以将 CDB 格式转换为 OA 格式，其中创建 Cell 比较简单，而创建 Library 和 Cell View 需要进行简单的说明。

由用户创建 Library 通常会关联一个工艺库，或者是一个工艺文件。如图 2.64 所示，用户创建新库时通常会选择中间的 Attach to an existing techfile 选项，它会引导用户将新建的 Library 关联到一个已有的 Library 上，例如选择 smic18 库或 st02 库（st02 库为 0.5μm CMOS 工艺库）等，这样新创建的 Library 将与这个已有的 Library 工艺设置相同。

图 2.64　新建 Library 的工艺选项

在创建 Cell View 时，选择不同的工具就会自动创建相应的 View，View 的名称不能手工输入，如果发现 View 的名称不对，就说明选错了工具（Cadence 617 可以直接选 View）。在本书的后续学习中，大家至少要接触 4 种 View，而在今后的工程实践中，所涉及的 View 会越来越多，一个 Cell 最多能有十几种 View。

可以把 Library 想象成文件夹，把 Cell 想象成子文件夹，把 View 想象成文件，既然能够对文件夹和文件进行复制、删除或重命名等操作，则 Library、Cell 和 View 等也应该可以被复制、删除或重命名。具体方法是在 Library Manager 窗口中，在需要操作的 Library、Cell 或 View 上右键单击就可以出现操作选项，然后按照弹出窗口的引导就能够完成相应的操作。

在 Library Manager 窗口中的每个 Library 都对应一个文件夹，文件夹名与 Library 名相同。如图 2.65 所示，前面举例中创建的 design_smic18 库就对应工作目录 /home/cadence/design_smic18 中箭头所指的 design_smic18 文件夹，CS_stage 对应 design_smic18 文件夹下的 CS_stage 子文件夹，而 view schematic 和 view symbol 分别对应 CS_stage 文件夹下面的 schematic 和 symbol 子文件夹。

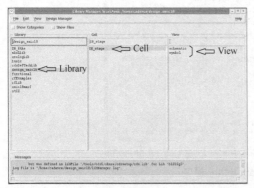

图 2.65　Library、Cell 和 View 所对应的文件夹

从图 2.65 中可以看到工作目录里有一个名字为 cds.lib 的文件，使用 vi 将它打开，其内容如图 2.66 所示。文件中的第 2 行用 DEFINE 语句定义了一个名字为 design_smic18 的库，它的文件夹路径为 /home/cadence/design_smic18/design_smic18。显然，可以通过编辑 cds.lib 文件向 Library Manager 中添加库。例如从别处复制一个 Library

文件夹，在 cds.lib 文件中添加 DEFINE 语句，就可以将其添加到 Library Manager 中。在图 2.65 的 Library Manager 窗口中还可以看到很多其他库，它们是由 cds.lib 文件第 1 行的 INCLUDE 语句中指定的 cds.lib 文件定义的，感兴趣的读者可以自己打开看看。

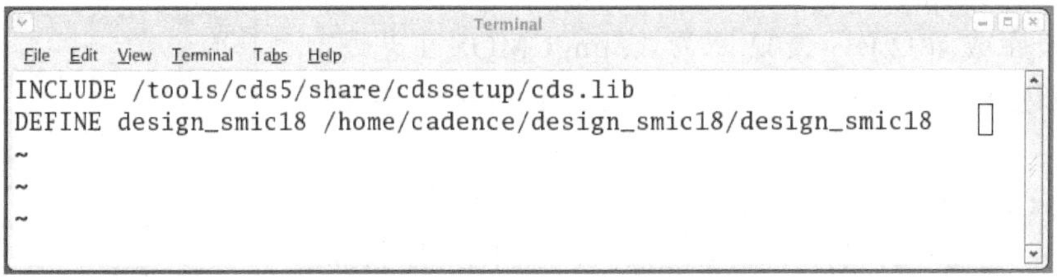

图 2.66　使用 vi 显示的 cds.lib 文件内容

用图形界面的 Library Path Editor 也可以添加或删除库，方法是单击 Library Manager 窗口主菜单中 Edit → Library Path...，打开 Library Path Editor 窗口（见图 2.67），其中的 Library 和 Path 两栏分别列出了 Library 和路径，用户可以在窗口中添加库名和对应的文件夹路径，然后保存即可，保存就是更新 cds.lib 文件。

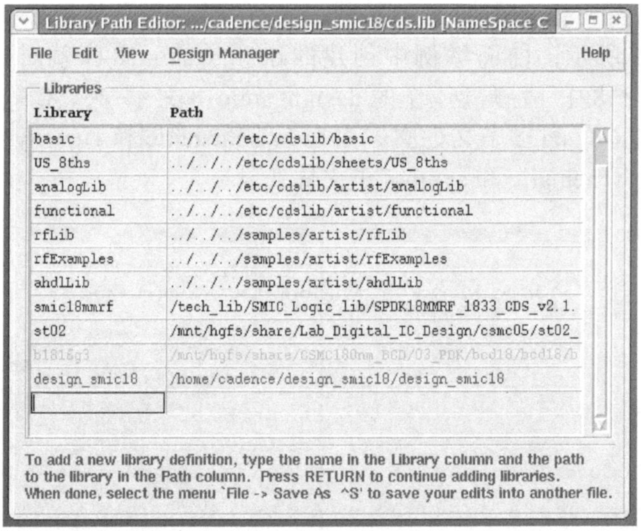

图 2.67　Library Path Editor 窗口

2.11　symbol view 的自动生成方法

Cadence 也可以自动生成 symbol view，前面介绍的手工画法是帮助大家建立一些基本概念，今后在设计其他电路时，如果没有特殊要求，符号图可以用工具自动生成，必要时再做适当修改即可。自动生成 symbol view 可以大大提高工作效率，下面介绍两种方法，建议大家要按照步骤说明认真练习一下。

为了保护好前面的设计，在练习之前用上节介绍的方法先复制一个练习库 design_smic18_test，练习结束后再把这个练习库删除掉即可。具体方法是把鼠标光标放在 Library Manager 窗口中的 design_smic18 库上，然后单击右键选择 Copy...，弹出如图 2.68 所示的 Copy Library 对话框，在 To 栏中填写 design_smic18_test，然后单击 OK 按钮，完成后可以得到如图 2.69 所示的结果，可以看出 design_smic18_test 库中的内容与 design_smic18 库相同。下面介绍自动生成 symbol view 的练习都将在这个练习库中进行，在进行练习之前先把练习库中的 symbol view 删除，方法是在 symbol 上单击右键选择 Delete...。

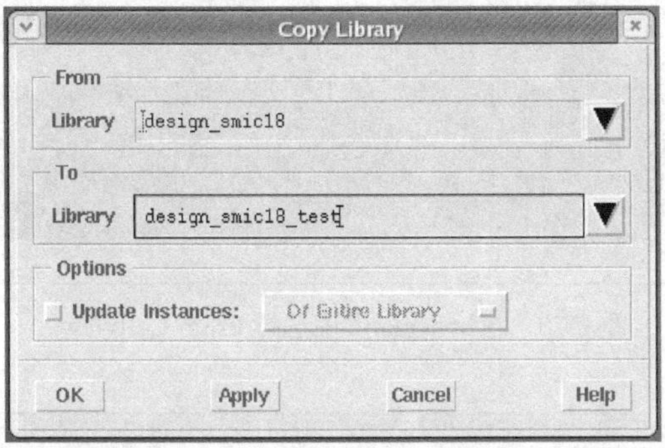

图 2.68　Copy Library 对话框

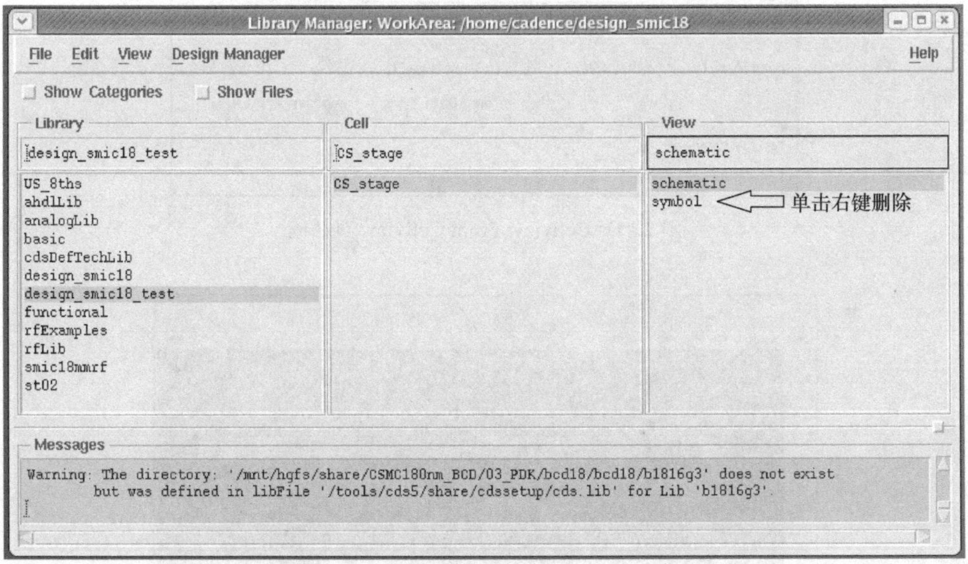

图 2.69　design_smic18_test 复制成功

1）用 schematic 生成 symbol view 的方法：双击打开 design_smic18_test 库中 CS_stage 的 schematic view，单击图 2.70 中箭头所指的 Design → Create Cellview → From Cellview...，弹出如图 2.71 所示的 Cellview From Cellview 对话框，确认一下 To View Name 栏中为 symbol，然后连续单击 OK 按钮，即可生成 symbol view，得到如图 2.72 所示的 symbol。

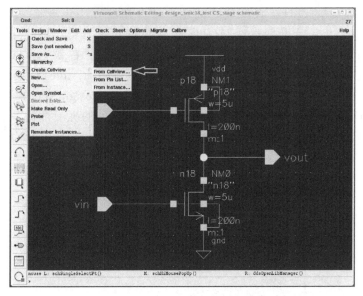

图 2.70　在 schematic 中选择 From Cellview...

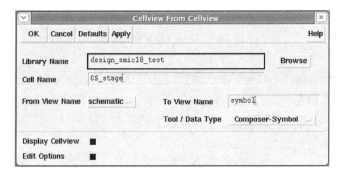

图 2.71　Cellview From Cellview 对话框

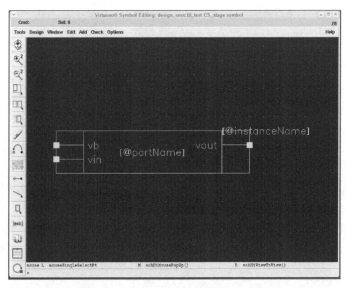

图 2.72　从 schematic 生成的 symbol

2）用 Pin List 生成 symbol view 的方法：选择图 2.70 中箭头下面的菜单 From Pin List...，弹出如图 2.73 所示的 Cellview From Pin List 对话框，单击 Browse 和 Tool/Data Type，将 Library Name 栏、Cell Name 栏和 View Name 栏设置好，然后单击 OK 按钮。如果提示已经存在，请选择 Replace，之后弹出如图 2.74 所示的 Symbol Generation Options 对话框，这个对话框允许用户调整端口的位置，默认的安排是输入端口在左边，输出端口在右边，图 2.74 中特意将 vb 端口移到上面，单击 OK 按钮后生成的结果如图 2.75 所示。

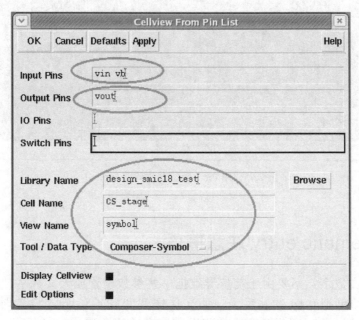

图 2.73　Cellview From Pin List 对话框

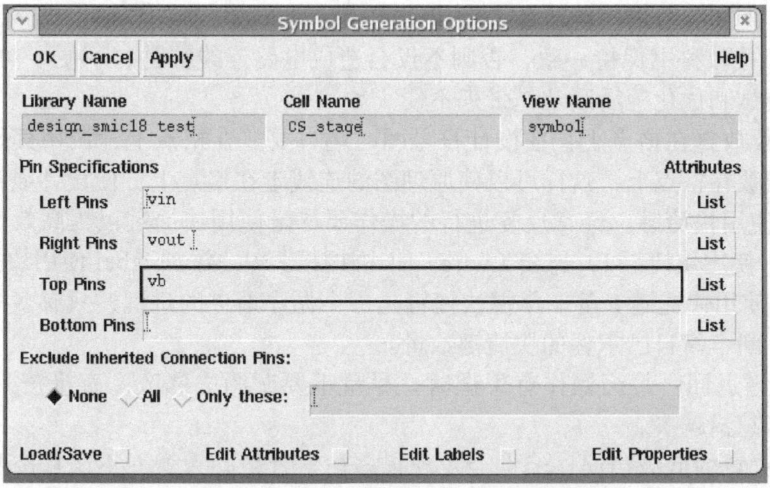

图 2.74　Symbol Generation Options 对话框

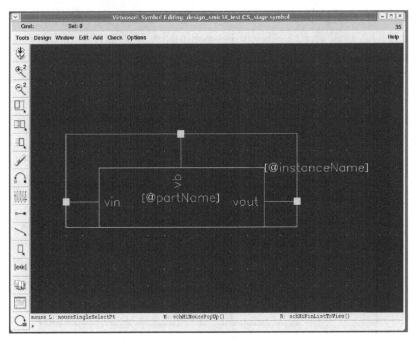

图 2.75　用 Pin List 方法生成的 symbol

2.12　schematic entry 注意事项

1）避免天文数字：不要由于疏忽导致把一些参数设置成天文数字，例如设置 MOS 管的长度时，如果把 0.1μ 的 μ 丢了，那么这样就变成了 0.1m。设置时间时，如果把 10n 的 n 丢了，那么就变成了 10s。这些天文数字往往会造成软件死机，导致不必要的麻烦。

2）合理摆放器件：在进行原理图设计时要合理摆放器件，使其与人们对电路的认知习惯相符合。例如差分对、电流源、电流镜或者有源负载之类的电路，电路图器件的摆放风格尽量与相关教科书保持一致，否则不仅会造成电路连线混乱，不便于对电路的理解，而且给电路调试和优化等后续工作带来不便。

3）端口要放置在格点上：在设计符号图时端口要放在格点上，调用其他器件时，器件的端口也要放在格点上，这样可以使原理图的连线走在格点上，使设计显得非常规整。

4）尽量使用快捷键：经常反复进行的操作要尽量使用快捷键以提高效率。例如，例化（instance）使用快捷键 I，连线（wire）使用快捷键 W，添加 label 使用快捷键 L，全屏（full screen）使用快捷键 F 等。掌握快捷键是一个循序渐进的过程，只有多实践才能养成习惯，同时不断丰富自己掌握的快捷键数量。

5）按 U 键退回：每当操作有失误时，尽量不要试图去修改，直接按 U 键返回上一步，否则可能越错越多。

6）粗心大意的低级错误：经常会发现很多初学者粗心大意，不认真按照书中的步骤操作，犯一些非常低级的错误，甚至低级到难以想象的程度，不仅自己查不出来，就是请高手来帮忙也很难发现，反而不如重新做一遍。

2.13　本章小结

本章首先介绍了半导体的基本概念和 CMOS 工艺的基本原理，并对 CMOS 工艺的 MOS 管、电阻、电容、电感、二极管和晶体管等器件的版图结构进行了分析，对同类器件的特性进行了比较。然后简单介绍了 PDK 的基本内容，并在此基础上以有源负载共源极放大器的原理图设计为例，向大家介绍了使用 Cadence 进行原理图和符号图设计的流程与方法。

知识点巩固练习题

1. 填空：当半导体掺杂浓度很高时，电子可借隧道效应穿过势垒，从而形成低阻值的（　　　）接触。

2. 填空：在 N 阱 CMOS 工艺中，P 型衬底必须接（　　　），N 阱必须接（　　　）。

3. 简答：为什么 CMOS 逻辑门的功耗非常低？

4. 填空：1Å＝（　　　）nm。

5. 单项选择：位于栅与沟道之间的氧化层被称为（　　　）。

A. 栅氧层　　　　　B. 场氧层

6. 填空：半导体中电子的迁移率是空穴迁移率的（　　　）倍。

7. 填空：鳍式场效应晶体管的英文缩写是（　　　）。

8. 填空：在集成电路领域，描述某一层电阻率特性的参数是（　　　）。

9. 填空：Poly2 主要用于制作（　　　）和（　　　）。

10. 单项选择：在 CMOS 工艺中，（　　　）可以用作可变电容。

A. PIP 电容　　　　B. MIM 电容　　　　C. MOS 电容　　　　D. MOM 电容

11. 多项选择：在 CMOS 工艺中，需要额外制版和光刻的电容是（　　　）。

A. PIP 电容　　　　B. MIM 电容　　　　C. MOS 电容　　　　D. MOM 电容

12. 单项选择：在 CMOS 工艺中，两个极板在同一层的电容是（　　　）。

A. PIP 电容　　　　B. MIM 电容　　　　C. MOS 电容　　　　D. MOM 电容

13. 填空：CMOS 电感通常用（　　　）层金属制作。

14. 判断：在 CMOS 工艺中纵向 PNP 型晶体管比横向 PNP 型晶体管的电流放大系数低。

15. 简答：在 N 阱 CMOS 工艺中，为什么纵向 PNP 型晶体管的集电极 C 必须接地？

16. 设计流程熟练度训练：重复练习本章中的示例流程，做到脱离本书、独立、顺利和快速。

17. 用 Pin List 方法自动生成一个符号图，端口命名规则如下：左侧有 5 个输入端口（$left_1$、$left_2$、$left_3$、$left_4$ 和 $left_5$），右侧有 2 个输出端口（out_1 和 out_2），上面有 3 个输入端口（top_1、top_2 和 top_3），下面有 4 个输入端口（bo_1、bo_2、bo_3 和 bo_4）。（提示：在生成过程中会多次出现对话框，要注意每个对话框的内容是否完整，不能简单一路单击 OK 按钮！）

第 3 章

Spice 原理与 Cadence 仿真

根据模拟集成电路的设计流程，原理图输入之后就要进行 Spice 仿真，本章将对 Spice 的发展历史、器件模型、语法和文件结构进行简单介绍，然后用 Cadence 工具对 CS_stage 电路进行仿真，通过理论学习和仿真实践，加深对 Spice 原理的认识理解。

3.1 Spice 简介

Spice（Simulation Program with Integrated Circuit Emphasis）是一种功能强大的通用模拟电路仿真软件，最初的版本由美国加州大学伯克利分校开发，主要用于集成电路分析。由于集成电路一经制造就不可更改，因此在流片前最大限度地了解电路的功能，调整和优化电路的各项技术指标就显得十分必要，在这种情况下 Spice 仿真器的出现就成为了历史的必然，Spice 为模拟集成电路的发展做出了巨大贡献，并且在未来还将发挥不可替代的作用。

Spice 始于 1971 年，第一版为 Spice1，它通过 MOS 管电压和电流方程来计算电路的行为，称为模拟仿真或电路级仿真，当时只能仿真 100 个以内 MOS 管的电路；1975 年 Spice2 发布，开始正式实用化[15]；1983 年发布的 Spice2g.6 被长期公认为一种工业标准；1985 年以 C 版本推出的 Spice3f5 得到了更加广泛的应用[16]；1988 年 Spice 被定为美国国家标准，标志着 Spice 开始走向成熟。

Spice 仿真的基本思想就是用计算机求解电路，但是不断增加的电路规模，日益复杂的器件模型，以及对含有电抗元件的电路微分方程组的求解计算等，要求 Spice 算法必须不断创新和优化，以保证在现有 CPU 速度及有限的存储容量下，能够快速而准确地计算出仿真结果。

由于 Spice 仿真程序采用完全开放的政策，所以用户可以按自己的需要进行修改，很多 EDA 公司看准了 Spice 市场前景，基于 Spice 的开源代码进行了大量的算法改进和优化工作，推出了许多商用 Spice 工具。比较常见的商用 Spice 工具有 HSPICE、PSpice、Spectre 和 Aeolus-AS 等，它们不仅功能强大，而且还加入了图形界面，其中 HSPICE 是 Synopsys 公司的产品，Spectre 是 Cadence 公司的产品，Aeolus-AS 是华大九天公司的产品，它们都是目前模拟集成电路领域最主流的 Spice 仿真工具。

3.2　Spice 器件模型

　　Spice 仿真需要器件的数学模型（Spice model），随着集成电路工艺不断发展，器件物理结构不断变化对性能的影响也越来越大，再加之对模拟集成电路精度的要求越来越高，使得器件模型参数越来越多，器件模型结构也变得越来越复杂。就像半导体工艺由简到繁的过程一样，MOS 管的模型也从早期的几个公式和几十行代码，发展到现在的几百个公式和上万行代码，下面简单讨论一下 Spice 模型的演变历史。

　　Level 1：1968 年出现的第一个 MOS 模型，即 Shichman–Hodges 模型，它是所有 MOS 模型的鼻祖。这个模型比较简单，是教科书中 MOS 管电流电压二次方关系的翻版，适用于精度要求不高的长沟道（$L > 10\mu m$）MOS 管。

　　Level 2：1970 年出现的考虑了器件二阶效应的半经验 MOS 模型，适用于长沟道（$L \approx 10\mu m$）MOS 管。

　　Level 3：1979 年出现的半经验短沟道（$L > 1\mu m$）MOS 模型，模型中加入了短沟道效应的影响，例如漏端引入的势垒降低（Drain Induced Barrier Lowering，DIBL）和横向场造成的迁移率降低等因素。

　　Level 13：1990 年以前出现的 BSIM（Berkeley Short–channel IGFET Model），适用于短沟道（$L \approx 1.0\mu m$）MOS 器件，由加州大学伯克利分校电子系胡正明教授领导的器件模型小组开发。Level 13 属于 BSIM1，是最早的 BSIM 版本，为了增加连续性和收敛性，它在 MOS 管的不同工作区之间加入了平滑过渡曲线。

　　Level 28：经过修正的 BSIM1，可以用于深亚微米工艺（$L \approx 0.3 \sim 0.5\mu m$），它是 HSPICE 研发最成功的 Spice 模型，几乎可以与工艺无缝对接，曾经一度造就了 HSPICE 早期爆炸式发展的辉煌历史。

　　Level 39：1990 年出现的 BSIM2，它是在 BSIM1 的基础上增加了更多的短沟道效应计算，适用于 $L \approx 0.2\mu m$ 工艺。

　　Level 49：1993 年出现的 BSIM3v3，它包含了 S/D 电阻，可以用一个方程描述所有的工作区，结合平滑函数从根本上解决了不连续的问题，适用于 $L \approx 0.3 \sim 0.13\mu m$ 工艺。

　　Level 54：2002 年出现的 BSIM4v6，考虑了栅电流泄漏和非对称 S/D 电流分布，适用于 130nm、90nm 和 65nm 工艺，经过扩展可支持 45/40nm、28/23nm 和 22/20nm 工艺。BSIM3v3 和 BSIM4v6 非常成功，几乎成为工业界 MOS 器件模型的标准。

　　BSIMCMG：FinFET 的出现为摩尔定律向十几纳米及以下推进铺平了道路，BSIMCMG 模型就是 FinFET 模型。

　　从 Spice 器件模型的发展历史可以看出，Spice 模型的演进与工艺器件的发展基本保持同步，以满足不断减小的工艺尺寸和不断扩大的电路规模对电路仿真提出的迫切要求，确保摩尔定律持续向前推进。

3.3　Spice 基本语法举例分析

　　Spice 可以进行工作点分析、直流扫描分析、瞬态分析、交流分析、温度分析、噪声分析、傅里叶分析、S 参数分析和功耗分析等。在进行电路仿真前，要根据电路结构和特性规划仿真类型，添加相应的仿真激励信号，合理设置仿真时间长度和频率范围等。下面用一个简单电路举例说明 Spice 的基本语法结构，使读者对 Spice 语法建立一些感性认识。

图 3.1 所示是一个有源负载共源极放大器电路图及其对应的 Spice 网表，电路中 NMOS 管（Mn）连接成共源极放大器结构，PMOS 管（Mp）为有源负载管（与第 2 章中的有源负载共源极放大器电路结构相同），R1 和 C1 为低通滤波器，V1 是正弦电压激励源，V2 是 Mp 的栅极偏置直流电压源，V3 是直流供电电源，下面对它的 Spice 网表进行逐句分析和解释。

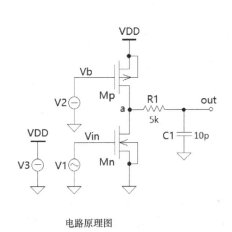

（1）	*Common source amplifier simulation.
（2）	*------component connection------
（3）	Mn a Vin GND GND nv L=2u W=5u
（4）	Mp a Vb VDD VDD pv L=5u W=10u
（5）	R1 a out 5k
（6）	C1 out GND 10p
（7）	*------power and sources------
（8）	V1 Vin GND sin(0.7 10m 1000 0 0)
（9）	V2 Vb GND 4
（10）	V3 VDD GND 5
（11）	*------analysis------
（12）	.tran 1u 20m 3m
（13）	*------control------
（14）	.plot v(out)
（15）	.lib "demo_lib.lib" tt
（16）	.end

电路原理图　　　　　　　　　　　　　　Spice 网表

图 3.1　NMOS 管共源极放大器电路图和 Spice 网表

第 1 行：打星号 "*" 表示注释，Spice 语法规定网表文件第一行无论是否打星号，都不作为电路描述语句，它只是标题语句用于仿真界面显示。

第 2 行：注释语句，说明下面将描述电路元器件连接关系。

第 3 行：描述 NMOS 管 Mn 的连接关系，Mn 是 NMOS 管的编号，MOS 管的编号必须以 M 开头。Spice 语法严格规定各类元器件编号的首字母规则，见表 3.1。

表 3.1　Spice 网表常用元器件和激励源首字母表

类型	首字母	类型	首字母
MOS 管	M	电压源	V
电阻	R	电流源	I
电容	C	压控电压源	E
双极晶体管	Q	流控电流源	F
二极管	D	压控电流源	G
电感	L	流控电压源	H
互感器	K	流控开关	W

编号之后是元器件的端口连接关系，MOS 管的 4 个端口在网表中的顺序是 D、G、S 和 B（衬底），本例中 Mn 的引脚连接依次为 a、Vin、GND 和 GND，其中用 0 或 GND 表示接地。nv 是器件的 Spice 模型名称，该模型必须在 Spice 模型库文件中有定义，即第 15 行的模型库文件 demo_lib.lib 中有定义。

模型名称之后列出模型的关键参数，参数采用国际单位制，而那些没有列出的参数将使用默认值。对于 MOS 器件来说，参数 *L*（沟道长度）和 *W*（沟道宽度）必须给出，本例为 *L*=2μ，*W*=5μ。注意，初学者最容易犯的错误之一是写成 *L*=2，它表示一个 MOS 管沟道长度为 2m，对 MOS 管来说这将是一个巨大的天文数字。

Spice 采用国际单位制，其后缀（Suffix）见表 3.2。这里需要特别提醒注意的是关于兆（10^6）的表示方法，虽然人们已经习惯了用 M 表示，但在 Spice 中最好用 meg 表示，因为 m 表示 10^{-3}，大小写很容易弄错。例如，大家经常用 100MHz 表示 100 兆赫频率，但它在 Spice 中可能被理解成 100Hz × 0.001=0.1Hz，为了防止出现类似错误，最好直接写出 6 个 0。另外，早期版本的 Spice 不区分大小写，但很多商业 Spice 工具可能是遵循了 UNIX 的 shell 规则，区分大小写，为了尽量不出错误，建议大家还是用 meg 表示兆。

表 3.2　Spice 后缀表

字母	数量级	备注
f	10^{-15}	
p	10^{-12}	
n	10^{-9}	
μ	10^{-6}	
m	10^{-3}	
k	10^3	
meg	10^6	注意兆与毫，大小写很容易错，建议写为 meg
G	10^9	
T	10^{12}	

第 4 行：描述 PMOS 管 Mp 的连接关系，本例中把连接在节点 a 的端口看作漏极 D，按照 D、G、S、B 的顺序依次为 a、Vb、VDD、VDD，PMOS 管的模型名称为 pv，栅长 *L*=5μ 和栅宽 *W*=10μ。

第 5 行：描述一个电阻，其编号（首字母 R）为 R1，连接关系为一端接 a，另一端接 out，其电阻值为 5kΩ。

第 6 行：描述一个电容，其编号（首字母 C）为 C1，连接关系为一端接 out，另一端接 GND，其电容值为 10pF。

第 7 行：注释行，说明下面将描述电路的激励源。

第 8 行：描述一个正弦电压源，其编号（首字母为 V）为 V1，连接关系为正端接 Vin，负端接 GND，sin 表示正弦波，括号里是正弦波的属性参数，0.7、10m 和 1000 表示正弦波的中心值为 0.7V，幅度为 10mV，频率为 1000Hz，括号中的其他参数将在后面的瞬态信号源部分详细介绍。

第 9 行：描述一个直流电压源，其编号为 V2，连接关系为正端接 Vb，负端接 GND，4V 直流电压，它为 PMOS 管提供偏置。

第 10 行：描述一个直流电压源，其编号为 V3，连接关系为正端接 VDD，负端接 GND，为整个电路提供 5V 直流电源。

第 11 行：注释行，说明下面将要进行仿真设置。

第 12 行：.tran 表示进行瞬态仿真，1μ 表示仿真步长为 1μs，20m 表示仿真时间长度为 20ms，3m 表示从 3ms 开始打印或记录输出结果。

除了 .tran 的瞬态仿真，作为 Spice 仿真的初学者，还应该掌握静态工作点仿真（.op）、直流扫描仿真（.dc）、交流仿真（.ac）、蒙特卡罗仿真（sweep monte）和噪声分析仿真（.noise）等几种主要类型的仿真方法，它们在电路设计中经常用到，后面的内容将对它们进行具体介绍。

第 13 行：注释行，说明仿真将要输出的变量。

第 14 行：.plot 为输出控制，v（out）表示打印 out 的电压曲线。

第 15 行：.lib 用于 Spice 模型库文件加载控制，双引号内为库文件的路径和文件名，本例为当前目录里的 demo_lib.lib，后面的 tt 表示用库文件中的 tt 库，即典型库（typical），关于这个内容还将在工艺角仿真部分进行介绍。

第 16 行：Spice 文件结束标志，无论后面有没有语句，编译器见到 .end 将认为文件结束。

Spice 也支持子电路描述，图 3.2 所示为反相器电路图和子电路网表。子电路用 .subckt 语句描述，inv 为子电路名称，A、Y、VDD 和 GND 为子电路端口，Mn 和 Mp 为反相器内部的 NMOS 管和 PMOS 管，.ends 为子电路结束语句，它比 Spice 总文件的 .end 多了个字母 s，初学者很容易写错，如果少了这个 s，那么 Spice 编译器见到它就会结束编译，并报出大量的错误。

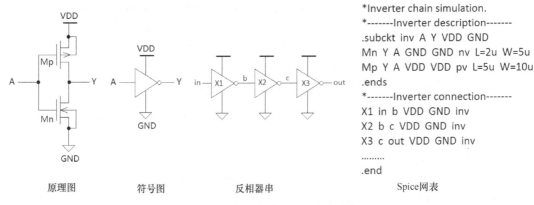

图 3.2   反相器电路图和子电路网表

子电路调用语句以 X 开头，本例为 X1、X2 和 X3，跟在它们后面的 in b VDD GND、b c VDD GND 和 c out VDD GND 分别描述反相器在总电路中的连接关系，每条 X 语句最后为子电路名称，本例为 inv。

3.4   Spice 文件结构

根据上节的讨论，大家对 Spice 基本语法有了大致的了解，下面总结一下 Spice 的文件结构。见表 3.3，一个完整的 Spice 文件由网表标题、选项参数设置（options、parameter 和 global net）、电路网表、激励源设置、仿真类型、输出信号设置、模型库文件和结尾行（.end）等几个部分构成。

网表标题用于仿真显示，不作为电路的描述内容。选项参数设置部分是可选的，因为各仿真选项参数都有默认值，且能满足绝大多数仿真要求，只有在一些特殊情况下（例如仿真不收敛等）才需要修改一下。例如手写 HSPICE 网表，选项部分只要包括 post、node 和 list 即可。其他部分的含义一目了然，不再具体说明。

表 3.3　Spice 文件结构

网表标题	*Common source amplifier simulation.
选项参数设置	.options post node list .param freq=1000 .global VDD
电路网表	*———————component connection——————— Mn a Vin GND GND nv L=2μ W=5μ Mp a Vb VDD VDD pv L=5μ W=10μ R1 a out 5k C1 out GND 10p
激励源设置	*———————power and sources——————— V1 Vin GND sin（0.7 10m freq 0 0） V2 Vb GND 4 V3 VDD GND 5
仿真类型	*———————analysis——————— .tran 1μ 20m 3m
输出信号设置	*———————control——————— .plot v（out）
模型库文件	.lib "demo_lib.lib" tt
结尾行	.end

目前很多商用 Spice 软件都具有图形界面，各种参数都可以通过对话框设置，工具可自动生成 Spice 网表，单击启动按钮即可仿真，因此关于 Spice 语法只要大致了解一下即可，图形界面已经把大家从复杂的 Spice 语法中解放出来了，只有在很特殊的时候才需要深入学习 Spice 语法，手写 Spice 网表。

HSPICE 是一个功能强大的商业版 Spice 仿真工具，既可以单独使用，也可以挂在 Cadence 上使用，利用 Cadence ADE 的图形界面进行各种参数设置，这样即使不太懂 Spice 语法也能用 HSPICE 进行仿真。但是，由于 HSPICE 工具本身没有从电路到网表的转换功能，如果单独使用 HSPICE 进行电路仿真，网表和激励文件还需手工编写或编辑，这种情况下了解一些 Spice 语法就显得十分必要，只要掌握了本章介绍的 Spice 基础语法，再适当参考 HSPICE 语法手册，单独使用 HSPICE 仿真也不是很难。

3.5　静态工作点仿真（.op）与直流扫描仿真（.dc）

在进行电路设计时，首先根据功耗为各条支路分配电流，然后再将 MOS 管偏置在饱和区。Spice 的静态工作点仿真 .op 可以求出各支路电流和各节点电压，如果发现静态工作点不合适，就需要对 MOS 管的宽长比或者栅压进行调整。

为了很快地找到合适的宽长比和栅压，可以把它们设为变量（variable）进行直流扫描仿真（.dc），扫描时需要合理设置取值范围和扫描步长。扫描可以迅速找到合适的变量值，是快速调整和优化电路静态工作点的首选方法，在电路设计和仿真的初期尤为重要。

需要指出的是，.dc 和 .op 是 Spice 的基本仿真控制语句，如果单独使用 HSPICE 进行仿真，需要手工编写这些语句，而 Cadence 为用户提供了一个功能强大的 ADE（Analog Design Environment）用于仿真，并为 Spice 仿真提供了完整的图形界面，所有的 Spice 仿真操作都能通过图形界面完成。本节将以 CS_stage 为例进行直流扫描仿真，扫描 PMOS 管的栅极偏置电压 vb，目标是将 vout 的工作点设置为电源电压的一半。

首先在 design_smic18 库里新建一个名为 CS_stage_sim 的 cell，用它进行直流扫描以及后续的其他仿真，设计仿真电路原理图时最好例化两个 CS_stage，如图 3.3 所示，这样将来在做后仿真时，可以把其中的一个配置成版图，前后仿真可以同时进行，很容易进行前后仿真结果的对比。

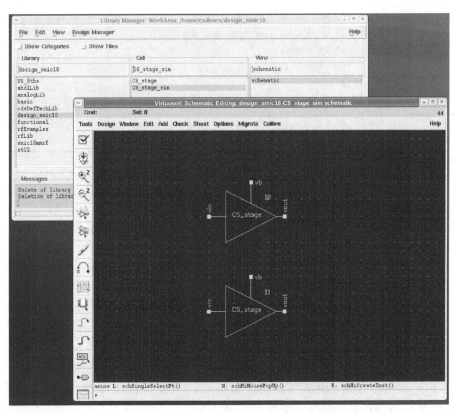

图 3.3　在 schematic view 中例化两个 CS_stage

如图 3.4 所示，在 analogLib 中再例化 3 个直流电压源 V0、V1 和 V2，其中 V0 的 DC voltage 设置为 1.8V，V1 的 DC voltage 设置为 1V，V2 的 DC voltage 设置为一个变量，变量的名称为 var_vb。按照图中的连接方式进行连线，然后按 L 键（label），弹出如图 3.5 所示的 Add Wire Name 对话框，在 Names 栏中输入 in vb_bias vout_sch vout_layout，单击 Hide，然后在原理图中添加 Wire Name，注意一定要让 Wire Name 的小方块压在连线上。单击 Check and Save，会弹出 4 个 warning，显示在 vout_sch 和 vout_layout 的两端悬空，可以忽略。

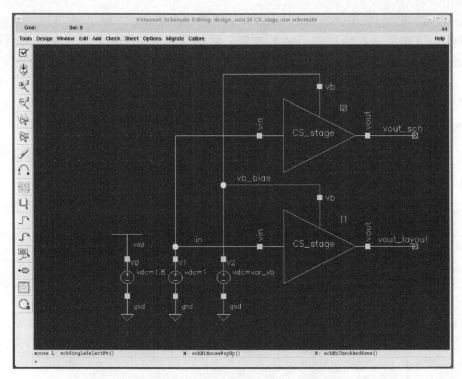

图 3.4　CS_stage_sim 的 schematic view

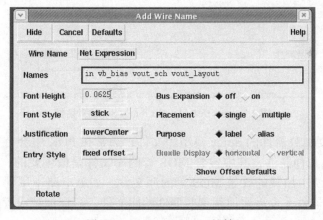

图 3.5　Add Wire Name 对话框

　　电压源 V0 为 CS_stage 提供 1.8V 电源，很多初学者经常会忘记这个供电电源；V1 为 CS_stage 的输入信号，由于现在只是做工作点分析，所以暂时用 1V 直流电压代替；V2 为 CS_stage 的栅极提供偏置，电压值用变量 var_vb 代替，本流程的目的就是通过对 var_vb 进行直流扫描，找到一个合适的 V2 电压，使 vout 为电源电压的一半，即 0.9V。

　　单击原理图 Tools → Analog Environment 启动 ADE，弹出如图 3.6 所示的 Virtuoso Analog Design Environment 对话框，单击对话框 Setup → Model Libraries 弹出如图 3.7 所示的 spectre5:Model Library Setup 对话框，用于添加 Spice 器件模型库。添加前先将 Model Library File 栏清空，方法是选中所有文件后单击对话框下方的 Delete 即可。清空后单击对话框右下角的 Browse...，弹出 Unix Browser 对话框，找到并选中 smic18mmrf

的 Spice model 库文件 ms018_v1p9_spe.lib，然后在 Section（opt.）栏中填写 tt 后单击 Add，再单击 OK。这里的 tt 是一种工艺角，本章后面会专门讨论工艺角仿真问题。注意，Cadence 617 版不用手工输入 tt，库添加完成后可以通过下拉菜单添加工艺角。

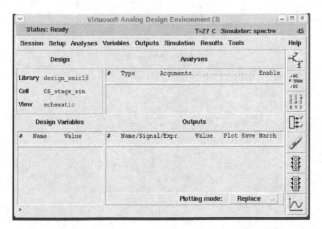

图 3.6　Virtuoso Analog Design Environment 对话框

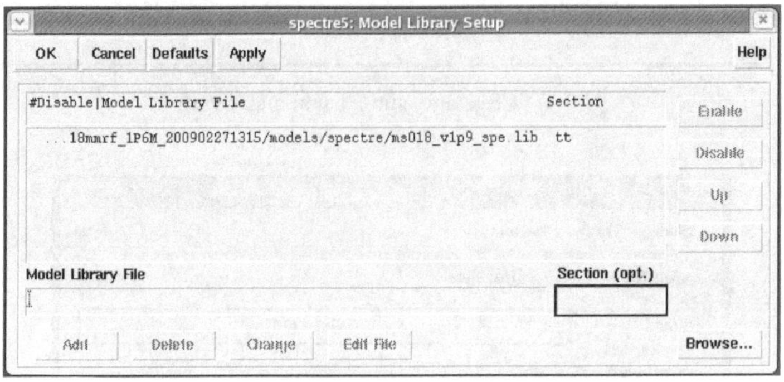

图 3.7　spectre5:Model Library Setup 对话框

Spice 仿真需要加载器件的 Spice 模型库文件，通常在 PDK 中会有很多库文件，每个库文件对应一种或几种器件，其中包含 MOS 管的库文件是最主要的，在进行 Spice 仿真时必须加载，图 3.7 中加载的就是 MOS 管的库文件。如果电路中用到了电容、电阻、电感或晶体管等其他器件，也需要加载这些器件的库文件，忘记加载或者加载不全，仿真器会报错。

CS_stage 中 MOS 管的 W 和 L 都已经确定（不是最优的），且 NMOS 管的栅压为 1V，在电源电压为 1.8V 的情况下，如果要将 vout 的静态工作点调整为 0.9V，则需要选择合适的 PMOS 管栅压 vb，也就是扫描变量 var_vb 的值。由于这个电路的工作点对 var_vb 比较敏感，所以扫描步长设置为 10mV，如果不知道大概的范围，扫描可在 0 ~ 1.8V 之间进行。这里需要说明一下，在实际的有源负载电路中，通常负载管的栅压由电流镜提供，本例扫描负载管栅压就是为了练习直流扫描仿真流程。

在扫描前需要将 var_vb 复制到 ADE 中，方法是单击 ADE 菜单 Variables → Copy From Cellview，ADE 中的 Design Variables 栏就会显示电路图中的变量，本例为 var_vb，双击 var_vb，弹出 Editing Design Variables 对话框，在 Value（Expr）栏中暂时将其设置为 1V，等扫描完成后再修改成优化值，设置结果如图 3.8 所示。

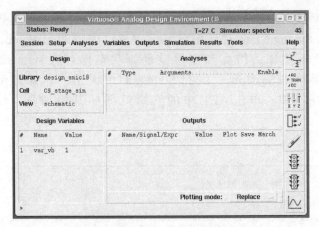

图 3.8　复制变量 var_vb 并设置为 1V

下面进行直流扫描设置，单击 ADE 的 Analyses → Choose... 弹出如图 3.9 所示的 Choosing Analyses 对话框，在 Analysis 栏中选择 dc，即将仿真分析类型设置为直流（扫描）分析。在 DC Analysis 栏中选择 Save DC Operating Point，勾选这个选项可以在电路图中直接标出各个节点的电压。在 Sweep Variable 栏中选择 Design Variable，表示要进行变量扫描，单击 Select Design Variable 按钮，选择要扫描的变量 var_vb。在 Sweep Range 栏中选择 Start-Stop，将变量扫描范围设置为 0 ～ 1.8V。将 Sweep Type 设置为 Linear，表示进行线性的扫描，选择 Step Size，将扫描步长设置为 10mV，然后单击 OK 按钮完成扫描设置。

下面设置输出显示，单击 ADE 的 Outputs → To Be Plotted → Select On Schematic，然后在原理图中直接单击需要显示的电压或者电流，单击连线可显示电压，单击器件引脚可显示电流，在本例中单击 vout_sch 和 vout_layout 即可。最终结果显示在 Outputs 栏中，如图 3.10 所示，如果误选了其他的输出，可以使用旁边红绿灯图标上方的橡皮图标删除。

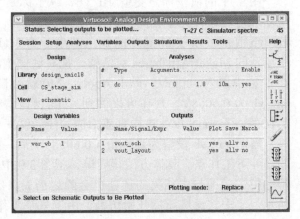

图 3.9　直流扫描分析设置　　　　　　　　　　　图 3.10　完成设置的 ADE

完成上述设置后就可以进行直流扫描仿真了，在启动仿真之前，单击 Session → Save State...，在弹出的 Saving State 对话框的 Save AS 栏中填写 state_dc，然后单击 OK 按钮。这样就可以把模型库、仿真和变量设置等状态保存在 state_dc 文件中，今后再进行仿真时只需要单击 Session → Load State... 即可调出，非常方便，希望读者养成保存仿真状态的好习惯。单击 ADE 中的红绿灯图标开始仿真，仿真波形如图 3.11 所示。

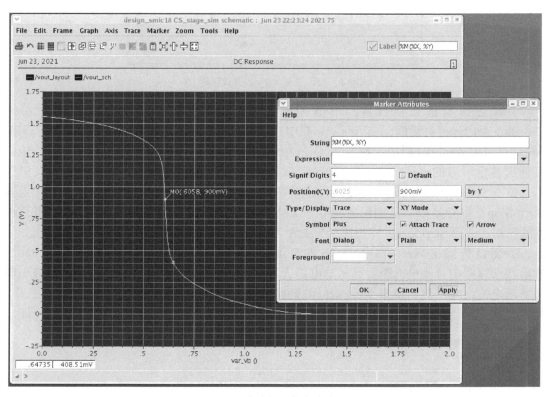

图 3.11　直流扫描仿真波形图

图 3.11 的横坐标是变量 var_vb，纵坐标是 vout_sch 和 vout_layout，由于它们对应的电路和仿真条件完全相同，所以两条曲线重合。为了快速找到纵坐标为 0.9V 时所对应的 var_vb 值，可以按 M 键在曲线上产生一个 Maker M0，双击 Maker M0 可弹出如图 3.11 中所示的 Maker Attributes 对话框，把对话框中的 Position（X，Y）栏设置为 by Y，然后在 Y 栏中填入 900mV，单击 Apply，M0 就会自动跳到 900mV 处，这样就可以得到当前 var_vb 为 0.6058V。现在可以回到 ADE 窗口，将窗口中的变量 var_vb 改为 0.6058V，然后保存一下 state_dc，这样直流扫描的任务就完成了。

当把 var_vb 设置为目标值（0.6058V）后，还需要对电路进行一下直流仿真，目的是验证一下工作点。具体方法很简单，把图 3.9 中 Sweep Variable 栏中的 Design Variable 选项去掉，后面与之相关的选项也会随之消失，然后单击 OK 按钮，ADE 窗口将如图 3.12 所示。单击红绿灯图标开始仿真，由于只是工作点计算，所以仿真结束后没有波形显示，需要通过下面的操作观察直流工作点。

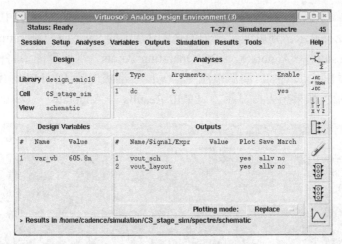

图 3.12　没有扫描的直流分析设置

按 Esc 键退出所有的操作状态，在原理图中单击 CS_stage 符号并按 E 键，弹出如图 3.13 所示的 Descend 对话框，单击 OK 按钮得到如图 3.14 所示的 CS_stage 的电路图。通过操作可知，这一步的目的是通过顶层符号图进入到符号图所对应电路的内部，便于后续的观察。

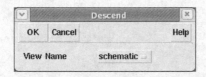

图 3.13　Descend 对话框

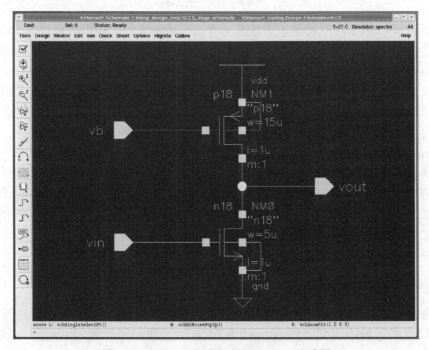

图 3.14　Descend 之后显示的 CS_stage 电路图

单击 ADE 菜单 Results → Annotate → DC Node Voltages，则原理图中将标出各个节点的电压值（如果没有显示，则可能是忘记勾选图 3.9 中的 Save DC Operating Point 选项了）。单击 ADE 菜单 Results → Annotate → DC Operating Points，则原理图中将标出 MOS 管的工作点，包括栅源电压 V_{GS}（vgs）、漏源电压 V_{DS}（vds）、漏极电流 I_{DS}（ids）和跨导 g_m（gm）等。效果如图 3.15 所示，如果想去掉显示，可单击 Results → Annotate → Design Defaults。

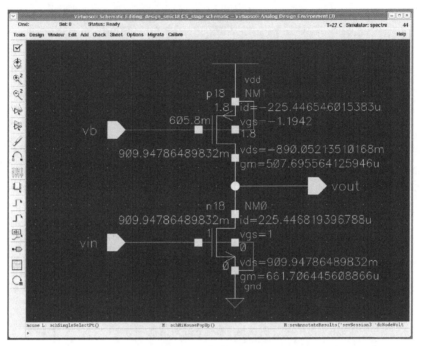

图 3.15　节点电压和工作点显示效果图

除了通过 Annotate 在原理图上直接显示直流分析结果外，还可以通过 Results → Print 菜单下面的 DC Node Voltages 和 DC Operating Points 选项在 Results Display Window 中显示结果。选择 DC Node Voltages 可以显示出鼠标单击的节点电压，选择 DC Operating Points 可以显示出鼠标单击的器件的工作点参数，这里显示的工作点参数非常详细，包括跨导 gm 和阈值电压 vth 等大家经常用到的器件参数，图 3.16 显示了 vout 节点电压约为 909.95mV，PMOS 管的跨导 gm（倒数第 2 行）约为 507.696μS。

按 Ctrl+E 键可以回到上一层电路，本节仿真结束。

如前所述，直流扫描仿真（.dc）和工作点仿真（.op）都是 Spice 的仿真描述语句，使用本节所介绍的图形界面可以很轻松地完成直流扫描仿真和工作点仿真，而对于那些单独使用 HSPICE 进行仿真的用户，则需要自己去写这些仿真分析语句。下面简单介绍一下这两条语句的语法格式，为手写仿真文件打下一定的基础。

.dc 的单参数扫描语法格式为

```
.dc var start stop step
```

其中 var 为变量名，start 为扫描起始值，stop 为扫描终止值，step 为步长。例如，本例中的扫描可以用下面的语句：.dc var_vb 0 1.8 0.01，即扫描变量为 var_vb，扫描范围为 0 ~ 1.8，扫描步长为 0.01。

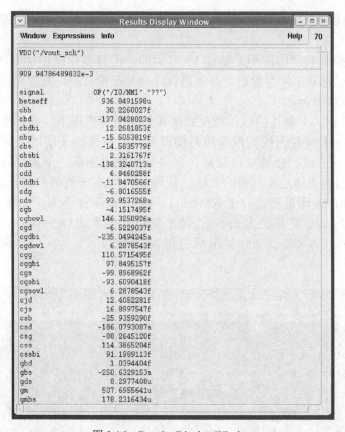

图 3.16　Results Display Window

.op 的语法格式比较简单，其语法格式为

```
.op time
```

该语句输出 time 指定时刻所有器件的工作点，以及电源电压和电流。

```
.op vol time
```

语句只输出节点电压。

```
.op cur time
```

语句只输出支路电流。

即使不写 .op 语句，Spice 在进行交流分析时也会先进行工作点计算，然后在工作点处计算交流特性，而当进行瞬态分析时，则先计算 0 时刻的工作点，并以此为边界条件按照时间进行仿真计算。

3.6　直流二重扫描与 MOS 管 I–V 特性曲线

.dc 语句也支持二重扫描（双参数扫描），其基本语法格式为

```
.dc var1 start1 stop1 step1 sweep var2 start2 stop2 step2
```

其中 var1 和 var2 是两个被扫描的参数，后面跟着的 3 个参数分别是扫描起始值、扫描终止值和步长。

直流二重扫描最典型的应用是扫描 MOS 管的 *I-V* 特性曲线以了解 MOS 管的恒流特性、阈值电压和过饱和压降等参数，在电路设计初期非常重要，甚至可以说"设计模拟电路应该从扫描 MOS 管开始！"。

扫描 MOS 管的 *I-V* 特性曲线，就是观察在不同栅源电压下，漏源电流随漏源电压的变化情况，所以 *I-V* 特性曲线的纵坐标是漏源电流，横坐标是漏源电压，不同的栅源电压对应不同高度的曲线，栅源电压越高，则电流曲线也越高。下面介绍使用 Cadence 的 ADE 对 MOS 管进行直流二重扫描的方法，首先介绍 NMOS 管的扫描方法。

在 design_smic18 库里新建一个 NMOS_IV 的 schematic view，连接方法如图 3.17 所示，MOS 管使用 n18，宽长比为 5μ/1μ，两个直流电压源的 DC Voltage 分别设置为参数 var_vgs 和 var_vds。在 Check and Save 后打开 ADE 窗口。

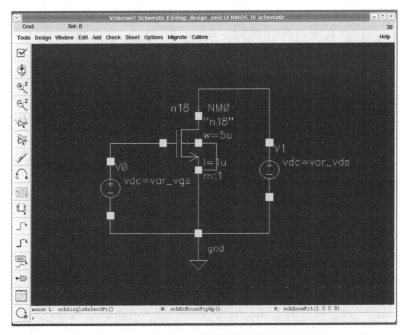

图 3.17 NMOS 管 *I-V* 特性曲线扫描电路图

首先试一试单参数扫描是否正常，按照前面的仿真设置方法，在 ADE 窗口中首先添加 smic18 的仿真库 mos018_v1p9_spe.lib，再将 var_vgs 和 var_vds 复制到 ADE 窗口中，并将它们都设置为 1。打开 Choosing Analyses 对话框，按照图 3.18 所示设置 dc 仿真参数，对变量 var_vds 进行 0 ~ 1.8 的扫描，扫描步长为 0.1。用 Select on Schematic 选择 MOS 管的漏极电流进行显示，方法是在原理图中单击 NMOS 管的漏极 pin，即单击 pin 可以看电流。设置完成的 ADE 窗口如图 3.19 所示，保存当前的设置为 state_NMOS_IV 后，单击红绿灯图标，正常情况下应该得到如图 3.20 所示的波形，它是 V_{GS}=1V（即 var_vgs 为 1）时的 MOS 管电流随漏源电压 V_{DS} 变化的曲线。在单参数扫描成功的基础上，很容易实现双参数扫描，请按照下面的流程继续。

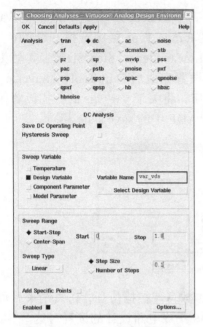

图 3.18　var_vds 扫描参数设置

图 3.19　设置完成的 ADE 窗口

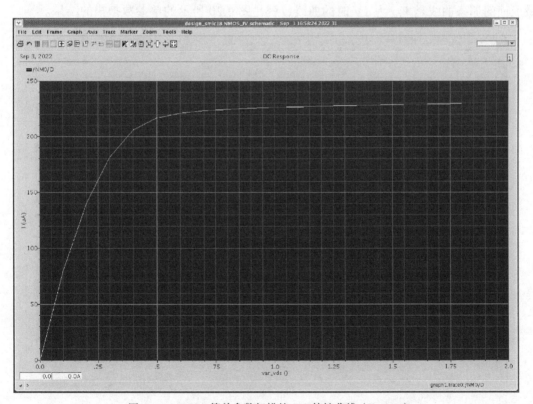

图 3.20　NMOS 管单参数扫描的 I–V 特性曲线（V_{GS}=1V）

下面开始添加第二个扫描参数，单击 ADE 窗口的 Tools → Parametric Analysis...，弹出如图 3.21 所示的 Parametric Analysis 对话框，单击这个对话框的 Setup → Pick Name For Variable → Sweep1...，弹出 Parametric Analysis Pick Sweep 1 对话框，选择其中的

变量 var_vgs 并单击 OK 按钮，这时 var_vgs 就加到了图 3.21 所示的对话框的 Variable Name 栏中，即完成了第二个扫描参数的添加。在 Range Type 栏中选择 From/To，并填写 From 为 0，To 为 1。在 Step Control 栏中选择 Linear Steps，Step Size 栏填写为 0.1，表示 var_vgs 从 0 到 1 按照 0.1 的间隔进行扫描。设置完成后单击 Tool → Save...，弹出 Parametric Analysis Save 对话框，直接单击 OK 按钮，将关于 var_vgs 的扫描设置保存下来，将来单击 Tool → Recall... 即可调出，其作用与 ADE 中的 save state 相同。

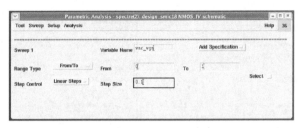

图 3.21　Parametric Analysis 对话框

单击图 3.21 中的菜单 Analysis → Start 开始双参数直流扫描仿真，仿真结束后可得到如图 3.22 所示 NMOS 管 I–V 特性曲线。学过 CMOS 集成电路设计的读者对这个 MOS 管 I–V 特性曲线并不陌生，每条曲线对应一个 V_{GS} 值，随着 V_{GS} 增加，电流曲线越来越高。最上面的那条曲线是 V_{GS} 为 1V 时的曲线，就是图 3.20 所示的单参数扫描的结果。

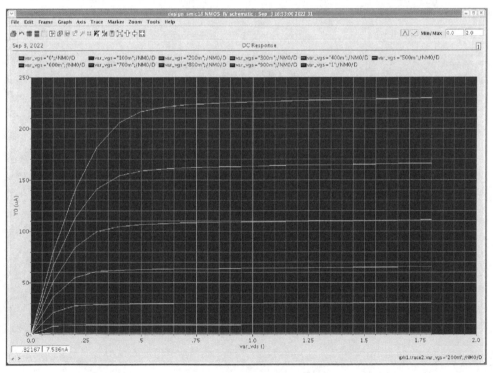

图 3.22　NMOS 管 I–V 特性曲线

PMOS 管 I–V 特性扫描与 NMOS 管的基本相同，只需要注意 PMOS 管的源极电位最高，栅极电压和漏极电压都要低于源极电压，PMOS 管电流的实际方向是从源极流向漏极。考虑到这些因素后，在 design_smic18 库中新建一个 PMOS_IV 的 schematic view，画出如图 3.23 所示的 PMOS 管 I–V 特性曲线扫描电路图。

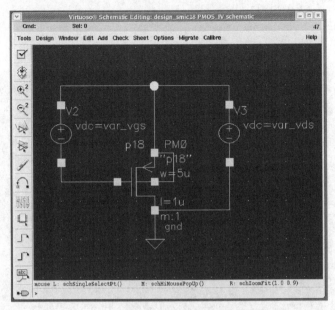

图 3.23　PMOS 管 I–V 特性曲线扫描电路图

　　对 PMOS 管的单参数扫描和二重扫描方法与 NMOS 管的完全相同，图 3.24 所示为 PMOS 管单参数扫描的 I–V 特性曲线（V_{GS}=1V），从图中大致可以看出 PMOS 管的饱和电流为 45μA 左右，比相同条件下 NMOS 管的 225μA 左右的电流差了很多倍。图 3.25 为 PMOS 管双参数扫描的 I–V 特性曲线，大家可以用它与 NMOS 管的结果进行对比，感觉一下 NMOS 管与 PMOS 管在相同宽长比情况下的电流差异。

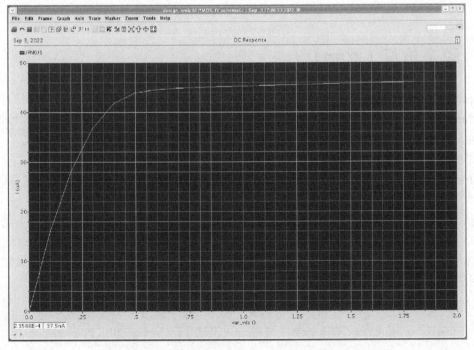

图 3.24　PMOS 管单参数扫描的 I–V 特性曲线（V_{GS}=1V）

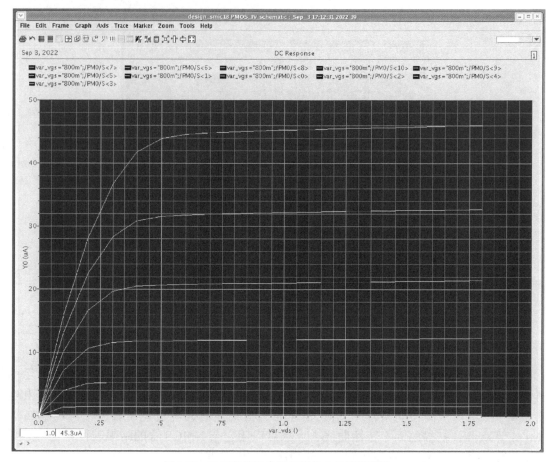

图 3.25　PMOS 管双参数扫描的 *I-V* 特性曲线

3.7　瞬态仿真（.tran）

Spice 时域仿真即瞬态仿真用于观察电路的时域波形，是电路仿真中最常用的仿真类型。.tran 语句可以设置瞬态仿真的起始时间、终止时间、仿真步长、波形显示起始时间等参数，需要与瞬态信号源配合。做好瞬态仿真首先要掌握瞬态信号源的格式，并根据电路的功能选取合适的瞬态信号源。下面先介绍一下 Spice 的瞬态信号源格式，然后再介绍 .tran 语句的语法格式，最后给出用 Cadence ADE 对 CS_stage 进行瞬态仿真的具体流程。

Spice 有 4 种常用瞬态信号源，即正弦（sin）信号源、周期方波脉冲（pulse）信号源、分段线性（pwl）信号源和指数（exp）信号源。sin 信号源产生正弦信号，pulse 信号源产生周期方波信号，pwl 信号源可以用线段画波形，而 exp 顾名思义，用来描述指数信号。下面对它们的语法格式进行具体介绍。

1）sin 信号源：在电路仿真中 sin 信号源最常用，其 Spice 语法格式为

sin（偏置 v0　幅度 va　频率 freq　延时 td　阻尼因子 theta　相位 phase）

例如，sin（1 0.7 1 0 0 0）表示偏置（中心值）为 1、幅度为 0.7、频率为 1、延时为 0、阻尼因子为 0 和相位为 0 的正弦波，其波形如图 3.26 所示。如果 theta 大于 0，则生成衰减的正弦波，模拟阻尼振荡。v0 可以理解为正弦波的直流偏置，信号以偏置为中心上下波动，大部分电路仿真都可以用 v0 作为偏置电压，不用单独添加一个直流偏置电压。

2）pulse 信号源：pulse 信号源产生高低变化的周期性波形，其 Spice 语法格式为

pulse（初始值 v1　脉动值 v2　延时 td　上升时间 tr　下降时间 tf　脉宽 pw　周期 per）

例如，pulse（0 5 0 0.1 0.1 0.6 1）表示初始值为 0、脉动值（幅度）为 5、延时为 0、上升时间为 0.1、下降时间为 0.1、脉宽（占空比）为 0.6 和周期为 1 的脉冲波形，其波形如图 3.27 所示，从图中可以看出，当把 tr 或 tf 设置为 0 时，可以模拟理想方波信号，在逻辑电路仿真中可以模拟高低逻辑电平，在放大器或滤波器电路仿真中可以测试电路的转换速度。

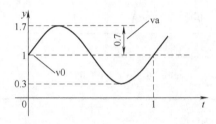

图 3.26　sin（1 0.7 1 0 0 0）波形图

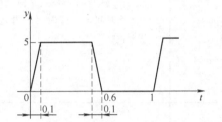

图 3.27　pulse（0 5 0 0.1 0.1 0.6 1）波形图

3）pwl 信号源：pwl 信号源主要用于生成任意波形，给出时间点和所对应的数值，相邻时间点之间用直线连接，表现出分段线性的特点，其 Spice 语法格式为

pwl（时间 t0　数值 v0　时间 t1　数值 v1　时间 t2　数值 v2　时间 t3　数值 v3　…）

例如，pwl（0 1 1 0.5 2 0.5 3 1 4 0）的波形如图 3.28 所示。

4）exp 信号源：exp 信号源主要用于产生类似于充放电的指数波形，需要给出充放电初始值和稳态值，以及充放电起始时刻和时间常数，其 Spice 语法格式为

exp（初始值 v1　稳态值 v2　充电起始时刻 td1　充电时间常数 tau1　放电起始时刻 td2　放电时间常数 tau2）

例如，exp（0 1 0.2 0.5 2 1）的波形如图 3.29 所示。

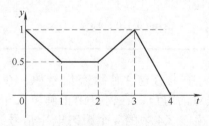

图 3.28　pwl（0 1 1 0.5 2 0.5 3 1 4 0）波形图

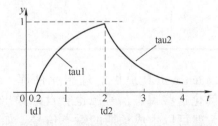

图 3.29　exp（0 1 0.2 0.5 2 1）波形图

为方便查阅和比较，表 3.4 归纳了上述 4 种瞬态信号源 Spice 语法格式和波形举例。

表 3.4　4 种瞬态信号源 Spice 语法格式和波形举例

名称	Spice 语法格式	波形举例
sin	sin（偏置 v0　幅度 va　频率 freq　延时 td　阻尼因子 theta　相位 phase）	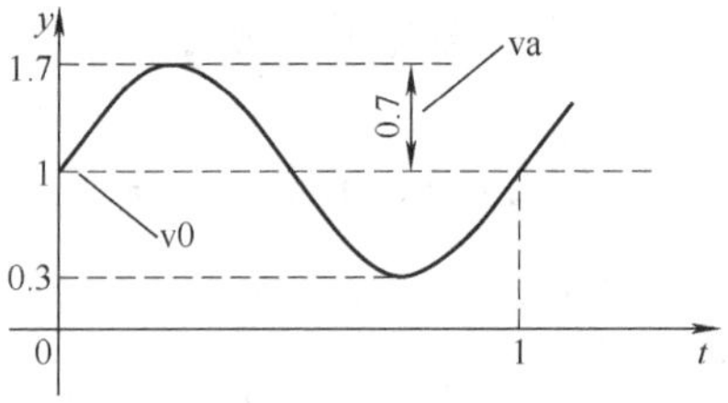 sin（1 0.7 1 0 0 0）
pulse	pulse（初始值 v1　脉动值 v2　延时 td　上升时间 tr　下降时间 tf　脉宽 pw　周期 per）	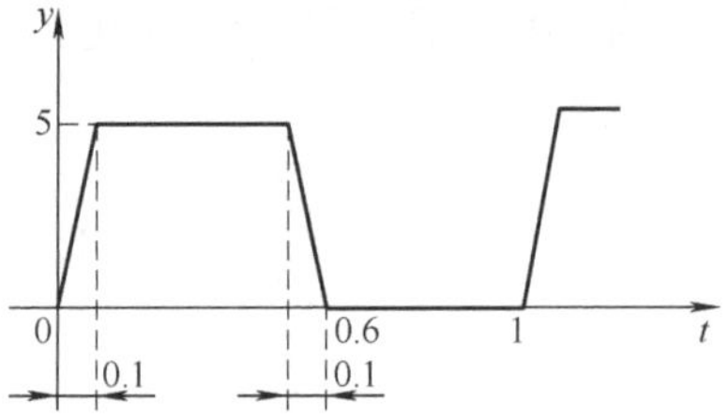 pulse（0 5 0 0.1 0.1 0.6 1）
pwl	pwl（时间 t0　数值 v0　时间 t1　数值 v1　时间 t2　数值 v2　时间 t3　数值 v3 …）	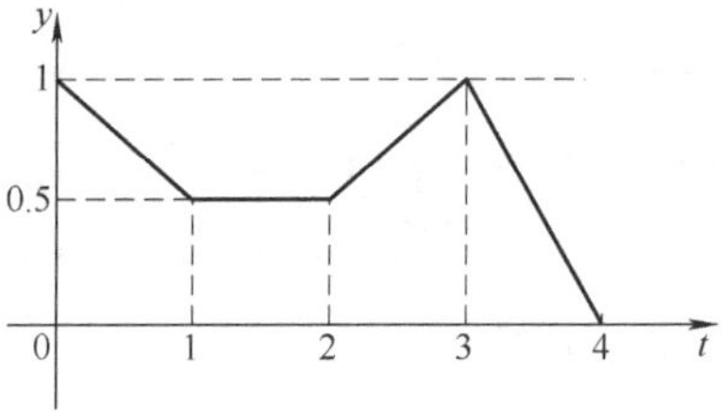 pwl（0 1 1 0.5 2 0.5 3 1 4 0）
exp	exp（初始值 v1　稳态值 v2　充电起始时刻 td1　充电时间常数 tau1　放电起始时刻 td2　放电时间常数 tau2）	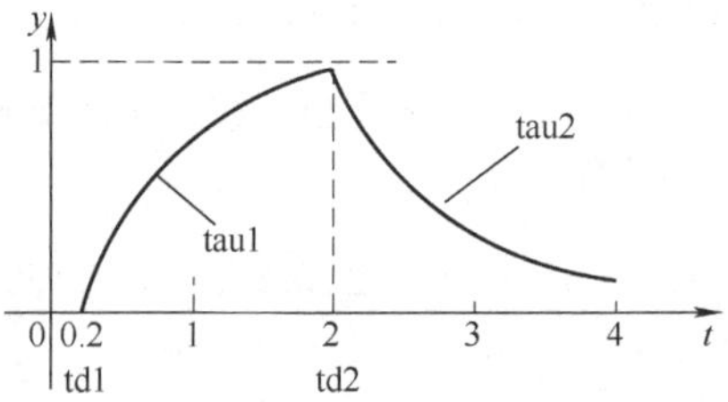 exp（0 1 0.2 0.5 2 1）

　　Cadence 工具提供的理想元件库（analogLib）中也有这 4 种瞬态信号源，在原理图中例化这些瞬态信号源也会自动弹出参数设置对话窗口，在窗口中正确填入相关的参数，就可以生成预期的瞬态信号。如果需要产生表 3.4 中的 4 个瞬态电压信号波形，可调用 analogLib 中电压瞬态信号源 vsin、vpulse、vpwl 和 vexp，参数设置对话框如图 3.30 ～图 3.33 所示，仿真输出的波形如图 3.34 所示。

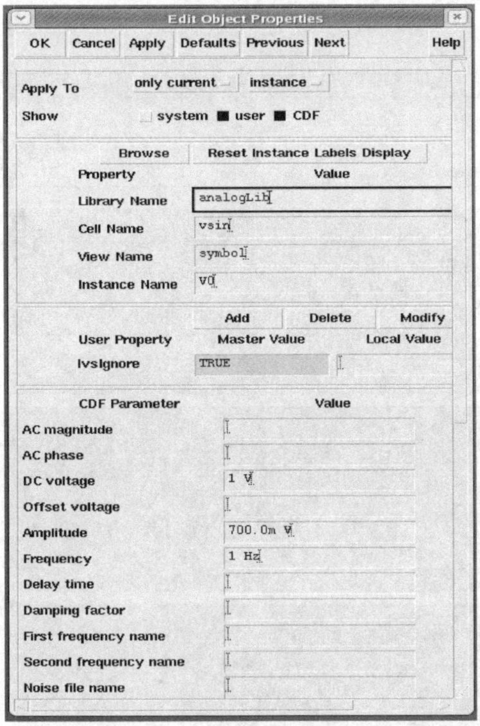

图 3.30　vsin 设置

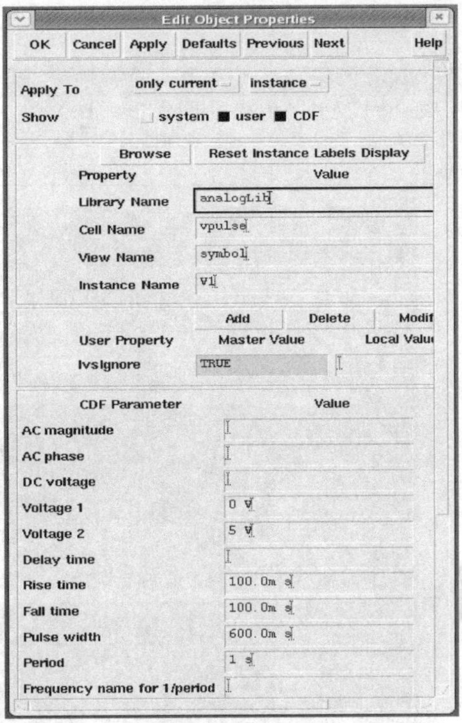

图 3.31　vpulse 设置

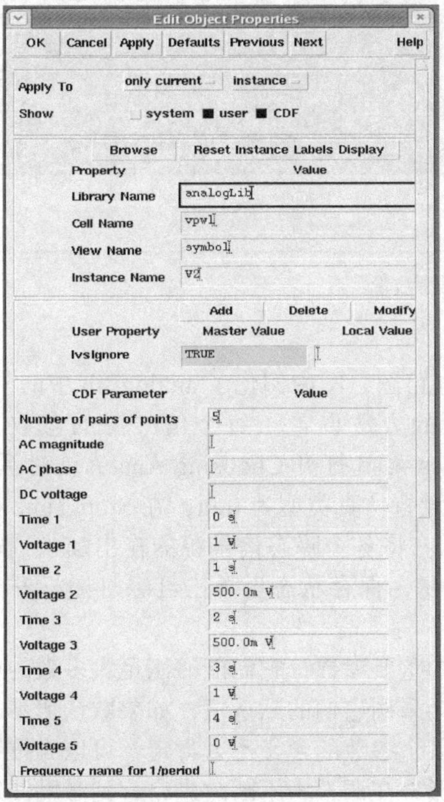

图 3.32　vpwl 设置

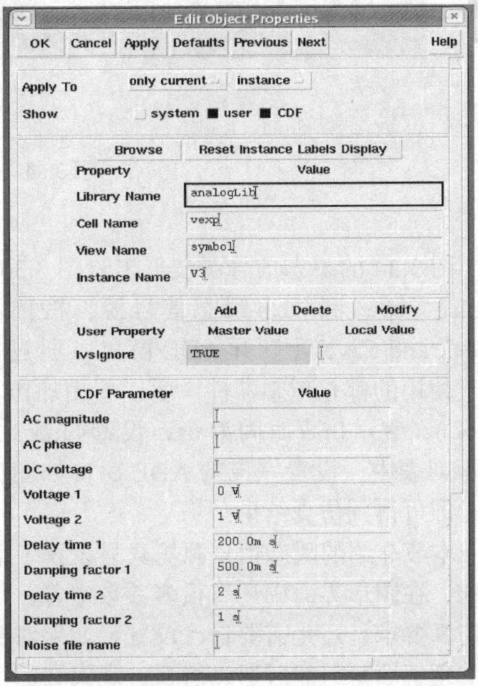

图 3.33　vexp 设置

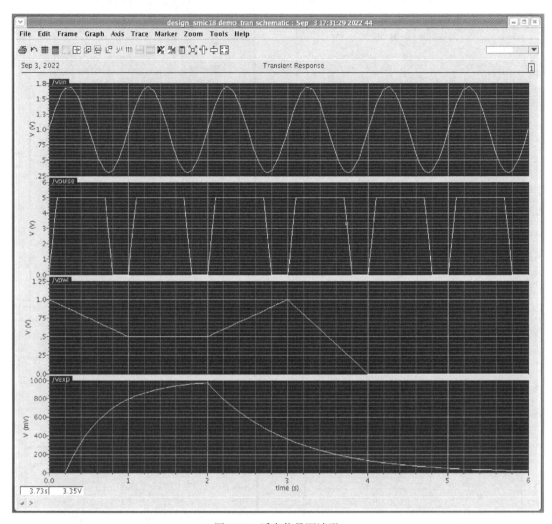

图 3.34　瞬态信号源波形

　　图 3.34 的瞬态信号源波形出自图 3.35 中的电路图，图中例化了 analogLib 中的 vsin、vpulse、vpwl 和 vexp 瞬态信号源，按前面图中的方法设置了每个信号源的参数，在 Check and Save 后打开 ADE 窗口。通过 Analyses 菜单打开 Choosing Analyses 对话框，由于使用的都是理想器件，所以不用加仿真库，设置仿真类型为 tran，在 Stop Time 栏中填写 6，表示仿真时间为 6s，设置如图 3.36 所示。将各个瞬态信号源的输出加入到输出显示列表中，设置完成的 ADE 窗口如图 3.37 所示，保存状态后单击红绿灯图标开始仿真，即可得到仿真结果。

　　本节介绍的瞬态信号源仿真只设置了信号源的重要参数，它们能够满足大多数的应用需求，在图形界面中还有很多参数空着，仿真器会采用它们的默认值，如果默认值不能满足仿真要求，还是需要自己设置。如果对窗口中某个参数的含义不太肯定，可以先按照自己的理解填写，然后通过仿真去观察它的实际波形，在调整中不断改进，直到激励波形满足预期要求为止，必要时再参考手册等。

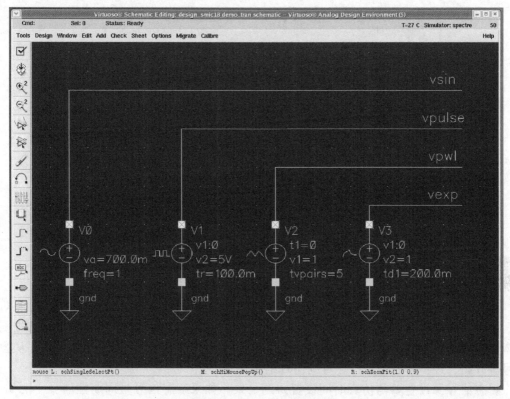

图 3.35　demo_tran 电路图

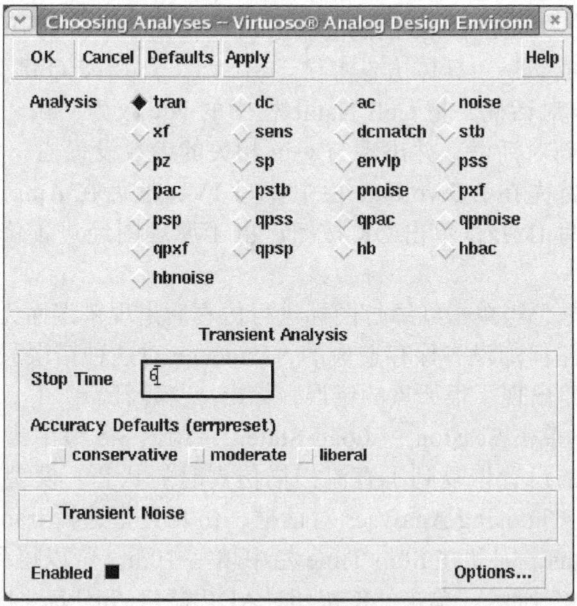

图 3.36　瞬态仿真设置

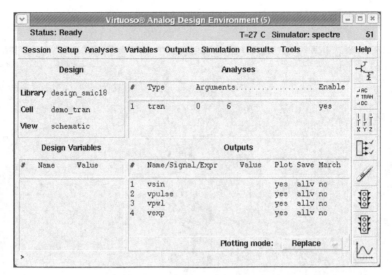

图 3.37　瞬态信号源仿真设置结果

　　总之，在进行电路瞬态仿真时要保证激励信号正确，在观察瞬态仿真结果时首先要检查激励波形是否正确，不要一发现仿真结果不正确就慌了手脚，而要先冷静下来，从激励信号源开始，逐步检查与分析，直到仿真结果正确为止。

　　瞬态信号源设置要与仿真时间设置协调一致，如果瞬态信号是周期性信号，例如 sin 或者 pulse，且电路没有过渡状态，则设置几个信号周期的仿真时间就可以了。经常会有读者把仿真时间设置得过长，仿真时间长度包括了成千上万个信号周期，不仅浪费了大量的仿真时间，而且观察波形也很慢，甚至有时候计算机还会因内存不足而卡住。

　　有了前面的基础，对 CS_stage 的瞬态仿真就非常简单了。打开 CS_stage_sim 的原理图，把电压源 V1 换成 vsin，具体方法是先选中 V1，然后按 Q 键弹出如图 3.38 所示的 Edit Object Properties 对话框，把 Cell Name 栏中的 vdc 改为 vsin，然后随便单击一下别的栏，这样就可以更新对话框，并出现与 vsin 相关的参数设置栏。为了保持 NMOS 管栅极的 1V 偏置电压，首先在 DC voltage 栏中填写 1V，然后在 Amplitude 栏中填写 1mV，在 Frequency 栏中填写 1kHz，单击 OK 按钮。由于原理图经过了修改，所以需要 Check and Save。

　　需要提醒注意的是，当单击红绿灯图标进行仿真后出现错误而无法进行时，大部分情况都是因为修改了电路但却没有保存造成的，Cadence 对这种错误只是报告而不提示，所以很容易被误认为电路出现了很严重的错误，惊出一身冷汗！

　　打开 ADE 窗口，单击 Session → Load State...，调出 3.5 节中进行直流扫描时保存的 state_dc，这时 ADE 的设置恢复到了直流扫描仿真时的状态，模型库已经自动添加。通过 Analyses 菜单打开 Choosing Analyses 对话框，仿真类型选择 tran，由于正弦波频率为 1kHz，所以周期为 1ms，因此在 Stop Time 栏中填写 10m，可以得到 10 个正弦波周期波形，设置结果如图 3.39 所示。单击 OK 按钮，ADE 窗口 Analyses 栏多了一行瞬态仿真，如图 3.40 所示。单击 Session → Save State...，将状态保存为 state_tran，然后单击红绿灯图标开始仿真，仿真结果如图 3.41 所示。

图 3.38　Edit Object Properties 对话框　　　　　　图 3.39　瞬态仿真设置窗口

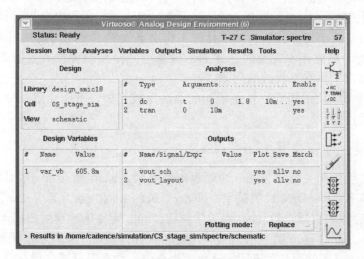

图 3.40　设置完成的 ADE 窗口

从图 3.41 所示的仿真结果中可以看出，直流扫描仿真结果与原来的仿真结果完全相同，并没有因为把 V1 从 vdc 换成 vsin 而发生变化，其主要原因是 vsin 的中心值被设置成了 1V。另外，经过放大的正弦波峰峰值为 80mV 左右，所以其幅度值为 40mV，与输入信号的 1mV 相比，可以大致估算 CS_stage 的低频放大倍数为 40 左右。

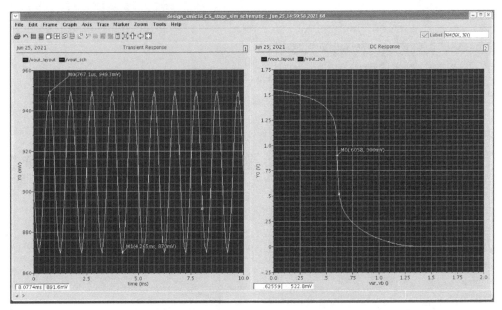

图 3.41　瞬态仿真和直流扫描仿真波形图

3.8　交流仿真（.ac）和常用波形操作技术

交流仿真就是对电路进行频率特性分析，仿真的主要对象是放大器和滤波器。交流仿真必须先求出电路的工作点，即使没有 .op 语句，Spice 仿真器也会先计算工作点，然后基于工作点进行交流小信号分析，如果计算工作点不收敛，交流仿真就无法进行。当电路设计不合理或者电路连接不完整时，比如出现悬空的栅极或者没有直流通路的节点等情况，就很容易出现工作点不收敛的问题。

Spice 交流仿真用 .ac 语句，这条语句的语法比较复杂，下面介绍一种 .ac 语句最常用的简化语法格式，即

.ac　type　num　fstart　fstop

其中，tpye 为频程控制关键字，num 为频程内的点数，fstart 和 fstop 分别代表交流仿真起始频率和终止频率。type 有 4 种关键字，即 dec、oct、lin 和 poi，其中 dec 表示 10 倍频程，num 为每 10 倍频程的扫描点数；oct 表示倍频程，num 为每倍频程的扫描点数；lin 表示按照线性规律扫描，此时 num 则表示每 10 倍频程的扫描点数；poi 表示按照列表规律变化扫描，后面的参数含义跟前面几种不同，这里不再介绍，如有需要请自行查阅相关手册。

在 Spice 文件中，.ac 需要与 .print ac 语句配合使用，下面举一个简单的例子。如图 3.42 所示为一阶 RC 低通滤波器电路图和交流分析的 Spice 网表，其中 V1 是交流小信号源，其连接节点 in 和地，直流电压为 10V，交流电压为 1V，这里的 1V 并不表示实际的幅度，作为交流小信号分析，这个 1 只是为了方便观察结果，输出是几伏，增益就是几倍。.AC 语句是扫描分析控制语句，本例中 DEC 表示按照 10 倍频程扫描，每 10 倍频程扫描 10 个频点，1K 和 1MEG 表示扫描频率范围为 1kHz ～ 1MHz。这里的 .PRINT AC 语句是设置频率扫描计算完成后需要显示的电压和电流，本例为节点 out 的电压和电容 C1 的电流。

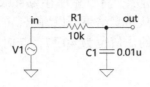

```
*AC analysis of an RC LPF.
.OPTIONS LIST NODE POST
R1 in out 10k
C1 out 0 0.01u
V1 in 0 10 AC 1
.AC DEC 10 1K 1MEG
.PRINT AC V(out) I(C1)
.END
```

电路原理图　　　　　　　　　　Spice网表

图 3.42　RC 低通滤波器交流小信号分析举例

前面简单介绍了一下 .ac 的语法结构，下面再介绍一下在 Cadence 的 ADE 环境中如何进行交流仿真。

打开 CS_stage_sim 的电路图，设置 V1 的属性，为其添加 AC 信号，只有添加了 AC 信号才能进行交流分析。选中 V1，然后按 Q 键，弹出如图 3.43 所示的 Edit Object Properties 对话框，在 AC magnitude 栏中填写 1V，表示交流输入为 1V。前面介绍过，这个 1V 是为了方便增益计算，不代表真正的 1V，因为仿真输出除以输入为增益，若输入为 1，则输出幅度值就可以直接代表增益。单击 OK 按钮，然后进行 Check and Save。

打开 ADE 窗口，调出之前保存的状态，先单击红绿灯图标进行仿真试试，确定能正常仿真之后先将 dc 和 tran 仿真都关闭，方法是在 Choosing Analyses 对话框中把下面选中的 Enabled 去掉。然后在 Analysis 栏中选择 ac，在 Sweep Variable 栏中选择 Frequency，在 Sweep Range 栏中选择 Start–Stop，并在 Start 栏中填写 1，在 Stop 栏中填写 1G（要大写），在 Sweep Type 栏中选择 Logarithmic，设置频率为对数坐标，然后选中 Points Per Decade，并在该栏中填写 10，表示每 10 倍频程扫描 10 个频点，设置完成如图 3.44 所示，单击 OK 按钮。

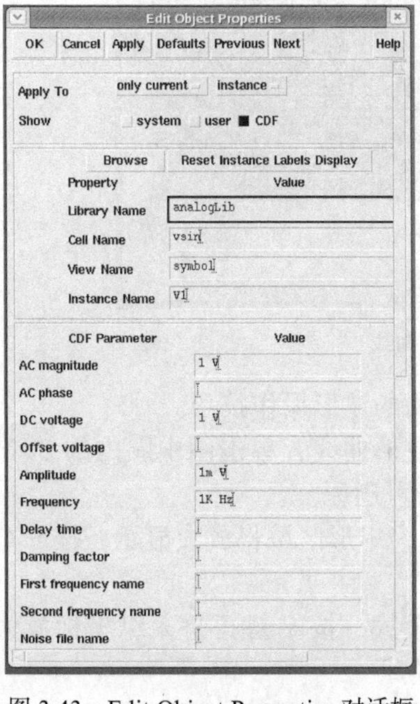

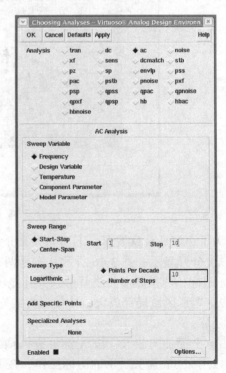

图 3.43　Edit Object Properties 对话框　　　　　图 3.44　ac 仿真设置结果

设置完成 ac 仿真的 ADE 窗口如图 3.45 所示，将设置保存为 state_ac，然后单击红绿灯图标开始仿真，仿真结果如图 3.46 所示。从仿真结果可以看出，CS_stage 在 1.557kHz 处的输出为 40.17V，与 1V 的交流信号幅度的比值也为 40.17，与时域仿真估算的 40 倍增益基本相同。

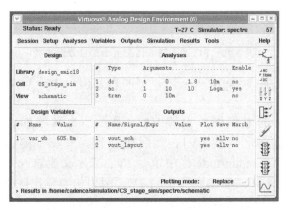

图 3.45　ADE 窗口设置结果

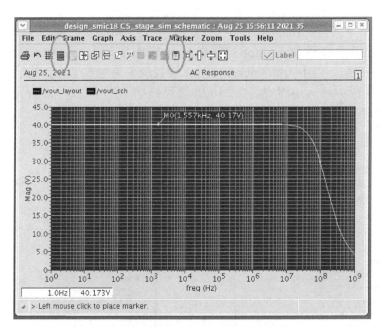

图 3.46　ac 仿真波形曲线

为了更好地观察波形，下面向大家介绍一些常用的波形操作技巧。

1）分开显示：图 3.46 所示其实是两条重合的波形曲线，单击图中圈内的 Strip Chart Mode 图标，两条波形曲线就可以分开显示，再单击可还原。

2）矩形区域局部放大：按住鼠标的右键画矩形，矩形区域将放大显示，按 F（fit）键可以还原。

3）坐标轴向放大：按 X 键可进入横坐标放大模式，按 Y 键可进入纵坐标放大模式，也可以用 zoom 箭头所示的图标操作，按 F 键可以还原。

4）曲线合并：在分开显示模式下，选中一条曲线，拖动到其他波形曲线上可合并显示。

5）添加 marker：将鼠标在波形曲线上移动，按 M 键，可以得到图 3.46 中的 M0（1.557kHz，40.17V）的 marker。

6）dB 显示（dB20）：单击图 3.46 中的 Calculator，弹出如图 3.47 所示的窗口，单击 Clear，选择 Wave，再单击图 3.46 中的一条波形曲线，然后在 Calculator 中选择 dB20，再选择 New Win，再单击 plot 按钮，就可以得到如图 3.48 所示的 dB 显示。

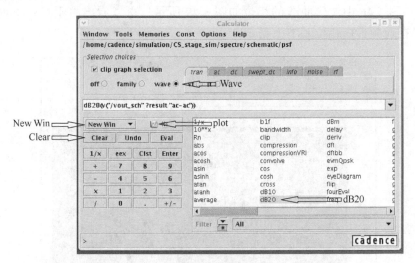

图 3.47　Calculator

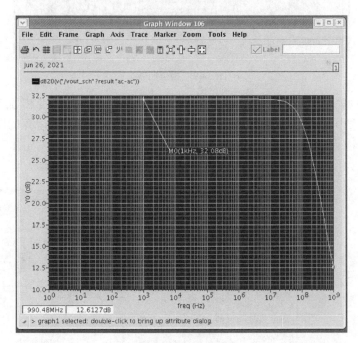

图 3.48　dB 显示

dB 是对功率增益 A_p 取对数再乘以 10 得到的，即 $A_{pdB}=10\lg A_p$，比如 40dB 对应 $A_p=10^4$。在电学中通常把电压或电流的平方也看作功率。在知道了电压增益或者电流增益后，必须将它们平方后才可以看作功率增益，因此用 dB 表示电压增益或电流增益需要取对数再乘以 20，图 3.47 中的 dB20 就是这个含义。

dB 是个重要概念，下面介绍几个对特殊 dB 值的理解，例如增益为 1 是 0dB；功率减少一半相当于减小了 3dB；负的 dB 表示不仅没放大而且还衰减了；只要是正的 dB 无论多小都表示有放大。使用 dB 有两点好处，一个是跨度很大的数反应在 dB 上变化没有那么大，另一个是级联的系统可以直接用 dB 相加。

7）相位（phase）显示：相位显示与 dB20 显示基本相同，只要把单击 dB20 改成 phase 即可。图 3.46 中波形曲线的相位如图 3.49 所示，可以看出由于 CS_stage 是反相放大器，所以在通频带内相位基本上是 180°。

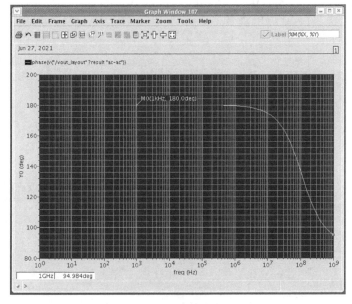

图 3.49　相位曲线

8）波形加减（+/−）：使用 Calculator 可以对两个波形曲线相加减，方法是在 Calculator 上先选中 wave，然后在波形窗口依次单击两条需要加减运算的波形曲线，再单击 +/− 号，就可以得到波形曲线加减运算的表达式。如图 3.50 所示为图 3.46 两条波形曲线相加的表达式，图 3.51 为波形曲线相加的结果，增益增加了 1 倍。

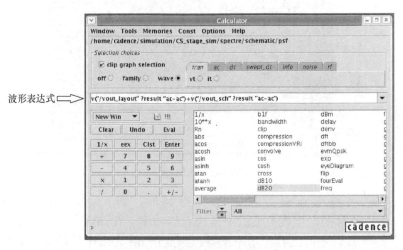

图 3.50　计算器中的加法表达式

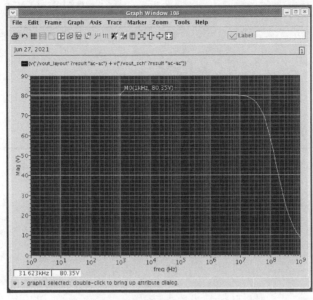

图 3.51　波形曲线相加的结果

　　为了便于理解和记忆，对上述操作可以暂时这样理解，Calculator 有两个缓存区，即 1 号缓存区和 2 号缓存区，第一次单击波形曲线，波形曲线数据就进入 1 号缓存区，再单击一条波形曲线，数据就进入到 2 号缓存区，单击 +/– 号，则可完成 1 号缓存区和 2 号缓存区中波形曲线的加减运算，在表达式中 1 号缓存区的数据总是在 +/– 号前面。

　　9）波形取倒数（1/x）：操作方法与 dB 显示相同，选中波形曲线，单击 1/x 即可。

　　10）波形删除：选中一条波形曲线，按 Delete 键可以删除。

　　11）打印到文件：波形显示窗口为用户提供了打印到文件的功能，单击波形窗口菜单 File → Print... 或者直接单击打印机图标，在弹出的打印机设置窗口中勾选 Print To File，然后单击 Print 即可。打印的文件可以直接打开显示，也可以转成 PDF，图 3.52 为图 3.51 打印到文件的效果图。

　　CS_stage 是一个放大器电路，而放大器的交流仿真主要看它的幅频特性和相频特性，而且幅频特性最好用 dB 显示。在 ac 仿真设置中，只能得到如图 3.46 所示的线性幅频特性曲线，既不是 dB 显示，也没有相频特性曲线。虽然 dB 和相位可以通过前面介绍的波形操作方法得到，但是毕竟需要手工操作，在反复仿真优化电路时非常不方便。下面向大家介绍一种可以在仿真后自动显示出幅频特性 dB 曲线和相频特性曲线的方法。

　　这种方法的大体思路是把 Calculator 中的波形表达式看成一个信号，给这个信号取个名字，然后加入到 ADE 窗口的 Outputs 列表中。具体方法是先打开 Calculator，选中 ac 和 vf，选中 ac 表示将要对 ac 仿真的波形结果进行处理，选中 vf 表示将要处理某个节点的电压增益，在原理图中单击 vout_sch，再单击 dB20，此时在 Calculator 上就有了 dB20 的表达式，如图 3.53 所示。

　　单击 ADE 窗口中的 Outputs → Setup...，弹出 Setting Outputs 对话框，单击对话框中的 New Expression 按钮，在 Name（opt.）栏中随便填写一个信号名称，比如 vout_sch_db20，单击 Get Expression 按钮后，Calculator 中的波形表达式就会出现在 Expression 栏中，如图 3.54 所示，然后单击 OK 按钮，vout_sch_db20 就会出现在 ADE 窗口的 Outputs 列表中。

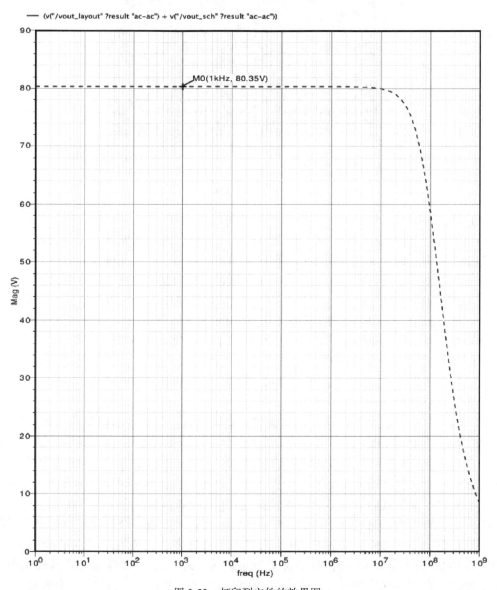

图 3.52　打印到文件的效果图

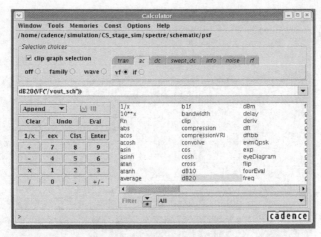

图 3.53　dB20 波形表达式

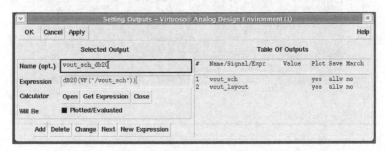

图 3.54　Setting Outputs 对话框

　　用相同的办法在 Calculator 中得到 vout_sch 相位表达式，并将它命名为 vout_sch_phase，把它也列到 ADE 窗口的 Outputs 列表中。在 ADE 窗口 Outputs 列表中只保留 vout_sch_db20 和 vout_sch_phase，其他的都删除，ADE 窗口结果如图 3.55 所示。保存当前状态为 state_ac_db20，然后单击红绿灯图标进行仿真，仿真完成后 vout_sch_db20 和 vout_sch_phase 可直接显示出来，如图 3.56 所示。

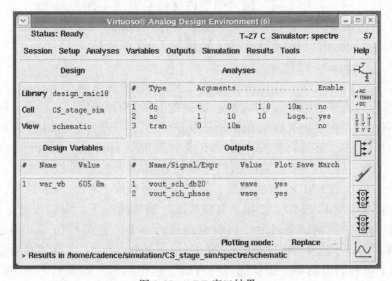

图 3.55　ADE 窗口结果

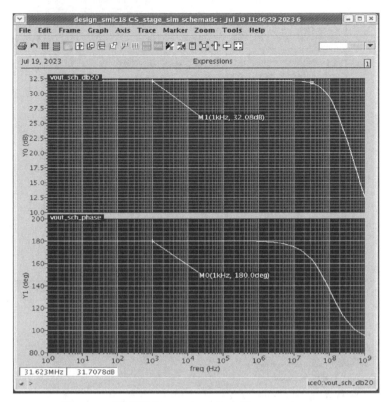

图 3.56　直接显示的 vout_sch_db20 和 vout_sch_phase

3.9　工艺角仿真和波形显示方法

　　CMOS 工艺存在各种偏差，这些偏差可能来自掺杂浓度、栅氧层厚度或扩散深度等很多因素，造成不同晶圆之间、同一晶圆不同芯片之间、同一芯片不同区域之间器件特性会有所不同，在极限情况下工艺偏差的综合效果可能会造成 MOS 管最快（F，Fast）或最慢（S，Slow），当然在大多数工艺情况下 MOS 管还是表现出典型（T，Typical）特性。

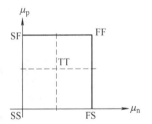

图 3.57　CMOS 的工艺角

　　为了说明工艺角的概念，这里暂且把造成 MOS 管偏快或偏慢的原因理解为载流子迁移率 μ 的大小。如果把 NMOS 管载流子迁移率 μ_n 当作横坐标、PMOS 管载流子迁移率 μ_p 当作纵坐标，可以得到如图 3.57 所示的方块图形，FF、FS、SS 和 SF 被称为 CMOS 的工艺角（process corner）。

　　在图 3.57 中，从原点 SS 出发沿四边形顺时针转，依次得到 SS、SF、FF 和 FS 4 个转角，第一个字母代表 NMOS 管的快慢，第二个字母代表 PMOS 管的快慢，四边形中心是 TT，表示 NMOS 管和 PMOS 管都是典型情况。通常情况下，电路设计之初先按照 TT 仿真，当基本功能仿真调试通过后，再对电路进行 4 个工艺角的仿真，即进行 SS、SF、FF 和 FS 仿真，完成了这 4 个工艺角的仿真（corner simulation）才算仿真通过。

　　能通过 TT 仿真的电路不一定能通过所有的工艺角仿真，如果工艺角仿真没通过，芯片的成品率就会大打折扣，所以工艺角仿真在模拟集成电路设计中非常重要。有时候一个电路看似很简单，TT 仿真很容易就通过了，但是工艺角仿真却通过不了，这时候就必须对电路进行调整或修改，直到所有的工艺角仿真都能通过为止。

工艺角仿真不是什么特殊的仿真，它是通过加载库文件时选择不同的工艺角实现的。例如在表 3.3 的模型文件语句

```
.lib "demo_lib.lib" tt
```

这个语句加载的 tt 就对应图 3.57 中的 TT，它是对典型工艺情况进行的仿真，只要把语句中的 tt 改成 ss、sf、ff 或 fs，仿真就变成了对不同工艺角的仿真。注意，tt、ss、sf、ff 和 fs 不是 Spice 语法选择工艺角的关键字，虽然这种表示方式最直观，且符合人们的认知习惯，但并非所有的库文件都按这种方法命名工艺角，在面对具体模型文件时，需要查阅模型文件的说明，确认不同工艺角的名称。如前所述，使用 617 版选择工艺角不用查阅模型文件，模型库文件调入完成后，所有的工艺角都可以通过下拉菜单显示出来，直接单击即可。

图 3.58 中的文字描述了 MOS 管、电阻和 MIM 电容的工艺角名称，可以看出 MOS 管的 TT、SS 和 FF 都符合认知习惯，但是 SNFP 和 FNSP 却不是通常的 SF 和 FS。另外，电阻和 MIM 电容只给出了 TT、SS 和 FF 三种情况，为了表示与 MOS 管的区分，电阻和 MIM 电容的工艺角名称前面分别增加了 RES_ 和 MIM_。

```
Model corners are provided for MOSFETs, MIM and resistors. They are
-------------------------------------------------------------
MOS              name : corner
-------------------------------------------------------------
                 TT : Typical case
                 SS : Slow case
                 FF : Fast case
                 SNFP : Slow N Fast P case
                 FNSP : Fast N Slow P case
-------------------------------------------------------------
Resistor         name : corner
-------------------------------------------------------------
                 RES_TT : Typical case
                 RES_SS : Slow case
                 RES_FF : Fast case
-------------------------------------------------------------
MIM              name : corner
-------------------------------------------------------------
                 MIM_TT : Typical case
                 MIM_SS : Slow case
                 MIM_FF : Fast case
-------------------------------------------------------------
```

图 3.58　工艺角名称举例

在 Spice 的模型文件中有很多工艺参数，基于这些参数可以建立数学模型，虽然不同的工艺角使用相同的数学模型，但它们的工艺参数值是不同的。Spice 模型以典型工艺参数为基础，把工艺角参数与典型工艺参数的偏差定义成不同的 section，并为每个 section 取了个名字。如图 3.59 所示，图 a 为 1.8V NMOS 管（n18）的 section tt，由于是典型工艺，所以偏差都为 0；图 b 为 section mim_tt、section mim_ff 和 section mim_ss，可以看出，section mim_tt 的工艺偏差参数 dmin 为 0，而 section mim_ff 和 section mim_ss 的分别为 $-2e-4$ 和 $2e-4$。

```
section tt                              // * MIM capacitance Corner model
// *1.8V core NMOS                       // *****************************
parameters dtox_n18 = 0
parameters dxl_n18 = 0                   section mim_tt
parameters dxw_n18 = 0                   // *MIM
parameters dvth_n18 = 0                  parameters dmim = 0
parameters dcj_n18 = 0                   include "ms018_v1p9_mim_spe.mdl"
parameters dcjsw_n18 = 0                 endsection mim_tt
parameters dcjswg_n18 = 0
parameters dcgdo_n18 = 0
parameters dcgso_n18 = 0
parameters dpvth0_n18 = 0               section mim_ff
// *1.8V core PMOS                       // *MIM
parameters dtox_p18 = 0                  parameters dmim = -2e-4
parameters dxl_p18 = 0                   include "ms018_v1p9_mim_spe.mdl"
parameters dxw_p18 = 0                   endsection mim_ff
parameters dvth_p18 = 0
parameters dcj_p18 = 0
parameters dcjsw_p18 = 0                 section mim_ss
parameters dcjswg_p18 = 0                // *MIM
parameters dcgdo_p18 = 0                 parameters dmim = 2e-4
parameters dcgso_p18 = 0                 include "ms018_v1p9_mim_spe.mdl"
parameters dpvth0_p18 = 0                endsection mim_ss
```

a) 1.8V NMOS管的section tt   b) MIM的3个section

图 3.59　section 定义举例

用 Cadence 工具进行工艺角仿真有两种方法，一种是 section 替换法，另一种是专用工具法，下面分别进行介绍。

（1）section 替换法　直接在 Model Library Setup 对话框中修改 section，把 tt 换成 ss 或 ff 等不同的工艺角。如图 3.60 所示，在 Model Library Setup 对话框中双击 tt，在 Model Library File 栏和 Section（opt.）栏中就会出现模型库文件名和 tt，将 tt 改为 ss 和 ff，然后单击 Add。选中 ff 和 tt 工艺角，将它们 disable 掉（# 号表示 disable），只保留 ss，单击 OK 按钮后，这样再仿真就是对工艺角 ss 的仿真了，类似地，还可以进行 ff、fnsp 和 snfp 等工艺角的仿真。如果使用 Cadence 617 版，可以直接单击 section 的下拉箭头来选择不同的工艺角。

section 替换法的最大优点是简单和直观，缺点是不能一次完成所有的工艺角仿真，而且每次只能与一种电源电压和温度组合，也不能同时输出不同工艺角的仿真结果，不便比较，而专用工具法就可以解决这些问题。

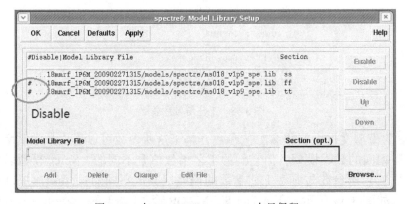

图 3.60　在 Model Library Setup 中只保留 ss

（2）专用工具法　Cadence 提供了工艺角仿真专用工具 Analog Corners Analysis，它不仅可以一次完成不同工艺角的仿真，而且还能将工艺角、电源电压、温度和电路中的参数进行任意组合，在同一个波形窗口输出所有结果，便于分析和比较，适合电路设计后期对电路进行全面而系统的仿真验证，下面以 Cadence 5141 为例介绍这种方法的具体流程，Cadence 617 的流程可以仿照此流程。

使用 Cadence 5141 专用工具的工艺角仿真流程可以分成 4 个步骤，即添加工艺角（add process）、添加显示信号（add measurement）、启动仿真（run）和显示波形曲线（plot），这些步骤都是在 Analog Corners Analysis 窗口中进行的。下面以 CS_stage 为例具体介绍一下这种方法。在使用 Analog Corners Analysis 工具进行工艺角仿真之前，应该先完成 tt 仿真，以确保基本仿真环境正确。

1）添加工艺角（add process）：单击 ADE 窗口菜单 Tools → Corners... 弹出 Analog Corners Analysis 窗口（见图 3.61），单击窗口菜单 Setup → Add Process... 弹出 Add Process 对话框（见图 3.62）用于添加工艺和工艺角。单击图 3.62 中的 Process，先在 Process Name 栏中为添加的工艺任意取一个名字，比如本例为 smic18。然后在 Model Style 栏中选择 Single Model Library（现在只需要一个 Library）。在 Base Directory 栏中填写 Model 文件的路径，在 Model File 栏中填写 Model 文件的名字，如果不记得 Model 文件的路径，可以在 ADE 窗口中打开 Model Library Setup 对话框（见图 3.62 中下面的窗口），在这里可以查到 tt 仿真时填写的 Model 文件路径和名字。

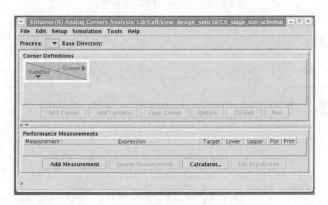

图 3.61　Analog Corners Analysis 窗口

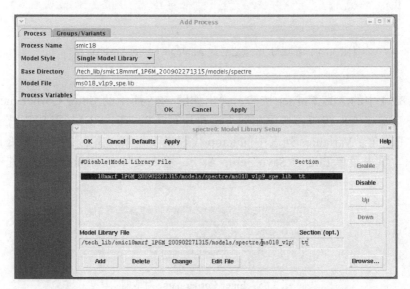

图 3.62　Add Process 对话框和 Model Library Setup 对话框

单击图 3.62 中的 Groups/Variants，得到如图 3.63 所示的 Group/Variants 对话框，为需要仿真的 MOS 管工艺角建一个组。在 Group Names 栏中填写 MOS（这里 MOS 不是关键字），表示将要建一个 MOS 管的工艺角组；在 Variants 栏中填写 MOS 管的工艺角名称，根据图 3.58 可知，MOS 管的工艺角分别为 ss、tt、ff、fnsp 和 snfp，填写时用逗号隔开，完成后单击 OK 按钮，这样就建成了 MOS 管的工艺角组，在 Analog Corners Analysis 窗口中，Corner Definitions 栏中的 Variables 列表里增加了 MOS 组（见图 3.64）。

图 3.63　Group/Variants 对话框

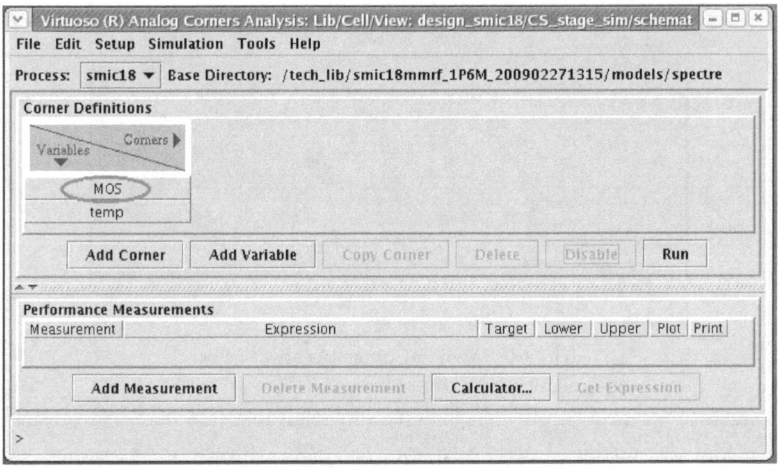

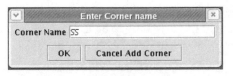

图 3.64　添加 MOS 组之后的 Analog Corners Analysis 窗口

单击图 3.64 中的 Add Corner 按钮，弹出如图 3.65 所示的 Enter Corner name 对话框，填写 SS，然后单击 OK 按钮，按照相同方法再填写 TT、FF、FNSP 和 SNFP，在 MOS 行选择对应的工艺角。Variables 列表中的 temp 代表温度，填写室温 27℃，最终设置结果如图 3.66 所示。单击菜单 File → Save Setup As...，输入文件名为 smic18.cor 并保存供以后调用。

图 3.65　Enter Corner name 对话框

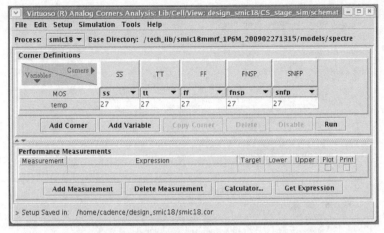

图 3.66　设置完成的 Analog Corners Analysis 窗口

2）添加显示信号（add measurement）：单击 Analog Corners Analysis 窗口中的 Add Measurement 按钮，弹出 Enter Measurement name 对话框（见图 3.67），输入 vout_sch_db20，然后单击 OK 按钮，vout_sch_db20 信号就加入到了 Measurement 栏中。单击 Analog Corners Analysis 窗口中的 Calculator... 按钮弹出计算器，并在计算器中选择 ac 和 vf，此时原理图处于 Select nets for the VF expression... 状态，然后在原理图中单击 vout_sch，再单击计算器中的 dB20，得到如图 3.68 所示的波形计算表达式。选中 Measurement 栏中的 vout_sch_db20，并单击 Get Expression 按钮，则计算器中的波形表达式就传给了 vout_sch_db20。用类似的方法再添加 vout_sch_phase，然后选择计算器中的 phase 得到 vout_sch 的相位信号，完成后选中两个信号的 Plot 选项，操作结果如图 3.69 所示，保存设置到 smic18.cor。

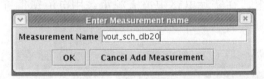

图 3.67　Enter Measurement name 对话框

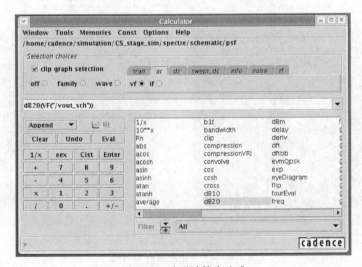

图 3.68　波形计算表达式

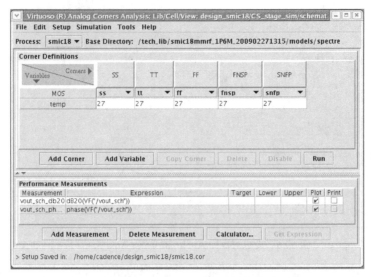

图 3.69   Add Measurement 操作结果

3）启动仿真（run）：本例是对 CS_stage 进行 ac 的工艺角仿真，所以在 ADE 窗口中调出前面保存过的状态 state_ac_db20，单击红绿灯图标先运行一下，如果一切正常则可单击 Analog Corners Analysis 窗口中的 Run 按钮，此时就启动了 ac 的工艺角仿真，仿真结束后列在 Performance Measurements 栏中的波形曲线就会自动显示出来，结果如图 3.70 所示。

从图 3.70 可以看出，tt 工艺角的增益大于 30dB，比其他工艺角的增益高很多，所以从增益的角度看，这个电路不能单独使用，因为工艺角对电路性能的影响太大，这个问题出在恒流源负载的偏置上，在实际电路中恒流源负载用电流镜偏置。在第 8 章的运算放大器设计实例中，将会用到电流镜偏置电路。

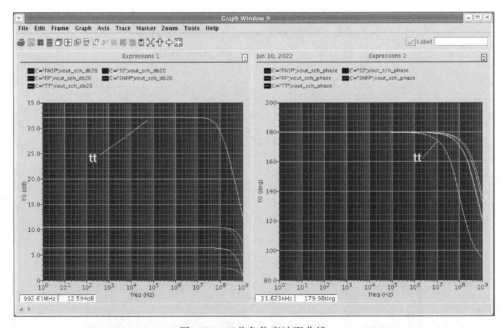

图 3.70   工艺角仿真波形曲线

4）显示波形曲线（plot）：工艺角仿真结束后，可以用多种方法显示波形曲线，下面以本节的工艺角仿真为例，把显示波形曲线的方法进行一下总结。

①直接显示：工艺角仿真结束后，列在 Performance Measurements 栏中的信号会自动显示，这需要提前进行 Add Measurement 操作，并勾选 Plot，图 3.70 就是这样显示的。与此相同，列在 ADE 窗口中 Outputs 栏中的信号也会自动显示，如图 3.55 中的 vout_sch_db20 和 vout_sch_phase。

②计算器显示：通过计算器和仿真原理图可以获得波形表达式，这些表达式既可以通过 Get Expression 送到 ADE 窗口和工艺角仿真窗口，也可以直接显示出来，显示的方法就是单击计算器上的 Plot 按钮（带曲线的小按钮）或 Eval 按钮。

③ADE 窗口显示：无论是普通仿真还是工艺角仿真，都可单击 ADE 窗口中右下角的 Plot Outputs 图标（带曲线的图标），随时显示 ADE 窗口中 Outputs 栏中的信号。

④Results 菜单显示：单击 ADE 窗口菜单 Results → Plot Outputs 会列出已完成的仿真类型，选择其中的一种仿真类型，则该类型的仿真信号波形会显示出来，显示的波形信号应列在 Outputs 栏中，这种方法适合单独显示指定仿真类型信号波形。

单击 ADE 窗口菜单 Results → Direct Plot 也可以显示所有波形，不受限于 Outputs 栏的列表信号，它的功能更加强大，灵活度更高。该菜单可以提供如图 3.71 所示的两组菜单选项用于波形显示，其中第一项 Main Form... 是一组，剩余的其他项是另外一组，每个组都能独立完成所有节点信号的显示，其最主要区别是第二组需要按 Esc 键才能结束选择，否则将一直处于选择状态。

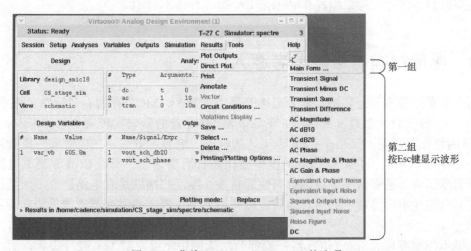

图 3.71　菜单 Results → Direct Plot 的选项

第一组的操作从单击 Main Form... 开始，得到如图 3.72 所示的 Direct Plot Form 对话框，在 Analysis 栏中选择仿真类型，例如 tran、dc 或 ac 等，这是最后一次仿真所包括的仿真类型。在 Function 栏中选择 Voltage 或 Current 指定显示电压或电流，在 Select 栏中选择相应的节点或端口，例如左图选择 ac 仿真的电压信号 Voltage，所以对应节点 Net，而右图选择电流信号 Current，所以对应端口 Terminal。根据对话框中最下面的提示，可以到原理图中选择想要显示的节点或端口，每单击一次就显示一个。如果想显示电路模块内部的信号，可以选中电路模块，按 E 键再按回车键，就可以进入到下一层选择节点或端口，按 Ctrl+E 键可返回。

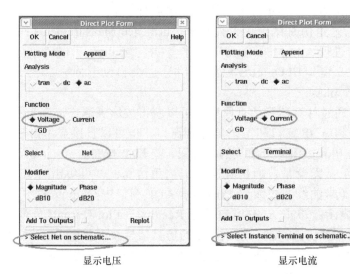

显示电压   显示电流

图 3.72   Direct Plot Form 对话框

第二组的操作更加直观，各种仿真类型的结果种类都直接列在菜单里，单击其中之一，然后就可以到原理图中选择节点，选择完成后按 Esc 键即可显示，这是与第一组操作的最主要区别。注意，第二组操作必须按 Esc 键，否则不显示。

3.10   温度扫描与带隙参考源入门

由于半导体载流子迁移率 μ 随着温度升高而下降[9]，MOS 管的 $I-V$ 特性、跨导 g_m 和阈值电压 v_{th} 等参数又都是 μ 的函数，所以 μ 对 MOS 管的影响比较大，总体来说 μ 越低，MOS 管的性能就越差。又由于 CMOS 工艺的电阻、电容、电感、二极管和三极管等器件都有一定的温度系数，它们会随着温度的变化而有所变化[3]，所以 CMOS 集成电路的性能会受温度影响，通常情况下温度越高性能越差。温度扫描就是对电路进行不同温度的仿真，得到电路在不同温度下的仿真结果，以评估电路在规定的温度范围内是否都能满足设计要求。

如果不指定温度，Spice 仿真器一般都会默认使用室温（27℃）进行仿真，而一块芯片不可能总工作在室温下，因此还要对电路进行温度扫描仿真，其中普通民用芯片的温度扫描范围为 –10 ~ 55℃，工业级芯片的温度扫描范围为 –20 ~ 85℃，军用芯片扫描范围为 –40 ~ 125℃。随着温度范围的扩大，芯片设计难度和电路复杂度也随之增加，使得同样功能的军用芯片价格是普通民用芯片价格的几倍到几十倍甚至更高。

由于温度变化会使 MOS 器件的 $I-V$ 特性发生变化，导致电路的工作点发生漂移（温漂），工作点的漂移又有可能使 MOS 管的工作区发生变化，导致放大管的跨导和有源负载管的等效电阻等严重背离典型设计值，使电路各项性能指标迅速下降，甚至造成电路失效。由此可见，温度扫描是模拟集成电路设计不可缺少的步骤，室温下的仿真只是电路仿真的第一步！

温度仿真是对给定的温度进行仿真，而温度扫描是对给定的温度范围进行仿真，在 Spice 语法中，温度仿真与温度扫描语句很容易混淆，不同的仿真类型所对应的温度扫描语句也略有不同，下面举例说明 Spice 语句关于温度仿真和温度扫描的语法。

1）温度仿真：如下面这句温度仿真语句

.temp -20 85 5

其含义是对 –20℃、85℃和 5℃三个温度点进行仿真，不是从 –20～85℃的步长为 5℃的温度扫描，很多初学者都会出现这种误解或错误，把它当作是温度扫描。

2）温度扫描：如下面这句温度扫描语句

.dc temp -20 85 5

其含义是直流温度扫描仿真，范围是 –20～85℃，步长为 5℃，扫描结果是一条横坐标为温度的曲线。

再如下面这句

.tran 1n 10u sweep temp -20 85 15

其含义是瞬态温度扫描仿真，范围是 –20～85℃，步长为 15℃，扫描结果是一组时域波形曲线，每 15℃对应一个波形，仿真曲线的横坐标不是温度。

下面以 CS_stage 为例介绍 3 种 Cadence ADE 的温度仿真和温度扫描方法，即设定温度法、扫描温度法和参数分析法，它们各有特点，在设计过程中可以灵活运用。

1）设定温度法：Cadence 默认的仿真温度是 27℃，如果只想临时看一眼其他温度的情况，可单击 ADE 窗口菜单 Setup → Temperature...，弹出如图 3.73 所示的 Setting Temperature 对话框，把 Degrees 栏改为目标温度即可。这种方法最简单，也非常方便，其他所有的设置都不用改，适合单点温度的仿真，与 Spice 语法中的 .temp 语句功能相同。617 版的 ADE 窗口上有温度栏，可以直接修改温度。

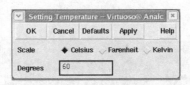

图 3.73　Setting Temperature 对话框

2）扫描温度法：由于温度扫描很常用，所以 Cadence 把温度与其他变量一起放在了仿真设置对话框中，使温度扫描与普通变量扫描变得一样简单，这种方法只适用仿真设置窗口 Sweep Variable 栏中有 Temperature 仿真的情况。

如图 3.74 所示，在 Choosing Analyses 窗口中选择 dc 后，在 Sweep Variable 栏中有 Temperature 选项，按照图中的方法设置 Sweep Range 和 Sweep Type，就可以进行温度扫描。得到横坐标为温度、纵坐标为电压的输出曲线。图 3.75 所示为 CS_stage 的直流温度扫描曲线，可以看到输出端电压从 0.41V 变化到 1.26V，两端的极限情况严重远离 0.9V，导致电路不能正常工作。

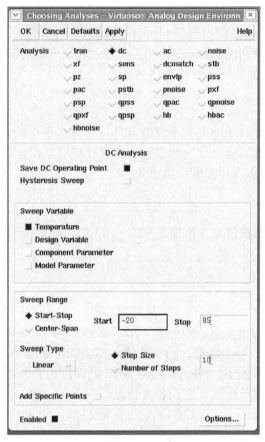

图 3.74　直流仿真的温度扫描设置窗口

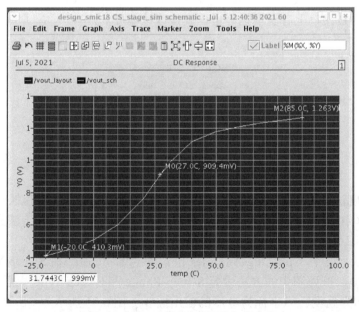

图 3.75　CS_stage 的直流温度扫描曲线

用这种方法也可以对 CS_stage 在 1000Hz 处进行交流特性的温度扫描，图 3.76 所示为交流仿真的温度扫描设置窗口，图 3.77 所示为 CS_stage 交流增益（dB）的温度扫描曲线。

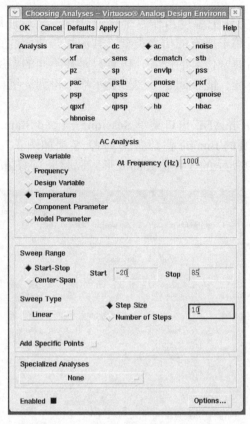

图 3.76　交流仿真的温度扫描设置窗口

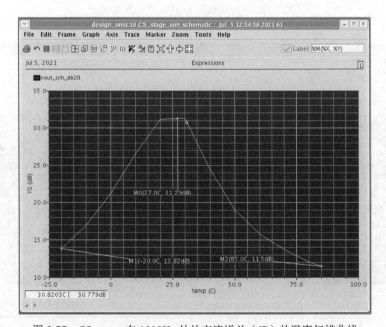

图 3.77　CS_stage 在 1000Hz 处的交流增益（dB）的温度扫描曲线

除了直流仿真和交流仿真外，Cadence 中还有一些仿真类型也能直接进行温度扫描，这里就不一一列举了，这种方法的优点是简单方便，缺点是仿真波形横坐标只能是温度，而且仿真类型也不全。

3）参数分析法：该方法把温度当作一个普通变量，然后使用 Parametric Analysis 工具对它进行扫描，几乎适用于所有的仿真类型，其流程与前面的直流二重扫描相同。该方法最大的优点是可以保留原来仿真的设置，仿真只是在不同的温度点上重复进行，而且波形曲线的显示方式保持不变，能在同一个波形显示器中得到一组仿真曲线，下面介绍具体步骤。

以 CS_stage 为例，单击 ADE 窗口菜单 Session → Load State...，然后调用之前保存过的 state_ac，并将 3 种仿真的 Enable 栏都变成 yes，结果如图 3.78 所示，单击红绿灯图标进行仿真，得到如图 3.79 所示的 3 种仿真的波形，以验证当前仿真状态的有效性。

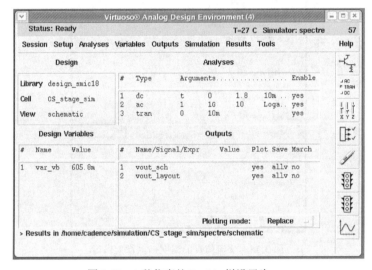

图 3.78   3 种仿真的 Enable 栏设置为 yes

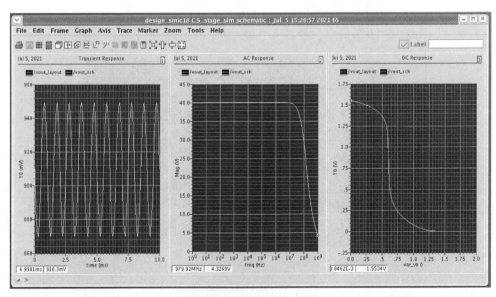

图 3.79   3 种仿真的波形

单击 ADE 窗口菜单 Tools → Parametric Analysis...，弹出 Parametric Analysis 窗口，单击这个窗口菜单 Setup → Pick Name For Variable-Sweep 1...，弹出 Parametric Analysis Pick Sweep 1 对话框，选择 temp，单击 OK 按钮，这时候 Parametric Analysis 窗口的 Variable name 栏就变为了 temp。temp 就是温度变量，设置它的扫描范围为 –20 ～ 85℃，在 Step Control 栏中选择 Linear Steps，在 Step Size 栏中填写 20，这样就完成了温度扫描设置，如图 3.80 所示。

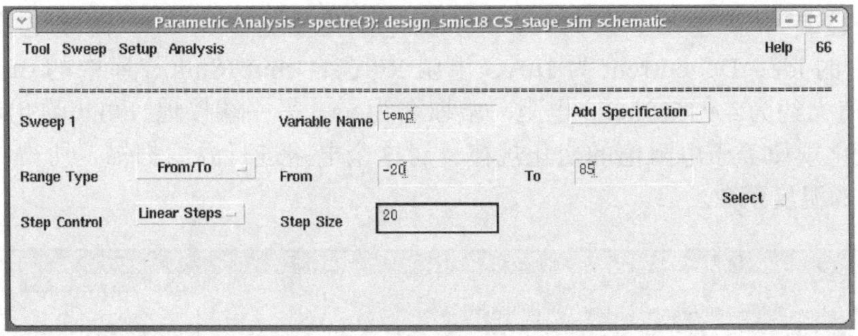

图 3.80　Parametric Analysis 窗口设置

单击 Tool → Save... 保存 Parametric Analysis 窗口设置，然后单击菜单 Analysis → Start 开始仿真，仿真结果如图 3.81 所示，它是图 3.79 中仿真波形在不同温度上的重复，每种仿真都得到了一组波形曲线，便于观察温度对电路各方面性能的影响。

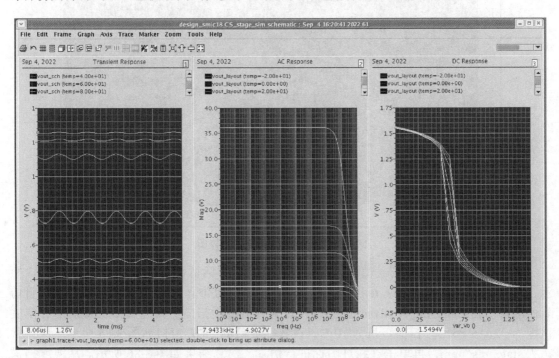

图 3.81　Parametric Analysis 的温度扫描结果

温度系数（ppm/℃）：温度扫描的一个重要任务是测量电路或器件的温度系数，温度系数就是物理量随温度的变化率，以电压为例，温度系数的计算公式为

$$\frac{V_{\max} - V_{\min}}{V_{\mathrm{mean}}(T_{\max} - T_{\min})} \times 10^6 (\mathrm{ppm}/\text{℃}) \qquad (3\text{-}1)$$

式中，$V_{\max}$、$V_{\min}$ 和 V_{mean} 分别代表电压最大值、最小值和平均值；$T_{\max}$ 和 $T_{\min}$ 分别代表温度范围的最大值和最小值；ppm 代表百万分之一，即 $1\mathrm{ppm}=10^{-6}$，ppm 适合表示较小的数值，比如浓度、电压系数或温度系数等。

　　下面以 smic18 工艺的 poly 电阻为例，介绍一下电阻温度系数的仿真方法。在 design_smic18 库中新建一个名为 res_ppm 的电路图（见图 3.82），图中电流源 I1 选自 analogLib 中的 idc，DC current 为 1μA，电阻 R0 选自 smic18mmrf 库中的 rhrpo，$W=2\mu$，$L=10\mu$，阻值大约为 4.94533kΩ。电阻一端取名为 vr，另一端接地，可以看出电阻压降 vr 随温度的变化规律等于电阻值的变化规律，对这个电路进行温度扫描，所得的 vr 温度系数就是电阻的温度系数。

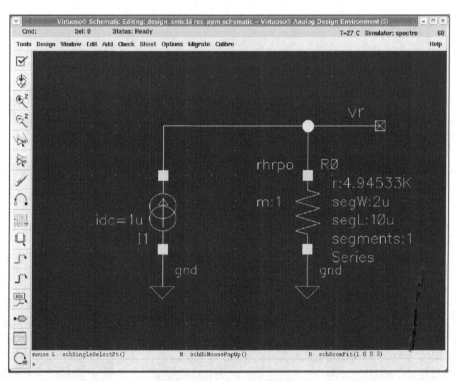

图 3.82　电阻温度系数仿真电路图

　　打开 ADE 窗口，首先通过 Model Library Setup 对话框添加仿真模型，如图 3.83 所示，在 Section 栏中添加 res_tt 和 bjt_tt，res_tt 用于电阻仿真，bjt_tt 是为后面的晶体管仿真做准备。在 Choosing Analyses 对话框中设置直流温度扫描仿真，如图 3.84 所示，温度范围为 −20 ～ 85℃，扫描步长为 10℃，设置完成后的 ADE 窗口如图 3.85 所示。保存状态为 state_res_ppm，再单击红绿灯图标进行仿真，仿真结果如图 3.86 所示。从温度扫描结果可以看出，rhrpo 的压降（或者阻值）随温度升高而下降，为负的温度系数。下面使用 Calculator 按照式（3-1）的算法求温度系数，这个计算温度系数的方法非常有用，在温度扫描中经常用到，该方法可参阅参考文献 [4] 中关于带隙参考源的内容。

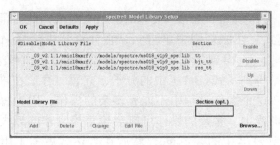

图 3.83　Model Library Setup 对话框

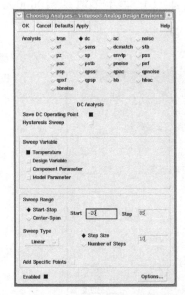

图 3.84　Choosing Analyses 对话框

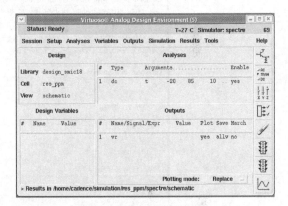

图 3.85　完成设置的 ADE 窗口

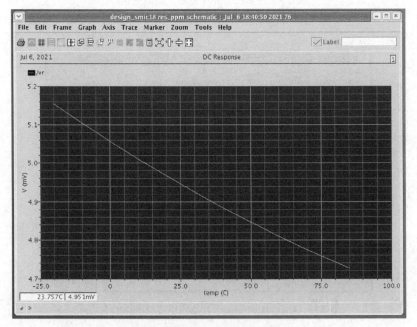

图 3.86　电阻的温度扫描结果

打开 Calculator，选择 swept_dc 和 vs，如图 3.87 所示，此时原理图进入 Select nets for the expression... 模式。在原理图中单击 vr，在计算器中选择 ymax，然后再单击 vr，选择 ymin，单击减号（–），得到如图 3.87 所示的表达式，这个表达式可以求出波形数据的最大差值，也就是得到了式（3-1）中的分子，并暂时存放在堆栈（stack）中。然后求分母中的平均值，在这个操作过程中不能有多余的操作，因为每当有新操作时，旧的表达式就会自动存入堆栈中，多余的操作可能会覆盖掉刚才的最大差值表达式。单击原理图中的 vr，再单击计算器中的 average，然后在表达式后手工填写乘以 105，即 *105（不能直接使用计算器上的 × 号），这个相当于式（3-1）分母中的温度范围，即温度范围为 –20 ～ 85℃，如图 3.88 所示。单击计算器中的除号（/），再手工填写 *1000000，得到完整的 vr 温度系数的表达式，如图 3.89 所示。

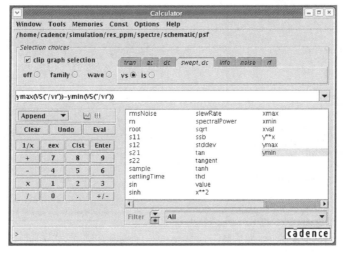

图 3.87　Calculator 中的最大差值表达式

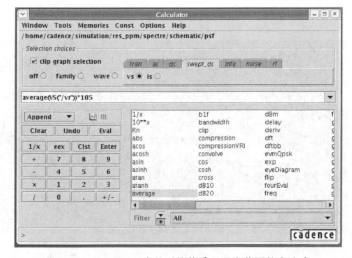

图 3.88　Calculator 中的平均值乘以温度范围的表达式

图 3.89　完整的温度系数表达式

单击计算器上的 Eval 按钮，得到如图 3.90 所示的温度系数值，约为 826×10^{-6}，温度每升高 1℃，电阻值减小 0.0826%，接近 1‰，用 4950Ω 进行估算，乘以 0.000826 得到 4.0887Ω，可见，温度每升高 1℃，这个 4.9kΩ 的电阻减小大约 4Ω，则 105℃ 范围差不多为 420Ω。

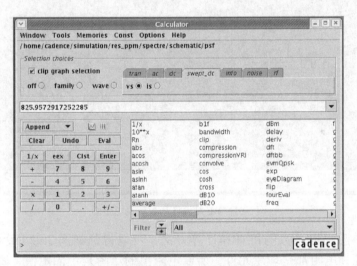

图 3.90　Calculator 上 vr 的 ppm 值

先不要关闭 Calculator，可以试着更换原理图中的电阻类型，在 Check and Save 后直接单击红绿灯图标进行温度扫描仿真，研究一下其他类型电阻的温度系数特点，比如温度系数的正负和温度系数的大小，仿真结束后单击波形表达式栏中右侧的下三角，可以重新调出 ppm 计算表达式，然后再单击 Eval 按钮即可显示它的 ppm 值，非常方便。

有了上面仿真计算 ppm 的基础，下面讨论一下带隙参考源（bandgap reference）电路。带隙参考源电路可以进行正负温度系数补偿，能为电路提供温度系数很低的参考电压或参考电流，几乎在所有的 CMOS 集成电路中都要用到它。

参考源的主要作用是为电路提供稳定参考电压或电流，对它的基本要求是必须具有很低的温度系数，带隙参考源正好能满足这个要求，它通过晶体管产生正负温度系数，并通过巧妙的电路结构，让正负温度系数相互抵消，最终实现接近于 0 的温度系数，下面讨论它的工作原理。

晶体管的 BE 结电压具有负的温度系数，当 BE 结电压在 750mV 附近时，在室温条件下，BE 结的室温温度系数大约为 –1.5mV/℃，下面通过仿真对这个结论进行一下验证，关于它的推导和计算请参阅参考文献 [2]。

如图 3.91 所示，1μA 电流通过 1kΩ 电阻连接到一个 PNP 型晶体管的发射极，晶体管的基极和集电极接地，输出端为 vout，其中 PNP 型晶体管选自 smic18mmrf 库的 pnp33，其 Emitter Size 选择 5×5，1kΩ 电阻和 1μA 电流源选自 analogLib。

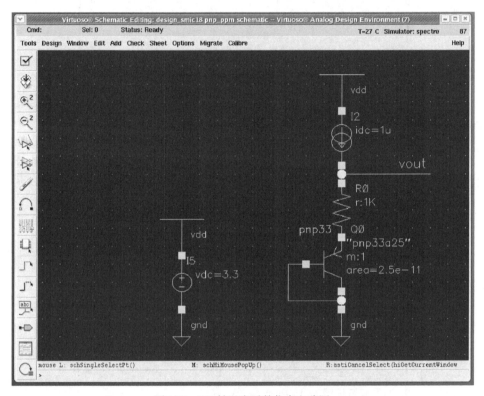

图 3.91　BE 结温度系数仿真电路图

按照前面电阻温度系数的仿真和计算方法，可以得到如图 3.92 所示的 vout 温度曲线，由于电流源和电阻都是理想元件，所以电阻上的压降是个固定值，因此 vout 的变化规律与晶体管 BE 结电压的变化规律相同，即 vout 的温度系数也就是 BE 结电压的温度系数。观察波形可以看出输出电压随着温度的上升而下降，表现出负的温度系数特性，通过 Calculator 得到温度系数大小为 2917ppm，如果 BE 结电压的平均值按 650mV 计算，温度变化率约为 $650 \times 2917 \times 10^{-6} = 1.896$mV/℃，与参考文献 [6] 给出的参考值（1.5mV/℃）大体相当。另外还要注意，BE 结的温度系数不是常数，它与 BE 结电压和温度都有关系，这里给出的 2917ppm（或者 1.896mV/℃）只是个平均值。

图 3.91 中的 vout 由 BE 结压降和电阻压降两部分构成，其中的 BE 结压降表现出负的温度系数，随着温度的增加而减小，平均温度变化率约为 –1.896mV/℃，这个减小量可以用电阻压降来补偿，先假设电阻的温度系数为 0，为了补偿这个减小量，就需要给电阻施加一个具有正温度系数的电流，且电流的正温度系数乘以电阻要等于 1.896mV/℃。

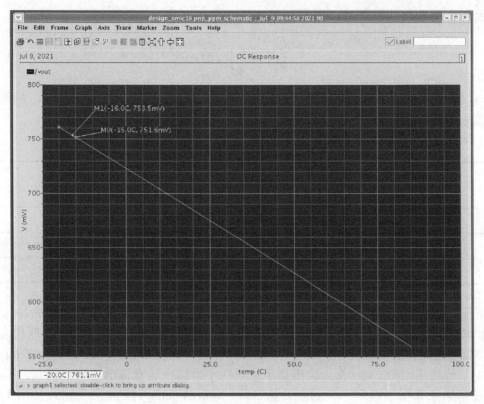

图 3.92　vout 温度曲线

如果给电阻两端施加一个正温度系数电压，就可得到正温度系数电流。产生正温度系数电压可以通过两个晶体管 BE 结电压差来实现。下面先推导一下它的原理，然后进行仿真验证，最后再讨论将这个正温度系数电压转换成正温度系数电流的具体电路，设计一个具有很低温度系数的带隙参考源。

正温度系数电压产生原理：晶体管集电极电流 I_C 与 BE 结电压 V_{BE} 的关系为

$$I_C = I_S \exp(V_{BE}/V_T) \tag{3-2}$$

式中，I_S 为晶体管的饱和电流；V_T 为热电压，$V_T = kT/q$，k 为玻耳兹曼常数（Boltzmann constant），其值为 1.3806×10^{-23} J/K，T 为绝对温度，q 为单位电荷量，其值为 1.6×10^{-19} C。从式（3-2）可以得到 V_{BE} 的表达式为

$$V_{BE} = V_T \ln(I_C/I_S) \tag{3-3}$$

如果把多个晶体管并联成一个大晶体管（比如并联 n 个），则大晶体管的饱和电流也是单个晶体管饱和电流的 n 倍，根据式（3-3）可知，在 I_C 不变的情况下，饱和电流 I_S 越大，则 V_{BE} 越小。比如大晶体管 Q2 是 n 个 Q1 的并联，则 $I_{S2} = n\,I_{S1}$，当 Q1 和 Q2 的集电极电流相同时，即在 $I_{C1} = I_{C2} = I_C$ 的情况下，可得它们 BE 结的电压差 ΔV_{BE} 为

$$\begin{aligned}
\Delta V_{BE} &= \Delta V_{BE1} - \Delta V_{BE2} = V_T \ln(I_C/I_{S1}) - V_T \ln(I_C/I_{S2}) \\
&= V_T \ln(I_{S2}/I_{S1}) = V_T \ln(n) \\
&= (kT/q)\ln(n)
\end{aligned} \tag{3-4}$$

进而可以得出

$$\frac{\partial V_{BE}}{\partial T} = \left(\frac{k}{q}\right)\ln(n) > 0 \qquad (3-5)$$

可以看出，由于 k 和 q 是常数，而 n 是个固定值且大于等于 1，所以 ΔV_{BE} 的温度系数应该是个与温度无关的正数，其温度变化情况见表 3.5。

表 3.5　n 与 ΔV_{BE} 温度变化的关系

n	ΔV_{BE} (mV) （T=300K）	$\partial V_{BE}/\partial T$ （mV/℃）	ppm	备注
7	50.350	0.168	3339.96	
8	53.806	0.179	3326.77	8+1=9，容易形成 3×3 版图阵
9	56.853	0.190	3341.95	

下面对表 3.5 的数据进行仿真验证。如图 3.93 所示，两个电流源分别给 PNP 型晶体管 Q1 和 Q2 提供 1μA 的电流，晶体管的基极和集电极接地，Q2 由 8 个 Q1 并联构成，即 m=8，两个晶体管的发射极分别命名为 vbe1 和 vbe2，并将 vbe1－vbe2 命名为 delta_vbe，把 vbe1、vbe2 和 delta_vbe 作为输出显示。对这个电路进行直流温度扫描仿真，ADE 窗口的设置结果如图 3.94 所示，通过 Calculator 得到的 delta_vbe 波形表达式如图 3.95 所示，仿真结果如图 3.96 所示。

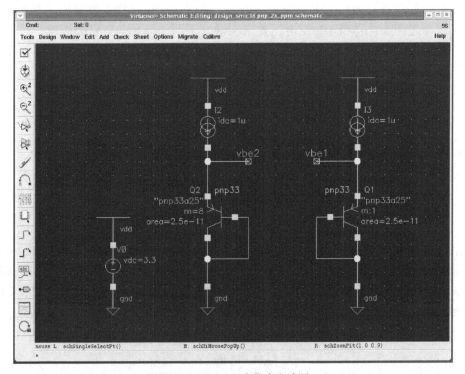

图 3.93　ΔV_{BE} 温度仿真电路图

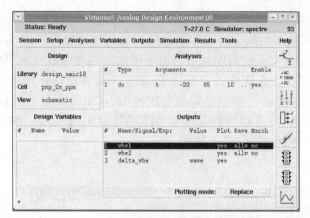

图 3.94　ADE 直流温度扫描设置窗口

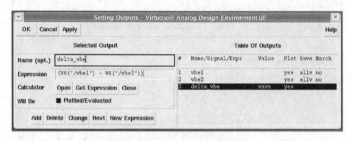

图 3.95　delta_vbe 的波形表达式

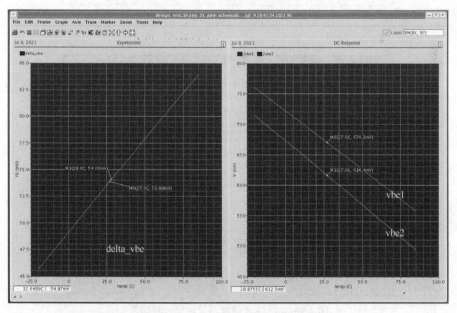

图 3.96　ΔV_{BE} 温度扫描仿真波形图

从图 3.96 可以看出，虽然 vbe1 和 vbe2 都随温度升高而下降，表现出负的温度系数，但是 delta_vbe 却随着温度的升高而增加，表现出正的温度系数，与式（3-5）推导的结论相同。在电流相同（都为 1μA）的情况下，vbe2 低于 vbe1，说明 Q2（$m=8$）不需要太高的 V_{BE} 就能激励出 1μA 电流。delta_vbe 在室温（27℃）时为 53.89mV，与表 3.5 中 $n=8$

时的 53.806mV 基本相同。delta_vbe 在 28 ～ 27℃之间相差 54.06–53.89=0.17mV，与表中 n=8 时的 0.179mV/℃基本相同，可以看出仿真结果与理论分析结果基本相同。

下面计算一下 delta_vbe 的温度系数。有了前面的温度系数计算基础，使用 Calculator 求 delta_vbe 的温度系数也很容易，但是由于 delta_vbe 本身也是用表达式算出的信号，所以无法直接在电路图中单击，而是要单击它的波形。Calculator 上的设置和温度系数表达式如图 3.97 所示，单击 Eval 得到的温度系数结果如图 3.98 所示，即正温度系数的仿真结果为 3173，与表 3.5 中的 3326.77 大体相当。

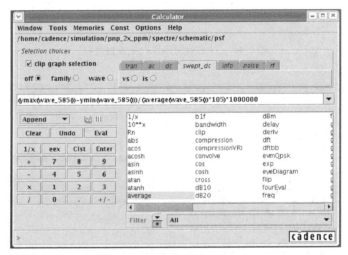

图 3.97　Calculator 设置和温度系数表达式

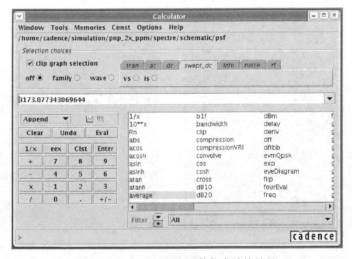

图 3.98　ΔV_{BE} 正温度系数仿真计算结果

正温度系数电压转换成正温度系数电流：如果能设法将 ΔV_{BE} 施加在一个电阻两端，那么就可以得到一个随温度上升而增加的正温度系数电流，再通过电流镜用这个正温度系数电流取代图 3.91 中的 1μA 电流源，就可以达到温度补偿的目的。下面就先讨论一下可以将 ΔV_{BE} 施加到一个电阻两端的电路。

将 ΔV_{BE} 转换成电流需要用到运算放大器的虚短路特性，所以下面先使用 analogLib 中的压控电压源 vcvs 设计一个理想运算放大器，为后续的电路设计和仿真做准备。如图 3.99 所示，从 analogLib 中调用 vcvs 设计一个理想运算放大器，取名为 opamp_ideal，vcvs 的 Voltage gain 设置为 1000000，运算放大器的同相和反相输入端口为 in+ 和 in-，输出端口为 out，按照图 3.99 中的方式连接好，然后 Check and Save。按照 2.11 节中介绍的方法为运算放大器设计符号图，如图 3.100 所示，端口的 Type 是 square，并且在符号图中删除端口名字（不影响端口的实际电学特性），以保持符号图画面的简洁，再用 label 标出两个输入端口的极性，以便于使用时辨认。

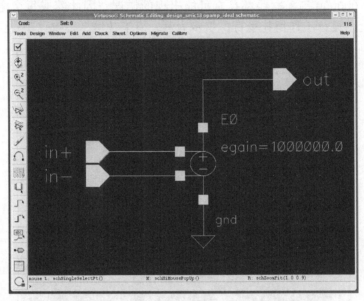

图 3.99　使用 vcvs 设计的理想运算放大器电路图

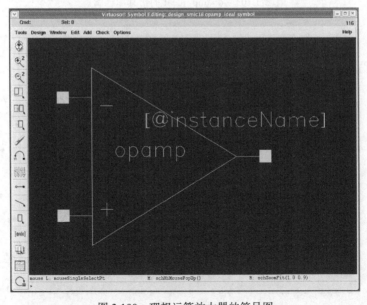

图 3.100　理想运算放大器的符号图

为了验证运算放大器的功能，新建了一个 opamp_ideal_sim 的原理图，如图 3.101 所示，图中把运算放大器连接成跟随器的形式，将输出端与负输入端直接连接起来，输入信号为一个正弦波，其直流电压为 1V、幅度为 1mV、频率为 1kHz。对这个电路进行瞬态仿真，得到如图 3.102 所示的波形。从波形图中可以看出，输入输出波形完全相同，合在一起显示时是重合的，说明这个电路成功地实现了信号跟随的功能，间接证明了这个运算放大器功能是正确的，后续电路可以放心使用。

虽然这个运算放大器非常简单，但如果不验证就直接使用，一旦出现问题还得回头重新检查，无论是端口输入输出属性错，还是端口名字不一致，正负（+、−）极性标反，忘记修改增益为 1000000 等，这些都是有可能出现的错误。因此养成每个电路模块都验证的好习惯，将会使设计工作稳扎稳打，步步为营，事半功倍，在设计中也会充满自信！

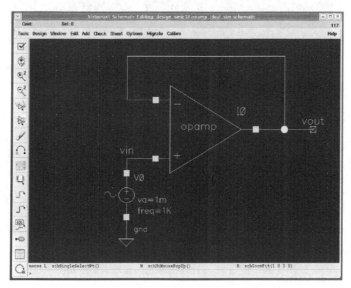

图 3.101　opamp_ideal 的仿真原理图

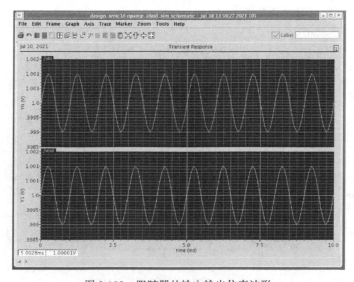

图 3.102　跟随器的输入输出仿真波形

　　如图 3.103 所示为可以把图 3.93 产生的 ΔV_{BE} 转换为电流的电路。从图 3.103 中可以看出，两个晶体管用于产生 ΔV_{BE}，两个 1μA 的电流源换成了两个 PMOS 管，即 M0 和 M1，M0 和 M1 的栅电压由运算放大器的输出提供，而运算放大器的两个输入端分别连接在 M0 和 M1 的漏极上，并分别被标注为 X 和 Y 节点。晶体管 Q2 的发射极串联了电阻 R0；最右侧的 M2 是个电流镜，它为 R1 提供电流，R1 上的压降为 vout。图中两个电阻都是 50kΩ，调用的是 analogLib 中的理想电阻 res。3 个 PMOS 管使用 smic18mmrf 库的 p33，宽长比都为 5μ/1μ，并且从图中的连接可以看出，3 个 PMOS 管的栅源电压都相等，所以它们的电流也是相等的。

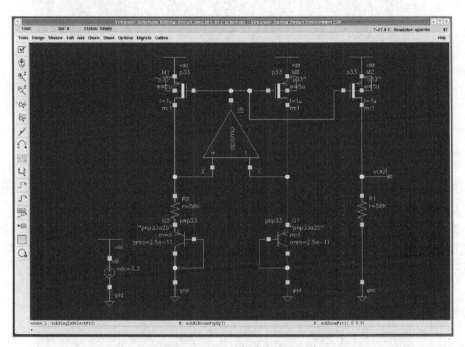

图 3.103　ΔV_{BE} 转换为电流的电路

　　下面讨论一下电路的工作原理，由于 M0 和 M1 两条支路的电流相等，所以它们为两个晶体管提供相同的电流，其作用相当于原来的两个 1μA 电流源，确保能够得到正温度系数的 ΔV_{BE}。由于运算放大器两个输入端是虚短路，即 X 点和 Y 点电压相等，又由于 Y 点电压为 V_{BE1}，所以 X 点电压也为 V_{BE1}，这样加在电阻 R0 上的压降正好是 $\Delta V_{BE} = V_{BE1} - V_{BE2}$，流过它的电流就是 $\Delta V_{BE}/R_0$。根据前面的理论推导和仿真分析可知，ΔV_{BE} 大约为 50mV，为了使 ΔV_{BE} 产生的电流仍然在 1μA 左右，这里特意选取 $R_0=50$kΩ，如图 3.104 所示为电路仿真结果。

　　从仿真结果可以看出，流过两个电阻 R0 和 R1 上的电流基本相同，电流大小在 1μA 左右，而且表现出正温度系数，与事先分析的情况相同，可以用于负温度系数补偿。中间的曲线是节点 X 和 Y 的电压，由于虚短路，它们几乎是重合的，说明虚短路也正确。最下面的曲线是输出电压 vout，也就是电阻 R1 上的压降，随着温度的上升而增加，表现出正的温度特性，斜率大约是 0.17mV/℃。如果直接用 0.17mV/℃ 去补偿图 3.91 中的 BE 结的 −1.896mV/℃ 显然是不够的，这就需要增加 R1 的值，即将 R1 的值乘以 $1.896/0.17 \approx 11.153$，即 $50 \times 11.153 = 557.65$kΩ。

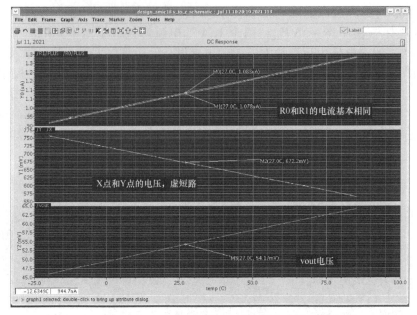

图 3.104　ΔV_{BE} 转换为电流的电路仿真结果

将图 3.103 与图 3.91 合并起来，并将电阻 R1 的值设置为 557.65kΩ，Q3 与 Q1 相同，可得到如图 3.105 所示的电路图，图 3.106 为输出电压 vout 的温度扫描仿真结果。可以看出 vout 在整个温度范围内还是保持了总体上升的趋势，说明正温度系数补偿有点儿多，应该减小电阻 R1 的值继续优化。但是即便如此，此时它在整个温度范围内也只有 10mV 的变化，最后通过 Calculator 得到的温度系数为 72.26ppm，已经远远小于 V_{BE} 本身几千 ppm 的温度系数了。

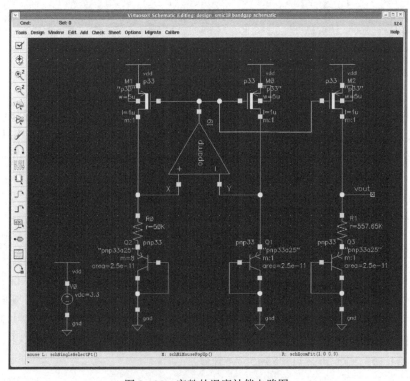

图 3.105　完整的温度补偿电路图

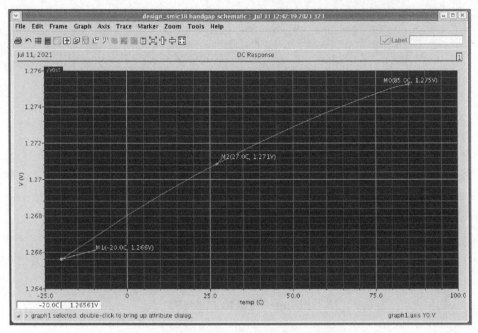

图 3.106　输出电压 vout 的温度扫描仿真结果

下面扫描电阻 R1 的值来优化电路，使补偿后的温度系数达到最优。首先将电阻 R1 的值设置为参数 var_r1，将其初始值设置为 557.65kΩ，然后在 ADE 窗口中启动 Parametric Analysis 对话框，按照如图 3.107 所示的设置对电阻 R1 的值进行扫描。由于不知道 R1 的值应该减少多少，所以可以考虑减小几十 kΩ，先大致扫描一下，然后再反复精确扫描，直到最优为止。第一次的扫描结果如图 3.108 所示，从图 3.108 中可以发现从下面数第二条曲线最好，对应的电阻值为 530kΩ，这样可以在 530kΩ 处继续精确扫描，寻找那个最优的电阻值。

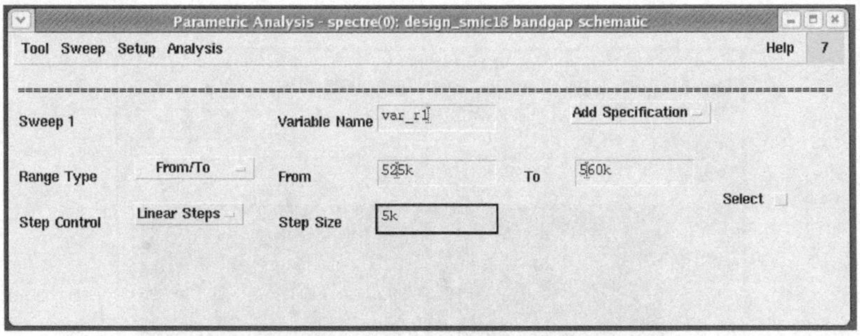

图 3.107　Parametric Analysis 对话框设置

经过反复扫描，最终得到了 R1 的最优值为 531.1kΩ，如图 3.109 所示，将 ADE 窗口中的参数 var_r1 改为 531.1k，保存状态后单击红绿灯图标进行仿真，得到的 vout 仿真曲线如图 3.110 所示，在整个温度范围内只有 1mV 的变化，温度系数如图 3.111 所示为 7.4055ppm。

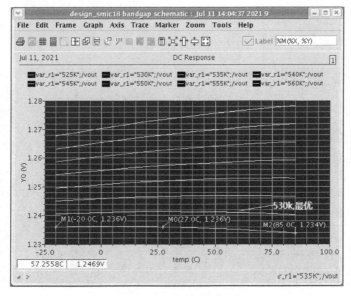

图 3.108　电阻 R1 扫描结果

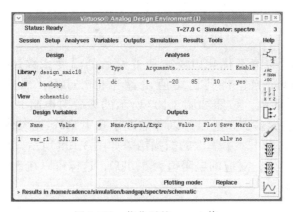

图 3.109　优化后的 var_r1 值

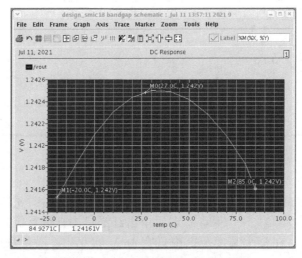

图 3.110　经过优化后的温度扫描曲线

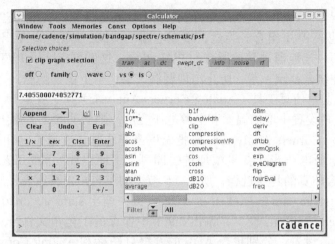

图 3.111　计算得到的最终温度系数值

从图 3.110 可以看出，由于 BE 结电压的温度系数不是常数，而且还与温度有关，原来得到的温度系数 2917ppm（或者 1.896mV/℃）只是个平均数，所以用一个恒定的正温度系数来补偿，不可能在整个温度范围内得到 0 温度系数。因此，一般情况下带隙参考源通常将室温附近补偿到最大值，得到类似于图 3.110 所示的情况就算成功。有了这个基本的电路和仿真基础，今后在设计实际带隙参考源电路时，只要在这种架构下集中精力设计运算放大器就可以了。

带隙参考源的电路结构很多，这里只是举了一个 PTAT（Proportional To Absolute Temperature，与绝对温度成正比）结构，如果想进一步提高性能指标，可以采用其他的电路结构，请参阅参考文献 [2，4] 进行深入学习，这里的理论分析和仿真实验只是帮助初学者入门，扫清一些理论分析和设计仿真的障碍，为进一步学习创造有利条件。

3.11　PVT 仿真

PVT（Process，Voltage，Temperature），即工艺、电压和温度，它们的变化对电路影响很大，为了保证电路在不同工艺角、电源电压和温度下依然正常工作，需要将 PVT 极端条件进行组合，并对其进行仿真验证，以确保电路在苛刻条件下也能可靠工作。

在电路设计之初使用典型条件进行仿真，仿真的工艺角可以选择 TT，电源电压可选择典型值，工作温度选择室温 27℃。仿真验证通过之后，就需要对电路进行 PVT 联合仿真，把各个工艺角、最高和最低的极限电源电压与极限温度进行各种组合，反复使用各种恶劣条件和环境"考验"电路，确保电路的可靠性。

PVT 有两种极端组合，一种是最快极端组合，另一种是最慢极端组合，其中最快极端组合是 FF 工艺角、最高电源电压和最低工作温度，最慢极端组合是 SS 工艺角、最低电源电压和最高工作温度，PVT 仿真必须要通过这两种极端组合。

电源电压范围通常是典型电压值的 ±10%，例如，对于 3V 的典型值，最低工作电压为 2.7V，最高工作电压为 3.3V。如前所述，PVT 仿真中温度范围的确定需要根据产品类型来设置，普通民用产品的极限温度范围是 –10 ～ 55℃，工业级产品的极限温度范围是 –20 ～ 85℃，而军工级产品的极限温度范围更严格，为 –40 ～ 125℃。

在大多数情况下，PVT 极端组合的仿真结果应该是最差的，能通过极端组合仿真的电路就能通过其他的 PVT 组合。当然，根据电路的功能、原理和结构不同，能通过极端组合仿真的电路不一定能通过其他所有的 PVT 组合，这就要求除了 PVT 极端组合外，还要尽量把其他各种组合都跑一跑，防止出现漏洞，避免留下设计隐患。

Cadence 的工艺角仿真工具（Analog Corners Analysis）其实就是 PVT 联合仿真工具，在 3.9 节中的工艺角设置中增加温度和电源电压变量，则单纯的工艺角仿真就变成了 PVT 仿真。由于 Analog Corners Analysis 已经把温度当作了默认变量（temp），为了进行 PVT 仿真，只要再把电源电压当作变量添加进去即可。下面以 3.9 节的工艺角仿真设置为基础，介绍 PVT 联合仿真的具体过程，所以 3.9 节中的工艺角仿真应先做好。

首先打开 CS_stage_sim 的原理图和 ADE 窗口，调出 state_ac_db20 的状态，然后再打开 Analog Corners Analysis 窗口，调出 3.9 节中保存的工艺角文件 smic18.cor，得到如图 3.112 所示的窗口设置。分别单击 ADE 的红绿灯图标和 Analog Corners Analysis 窗口中的 Run 按钮，确认仿真环境是正常的。

为了能够在 PVT 设置时改变电源电压，需要把 CS_stage_sim 中 V0 的 DC voltage 改为变量 var_vdc，采用 3.5 节中介绍的变量复制方法，单击 ADE 菜单 Variables → Copy From Cellview，将它添加到 ADE 窗口的 Design Variables 栏中，默认值设置为 1.8V，设置结果如图 3.113 所示。

单击图 3.112 中 Analog Corners Analysis 窗口的 Add Variable 按钮，在弹出的 Enter Variable name 对话框中输入 var_vdc，单击 OK 按钮，这样在 Design Variables 栏中就增加了变量 var_vdc。按照图 3.114 所示设置 var_vdc 在不同工艺角下的值，这时 SS 和 FF 被设置为 PVT 最慢和最快的两个极端条件，最慢的极端条件由 ss 工艺角、1.6V 和 85℃ 构成，最快的极端条件由 ff 工艺角、2.0V 和 −20℃ 构成，典型情况为 tt 工艺角、1.8V 和 27℃，而 fnsp 和 snfp 的温度为 27℃ 暂时不变，电源电压采用典型值 1.8V。

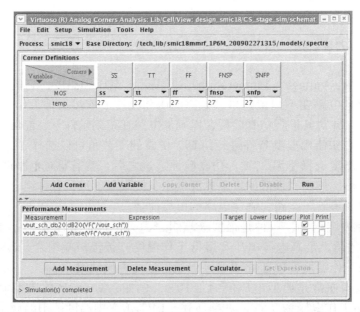

图 3.112　使用 smic18.cor 恢复的 Analog Corners Analysis 窗口

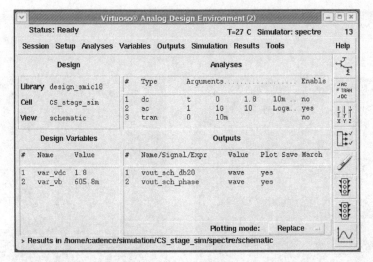

图 3.113　ADE 窗口设置（var_vdc）

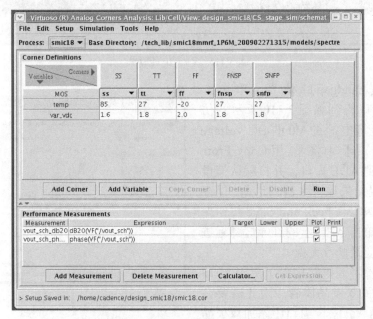

图 3.114　var_vdc 在不同工艺角下的设置

保存设置到 smic18.cor 中，然后单击 Run 按钮，得到如图 3.115 所示的 PVT 仿真结果。可以看出，只有典型条件增益比较正常，其他的 PVT 组合的增益都很小，而且比单纯的工艺角仿真还差，具体原因这里就不讨论了。

上节的带隙参考源电路最终被优化到 7.4ppm，虽然性能指标很高，但是电路中有几处细节与实际情况不符：①电路中用的是理想运算放大器，温度系数为 0。②电阻也是理想的，温度系数为 0。③仿真只在 PVT 的典型条件下进行，没有仿真极端条件。下面在不改变①和②的理想条件的情况下，对带隙参考源电路进行 PVT 仿真，观察一下 PVT 对温度系数的影响。

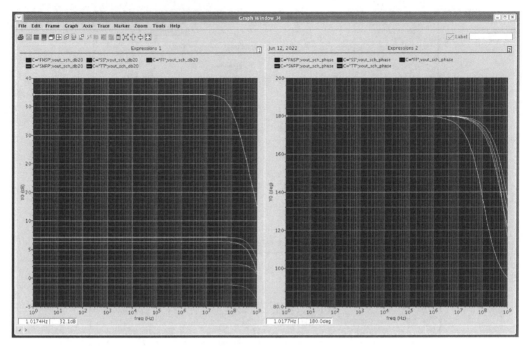

图 3.115 PVT 仿真结果

首先恢复 bandgap 的仿真，单击红绿灯图标后可以得到如图 3.110 所示的仿真结果。然后将电源的 V0 的 DC voltage 改 为 var_vdc，同 时 将 它 用 Copy From Cellview 传递到 ADE 窗口，并将默认值设置为 3.3，设置结果如图 3.116 所示。保存 ADE 状态，并单击 Check and Save 按钮保存电路图，再单击 AED 上的红绿灯图标进行仿真，确认变量修改无误。

由于带隙参考源电路中除了用到 MOS 管外，还用到了双极晶体管，因此需要在 Analog Corners Analysis 窗口中添加双极晶

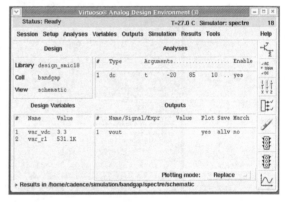

图 3.116 增加了变量 var_vdc 后的 ADE 窗口

体管工艺角组变量，并命名为 BJT，然后给它添加变量值 bjt_ss、bjt_tt 和 bjt_ff，也就是模型库文件中与双极晶体管工艺角对应的 section 名称，这些名称可以在模型文件中查到。

下面先打开 Analog Corners Analysis 窗口，然后调用之前保存过的 smic18.cor。单击窗口菜单 Setup → Add/Update Model Info...，弹出 Update Process/Model Info 对话框，单击对话框 Groups/Variants 按钮，在 Group Names 栏中填写 BJT，在 Variants 栏中填写 bjt_ss、bjt_tt 和 bjt_ff，如图 3.117 所示，然后单击 OK 按钮，在 Analog Corners Analysis 窗口的 Variables 栏中就增加了 BJT。为 BJT 选择相应的工艺角，并将 var_vdc 按照典型电压 3.3V 进行设置，清空 Performance Measurements 栏，用 3.9 节介绍的使用 Calculator 和 Get Expression 添加显示信号的方法，向 Performance Measurements 栏中添加 vout，并勾选 Plot。注意在计算器中要选择 swept_dc 和 vs，得到的结果应为圈中显示的 VS（"/ vout"），这样才能显示 dc 的温度扫描的结果，否则将显示为温度点的柱状图。最终设置

如图 3.118 所示，保存状态，单击 Run，仿真结果如图 3.119 所示。

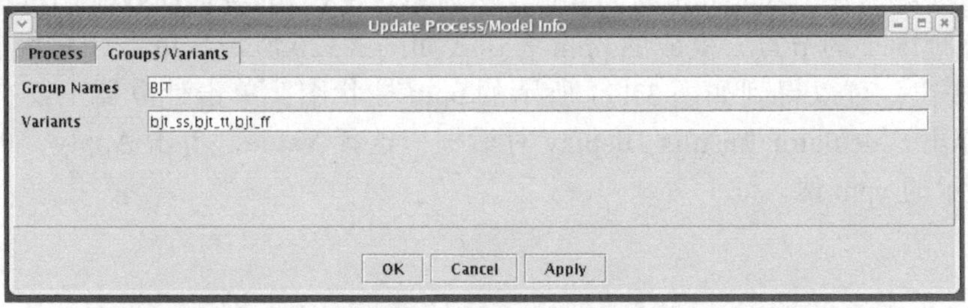

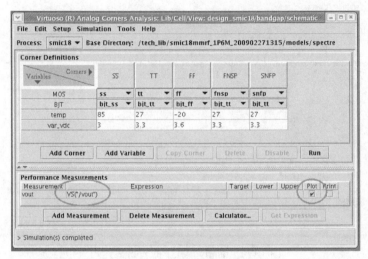

图 3.117　添加 BJT 变量

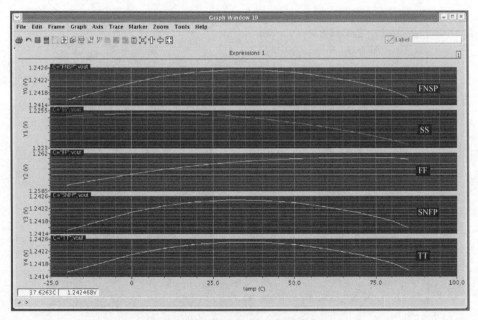

图 3.118　PVT 最终设置结果

图 3.119　带隙参考源 PVT 仿真结果

下面用上节介绍的方法，使用计算器计算 PVT 曲线族的 ppm 值，由于是处理曲线族，所以首先要选中 Calculator 的 family，然后单击 PVT 的波形曲线，用单击波形曲线代替单击原理图上的节点，生成的 ppm 表达式如图 3.120 所示。单击计算器中的曲线按钮或 Eval 按钮，可以得到如图 3.121 所示的 ppm 柱状图。单击计算器上箭头所指的数表图标，弹出 Calculator Results Display 对话框，选择 Value，单击 Apply，可以得到如图 3.122 所示的 ppm 值。

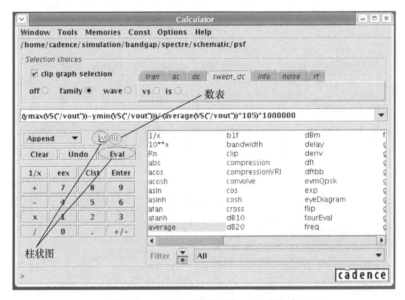

图 3.120   family 模式下的 ppm 表达式

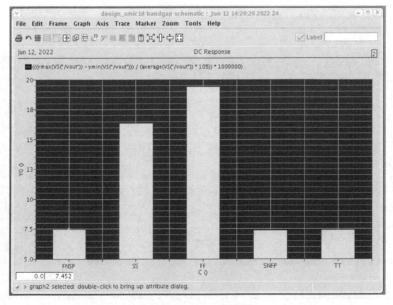

图 3.121   ppm 柱状图

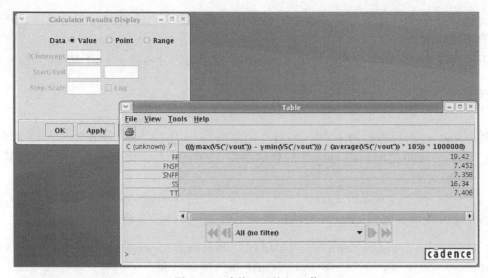

图 3.122　表格显示的 ppm 值

从仿真结果可以看出，不同 PVT 组合下的电路性能差异很大，只能按照最差的 19.42ppm 来评价，而根据典型条件优化出的 7.406ppm 也只是个特例。

3.12　蒙特卡罗分析

蒙特卡罗（Monte Carlo）方法是将随机数用于仿真和数值计算的通用术语。集成电路中的电阻、电容、电感、MOS 管、二极管和晶体管等器件的电学特性都具有一定的波动性，这些波动的不同组合对电路的综合性影响也不同。Spice 的蒙特卡罗分析就是对这些波动综合性影响进行仿真，用统计分析方法得出波动性影响的仿真结果，以深入了解电路的实际性能，预测芯片的成品率。

蒙特卡罗分析不是一种独立的仿真分析类型，它需要在 Spice 的直流、交流或瞬态仿真的基础上进行，这一点与参数扫描比较类似。下面首先讨论 Spice 中有关蒙特卡罗分析的语句和语法，然后再通过举例介绍用 Cadence 进行蒙特卡罗分析的方法。

使用 Spice 进行蒙特卡罗分析大体需要两步，第一步是定义波动参数及其分布规律；第二步是在直流、交流或瞬态仿真的语句中加入 sweep monte=xx 即可，其中 xx 表示蒙特卡罗仿真次数。

在 Spice 的语法中，蒙特卡罗的波动参数（随机变量）可以定义为两种分布，即均匀分布（unif）和高斯分布（gauss），其具体语法格式如下：

（1）均匀分布（unif 或 aunif）

```
.param var_u=unif(nominal_val, rel_variation)
.param var_u=aunif(nominal_val, abs_variation)
```

上面两条语句都是按照均匀分布定义的随机变量 var_u，其中 .param 是定义参数的关键字。unif 和 aunif 都是定义均匀分布的函数，其中 unif 是按照相对变化量定义变化范围的，而 aunif 是按照绝对变化量定义变化范围（a 即 absolute，便于理解和记忆）的，nominal_val 表示随机变量的标称值（或者均值），rel_variation 表示随机变量的相对变化范围，通常是一个小于 1 的数，而 abs_variation 表示随机变量的绝对变化范围，其值一般不大于标称值。

下面两条语句是均匀分布语句举例，分别定义了均匀分布的 var_u1 和 var_u2，

```
.param var_u1=unif (1000, 0.2)
.param var_u2=aunif (3200, 90)
```

其中 var_u1 的标称值为 1000，相对变化范围是 +/-0.2，实际变化范围是 +/-200，即其值在 800 ~ 1200 之间；而 var_u2 的标称值为 3200，绝对变化范围是 +/-90，即其值在 3110 ~ 3290 之间。

（2）高斯分布（gauss 或 agauss） 与均匀分布的情况相同，高斯分布也分成相对变化量（gauss）和绝对变化量（agauss）两种定义函数，其具体语法格式为

```
.param var_u=gauss (nominal_val, rel_variation, sigma)
.param var_u=agauss (nominal_val, abs_variation, sigma)
```

上面两条语句都是按照高斯分布定义的随机变量 var_u，其中 gauss 是按照相对变化量 rel_variation 定义变化范围，而 agauss 是按照绝对变化量 abs_variation 定义变化范围，sigma 为方差数，规定统计分布图的形状。

下面是两条高斯分布语句举例，分别定义了高斯分布的 var_u1 和 var_u2，

```
.param var_u1=gauss (1000, 0.2, 3)
.param var_u2=agauss (3200, 90, 3)
```

其中 var_u1 的标称值为 1000，相对变化范围是 +/-0.2，实际变化范围是 +/-200，即其值在 800 ~ 1200 之间；而 var_u2 的标称值为 3200，绝对变化范围是 +/-90，即其值在 3110 ~ 3290 之间，两条语句中的 3 都表示方差数。

在进行蒙特卡罗分析时，采用均匀分布还是采用高斯分布要看实际情况，但总体来说差别不大，因为对于一般的 Spice 用户来说，定义的随机变量本身就不是很多，在不太了解实际工艺的情况下，对器件波动的随机性也只能是个猜测，采用高斯分布也就可以了。

如前所述，蒙特卡罗分析需要在直流、交流或瞬态仿真的基础上进行，在完成随机变量参数的定义后，只要在原来的仿真语句中加入 sweep monte=xx，就能进行蒙特卡罗分析了，其中的 xx 为仿真次数。

例如下面的仿真语句：

```
.dc v1 0 5 0.1 sweep monte=20;          进行 20 次直流仿真的蒙特卡罗分析
.tran 1n 1u sweep monte=35;             进行 35 次瞬态仿真的蒙特卡罗分析
.ac dec 10 100 10meg sweep monte=10;    进行 10 次交流仿真的蒙特卡罗分析
```

从前面的讨论可以看出，在 Spice 文件中手工添加随机变量进行蒙特卡罗分析有很大的局限性，在 Cadence 的 ADE 环境中集成了专门的蒙特卡罗分析工具，通过简单的图形界面设置就能完成非常复杂的蒙特卡罗分析，使用起来非常方便。下面以 CS_stage 为例介绍 Cadence 的蒙特卡罗分析流程。

打开 CS_stage_sim 的原理图，启动 ADE 窗口，调出原来保存过的状态，经过适当修改，恢复直流扫描的 ADE 仿真环境设置（见图 3.123），并可以得到如图 3.124 所示的仿真结果。

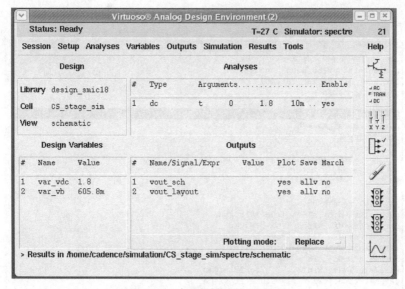

图 3.123　直流扫描的 ADE 设置

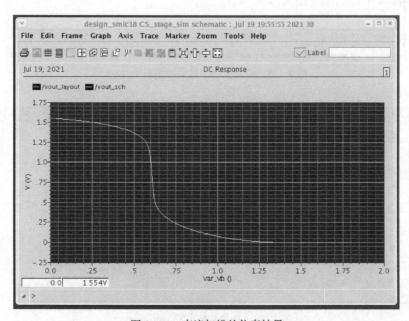

图 3.124　直流扫描的仿真结果

为了支持蒙特卡罗分析，PDK 通常会在模型文件中增加一个 section，专门用于定义各个随机变量标称值和分布等信息。如图 3.125 所示，section mc 就是用于工艺参数蒙特卡罗分析的分布设置，通常只有 Foundry 才能有这些参数的统计数据，模型文件中必须有这个 section 才能进行蒙特卡罗分析。

在 Model Library Setup 对话框中把 mc 添加上，并关掉 tt，如图 3.126 所示，先单击红绿灯图标进行仿真试试能不能仿真，正常情况下可以得到如图 3.124 所示的结果，此时还不是蒙特卡罗分析，但为了今后使用方便，可以把这个状态保存为 state_dc_mc，然后启动蒙特卡罗工具对话框。

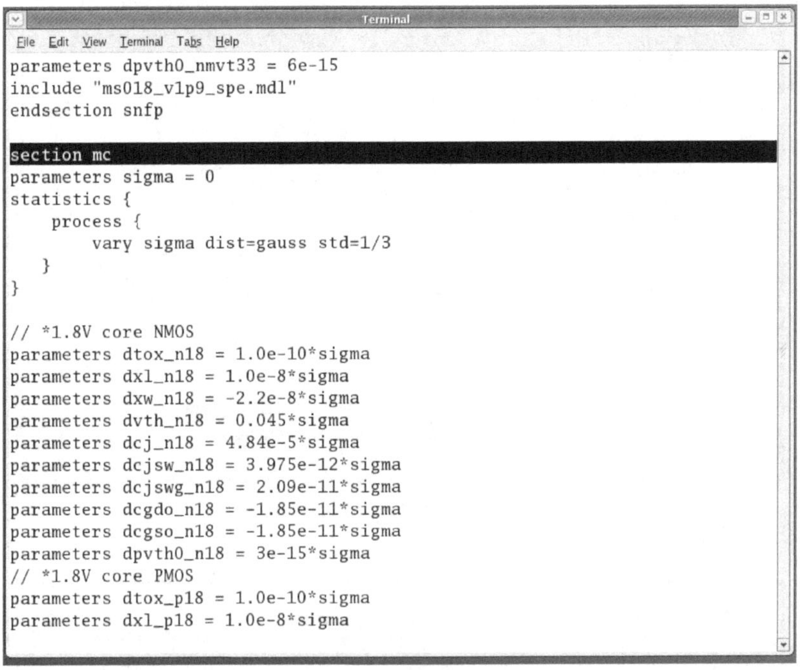

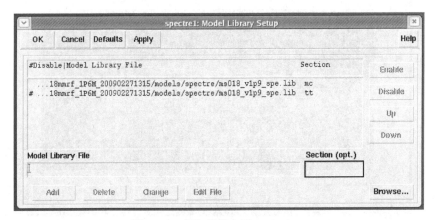

图 3.125　模型文件中的蒙特卡罗 section

图 3.126　添加蒙特卡罗 section mc

单击 ADE 窗口菜单 Tools–Monte Carlo...，弹出如图 3.127 所示的 Analog Statistical Analysis 对话框。将 Sampling Method 设置为 Standard 即可，它与 LHS（拉丁超立方抽样，Latin Hypercube Sampling）的区别不大。Number of Runs 为仿真次数，可以先设置为 5，等一切设置都正常后再增加这个数值。Starting Run # 保持为 1 即可。Analysis Variation 选择 Process Only，表示只做工艺的蒙特卡罗分析。Swept Parameter 选择为 None，表示不对其他参数进行蒙特卡罗分析。Save Date Between Runs to Allow Family Plots 一定要选中，否则就没有曲线族显示。将设置通过它的 Session 菜单保存起来，然后单击窗口中的 Simulation → Run 菜单，启动蒙特卡罗仿真，仿真结束后的波形图如 3.128 所示。

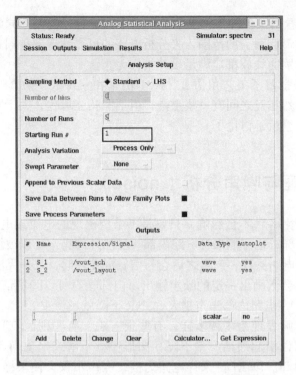

图 3.127　Analog Statistical Analysis 对话框

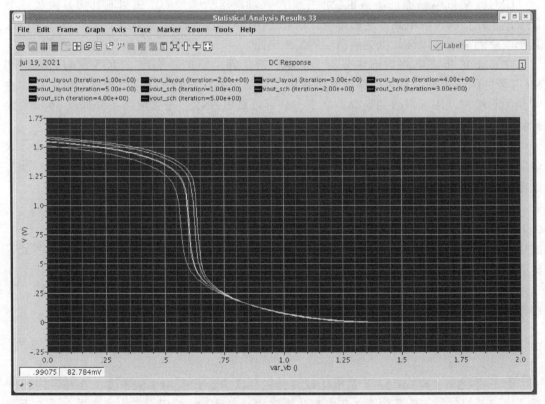

图 3.128　蒙特卡罗仿真结果

从图 3.128 可以看出，各种工艺参数波动的不同组合，得到不同的仿真结果，设计者可以根据蒙特卡罗波形族覆盖的范围，去分析电路的可靠性等各种问题，必要时调试或修改设计，直到蒙特卡罗曲线族都能满足设计指标为止。

到这里大家已经学习了工艺角仿真、PVT 仿真和蒙特卡罗仿真，它们之间既有相同点，也有不同点，虽然相互之间有一些重叠，但不能相互取代，关于它们的区别与联系请读者自己去思考，这里就不讨论了。

3.13　噪声原理与噪声分析（.noise）

噪声可对电路产生各种不良影响，只要是不希望出现的电流或电压都可以看作噪声。噪声可能来自电路外部，也可能来自电路内部。虽然外部噪声可以被抑制或消除，但是来自电路内部的噪声与电路共存，产生之后会与信号混在一起，几乎无法消除，即使没有输入信号，内部噪声也会激励出一定的噪声输出。内部噪声可以降低信号的信噪比（Signal to Noise Ratio，SNR），电路内部噪声越大，SNR 下降就越严重。

噪声对电路的影响表现为多种多样，有些很直观，有些则比较间接和隐蔽。在无线通信系统中，噪声可以引起通话质量下降，图形模糊不清或出现噪点，或者使无线数字通信系统误码率增加等。以 ADC 采样电路为例，噪声不仅会使采样时钟出现相位误差，造成采样位置偏离，而且还会使采样保持（Sample and Hold，SH）电路出现采样误差。

CMOS 集成电路器件本身也会产生噪声，理解这些噪声的产生机制和仿真方法，不仅有助于评估噪声对电路性能的影响，而且还能指导电路的设计与优化，并将内部噪声及其影响降到最低，以设计出更高精度的集成电路。

在 CMOS 集成电路内部主要有 3 种噪声源，即电阻的热噪声、MOS 管的热噪声和 MOS 管的闪烁噪声。噪声的幅值是随机的，需要用统计学的方法进行研究。电路设计通常最关心噪声功率，只要知道噪声功率，就可以算出 SNR，很多电路系统都以 SNR 为设计指标，因为它是描述信号质量或者计算误码率的关键参数。

1）电阻的热噪声：电阻的热噪声是由电子的随机运动产生的，电子的随机运动导致电阻两端产生电压波动，波动程度与绝对温度有关，因此被称为热噪声。当温度为 T 时，电阻 R 的热噪声电压功率谱密度（单位为 V^2/Hz）为

$$\overline{v_{nT,R}^2} = 4kTR \tag{3-6}$$

式中，k 为玻耳兹曼常数。注意，在电学中经常把电压或电流的二次方作为功率，本公式计算的结果实际上是电压的二次方。

如图 3.129 所示为电阻热噪声等效电路，电路是由无噪声电阻 R 和噪声源构成的，其中图 a 为电压等效电路，图 b 为电流等效电路，根据电路的转换关系可得

$$\overline{i_{nT,R}^2} = \frac{4kT}{R} \tag{3-7}$$

由于式（3-6）或式（3-7）是电压或电流的二次方，代表功率谱密度，在频带内积分后才能得到功率。下面是两个关于电阻热噪声的经典计算，可以帮助大家熟悉一下关于热噪声的计算方法，然后再对它们的结果进行简单讨论。

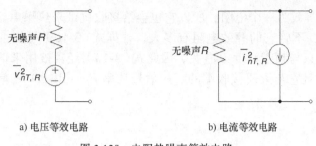

a) 电压等效电路   b) 电流等效电路

图 3.129 电阻热噪声等效电路

如图 3.130 所示，图 a 是热噪声功率传给一个无噪电阻 r 的电路，图 b 是对热噪声功率进行 RC 滤波的电路。在图 a 的电路中，输出端 v_{out} 包含的热噪声功率谱密度为

$$\overline{v_{\text{out},nT,R}^2} = i_r^2 \cdot r^2 = \frac{4kTR}{(R+r)^2} \cdot r^2 \tag{3-8}$$

这里把 $4kTR$ 看成是电压的二次方，除以总电阻的二次方得到电流的二次方，再乘以 r^2 得到 v_{out} 的热噪声功率谱密度。当 $r=R$ 时，可以实现阻抗匹配，得到最大的噪声功率密度 $\max\left(\overline{v_{\text{out},nT,R}^2}\right)$，再乘以带宽 B 就可以得到最大噪声功率 $P_{n,\text{max}}$，即

$$\max\left(\overline{v_{\text{out},nT,R}^2}\right) = kT$$
$$P_{n,\text{max}} = kTB \tag{3-9}$$

这两个最大值都与 r 无关，这是因为在功率匹配模式下，r 与 R 相等，经过公式化简消掉了。

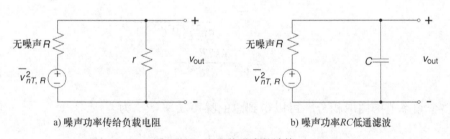

a) 噪声功率传给负载电阻   b) 噪声功率RC低通滤波

图 3.130 电阻热噪声的计算

kTB 的量纲是 W（瓦），乘以 10^3 变为 mW（毫瓦），对 mW 取 10 倍 lg 可以得到 dBm，因此，在室温下（$T=300\text{K}$）电阻可输出的最大热噪声功率 $P_{n,\text{max}}$（dBm）[13] 为

$$\begin{aligned} P_{n,\text{max}} &= 10\lg(kTB \times 10^3) \\ &= 10\lg kT + 10\lg B + 30 \\ &= 10\lg(1.3806505 \times 10^{-23} \times 300) + 10\lg B + 30 \\ &\approx -203.83 + 10\lg B + 30 \\ &= -174 + 10\lg B \end{aligned} \tag{3-10}$$

由于天线可以等效为一个电阻，所以它也会给接收机带来热噪声。一般天线的等效电阻为 50Ω 或 300Ω，不管它的等效电阻有多大，根据式（3-10）可知，天线能传给接收机的最大热噪声功率只与频带宽度 B 有关，因此式（3-10）经常被用来估算接收机天线带来的热噪声功率，并且它与天线接收端的有用信号功率 P_{RF}（dBm）之差就是输入信号的信噪比 SNR_{input}，即

$$
\begin{aligned}
SNR_{input} &= P_{RF} - P_{n,antenna} \\
&= P_{RF} - (-174 + 10\lg B) \\
&= 174 + P_{RF} - 10\lg B
\end{aligned}
\tag{3-11}
$$

例如，民用北斗卫星导航信号的带宽 B 为 4MHz，卫星信号到达接收机的信号强度为 –130dBm，按照式（3-11）可得接收机天线输入信号的信噪比 SNR_{BDS} 为

$$
\begin{aligned}
SNR_{BDS} &= P_{RF} - P_{n,antenna} \\
&= -130 + 174 - 10\lg(4 \times 10^6) \\
&\approx -22\text{dB}
\end{aligned}
\tag{3-12}
$$

注意，dBm 相减相当于做了功率的比，所得的结果为比值 dB，不再是 dBm 了。虽然这么低的信噪比无法直接解调导航电文，但由于北斗卫星导航信号采用的是扩频通信，捕获跟踪后可以获得很大的扩频增益，信噪比能得到大幅度的提高，可以确保卫星信号被正确解调。

图 3.130b 所示的电路可以看成是对热噪声的一阶 RC 低通滤波电路，其转移函数为

$$
H(s) = \frac{1}{RCS + 1}
\tag{3-13}
$$

可以得到 v_{out} 的功率谱密度函数为

$$
\begin{aligned}
\overline{v_{out,nT,R}^2} &= \overline{v_{nT,R}^2} \cdot \frac{1}{4\pi^2 f^2 R^2 C^2 + 1} \\
&= \frac{4kTR}{4\pi^2 f^2 R^2 C^2 + 1}
\end{aligned}
\tag{3-14}
$$

对它在整个频率范围内取积分，可以得到总的噪声功率 $P_{v_{out}}$ 为

$$
P_{v_{out}} = \int_0^\infty \frac{4kTR}{4\pi^2 f^2 R^2 C^2 + 1} \, df = \frac{2kT}{\pi C} \arctan x \Big|_0^\infty = \frac{kT}{C}
\tag{3-15}
$$

可以看出，电阻 R 输出的总热噪声功率与 R 的大小无关，只与 C 有关，C 越大，热噪声功率越小。虽然增加 C 可以减小热噪声功率，但是频带也会变窄，设计电路时需要综合考虑。

从对上面两个电路的推导可以看出，无论是电阻的最大热噪声输出功率，还是 RC 低通滤波器的热噪声输出功率，都与电阻 R 的大小无关。为了便于记忆，可以这样简单解释，前者是由于电阻匹配而消掉了 R，后者是由于增加 R 既可增大噪声，又可减小带宽，R 的作用也自我抵消了，因此表达式中就只剩下 C。

2）MOS 管的热噪声和闪烁噪声：对 MOS 管主要分析两种噪声，即热噪声（thermal

noise）和闪烁噪声（flicker noise），它们既可以用并联在源漏之间的电流源描述，也可以用串联在栅极的电压源描述，二者对电路的影响是等效的。如图 3.131 所示为 MOS 管的电流噪声模型和电压噪声模型电路图，其中图 a 为电流噪声模型，图 b 为电压噪声模型。

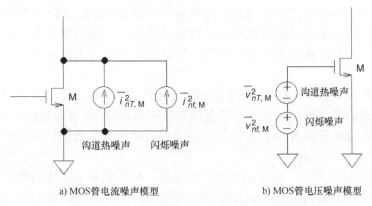

a) MOS管电流噪声模型   b) MOS管电压噪声模型

图 3.131   MOS 管的电流噪声模型和电压噪声模型

在电流噪声模型电路中，$\overline{i_{nT,M}^2}$ 为沟道产生的热噪声电流，它与电阻的热噪声原理基本相同，其值为

$$\overline{i_{nT,M}^2} = 4kT\gamma g_m \tag{3-16}$$

式中，k 为玻耳兹曼常数；T 为绝对温度；γ 为与工艺有关的系数，大约为 2/3；g_m 为 MOS 管的跨导。

$\overline{i_{nf,M}^2}$ 为闪烁噪声电流，主要是由 MOS 管栅氧化层与硅衬底接触面的工艺缺陷和其他原因[4]产生的。闪烁噪声可以表示为

$$\overline{i_{nf,M}^2} = \frac{K}{C_{ox}WL} \cdot \frac{1}{f} \cdot g_m^2 \tag{3-17}$$

式中，K 是与工艺有关的系数；C_{ox} 是栅氧层的单位面积电容；W 和 L 为 MOS 管的宽和长；g_m 为 MOS 管的跨导。

根据式（3-17）可以看出，闪烁噪声与频率的倒数相关，主要影响信号的低频成分，尤其是在零频率附近影响非常严重，在 RF CMOS 无线接收机芯片设计中，零中频结构面对的一个主要问题就是闪烁噪声，因为闪烁噪声不仅会破坏信号的频谱结构，而且还会造成工作点漂移，破坏电路的稳定性。

如果把图 3.131a 中的噪声电流看作是栅极电压激励的，则可以得到图 3.131b 所示的电路，其中栅极串联的两个电压源 $\overline{v_{nT,M}^2}$ 和 $\overline{v_{nf,M}^2}$ 分别对应沟道热噪声和闪烁噪声。因为噪声电流是用功率谱密度表示的，所以将式（3-16）和式（3-17）分别除以 g_m 的二次方可以得到

$$\overline{v_{nT,M}^2} = \frac{4kT\gamma}{g_m} \tag{3-18}$$

$$\overline{v_{nf,M}^2} = \frac{K}{C_{ox}WL} \cdot \frac{1}{f} \tag{3-19}$$

除了沟道热噪声和闪烁噪声，MOS 管栅源漏极的寄生电阻也会产生热噪声。当 MOS 管的宽较大时，源漏区的寄生电阻相当于并联，所以产生的热噪声并不大，而栅上的寄生电阻却比较大。为了减小栅的寄生电阻，可以把宽度转成多指结构，以减少栅电阻的噪声[2]。

在 CMOS 集成电路中，MOS 管的衬底耦合也会引入噪声，降低电路的信噪比。对于 N 阱 CMOS 工艺而言，PMOS 差分对管受衬底噪声的影响小于 NMOS 差分对管，其原因就在于 PMOS 差分对管的 N 阱衬底可以与差分对管的公共源极接在一起，以减少衬底噪声的影响。

在 Spice 的语法结构中，.noise 用于噪声仿真，来计算各个器件的噪声对输出节点的影响，并以方均根值给出结果。.noise 语句必须与 .ac 语句配合使用，并且只能在 .ac 语句规定的频率范围内进行仿真，具体语法格式为

```
.noise  out_variable  in_source  inter
```

其中，out_variable 为输出变量，可以是节点电压或支路电流；in_source 为等效输入源位置；inter 为频率间隔，其含义与 .ac 的频率坐标有关。

例如，下面这两条语句

```
……..
.ac dec 10 1 100meg
.noise v(vout) v2 10
………
```

其中，.ac 语句设置了从 1Hz 到 100MHz 对数频率的交流仿真，每 10 倍频程有 10 个采样点。.noise 语句在 .ac 语句规定的频率范围内进行噪声分析，求出 vout 节点总噪声电压的方均根值，以及在电压源 v_2 处的等效输入噪声，这里的 10 表示每 10 倍频程进行 10 个采样点的噪声分析，遵循 .ac 语句的频率设置规则。

Cadence 的 ADE 环境提供了噪声分析工具，不仅具有良好的操作界面，而且还能对输出数据进行处理，给出数据报告，并可以对每个器件的噪声类型及大小进行排序，可为电路优化提供更多的参考依据。下面以 RC 低通滤波电路和 CS_stage 为例进行噪声分析，练习和掌握最基本的噪声分析流程，并学会分析噪声总结报告。

如图 3.132 所示为一个 RC 低通滤波器的原理图，图中的电阻 R0 为 smic18mmrf 库中的 poly 电阻 rhrpo，W=2μ，L=10μ，m=1，电阻值为 4.94533kΩ；电容为 smic18mmrf 库中的 MIM 电容，是边长为 25μ 的正方形，m=1，电容值大约为 0.606875pF；V0 为直流电压源，电压为 1V，AC magnitude=1，输出为 vout。

由于电路中用到了 smic18mmrf 的电阻和电容，所以需要在 ADE 中添加电阻 res_tt 和电容 mim_tt 的 section，如图 3.133 所示。

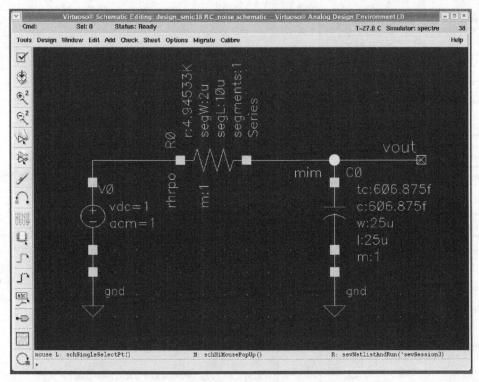

图 3.132　*RC* 低通滤波器的噪声分析电路图

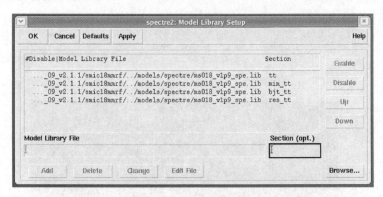

图 3.133　添加电阻 res_tt 和电容 mim_tt 的 section

在 Choosing Analyses 对话框中设置 noise 仿真，如图 3.134 所示，在 Analysis 栏中选择 noise，在 Sweep Variable 栏中选择 Frequency，在 Sweep Range 栏中选择 Star-Stop，并设置频率范围（1Hz ～ 10GHz），在 Sweep Type 栏中选择 Logarithmic，在 Points Per Decade 中填写 10，表示每 10 倍频程做 10 个频点的仿真，在 Output Noise 栏中选择 Voltage，表示要看噪声电压，在 Positive Output Node 栏中选择 vout，在 Negative Output Node 栏中选择 gnd，在 Input Noise 栏中也选择 Voltage，然后在原理图中选择 V0，表示将要看等效输入噪声电压，即 vout 点的总噪声电压除以从 V0 到 vout 的增益，设置完成后的 ADE 窗口如图 3.135 所示，保存仿真状态后单击红绿灯图标开始噪声仿真，得到如图 3.136 所示的噪声功率谱密度曲线。

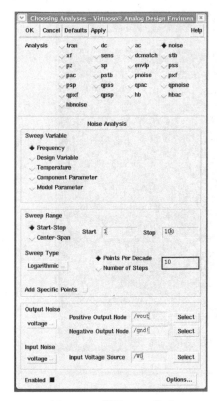

图 3.134 设置 noise 仿真

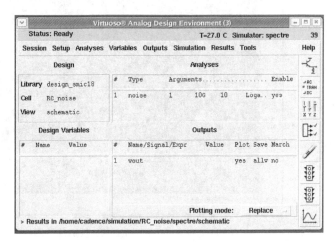

图 3.135 设置 noise 仿真的 ADE 窗口

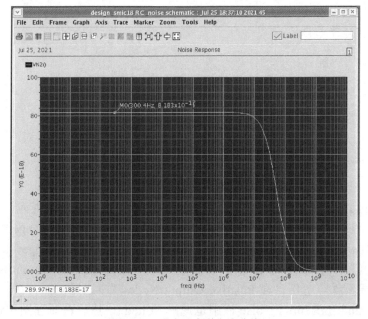

图 3.136 噪声功率谱密度曲线

从图 3.136 可以看出，电阻的白噪声被 RC 电路进行了低通滤波，在通频带内功率谱密度仍然为常数，其值为 8.183×10^{-17}（V^2/Hz），与直接用式（3-20）计算所得到的结果基本相同。

$$\overline{v_{nT,R}^2} = 4kTR$$
$$= 4 \times 1.3806505 \times 10^{-23} \times 300 \times 4945.33 \qquad (3\text{-}20)$$
$$= 8.1933268045 \times 10^{-17} (\text{V}^2/\text{Hz})$$

　　下面利用 ADE 的 Noise Summary 工具求一下总噪声电压的方均根值。单击 ADE 菜单 Results → Print → Noise Summary...，弹出如图 3.137 所示的 Noise Summary 对话框，在 Type 栏中选择 integrated noise，表示将对功率谱密度进行积分，在 noise unit 栏中选择 V，表示对积分结果开二次方得到方均根值电压，在 From（Hz）和 To（Hz）中填写频率范围为 1Hz ～ 10GHz，在 weighting 栏中选择 flat，表示直接按照转移函数积分，将 Include All Types 栏中的 resistor 点黑，其他的均默认即可。然后单击 OK 按钮，得到图 3.138 所示的噪声总结报告，即 Results Display Window 窗口。

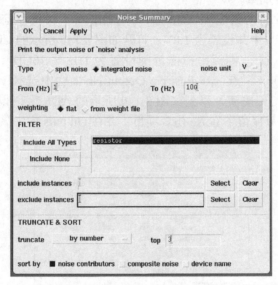

图 3.137　Noise Summary 对话框

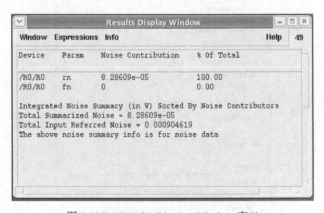

图 3.138　Results Display Window 窗口

　　图 3.138 中的 rn 和 fn 分别代表积分后电阻热噪声和闪烁噪声，可以看出 vout 的噪声 100% 来自电阻的热噪声 rn，而闪烁噪声 fn 的贡献为 0；Total Summarized Noise=8.28609e-05 表示 vout 中的噪声方均根值为 82.8609μV，这个值与直接使用

式（3-15）计算的结果基本相同。

$$P_{\text{vout}} = \frac{kT}{C} = \frac{1.3806505 \times 10^{-23} \times 300}{606.875 \times 10^{-15}} \approx 0.6825 \times 10^{-8}(\text{V}^2) \rightarrow 82.6317(\mu\text{V}) \qquad （3\text{-}21）$$

感兴趣的读者可以在电路中再串联一个相同的电阻，电容不变，仿真后再计算 vout 的方均根值，得到的结果应该是 82.9324μV，以进一步验证了 RC 低通滤波后的总输出噪声只与 C 有关的结论。

CS_stage 包含两个 MOS 管，MOS 管既有沟道热噪声，也有闪烁噪声，由于闪烁噪声与频率的倒数相关，所以闪烁噪声是低频的主要噪声源，随着频率的增加，闪烁噪声逐渐下降，热噪声将成为主要的噪声源。下面对 CS_stage 进行噪声仿真，研究一下沟道热噪声与闪烁噪声共同形成的功率谱密度曲线，并根据噪声总结报告的数据，分析 MOS 管电路的噪声构成及分布规律。

打开 CS_stage_sim 的电路图和 ADE 窗口，调出 state_ac 的状态，将原理图中的变量 var_vdc 复制到 ADE 窗口中并设置为 1.8V。打开如图 3.139 所示的 Choosing Analyses 窗口，在 Analysis 栏中选择 noise，将频率扫描范围设置为 1Hz ~ 10GHz，采用对数频率扫描，且每 10 倍频程设置 10 个频点，在 Positive Output Node 栏中选择 vout_sch，Input Voltage Source 选择 V1，单击 OK 按钮，得到如图 3.140 所示的 ADE 窗口设置结果。为了突出噪声分析，Analyses 栏中只保留了 noise 仿真项目，并在 Outputs 栏中只保留了 vout_sch。

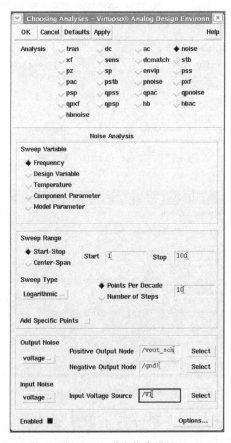

图 3.139　噪声仿真设置

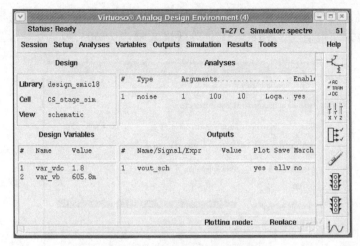

图 3.140 ADE 窗口设置结果

将当前状态保存为 state_noise，然后单击红绿灯图标开始仿真，得到如图 3.141 所示的噪声功率谱密度曲线。从图中的功率谱密度曲线可以看出，在低频处迅速下降部分的曲线应该对应 MOS 管的闪烁噪声，在高频处的水平部分应该对应沟道的热噪声。

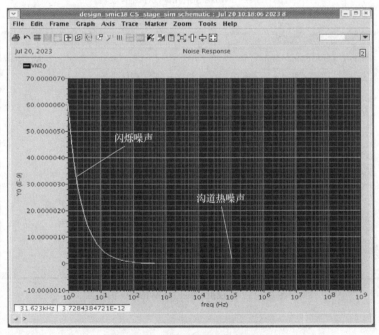

图 3.141 噪声功率谱密度曲线

单击 ADE 菜单 Results → Print → Noise Summary... 打开 Noise Summary 对话框，按照图 3.142 所示设置各个栏目，并保证 b3v3 处于选黑状态，单击 OK 按钮后弹出如图 3.143 所示的 Results Display Window 窗口。

在图 3.143 的噪声总结中，id 代表沟道热噪声，fn 代表闪烁噪声，rs 和 rd 代表源极和漏极电阻热噪声。可以看出，两个 MOS 管的沟道热噪声对总噪声的贡献是主要部分，合起来将近 80%，两个 MOS 管的闪烁噪声总贡献约为 20%，其他噪声的贡献可以忽略不计。噪声输出的方均根值为 3.56118mV，等效输入噪声为 605.99μV。

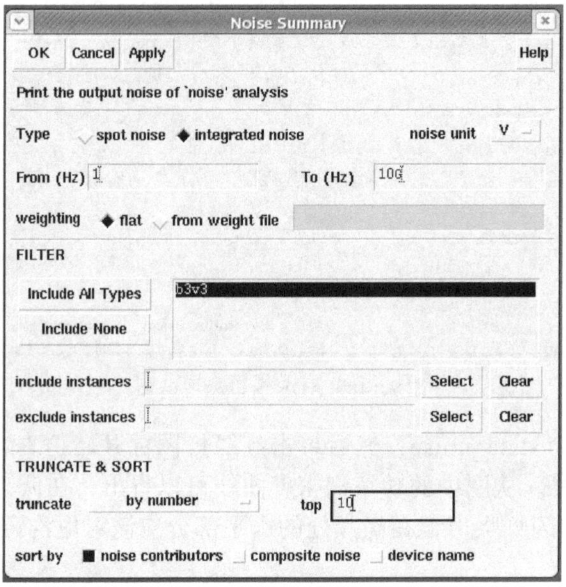

图 3.142　Noise Summary 对话框设置

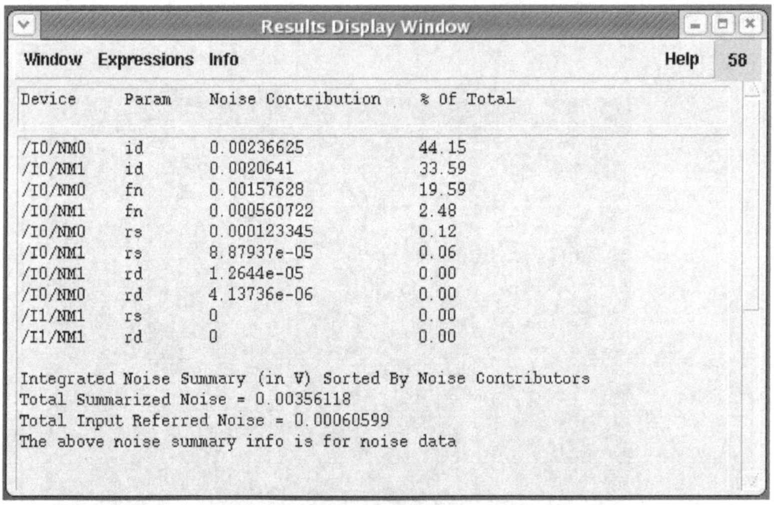

图 3.143　Results Display Window 窗口

3.14　Spice 仿真收敛问题

Spice 仿真器采用牛顿 – 拉弗森（Newton–Raphson）算法，通过迭代求解电路的矩阵方程，使节点电压和支路电流满足基尔霍夫电压定律（KVL）和基尔霍夫电流定律（KCL）。但有时候会出现迭代求解失败的情况，即出现仿真不收敛的情况，并出现下面的warning 提示：

```
"No convergence in dc analysis";
"PIVTOL Error"
"Singular Matrix"
"Gmin/Source Stepping Failed"
"Time step too small"
```

造成仿真不收敛的原因很多，但主要原因有电路连接问题、仿真模型问题和仿真器设置问题等，下面分别讨论。

仿真模型一般都是由 Foundry 提供的，并且经过反复验证，因此由模型造成的仿真不收敛情况很少出现。在大多数情况下，造成仿真不收敛的主要原因是电路连接错误、电路结构不合理或者参数设置不合理等。常见的错误包括 MOS 管的栅极没有直流通路，器件属性设置错误，比如出现数量级的错误，将兆（MEG）写成了毫（m），0 写成了 o，脉冲的跳变时间为 0 等，在修正后大部分不收敛问题都可以得到解决。

如果确认电路连接没有问题，但电路仿真仍然不收敛，则需要考虑电路的结构问题。经常出现仿真不收敛的电路结构包括振荡电路和类似于 RS 触发器等的双稳态电路。这类电路静态工作点对初始条件非常敏感，运算迭代过程中的一点点增量都会带来很大变化，导致仿真求解不成功。

解决这类问题通常采用两个办法，一个是用 .ic 语句设置电路初始条件，然后在 .tran 语句中加入 uic 选项，这样就可以避开工作点的计算，使用电路的初始条件直接求解；另一种方法是使用 .nodeset 语句设置一些关键节点电压初始值，来破坏双稳态结构的对称性，使电路先进入某个稳态。当然，实际的物理电路不可能绝对对称，因此 .ic 和 .nodeset 都只是数学意义上的改变对称性的功能，以模仿实际电路的情况。

仿真求解电路的迭代运算过程就是对未知数不断猜测的过程，当方程两端的误差小于容差（tolerance）时就认为相等，未知数求解就算完成。可以看出，仿真容差决定了仿真的精度和解算速度，容差越小需要的迭代次数就越多，所得到的结果越精确，但是容差过小可能导致计算失败，出现仿真不收敛的问题。

容差和迭代次数都是 Spice 仿真器的选项。Spice 仿真器还有许多其他选项，各选项也都有其默认值，这些默认值不仅可以满足仿真需求，而且在大多数情况下，默认值已经非常苛刻，足以满足大多数仿真的要求。如果在默认设置情况下电路仿真不收敛，例如前面提到的振荡电路和双稳态电路等，可以考虑调整一些选项设置，适当提高容差范围，在满足电路仿真精度要求的前提下使仿真收敛。

一般来说只有一些具有双稳态电路、正反馈电路或者振荡电路需要进行一点选项处理，而其他常见电路使用默认值就能顺利仿真。对于单独使用 HSPICE 进行仿真的用户，可以在 .options 语句中修改选项参数，而 Cadence 用户则只需要单击 Choosing Analyses 窗口右下角的 Options... 按钮，在修改选项的图形界面中进行修改即可。

需要强调的是，常见的普通电路一旦出现收敛问题，绝大多数都是因为电路连接错误或者参数设置不合理，只要认真检查就可以解决。切忌一旦出现问题就认为是仿真器选项设置的问题，试图通过修改选项跑通仿真，因为如果不先解决电路本身存在的错误，即使仿真收敛也会给电路留下隐患，导致最终还得返工。

上面给出的是一些常见不收敛问题的初级讨论，没有给出具体的 Spice 语句和详细的解决方案，在遇到实际问题时还需要请教专家或者查找资料，参考文献 [17] 从工程的角度比较详细地介绍了关于仿真的收敛问题，对问题原因、解决方案和选项设置进行了解释和说明，有兴趣的读者可以参考。

还需要指出，商用 Spice 仿真软件都源于开源的 Spice3f5，基本上都遵循 Spice 的通用语法规则，但是也难免对 Spice 语法格式进行一些细微的修改，这些细微的修改并不影响对语句的理解，因此，这里的语法学习具有一定的通用性。

了解 Spice 仿真的基本原理和掌握 Cadence 图形界面的操作流程，是学习 CMOS 模拟集成电路设计的重要内容，希望读者在学习本章时边看边练。

3.15　本章小结

本章首先对 Spice 的发展历史和 Spice 的器件模型进行了简单介绍，对 Spice 的语法格式和仿真文件结构进行了说明，并重点对 Spice 常见仿真类型的语法结构进行了解释和分析，使用 Cadence 的图形界面工具 ADE 对常见的仿真类型进行了仿真。最后讨论了 Spice 仿真的收敛问题，并给出了一些解决收敛问题的建议和初步方案。

知识点巩固练习题

1. 填空：包含了 S/D 电阻、用一个方程描述所有的工作区、结合平滑函数从根本上解决了不连续的问题的 Spice 模型是（　　　）。

2. 填空：FinFET 的出现为摩尔定律向十几纳米推进铺平了道路，它的 Spice 模型是（　　　）。

3. 填空：Spice 语法规定文件第（　　　）行无论是否打星号，都不作为电路描述语句，它是标题语句用于仿真界面显示。

4. 单项选择：MOS 管 4 个端口在网表中的顺序是（　　　）。

A. DGSB　　　　　　B. GDSB　　　　　　C. DSGB

5. 填空：Spice 用（　　　）字母开头表示双极晶体管，用（　　　）字母开头表示调用子电路。

6. 填空：Spice 的 4 种瞬态信号源是（　　　）、（　　　）、（　　　）和（　　　）。

7. 单项选择：在 .ac 语句中，DEC 表示（　　　）频程扫描，OCT 表示（　　　）频程扫描，后面跟着每频程的扫描点数。

A. 十倍、五倍　　B. 五倍、五倍　　C. 三倍、五倍　　D. 十倍、二倍

8. 简答：为什么要进行工艺角仿真？

9. 填空：电源电压和温度会影响 MOS 器件特性，通常电压越高速度越（　　　），温度越低速度越（　　　）。

10. 填空：工业级产品的极限温度范围是（　　　）。

11. 简答：请说明 PVT 的最快极端组合和最慢的极端组合。

12. 简答：请解释（.DC V2 0 3 0.1 sweep monte=20）的 Spice 语法含义。

13. 简答：如何处理仿真不收敛问题。

14. 练习：如图 3.144 所示，请写出与非门电路网表，所有 MOS 管的 L=0.2μ，

W=5μ，NMOS 管的模型为 nv，PMOS 管的模型为 pv。

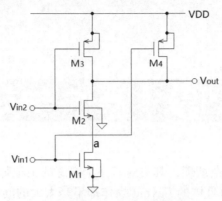

图 3.144　与非门电路图

15. 练习：增加 MOS 管的长度 L 为 5μm，重做 3.6 节的仿真，观察和解释饱和区电流斜率的变化情况。

16. 讨论：讨论一下工艺角仿真、PVT 仿真和蒙特卡罗仿真的区别与联系。

17. 拓展题：如图 3.145 所示为一个能够产生与电源电压无关（supply-independent）的参考电流的电路图 [2]。其中 M1 和 M2、M3 和 M4 分别构成电流镜，M5 为启动管，最终参考电流由 Rs 决定。请参阅参考文献 [2] 第 12 章的相关内容，学习该电路原理，然后设计这个电路，并对 VDD 施加阶跃信号进行 Spice 仿真，观察电路的启动特性。

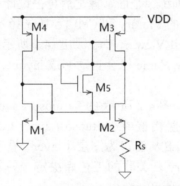

图 3.145　与电源电压无关的参考电流电路图

第 4 章

版图基本操作与技巧

版图（Layout）看似复杂烦琐，其实对于一个熟练的工程师来说，Layout 设计难点在于确定布局和布线方案，而具体的 Layout 操作却不是太大的问题。现在的 Layout 工具非常强大，其中的很多功能自动化程度很高，只要利用好这些功能，Layout 设计就能变成一件简单而有趣的事情。本章将介绍一些 Layout 基本操作方法和常用技巧，希望大家边看边练，反复练习，做到得心应手，为 Layout 设计打下基础。

4.1 元件例化与单层显示

下面以 CS_stage 为例对 Layout 设计的基本功和操作技巧进行讲解，希望读者按照本章的顺序先进行 Layout 基础训练，全面掌握之后再去设计 CS_stage 的完整版图。

在 Library Manager 窗口的 Library 和 Cell 栏中选择 design_smic18 和 CS_stage，然后单击菜单 File → New → Cell View...，弹出如图 4.1 所示的 Create New File 对话框，在 Tool 栏中选择 Virtuoso，View Name 栏会自动变成 layout，Virtuoso 是 Cadence 的版图设计工具。

单击 OK 按钮后得到如图 4.2 所示的 Virtuoso Layout Editing 窗口和 LSW 窗口，Cadence 617 版的 LSW 窗口直接嵌在 Virtuoso Layout Editing 窗口中。Virtuoso Layout Editing 窗口为 Layout 窗口，LSW 窗口为图层（layer）设置和切换窗口，其中 layer 的名称、颜色和填充格式由 Library 所关联的工艺库决定。另外，在 Library Manager 窗口中可以看出，CS_stage 增加了 layout view。

图 4.1　新建 CS_stage 的 layout view

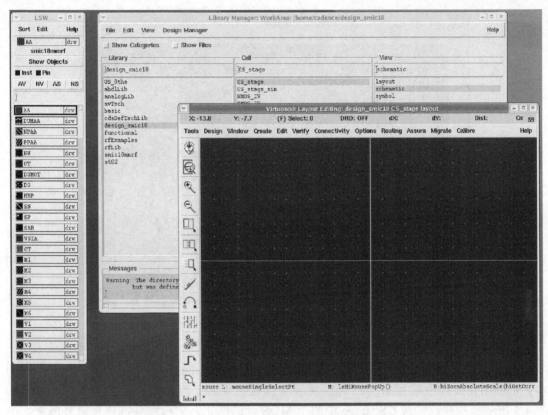

图 4.2　Virtuoso Layout Editing 窗口和 LSW 窗口

（1）元件例化（instance）　在 Layout 窗口中按 I 键（instance），弹出如图 4.3 所示的 Create Instance 对话框，单击 Browse 按钮，选择 smic18mmrf 库中 n18 的 layout，并在 Length 和 Finger Width 栏中填写 1μ 和 5μ（与原理图中的参数一致），然后单击 Hide，将鼠标光标移到 Layout 窗口中，n18 的版图就会随着光标移动，单击左键即可放下，按 Esc 键退出 instance 状态，然后按 F 键进行全屏显示，此时发现 n18 只是个轮廓，按 Shift+F 键可以显示 n18 版图的细节，如图 4.4 所示，单击图中带 +/- 的放大镜图标，可以放大或缩小版图，Cadence 617 版还可以转动滚轮进行放大和缩小。

另外，在图 4.3 所示的 Create Instance 窗口设置过程中，单击 Rotate、Sideways 或者 Upside Down 按钮，可以实现器件的旋转、水平翻转和垂直翻转，如果例化之后再去旋转或镜像就会稍微麻烦一些，后面将会有专门的介绍。

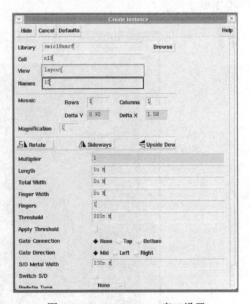

图 4.3　Create Instance 窗口设置

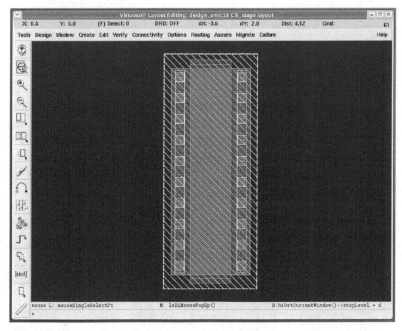

图 4.4　全屏显示的 n18 版图

　　用同样的方法可以例化 PMOS 管的版图，并选择 smic18mmrf 中的 p18，在 Length 和 Finger Width 栏中填写 1μ 和 15μ。将 p18 放置在 n18 上方，按 F 键全屏显示，效果如图 4.5 所示。这样就完成 CS_stage 中两个 MOS 管的例化，为后续器件连接做好准备。由于 PMOS 管的沟道宽度是 NMOS 管的 3 倍，所以把它们放到一起出现这样的比例效果也很正常。

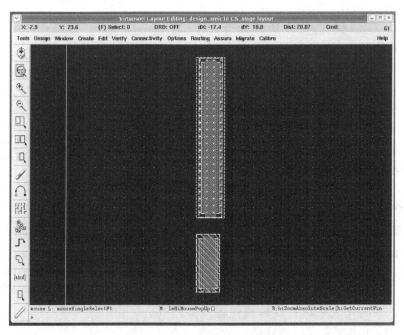

图 4.5　CS_stage 元件例化效果图

几个常用 Layout 操作提示：

1）Layout 窗口左下角会显示当前的操作状态，按 Esc 键可以退出当前的操作状态。

2）错误操作时按 U 键撤回，尽量不要去修改，Cadence 5141 版默认可撤回 1 步，Cadence 617 版默认可撤回多步。

3）在默认设置下，每次拖动器件只能按水平或垂直一个方向移动。

4）按 Shift+F 键和 Ctrl+F 键可以在版图轮廓和细节之间进行切换。

5）按 Ctrl+A 键可以全选版图内容，再按 Delete 键可以删除所有内容，常用于清空版图。

（2）单层显示　在 LSW 窗口中选中 AA 层（第一行），然后单击 LSW 窗口中的 NV 按钮，刷新画面后将只显示 AA 层的图形，刷新可以按 F 键、单击放大缩小图标、上下左右移动或按住右键拉动放大等，效果如图 4.6 所示，Cadence 617 版不用刷新。

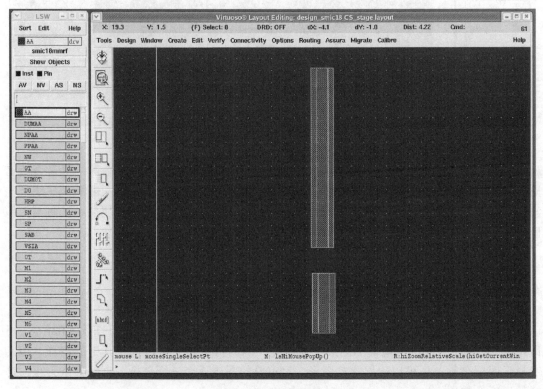

图 4.6　AA 层单层显示

单击 LSW 窗口中的 CT 层，按住右键拉动进行局部刷新，就可以看到 AA 层和 CT 层同时显示，效果如图 4.7 所示。用这个方法还可以增加更多层的显示，如果想回到最初的所有层显示模式，单击 AV 按钮，再刷新一下即可。AA 层是扩散区层，用于制作 MOS 管的源漏扩散区，CT 层是接触孔层，金属层通过 CT 层可以与源漏扩散区层连接。单层显示有助于绘制和修改版图，它最大的好处是在单层显示模式下，所有的操作只对当前显示层有效，而不会误改其他层的图形。

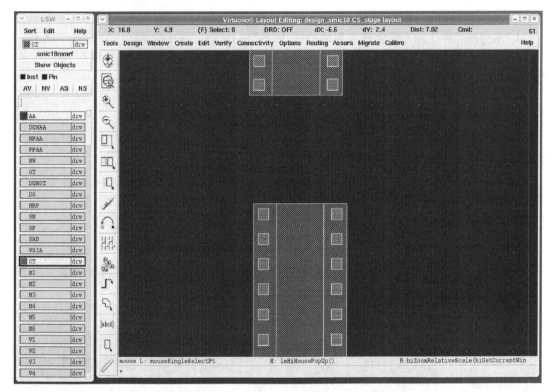

图 4.7　AA 层和 CT 层同时显示

指定层显示也经常用于查看版图。例如，当版图绘制完成后，想检查一下是否所有 MOS 管的栅极都打了接触孔，这时可以选择栅和接触孔层显示，如果发现哪个栅线条上没有接触孔，那就说明这个栅极没有连接，类似的检查还包括过孔与金属层、N 阱与扩散区层等。

4.2　打散 Pcell 分析图层属性

Pcell 是一个整体，例化后无法直接对其内部图形进行编辑操作，而打散（flatten）可以把 Pcell 变成一堆可以编辑的图形方便研究，因为打散之后可以选择其中的图形，按 Q 键显示图层名称，还可以逐层移动图形，对重叠的图层逐个进行分析，直到移空为止，这样保证不会缺层。

比如，MOS 管是 CMOS 工艺中最典型的 Pcell，研究它的图层名称可以识别出很多层。根据第 2 章讨论的 CMOS 工艺自对准原理，MOS 管的栅极（poly 层）应该覆盖在源漏扩散区之上，且两端要有些伸出，接触孔为小块的正方形，它必须位于金属 M1 上，NMOS 管和 PMOS 管的扩散区需要由 N 选择层或 P 选择层来区分，PMOS 管一定要位于 N 阱内等，这些线索都可以用于研究一个新 PDK 的图层名称和确定图层性质。

下面以 smic18mmrf 中的 n18 为例来打散 Pcell，研究和识别它的图层，为了便于比较，请大家再例化或复制一个 n18，复制的方法是按 C 键后再单击 n18 管即可，然后选中其中之一准备打散。

打散 Pcell 的方法是先单击菜单 Edit → Hierarchy → Flatten...，弹出 Flatten 对话框，

在 Flatten Mode 栏中选择 displayed levels(打散所有层次的 cell)，并选中 Flatten Pcells(打散 Pcell)，单击 OK 按钮即可，如图 4.8 所示。

打散后 n18 的内部图形就可以被选中和移动了，如图 4.9 所示，将包围整个 MOS 管的最大的由斜线填充的矩形选中并移开，再依次单击栅、源漏扩散区、接触孔和金属 M1 的图形，按 Q 键弹出各图层属性对话框，可以看出它的图层名称分别为 GT、AA、CT 和 M1，而被移开的斜线填充图形的图层名称为 SN，通过分析可知，SN 的功能应该是标识 AA 为 N 型。同理，大家可以去分析一下 p18，识别一下它的 SP 层，再研究一下 N 阱的层名。

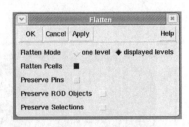

图 4.8　打散 Pcell 的 Flatten 对话框设置

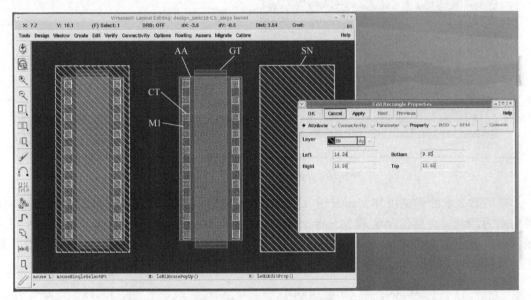

图 4.9　MOS 管图层属性研究

在第 2 章中曾经讨论论过，在自对准工艺中，多晶硅 poly 本身不导电，它与源漏扩散区同时进行离子注入，不是注入 N 型，就是注入 P 型，注入之后的 poly 具有了一定的导电性，可以用于制作电阻，因此从离子注入类型的角度分类，可以把 poly 电阻分为 N 型和 P 型。另外，poly 表面通常会进行硅化（salicide）处理以便形成欧姆接触，经过硅化 poly 的方块电阻非常小，大约在几十欧的量级，这对实现高阻值的 poly 电阻很不利，因此在制造高阻值的 poly 电阻时，需要采用硅化阻挡（Salicide Block，SAB）层来阻止硅化。

基于上面的分析，下面以 smic18mmrf 库中的 rpposab 电阻为例，研究一下它的版图结构，分析一下它是 N 型电阻还是 P 型电阻，判断一下它是否为非硅化电阻，如果是非硅化电阻，硅化阻挡层名称是什么，阻挡层覆盖了电阻的哪些区域等。

如图 4.10 所示为例化的两个 rpposab 电阻，将其中一个电阻打散，然后移开最宽的两个图形，依次选中图形并按 Q 键研究各图层属性。其中 poly 层、接触孔层和金属 M1 层与 MOS 管的相同，右边第一个图形的图层名称为 SP，可以推断这是一个 P 型离子注入的 poly 电阻；右边第二个图形的图层名称为 SAB，可以推断这是一个非硅化的 poly 电阻，且硅化阻挡层的名称就是 SAB，并且可以看出它只阻挡了 poly 中间的部分，以保留接触孔附近的硅化，这样就可以使接触孔仍然可以形成欧姆接触，保证金属 M1 可以通过接触孔有效地将电阻的两个电极引出，用于电路连接。

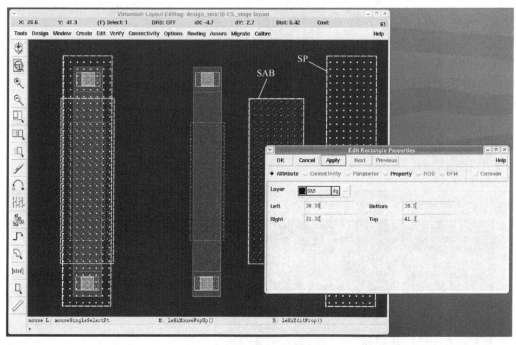

图 4.10   rpposab 电阻的版图图层分析

根据第 2 章的讨论可知，smic18 工艺中 MIM 电容的两个极板是由金属 M5 与金属夹层构成的，金属夹层位于金属 M5 与 M6 之间，金属 M6 用过孔与金属 M5 和金属夹层连接，引出电容的两个电极。下面基于这些分析来打散一个 smic18mmrf 的 MIM 电容，对它的版图结构进行研究，并识别一下它的图层名称，打散的 MIM 电容如图 4.11 所示。

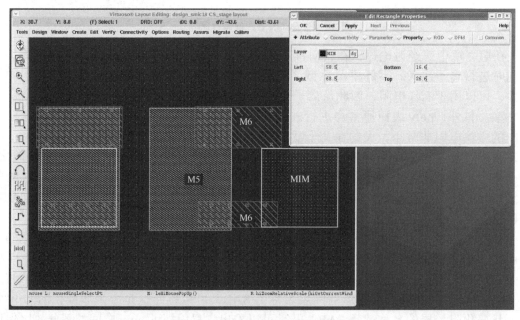

图 4.11   MIM 电容的版图图层分析

从图 4.11 可以看出，金属 M5 最大，它包围了金属夹层，是电容的底极板，金属夹层为上极板，其名字为 MIM，电容的两个极板连接到上下两个金属 M6 上，上面的金属 M6 连接 M5，下面的金属 M6 连接 MIM。可以看出，由于这个电容的两个极板都要连接到金属 M6 上，所以无论是哪一层的金属连线，都需要跳到金属 M6 上进行连接，使用起来稍微有些不便。

另外，MIM 电容通常会占用较大的芯片面积，而电容区域从金属 M5 以下又是空的，所以在不影响电路功能和性能的前提下，可以考虑在 MIM 电容下面放置一些电路模块，以提高芯片面积的利用率。

图 4.12 所示是 smic18mmrf 中 pnp18 晶体管的版图，其中左侧的为完整的 Pcell 版图，右侧的为打散后只保留扩散区和 N 阱的版图。如第 2 章所述，CMOS 工艺实现纵向 PNP 型晶体管不需要额外工艺步骤，它的基本结构是 P 型衬底作为一极，N 阱作为一极，N 阱内的 P 型扩散区作为一极，这样就构成了 P（P 型衬底）N（N 阱）P（N 阱内的 P 型扩散区）型晶体管。很显然这里的 N 阱是基极 B，由于 P 型衬底只能接地，所以衬底必须是集电极 C，那么 N 阱内的 P 型扩散区就是发射极 E。

从打散简化后的 pnp18 版图可以看出，图中的两个扩散区环本身并不是晶体管的一部分，它们的作用只是连接 P 型衬底和 N 阱，用于引出集电极 C 和基极 B。有了这些基本分析，大家可以自己去放大版图，找一找扩散区环上的接触孔层和金属 M1 层，这样就会明白该如何连接这种纵向 PNP 型晶体管，避免将发射极 E 和集电极 C 接错。在第 3 章中曾讨论过带隙参考源电路，其中用到集电极接地的 PNP 型晶体管，这里的 pnp18 正好可以用于这样的电路。

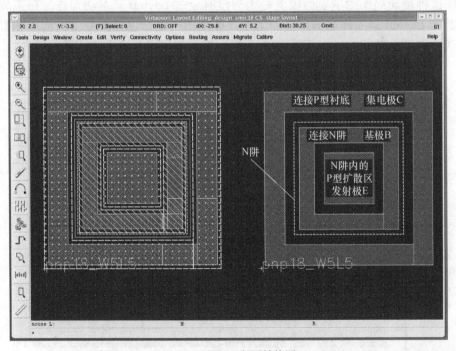

图 4.12　pnp18 版图结构图

总之，一旦拿到新的 PDK，首先就要参照第 2 章中讲述的 MOS 管、电阻、电容、二极管和晶体管的版图结构原理，先分析和研究一下 PDK 中提供的 Pcell 版图结构，弄清楚 PDK 中主要层的名称和作用,图层结构是否与预期一致,以便为后续的版图设计做好准备。

4.3　画矩形和多边形

矩形和多边形既可以用于设计器件,也可以连接器件,快速熟练地画好矩形和多边形非常重要,其是 CMOS 模拟集成电路版图设计重要的基本功。画矩形相对简单,而画多边形却需要一定的训练。由于缺少画多边形的训练,很多初学者经常用矩形拼凑多边形,这样不仅工作效率低,而且还会造成大量的矩形轮廓线交叉,使版图显得很细碎和凌乱。

画矩形或多边形首先需要在 LSW 窗口中选择目标层(例如金属 M1 层),然后按 R 键可进入画矩形模式,按 Shift+P 键可进入画多边形模式。如图 4.13 所示,图中用多边形画了几个简单的字,请尝试着画一画,摸索一下画多边形的规律,在今后遇到实际应用时,能够迅速想出多边形的画法方案,单击图中圆圈内的图标,也可以进入画矩形和多边形的状态。

Layout 操作需要训练,很多初学者只会画矩形就是为了完成课程实验或者某个设计任务,勉强上阵,费尽周折,花了九牛二虎之力总算完成了版图设计,心里却对版图设计留下很深的阴影,今后也会对 Layout 敬而远之,甚至产生了放弃学习模拟集成电路的念头。

造成这种被动局面的主要原因就是因为没有经过 Layout 基本功训练,在实战中四处碰壁。其实 Layout 是一件充满乐趣的工作,处理图形怎么也比推导公式简单和直观,只要大家认认真真地进行 Layout 基本功的训练,以后就会得心应手,挥洒自如。

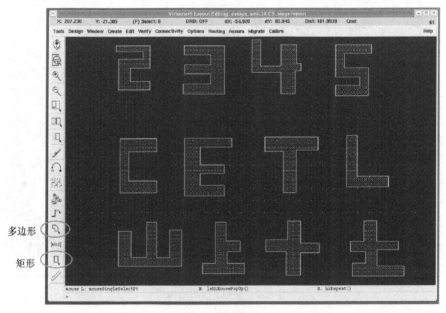

图 4.13　多边形练习

4.4　移动、复制、旋转与镜像翻转

（1）移动（move）　按 M 键可进入移动状态，单击需要移动的目标图形，移动光标即可完成移动，每次只能水平或垂直移动。

（2）复制（copy）　按 C 键进入复制状态，单击需要复制的目标图形，然后移动光标即可复制。如果需要复制如图 4.14 所示的阵列，可先按 C 键进入复制状态，再按 F3 键弹出 Copy 对话框，填写阵列的行列数 Rows 和 Columns 即可。

（3）旋转（rotation）　在移动或复制时单击鼠标右键可逆时针旋转，每单击一次可旋转 90°。但这个方便的功能在 Cadence 617 版中取消了，只能通过菜单旋转。

（4）镜像翻转　在移动或复制时按 F3 键可弹出 Move 或 Copy 对话框，如图 4.15 所示，单击对话框中的 Sideways 可水平翻转，单击 Upside Down 可垂直翻转，先复制再镜像的操作经常用于对称版图的设计。

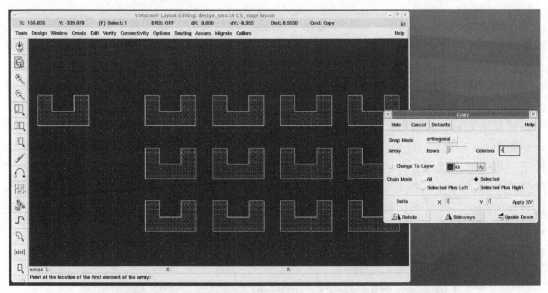

图 4.14　阵列复制

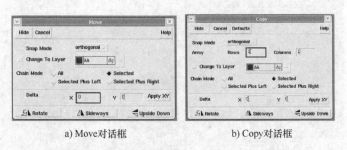

a) Move对话框　　　　　　b) Copy对话框

图 4.15　按 F3 键弹出的 Move 和 Copy 对话框

镜像翻转也可以通过修改属性的办法实现，选中一个 cell，然后按 Q 键弹出如图 4.16 所示的 Edit Instance Properties 对话框，其中的 Rotation 栏中有很多选项，可以实现各种旋转与翻转，读者可以自己试一试。

图 4.16　按 Q 键弹出的属性对话框

4.5　拉伸与切割

拉伸（stretch）与切割（chop）是最常用的图形处理方法，拉伸可以只拖动一个边，而整体图形的位置却保持不变，切割可以切掉图形的一部分。这两种操作会大量用到，尤其是对于修改图形或精确对齐操作非常方便，必须熟练掌握，否则 Layout 将寸步难行。

（1）拉伸（stretch）　首先按 Esc 键退出所有的操作状态，单击 S 键进入拉伸状态，将光标靠近图形某个边或者 path 的一端，或者用光标框选，被选中的边会变成黄色虚线，单击并移动光标，被拉伸的边就会随光标移动，在目标位置单击释放即可。

如图 4.17 所示，先画出左图，然后通过拉伸将十字多边形伸出矩形框，变成右图的样子，再将伸出的部分拉回来，反复进行拉伸练习，直到熟练为止。在练习过程中如果出现操作失误，应立刻按 U 键返回，尽量不要去修改错误。这里需要提醒一下，用光标框选被拉伸的边又快又准，比光标靠近法好很多，而且还可以同时选中多个边进行拉伸，比如同时框住矩形和十字的边，可以同时拉伸，保留下两边的相对位置关系。

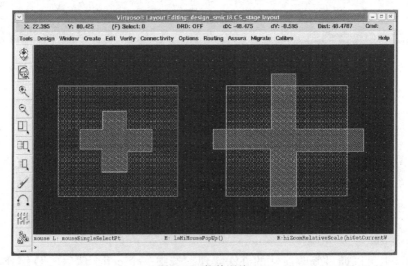

图 4.17　拉伸训练

（2）切割（chop）　这个操作只能切割基本图形，但不能切割 cell，具体方法是首先选中要切割的图形，然后按 Shift+C 键进入切割状态，用光标画个矩形，矩形部分即被切割掉。进入切割状态后，Layout 窗口的左下角有操作提示，按照提示可以进行反复切割，当选中多层图形时，各层同时被切割。也可以先按 Shift+C 键进入切割状态，然后选择被切割的目标，再画矩形进行切割，在操作过程中可以随时注意 Layout 窗口左下角的操作提示。

如图 4.18 所示，将左图切割成右图，之后再随意切，切没了再重画，反复练习。

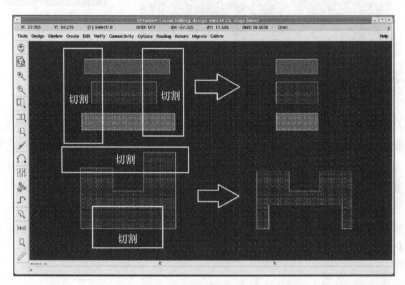

图 4.18　切割训练

训练注意事项：

1）拉伸前一定要先释放掉所有的选中目标，即在空白处单击一下鼠标，否则将无法选中拉伸的边，还会很容易破坏其他图形。

2）如果拉伸变成了移动等误操作，请立刻按 U 键返回，不要手工修改。

3）在单层显示模式下不会切割到其他层。

4）用光标框选可以同时选中多个边进行拉伸，非常高效。

4.6　精确尺寸与严格对齐

集成电路版图中的尺寸必须精确，对图形的等高、等宽、对齐和对称的要求也非常严格，必须做到丝毫不差。前面几节的练习只是教了一些基本操作，对图形尺寸和摆放位置几乎没有什么要求，这与真正的 Layout 还差得很远。精确尺寸与严格对齐看似简单，但是做起来也有一定的困难，需要一定的方法和技巧，否则 Layout 就会费时费力，效率低下。

有很多初学者也知道精确和严格的重要性，在 Layout 的过程中也非常注意，自认为已经做到了精确和严格，例如在如图 4.19 所示的版图中，图中的两个金属条 A 和 B，表面看来它们已经对齐，通过肉眼看不出任何问题，但是当把边缘的交界处进行局部放大后，则可以发现不仅上下之间有空隙，而且左右也有错位。

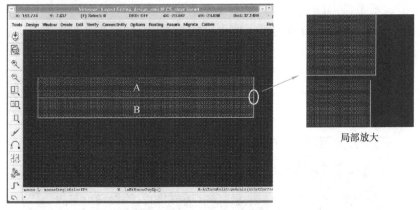

图 4.19　金属条 A 和 B

　　用鼠标右键拉框是最常用的局部放大方法，在严格对齐操作与确认时要反复使用。另外，光标在版图上移动有个最小步长，光标会按最小步长跳动，局部放大一定要明显看出光标的跳动才行，这时候才算放大到位，对严格对齐的判断才能准确。尤其是对于那些大范围、大跨度的图形，需要按住右键拉动很多次才能放大到位。如果贪图省事，放大不到位，就很容易出现错误，给后续工作埋下隐患，产生 DRC 或 LVS 方面的错误。

　　总之，精确和严格是对版图设计的基本要求，除了认真和细致之外，还需要掌握一定的方法和技巧，这样不仅可以保证版图质量，而且还能快速高效，事半功倍，下面就举例介绍一些常用的方法和技巧。

　　建议大家在操作时最好采用单层显示模式，以防止误伤到其他层的图形。另外，为了保证操作精度，请将光标移动的最小步长设置为 0.005，或者根据工艺要求设置更小的值。具体方法为：单击 Layout 窗口菜单 Options → Display...，弹出 Display Options 对话框（见图 4.20），将 Grid Controls 栏中 X 和 Y 的 Snap Spacing 都设置为 0.005。

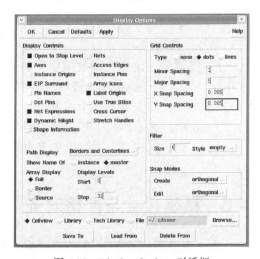

图 4.20　Display Options 对话框

　　（1）画尺定位　在 Layout 过程中会大量使用尺子（Ruler），它是实现精确尺寸和严格对齐的标准，必须熟练使用。按 K 键可进入画尺状态，按 Shift+K 键可以删除所有的尺子。尺子既可以用于测量图形的长度，也可以为画图、移动和摆放提供精确的参考，使用多个垂直交叉的尺子，可以为复杂图形定位各个边角，一次就能画出精确到位的图形。

　　能够快速而准确地画出垂直交叉的尺子非常重要，由于版图画面的缩放比例变化非常大，所以画出精确定位的尺子也有一定难度。如图 4.21 所示为一个用尺子构成的 5μm × 5μm 方格阵，大家可以试着画一画，并对交叉点的位置进行放大确认。这个看似简单的格子图形其实很有难度，应该反复练习，掌握一些精确定位的经验，直到练熟为止，后面的操作几乎都会用到画尺定位。

　　在 Layout 过程中，经常需要在大范围内移动和摆放图形，或者画很大的图形和线条，这些操作都属于大跨度操作。确定大跨度操作的起点一定要先进行局部放大，确保起点精确后，再单击缩小图标扩大观察范围，移动光标到目标位置附近。当接近目标位置后，再不断进行局部放大，寻找精确的终点位置。如果只靠按上下左右箭头移动画面，设计效率会很低。例如画如图 4.21 所示的尺子构成的方格阵，就属于大跨度操作，因为只有局部放得很大才能精确尺子起点，此时如果用上下左右箭头来延伸尺子，会非常非常慢，正确的做法是单击减号放大镜图标缩小画面，在 25μm 附近不断按住鼠标右键拉动放大，严格放置尺子的终点。

Cadence 617 版可以转动鼠标滚轮进行放大和缩小。按住 Shift 键或者 Ctrl 键再转动鼠标滚轮还可以上下左右移动画面，与画 PCB 的 Altium Designer 操作方式相同。

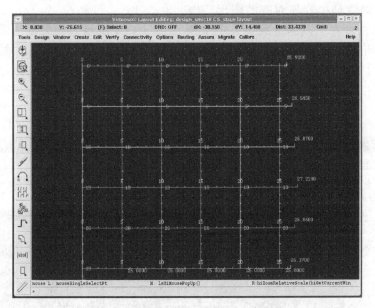

图 4.21　尺子构成的 5μm×5μm 方格阵

（2）水平对齐　在 Layout 中经常需要对齐图形，正确的做法是先画一个水平尺，然后分别拖动目标图形对齐水平尺，再局部放大仔细确认，这是水平对齐图形的基本方法。除了基本方法，下面再向大家介绍 3 个对齐图形的小技巧，即水平复制法、修改坐标法和 A 键对齐法。

1）水平复制对齐的方法是先按 C 键复制一个图形，然后在水平方向上放置复制的图形，由于复制时只能按照水平或垂直一种方向运动，这样可以保证它们是水平对齐的，然后再通过尺子调整距离即可。下面请用水平复制法水平对齐两个相同的金属块 M1，要求两个矩形左侧的边距为严格的 50μm，如图 4.22 所示。

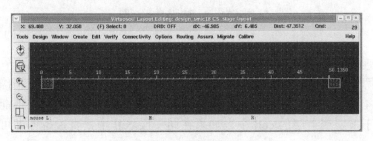

图 4.22　水平放置金属块 M1

2）修改坐标对齐的方法能把各种大跨度水平对齐摆放变得非常容易，即便是跨越整个芯片也不是问题。具体方法是先随意水平复制一个图形，然后按 Q 键弹出如图 4.23 所示的 Edit Rectangle Properties 对话框，编辑它的横坐标，使之与原始图形相差 50μm 即可。

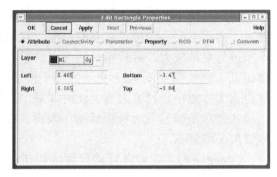

图 4.23　Edit Rectangle Properties 对话框

3）A 键对齐法是 Cadence 617 版中最实用的对齐方法，在版图设计过程中几乎随时都用，有时候即使是很容易对齐的图形，也会特意用 A 键去对齐，以尽量减少人工干预。如图 4.24 所示，如果要将图形 1 与图形 2 的上边对齐，可以先选中图形 1，然后按一下 A 键，单击图形 1 的上边，再单击图形 2 的上边，则图形 1 就与图形 2 自动对齐了。A 键对齐还有很多功能和用法，大家可以自己去试试，这里就不具体介绍了。

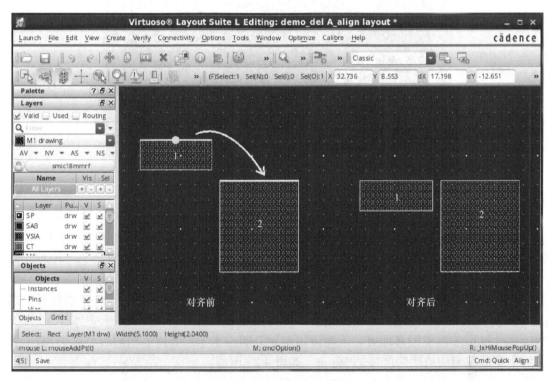

图 4.24　A 键对齐法示意图

（3）对齐连接　如图 4.25 所示，图中有 4 个相同的矩形金属条，水平方向已经严格对齐，上面的两个距离较近，下面的两个距离较远，要求将金属条进行精确的水平对齐连接，下面介绍 4 种方法对它们进行水平对齐连接。假设被连接的金属条不能直接编辑，比如它们分别处于下层或上层的 cell 中，如果在同一层 cell 中，直接拉伸即可。

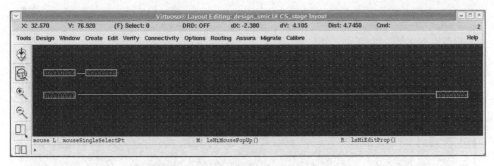

图 4.25 需要连接的 4 个矩形金属条

1）第一种是对角定位连接法，就是在两个被连接的矩形图形之间画一个矩形金属块将两个金属条连接起来，画矩形需要单击对角点的位置，只要对角点定位精确，就可以一步到位。例如，连接上面两个较近的金属块，只要用光标精确点中图 4.26 中打星号的两个点即可。为了能够精确点中星号点，需要用鼠标右键不断放大，直到可以明显看出光标位于金属条的边线上为止。然后再按 F 键全屏显示，或者单击缩小镜图标，找到另一个对角点的大概位置，用鼠标右键放大，直到可以确认光标位于金属条的边线上为止。完成后一定要对精确性进行放大检查，避免出现图 4.27 所示的情况。

2）第二种是拉伸对齐连接法，该方法是先画一个与被连接图形有重叠的大矩形，然后拉伸矩形的上下边，使其与被连接图形的边重合，这是快速水平连接常用的方法。如图 4.28 所示，先大致画一个金属矩形，然后用前面练习过的拉伸方法，把上下两个边与被连接的矩形上下边严格重合。这个方法需要认真练习，若拉伸变成了移动，或者拉伸了错误的边，要立刻按 U 键返回。

3）第三种是拉伸延长连接法，如图 4.29 所示，首先在金属条的一端精确地画出一个等高的窄矩形，这个窄矩形很容易严格对齐，然后将窄矩形的边向另一个金属条拉伸即可。这个方法也经常使用，而且还常常会检查出前一步水平对齐的错位情况。

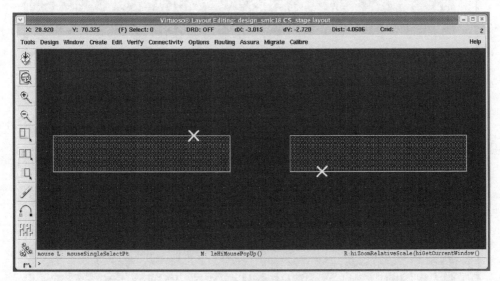

图 4.26 矩形图形的对角点

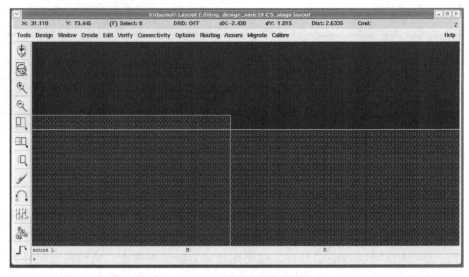

图 4.27　放大后发现错位

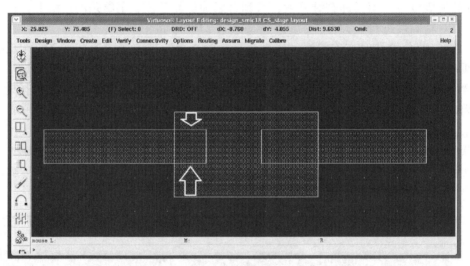

图 4.28　拉伸对齐连接法示意图

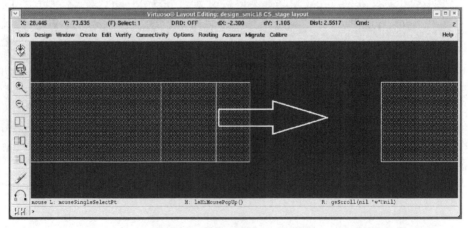

图 4.29　拉伸延长连接法示意图

4）第四种是矩形切割连接法，这个方法与拉伸对齐类似，也是先大致画一个较大的矩形，然后用前面练习过的切割法切掉多余的部分。如图 4.30 所示，在切割时矩形的起点要严格地落在被连接的矩形边上，切割完成后也要进行放大确认，这个方法更适合于重叠很多层的对齐。

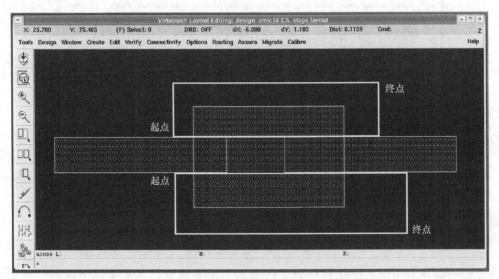

图 4.30　矩形切割连接法示意图

前面以近距离的两个金属条为例介绍了 4 种水平对齐连接的方法，图 4.25 中下面两个大跨度的矩形条的对齐连接难度会更大些，请大家自己练习。

需要指出，这 4 种方法通常会配合使用，相互补充，精确的对齐连接是 Layout 重要基本功之一，需要反复训练才能做到精准和熟练。

（4）L 形直角连接　如图 4.31 所示，两个垂直的金属条相互分离，需要进行 L 形直角连接，类似这种情况在 Layout 设计中也经常会遇到，下面介绍 3 种方法进行 L 形连接。

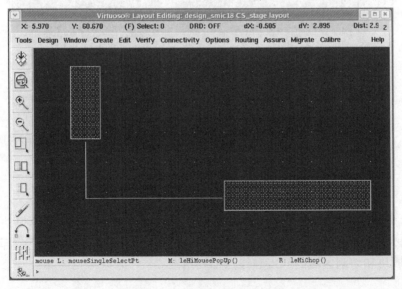

图 4.31　L 形直角连接示意图

1）第一种是延伸汇合法，如图 4.32 所示，先画两个严格等高的矩形，然后按箭头方向进行延长拉伸，在交汇处精确对齐即可。

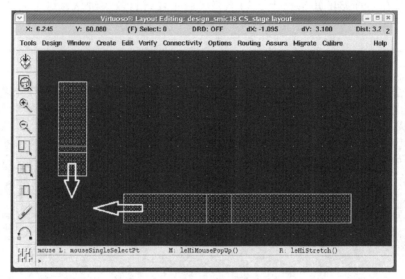

图 4.32 延伸汇合法示意图

2）第二种是多边形拉伸法：如图 4.33 所示，先大致画一个 L 形的多边形，然后再对各个边进行拉伸对齐。

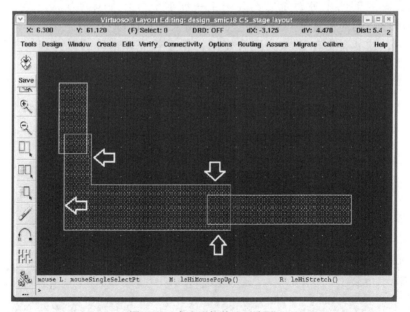

图 4.33 多边形拉伸法示意图

3）第三种是矩形切割法，如图 4.34 所示，先精确地画出一个矩形金属块，其起点和终点要精确地落在外侧的边上，然后按照图中的切割区域切掉金属块的多余部分，为了一步到位，金属块和切割区域的起点和终点都要精准。

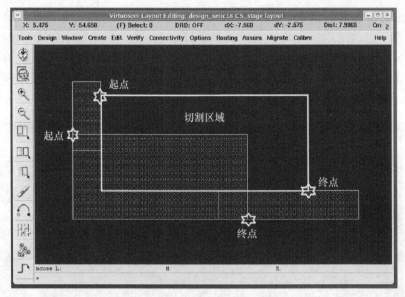

图 4.34　矩形切割法示意图

4.7　打孔与跨层画线

相邻金属层之间需要连接时用过孔，金属 M1 向下连接时用接触孔，接触孔可连接栅和源漏扩散区，如果要进行上述跨层连接，可按 O 键弹出如图 4.35 所示的 Create Contact/Via 对话框，左图为 Cadence 5141 版，右图为 Cadence 617 版，通过这个对话框可以生成需要的孔或孔阵，其中的 Contact Type 栏可以列出各种孔单元名称供用户选择。根据前面分析过图层名称及作用可以看出，M1_GT 为 M1 到 poly 的连接孔，M1_NW 为 M1 到 N 阱的连接孔，M1_SUB 为 M1 到 P 型衬底的连接孔，最后面的几个 Mx_My 是过孔，其余的都是接触孔，Rows 和 Columns 栏用于设置孔阵列。

当 Cadence 617 版对话框的 Mode 勾选 Single 时，其功能与 Cadence 5141 版基本相同，没有太多的特别之处。但是 Cadence 617 版的 Auto 功能（自动 O 孔功能）非常强大，按 O 键后，只要在需要打孔的交叠区域单击鼠标，交叠区域就会自动打满孔，高效且方便。如果交叠区域跨过多层金属，那么每两层金属之间都会自动打孔。

5141版

617版

图 4.35　Create Contact/Via 对话框

孔单元也可以按照打散 Pcell 的方式被打散，读者可以研究一下所有孔单元的版图结构，看看是否与自己的理解一致。请读者按照图 4.36 所示的样子分别用 Cadence 5141 版和 Cadence 617 版对 M2 和 M3 进行跨层连接练习，其中左侧为交叉重叠的 M2 和 M3，中间为用一个过孔的连接，右侧为用 2×2 过孔方阵的连接，如果用 Cadence 617 版的自动 O 孔功能，也能自动打出这个效果。

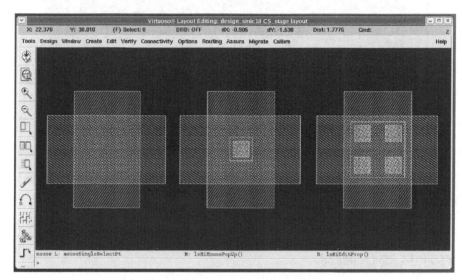

图 4.36　M2 到 M3 的过孔连接

按 P 键或单击 Path 图标可进入画线状态（这里顺便复习一下，按 Shift+P 键是进入画多边形状态），在 LSW 窗口中选中目标层，在 path 的起点处单击鼠标，在 path 终点位置双击鼠标即可完成画线。如果需要跨层画线，就按 F3 键弹出如图 4.37 所示的 Create Path 对话框，单击 Change To Layer 栏可选择更换层名。例如，当前是金属 M2 层，可以向上更换到金属 M3 层，向下更换到金属 M1 层，单击将要更换的层名，在换层位置单击鼠标，连线上就会自动打孔。Cadence 617 版的换层更方便，单击右键可弹出换层列表，直接选择目标层即可换层。

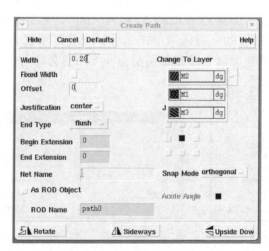

图 4.37　Create Path 对话框

图 4.37 对话框中的 Snap Mode 栏可以设置走线方式，最常用的是 orthogonal（直角）和 diagonal（45°角）走线方式，Width 栏可以设置连线宽度，单击 Defaults 可以恢复默认设置。

对 path 也可以拉伸（stretch）和切割（chop），在拉伸状态下，可以选中一段 path，像拉伸矩形的边一样移动这段 path，也可以选中 path 的端点来伸缩 path 的长度。切割 path 的方法与切割其他图形一样，切割可以将 path 分成两部分。

请进行如图 4.38 所示的画线练习，图中左侧为普通的 M1 同层画线连接，同层的障碍可以画线绕过。中间为跳层画线连接，其空间效果很像行人走的过街天桥。右侧为跨多层画线连接，将 M1 与 M5 两个目标连接起来。多层画线连接经常用到，例如前面讨论过的 MIM 电容，它的两个电极都在 M6，与它连接时就需要跨多层画线。

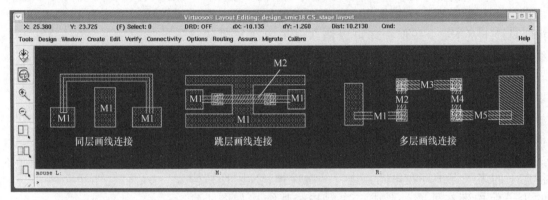

图 4.38　画线练习

4.8　保护环原理与 Multipart Path 自动画法

保护环（guard ring）就是用扩散区围成的封闭环，需要接连到电源或地，其主要作用是连接 MOS 管的衬底、隔离衬底噪声和防止闩锁（Latch-up），它在 Layout 设计过程中是个非常重要的问题，因此一定要提前规划好保护环方案，否则不仅芯片性能受影响，而且还可能出现 Latch-up 问题，导致芯片无法工作，甚至烧毁芯片。

保护环可分成多数载流子保护环和少数载流子保护环两种，下面简称为多子保护环和少子保护环，其中扩散区环与其衬底为同型掺杂的保护环称为多子保护环，异型掺杂的保护环称为少子保护环，因此在 P 型衬底上围成一圈的 P+ 环是多子保护环，在 N 阱内围成一圈的 N+ 环也是多子保护环，而 N 阱内的 P+ 环和 P 型衬底上的 N+ 环就是少子保护环。

如图 4.39 所示，为了保证二极管反偏，P+ 多子保护环必须接地，N+ 多子保护环必须接电源，保护环内是由 NMOS 管、PMOS 管或其他器件构成的电路。多子保护环的作用是吸收其衬底上的多数载流子，其中 N+ 环内的电子可以被 N+ 环收集到电源，P+ 环内的空穴可以被 P+ 环收集到地，最大限度地减小衬底噪声干扰和防止 Latch-up。另外，在 CMOS 集成电路版图设计中，P 型衬底本来就需要接地，N 阱本来就需要接电源，多子保护环不过就是把电源和地的连接围成了圈，这说明保护环并不是什么特殊的东西。

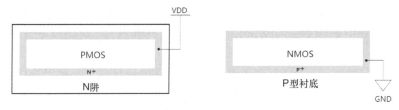

图 4.39　两种多子保护环示意图

　　N 阱内的少子保护环基本无效，这是由于 N 阱位于 P 型衬底上方，N 阱内的少子空穴可以垂直进入 P 型衬底而不经过少子保护环，也就是说在 N 阱内用 P+ 围成的圈没什么用。因此，N 阱上几乎不用 P+ 围成少子保护环。

　　与 N 阱内的少子保护环不同，P 型衬底上的少子保护环用处很大。由于分布于 P 型衬底内的少子电子需要横向移动才能到达远处的 N 阱，所以 P 型衬底上的 N+ 少子保护环可以挡在电子通往 N 阱的路线上，将其中的一部分电子吸收掉。由于 N+ 扩散区深度比较浅，所以其阻挡效果较差，但 N 阱的深度很大，因此可以用 N 阱环充当二次保护环，其结构如图 4.40 所示，这相当于向下延伸了 N+ 扩散区环，所以对电子的阻挡效果提高很多，但其最大的缺点是占用面积较大。

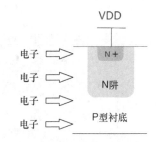

图 4.40　N 阱环结构的少子保护环剖面图

　　N 阱环结构的少子保护环通常用于二次保护，即 P 型衬底上的多子保护环在里圈，进行一次保护，N 阱环结构的少子保护环在外圈，形成二次保护，其结构如图 4.41 所示。

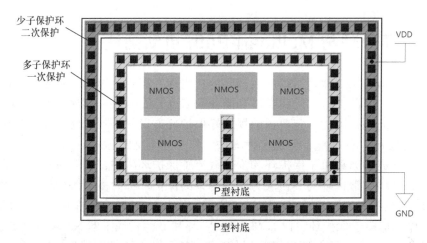

图 4.41　P 型衬底的少子保护环二次保护示意图

　　画保护环有两种方法，一种是 O 键拼接法，另一种是 Multipart Path 自动画法，前者不需要保护环模板文件，但稍微有点儿复杂，而后者可以像画 path 一样拉线就可以完成，但是需要模板文件，这两种方法都能完成保护环的设计，大家可以根据实际情况酌情选用。另外，模板文件可以通过设置自己生成，本节也将会向读者介绍保护环模板文件的生成方法。

　　（1）O 键拼接法　先用 O 键生成一排排衬底连接孔，然后再把它们围成环即可，它不需要模板文件，随时随地都可进行，缺点是需要手工拼接，整个过程比较烦琐。在没有保护环模板文件的情况下，使用 O 键拼接法画保护环也是无奈之举。

如图 4.42 所示为 O 键拼接法示意图，为了便于说明，图中略去了一些层。左侧只是两排连接电源和地的孔，没有构成保护环，右侧是用横条和竖条的孔拼接成的保护环，在拼接时要保证拐角处的接触孔严格重合，否则会出现 DRC 错误。对于那些形状更为复杂一点儿的多边形保护环，使用 O 键拼接法也能实现，只是工作量会增大一些。

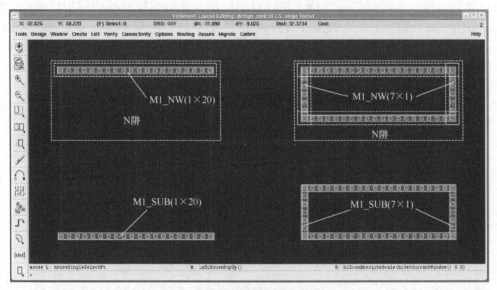

图 4.42　O 键拼接法示意图

把 N 阱里的多子保护环拿到 N 阱外，就变成了 P 型衬底上的少子保护环。如图 4.43 所示，图中共有三圈保护环，上面的一圈是一个多子保护环，下面的两圈是少子（二次）保护环套着多子保护环，这几圈保护环就是使用 O 键拼接法画出来的。

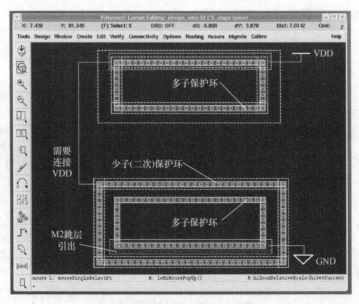

图 4.43　保护环的总体结构示意图

（2）Multipart Path 自动画法　Create Multipart Path 工具可以自动形成保护环，使画保护环就像画普通 path 一样简单，拉动鼠标就能画出完整的保护环线条，不仅非常高效，而且便于修改，是画保护环的首选方法。下面先介绍基于保护环模板文件的自动画法，然后再介绍利用图形界面生成保护环模板文件的流程。

单击 Layout 窗口菜单 Create → Multipart Path 进入画保护环模式，再按 F3 键弹出如图 4.44 所示的 Create Multipart Path 对话框，此时单击 MPP Template 栏，如果列表中有保护环类型名称，说明保护环模板文件已自动添加，此时选择要画的保护环类型，继续在 Layout 窗口画线即可。如果 MPP Template 栏是空的（只有 New），则需要单击 Load Template... 把保护环模板文件添加进来，添加成功后再单击 MPP Template 栏，此时将有保护环类型名称列出。

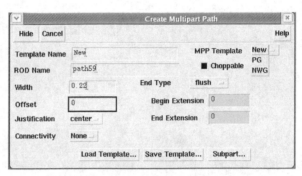

图 4.44　Create Multipart Path 对话框

虽然保护环的类型可以通过名称大致判断出来，但是还是需要通过保护环的层间关系确认一下。如图 4.44 所示的 PG 和 NWG，根据名称可以猜出 PG 应该为 P 型衬底上的多子保护环，NWG 应该为 N 阱上的多子保护环，NWG 如果画在 N 阱外，则成为 P 型衬底上的少子保护环，即二次保护环。

如图 4.45 所示，由于画封闭的保护环很难一次实现精准的首尾对接，所以可以先把终点放在大致位置，然后通过拉伸对接成封闭环。

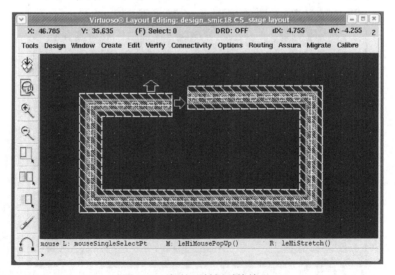

图 4.45　保护环封闭对接练习

　　类似于图 4.45 中使用的可以封闭对接的保护环，其接口两端各层一定是等长对齐的，如果用它画不封闭的保护环，则两端一定不满足 DRC 的要求（参看本书 DRC 部分的内容）。比如，SP 或 SN 需要对扩散区 AA 进行包围，N 阱（NW）也需要对扩散区 AA 进行包围，等长对齐显然不满足这个要求，造成不封闭的保护环在两端出现 DRC 错误。为了避免这个 DRC 问题，需要对两端的 SP、SN 或 NW 进行一定的延伸，最好的延伸方法是按 O 键生成同类型接触孔单元，并将其放在保护环的两端即可，如图 4.46 所示，左边的保护环端口已经延伸。

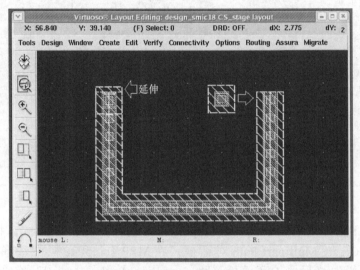

图 4.46　不封闭保护环延伸补齐示意图

　　图 4.46 的延伸处理比较麻烦，并且移动保护环时还要同时移动接触孔单元，如果误操作导致错位还要重新对准。保护环模板文件最好能同时提供两类保护环，一类用于画封闭保护环（本书用 _close 来区分），另一类用于画非封闭保护环（本书用 _open 来区分），下面就向大家介绍这种保护环模板文件的生成方法。

　　在介绍生成方法之前先简单介绍一下 Multipart Path 的特点。①普通 Path 其实就是 Multipart Path 的特例，如果没有模板文件，直接画出来的 Multipart Path 就是当前层的普通 Path。② Multipart Path 本质上就是重叠在一起的多层普通 Path。③在多层重叠的普通 Path 中，以其中的一条为核心，称为 Master Path，其他为附属，称为 Sub Paths。④ Sub Path 既可以按宽度定义，也可以按与 Master Path 的包含关系定义。⑤ Sub Paths 也可以是等间隔的孔。⑥可按 O 键生成 P 型衬底连接或 N 阱连接的孔单元，参考其尺寸进行模板设置。

　　如图 4.47 所示为保护环的图层和尺寸，图中最上面是按 O 键生成的 1×5 接触孔单元，左侧的是 M1_SUB，右侧的是 M1_NW，在它们的下方依次列出了它们的版图层次结构，标注的尺寸以 μm 为单位，其中 SN、SP 和 NW 的宽度为 0.78，M1 的宽度为 0.34，AA 的宽度为 0.42，CT 的边长为 0.22、间距为 0.25、被 AA 包含覆盖 0.1。这些尺寸将用于生成保护环模板文件，在图形界面中进行相应的参数设置，设置之后可以生成保护环模板文件。

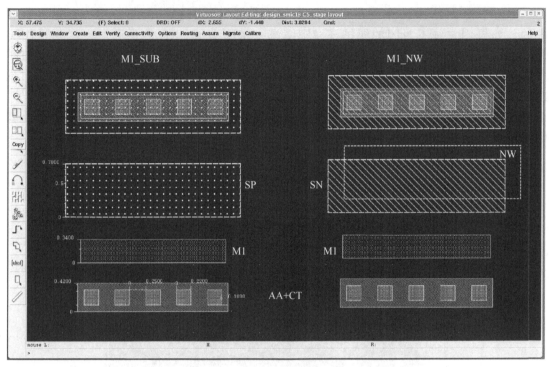

图 4.47   保护环的图层和尺寸

单击 Layout 窗口菜单 Create → Multipart Path 进入画保护环模式，按 F3 键弹出如图 4.48 所示的 Create Multipart Path 对话框，在 MPP Template 栏中选择 New，然后在 Template Name 栏中填写保护环模板名为 Guardring_Psub_close，选择 Choppable（可以切割），在 LSW 窗口中选择 AA 层，表示 AA 层将作为 Master Path。此时在 Layout 窗口中可以画出图 4.49 左侧的 AA 线条（1），再回到 Create Multipart Path 对话框中将线宽改为 0.42，可画出 AA 线条（2），这样 Master Path 的设置就算完成了。

注意，在后续过程中每完成一层设置就去保存一下，因为任何切换操作都可能使 Create Multipart Path 对话框消失，设置也随之消失。保存的方法是单击 Save Template... 按钮，弹出如图 4.50 所示的 Save Multipart Path Templates 对话框，选中 ASCII File，填写文件命名，单击 OK 按钮即可。如果使用默认文件名，则模板文件可以被自动调用，而其他的文件则需要单击 Load Template... 调用。

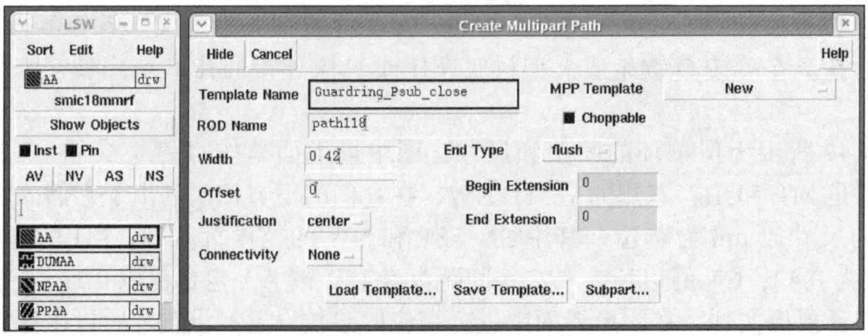

图 4.48   Create Multipart Path 对话框

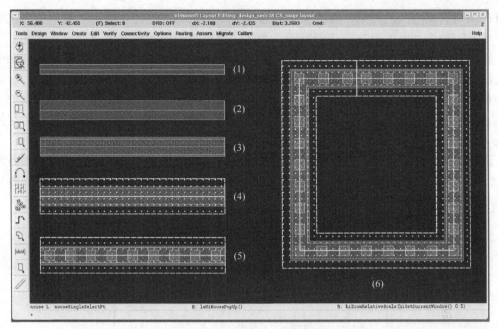

图 4.49　保护环的设置过程效果图

另外还要注意，在保存对话框的 Template List 栏中显示的是当前保护环模板名称，每次保存操作只保存了当前的保护环类型，如果一次编辑了很多保护环类型，则需要在 Template List 中依次选择和保存，这一点也很重要，否则虽然一次编辑了很多保护环类型，但最后却只保存了最后一个，其他的都丢失了。

下面设置 Sub Paths，即 M1、SP 和 CT，单击 Create Multipart Path 对话框按钮 Subpart...，弹出如图 4.51 所示的 ROD Subpart 对话框，选择 Offset Subpath，在 Layer 栏中选择 M1，在 Width 栏中填写 0.34，其他为 0，然后单击 Add，设置文本会自动显示出来，再单击 OK 按钮。在 Layout 窗口中可以画出图 4.49 中左侧的线条（3）。用类似的方法选择 SP 层，宽度为 0.78，设置完别忘了单击 Add，完成后可以画出图 4.49 中的线条（4）。

图 4.50　Save Multipart Path Templates 对话框

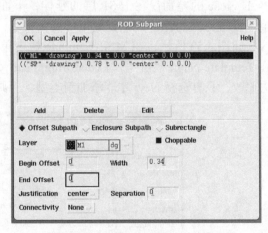

图 4.51　设置 Offset Subpart（M1）

后续还将有很多设置工作，建议大家每设置一次，就保存一次，然后再试验一下，这样可以随时发现和改正错误。另外，修改设置时可以单击上次设置的文本，文本中的参数会自动填写到相应的栏目中，修改完毕后必须要单击 Add，这样才能产生新的文本。新文本产生后，与之冲突的旧文本必须删除，否则会导致新的修改设置无效或出现错误。

下面设置 CT 层，如图 4.52 所示，由于 CT 是接触孔，所以要选择 Subrectangle，Layer 栏选择 CT 层，在 Begin Offset 和 End Offset 栏中都填写 –0.125（不是 –0.1），表示两端最外侧的孔都比 Master Path（AA）缩进 0.125，Width 和 Length 都填写 0.22，Space 填写 0.25，其他的都为 0。单击 Add，再单击 OK 按钮，完成后可以画出图 4.49 左侧的线条（5）。

说明一下，由于接触孔之间的距离不能小于 0.25，所以接触孔在保护环的两侧各缩进 0.125，因此在 Begin Offset 和 End Offset 栏中要填写 –0.125。由于以上设置是将各层在两端等长对齐，所以只能画封闭的图形，其效果如图 4.49 中的线条（6）所示。

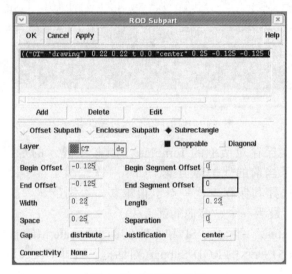

图 4.52　接触孔的设置

自动延伸的保护环被命名为 Guardring_Psub_open，它与等长对齐保护环 Guardring_Psub_close 的差别仅在于 SP 层的延伸，下面介绍它的设置过程，设置之前，一定要保存前面设置完成的保护环，否则很可能丢失。

如图 4.53 所示，在 MPP Template 栏中单击 New，这样可以添加一个新的类型，然后在 Template Name 栏中填写 Guardring_Psub_open。注意，不能单击 Guardring_Psub_close 去修改，只有选择 New 才能添加新类型，否则只是把 Guardring_Psub_close 改了个名。

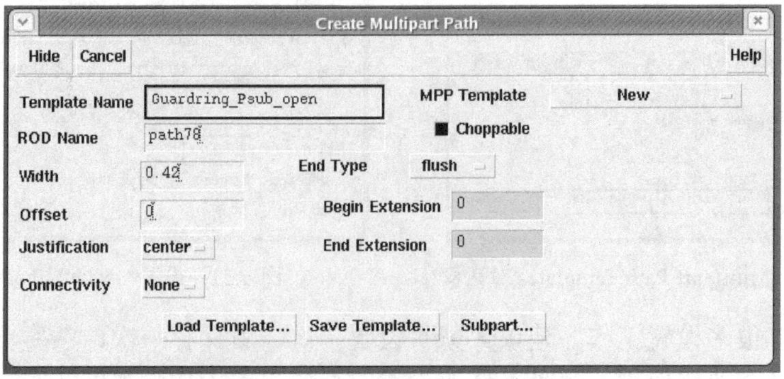

图 4.53　添加 Guardring_Psub_open

　　按照 Guardring_Psub_close 的设置方法对 Guardring_Psub_open 重新设置一遍，但不要设置 SP 层。这里还是要提醒一下，由于设置步骤很多，最好每设置一层就保存一次，然后试验一下，做到步步为营，稳步推进，完成之后再设置能自动延伸的 SP 层。

　　SP 层自动延伸的主要目的是包围 AA 层，并且最小包围是 0.18，这个尺寸可以通过测量 M1_SUB 接触孔单元得到。如图 4.54 所示，选择 Enclosure Subpath 可以形成自动包围层，在 Begin Offset 和 End Offset 栏中填写 0.18，表示两端相对 Master Path（AA）向外延伸 0.18，在 Enclosure 栏中填写 –0.18，表示 AA 包围 SP 为 –0.18，实际上就是 SP 比 AA 大出 0.18。设置完成后其延伸效果如图 4.55 所示，图中有两个不封闭的保护环，其中左侧的为自动延伸保护环，右侧的为等长对齐保护环，右侧的保护环会出现 DRC 错误。

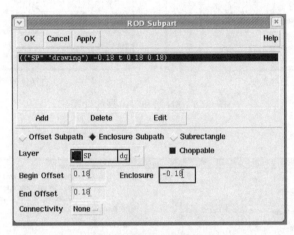

图 4.54　SP 层的延伸设置

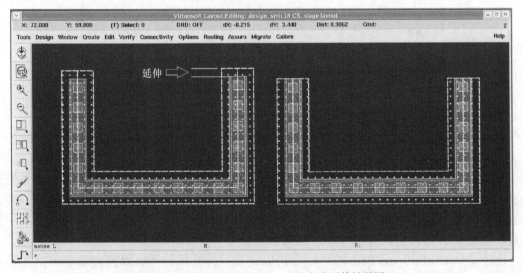

图 4.55　Guardring_Psub_open 的自动延伸效果图

　　N 阱的保护环模板也分两种类型，即等长对齐型和自动延伸型，根据它们的作用分别命名为 Guardring_Nwell_close 和 Guardring_Nwell_open，它们与 P 型衬底保护环在结构上仅有两个小区别，一个是把 SP 层换成 SN 层，另一个是增加 NW 层，并且 NW 层的所有设置与 SN 层完全相同。图 4.56 为 SN 层和 NW 层的设置截图，其中左侧的为等长对齐型，右侧的为自动延伸型，供大家参考。全部设置完成后，MPP Template 中就有了四种保护环类型，如图 4.57 所示。

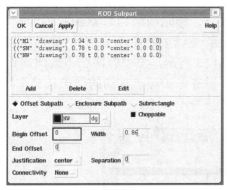 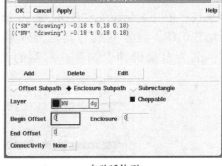

等长对齐型　　　　　　　　　　　　　　　　自动延伸型

图 4.56　SN 层和 NW 层的设置

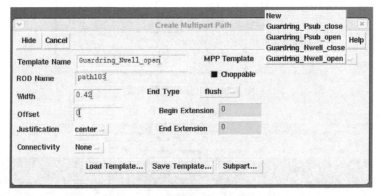

图 4.57　MPP Template 列表

图 4.58 是基于前面的保护环模板画出的保护环，包括三个封闭环和两个非封闭的小段，其中三个封闭环为 N 阱多子保护环、P 型衬底多子保护环和 P 型衬底二次保护环，封闭环使用 _close 模板，两小段使用 _open 模板，小线段与封闭环的交叉部分需要把接触孔精准重合，任何一点点错位都会出现 DRC 错误。另外，这里还需要说明一下，由于 N 阱太窄，图中的二次保护环本身可能不满足 DRC 要求，今后若遇到类似问题，可用符合最小宽度要求的 N 阱环包围一下二次保护环即可。

使用 Create Multipart Path 对话框也可以设置双排孔保护环，设置方法与单排孔基本相同，但是需要设置两次接触孔，第一次设置的接触孔偏上，第二次设置的接触孔偏下，两次设置的接触孔合起来就能得到双排孔保护环。双排孔保护环在版图设计中很常见，很多电路模块都需要用双排或更多排孔的保护环，但用两个单排孔保护环合成双排孔保护环费时费力，调整版图时还需要重新处理，且不能拉伸，效率很低。

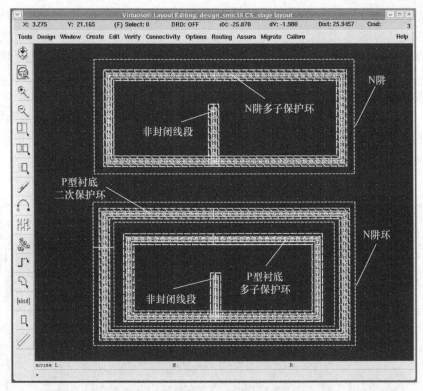

图 4.58　基于保护环模板画出的保护环

如图 4.59 所示，保护环大致可以分成一字形、山字形和口字形 3 种。一字形适合电流不大、对衬底噪声不敏感的电路模块，例如数字逻辑门的标准单元等。山字形适合一些对噪声和精度要求都不是很高的电路模块，特意伸出一段衬底连接到电路内部，可以使内部 MOS 管衬底的连接更好些。口字形适合高精度电路或大电流驱动电路的设计，与山字形结合起来，可以构成更好的保护环方案。

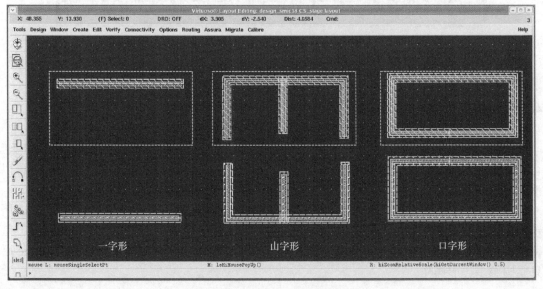

图 4.59　保护环的 3 种平面结构

在高精度电路中，例如需要严格匹配的有源或无源器件阵列（如 MOS 管阵、晶体管阵、电阻阵或电容阵等）、电流镜、电压基准源、偏置电路、比较器和运算放大器等，都要加上保护环，必要时可以加两圈或多圈，以防止外界干扰。另外，每一个子电路模块设计完成后，都要加上保护环，既可以防止被干扰，也可以防止干扰别人。

保护环可以把电路围出一个清晰的外围轮廓，便于调用和连接。如图 4.60 所示的版图，这是一种比较典型的保护环结构，P 型衬底和 N 阱都由多子保护环连接到电源和地，衬底接地的保护环再去包围住 N 阱，形成了一个比较规整的矩形布局，电路的 VDD、GND 和其他端口都使用 M2 接到了模块的边缘，以方便用户连接。

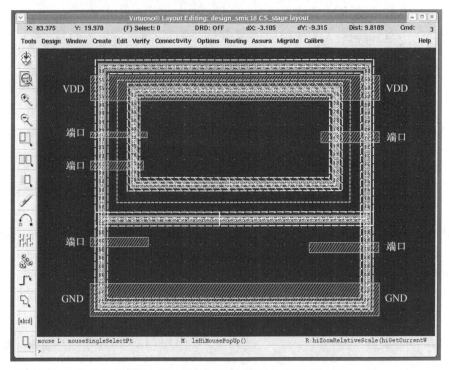

图 4.60　一种比较典型的保护环结构

4.9　合并与组建 cell

合并（merge）是将同一层有接触或有交叠的图形合并成一个图形的操作，经常用于合并图形。merge 前各个图形可以单独选中，merge 后只能按一个图形处理。merge 可以消除图形交叠处的轮廓线，使版图看起来完整，还便于移动和管理。

merge 操作非常简单，只要选中要合并的图形，再按 Shift+M 键即可。如图 4.61 所示，左侧是由三横一竖构成的"王"字，它由 4 个矩形块组成，右侧是合并后的图形，是一个多边形，图形内部的轮廓线都已经消失。merge 前每个笔画都可单独操作，merge 后只能按照多边形操作。

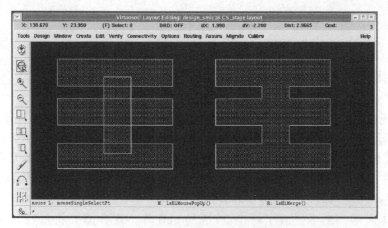

图 4.61　合并（merge）操作示意图

组建 cell（make cell）可以将多个目标（图形或 cell 等）组建成一个新的 cell，与打散（flatten）操作正好相反。如图 4.62 所示，将一些关联的图形同时选中，然后单击菜单 Edit → Hierarchy → Make Cell…，弹出如图 4.63 所示的 MakeCell 对话框，在 Cell 栏中填写一个名字，然后单击 OK 按钮即可，选中的图形就组成了一个 cell，可以按 C 键复制一下，就会发现复制出的是一个整体的 cell，如图 4.62 中所示的右侧图形。

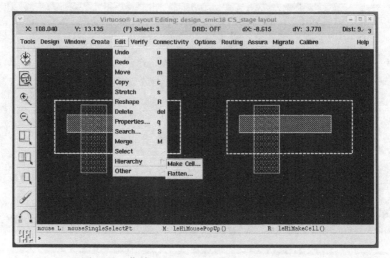

图 4.62　菜单 Edit → Hierarchy → Make Cell…

在 Layout 过程中，经常会将一些固定组合做成一个 cell，这样不仅复制和移动等操作都非常方便，而且还可以防止误操作破坏了原来的图形结构。新组建的 cell 会出现在 Library Manager 的列表中，即使在 Layout 中删除了这个新建的 cell，在 Library Manager 列表中它依然还在，还能继续调用。

与 make cell 相类似的操作是 create group，它可以将选中内容组合成一个 group，方便复制、移动和管理，Cadence 617 版有这个功能。group 与 cell 的主要区别是 group 不出现在 Library Manager 中，而只能在版图上找

图 4.63　MakeCell 对话框

到它。cell 可以打散，group 也可以单击右键使用 ungroup 拆散。

4.10 Edit in Place

如果发现已经例化的 cell 中有错误或者尺寸不合适，最常用的方法是在 Library Manager 中打开这个例化的 cell，然后对它进行修改或编辑，而下面介绍的 Edit in Place 方法，不需要专门打开这个 cell，就可以直接在当前的 Layout 窗口中修改和编辑。这种方法不仅方便，而且还能在编辑的过程中看到上层 cell 的版图，可以直接调整与上层 cell 之间的位置关系，使修改一步到位，非常高效。

如图 4.64 所示，图中摆放了一个 2×3 的 cell 阵，现在需要将每行 cell 的横向矩形连接起来，将每列 cell 的纵向矩形连接起来，而且必须是严格对接，不能重叠，更重要的是不能移动 cell。对于这种应用场景，使用 Edit in Place 方法最合适，下面将介绍这种方法。

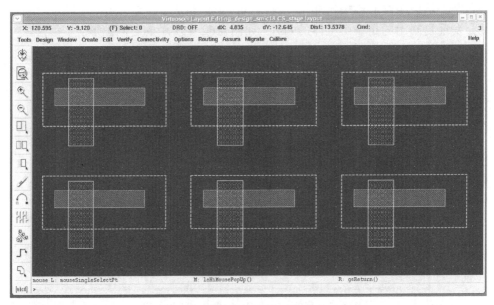

图 4.64　原始的 2×3 cell 阵

首先选中其中的一个子 cell，然后按 X 键，此时就进入到了 Edit in Place 状态，也可以单击窗口菜单 Design → Hierarchy → Edit in Place 进入 Edit in Place 状态。在 Edit in Place 状态，只能对选中的 cell 进行编辑，cell 之外只能看，不能动。

按 S 键进入拉伸状态，选中横向矩形的右边向右侧 cell 靠近，直到它与右侧 cell 横向矩形的左边重合，其效果如图 4.65 所示。然后按此方法再向下拉伸纵向矩形的下边，直到它与下面 cell 纵向矩形的上边重合，这样就完成了 Edit in Place 的操作，然后按 Shift+B 键返回到上层，编辑效果如图 4.66 所示。这种方法非常适合更大的阵列编辑，不附加连线图形就能将所有的 cell 连接起来，顶层没有零散的图形，为后续的管理带来了方便。

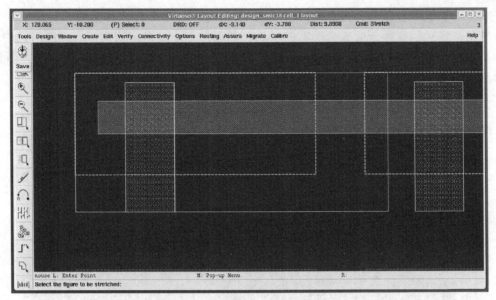

图 4.65　向右侧拉伸的效果图

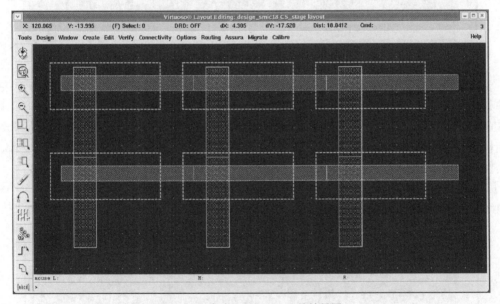

图 4.66　完成 Edit in Place 的效果图

4.11　版图操作综合练习

综合运用版图基本操作技巧，可以很轻松地完成一些复杂版图设计，不仅能够事半功倍，提高效率，而且还能培养兴趣，寓学于乐。下面是几个 Layout 常见场景，大家根据提示试着练习一下。

（1）等宽连接　先画出如图 4.67 左侧所示的版图，具体方法是从 LSW 窗口中选择 M1，按 R 键，先画出上面的长金属条，再按 C 键复制出下面的长金属条，在两金属条之间先画出一个纵向金属条，再复制两条放在左右，按 Shift+C 进入切割模式，选中 3 个纵向金属条，将它们拦腰分成 6 个等宽的小块，然后按 Esc 键退出切割模式。同时选中这 6 个小金属块，单击菜单 Edit → Hierarchy → MakeCell...，将它们组合成一个 cell，名称任意确定。选中左侧图形，按 C 键复制到右侧位置。

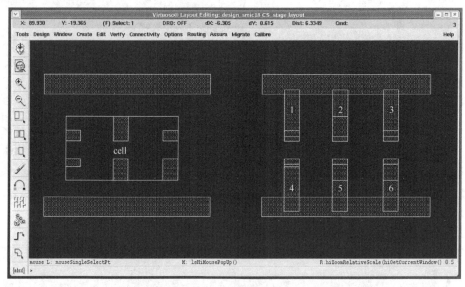

图 4.67　等宽连接练习

　　要精确地画出 1 号金属块，可以采用前面讲过的对角定位连接法、拉伸对齐连接法、拉伸延长连接法和矩形切割连接法等，然后将 1 复制到 2 和 3 的位置，并严格对齐，再按住 Shift 键选中 1、2 和 3，后按 C 键复制到 4、5 和 6 的位置，最后再用右键进行局部放大，仔细检查是否严格对齐。在上面的两个图形绘制过程中，我们大量使用技巧完成设计，而不是像初学者那样一笔一笔画上去。

　　（2）多目标等长对齐　　如图 4.68 所示，先画左侧图形，只要位置关系正确即可，不要求精确尺寸，操作的目的是得到右侧图形，它的左右侧各层是严格对齐的，下面介绍画法技巧。

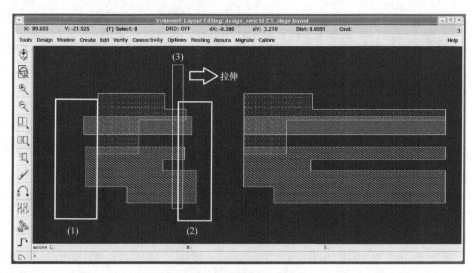

图 4.68　多目标等长对齐

　　首先选中左侧所有图形，按 Shift+C 键进入切割模式，按照矩形（1）严格切割，再按照矩形（2）大致切割，按 S 键进入拉伸模式，用光标框出矩形（3），选中所有切割后图形留下的边，然后向右拉伸，得到等长且严格对齐的图形。这个练习经常用于切割电路版图模块的对外接口，保证它们在模块的边缘严格对齐，使版图设计显得非常专业。

　　（3）改造 cell　有时候需要设计一个新 cell，而新 cell 与某个已有的 cell 非常相似，差别可能是某层不同，或者某个尺寸不同，这时候可以采取改造 cell 方法，达到事半功倍的效果。下面请按说明进行 PMOS 管与 NMOS 管相互改造的练习。

　　如图 4.69 所示，先例化一个 PMOS 管，然后将其打散，删除 NW，接着选中 SP 层，按 Q 键编辑图层属性，将 SP 层换成 SN 层，再全部选中将其组建成一个新 cell。类似的还可以进行很多 N 型与 P 型同类器件的改造练习，提高熟练程度，同时重新理解一下器件的版图结构。

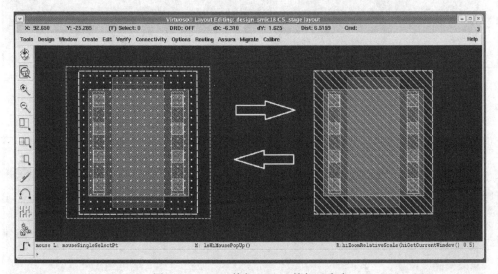

图 4.69　PMOS 管与 NMOS 管相互改造

　　再举一个整体展宽的例子，如图 4.70 所示，假如现在需要画一个图中（4）所示的 cell，直接画一定很麻烦，但是通过观察发现它就是展宽的（1）。具体展宽的方法是，首先例化这个 cell 得到（1），然后将其打散，并在中间切掉一条（按 Shift+C 键），将它们变成两个部分，其效果如（2）所示。移动其中的一个部分拉开距离，得到（3），按 S 键进入拉伸模式，用光标选中所有的边，然后拉伸到另一端，不需要严格对齐，最好稍微有一点儿重合。接着全部选中，按 Shift+M 键把同层图形 merge 到一起，再将图形组建成一个 cell 即可。

　　需要说明上述的整体展宽方法主要是为了进行操作训练，在实际工作中不需要切断（1），而只需要按 S 键进入拉伸模式，然后在切割条处选中左一半或右一半进行拉伸即可。

　　（4）抽取图形　有时候需要画一个图形，而这个图形是某个 cell 中的一部分，那么可以例化这个 cell，然后将其打散，再 merge 一下，并将不需要的部分切割掉，或者将需要的部分复制出来，完成图形的抽取。

　　如图 4.71 所示，上面是一个 Fingers 为 8 的 MOS 管，当需要抽取它所有的 M1 和接触孔时，可以先将其打散，然后只显示 M1 和 CT 层，再选中复制即可，最后将它们再组合成一个新 cell，以防止误操作破坏相对位置关系。

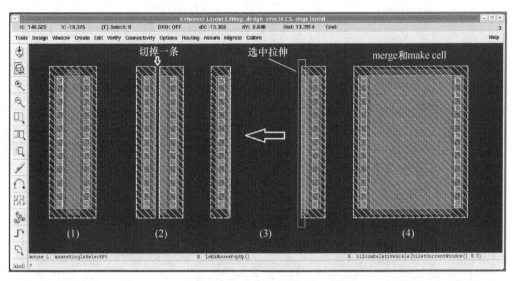

图 4.70　整体展宽

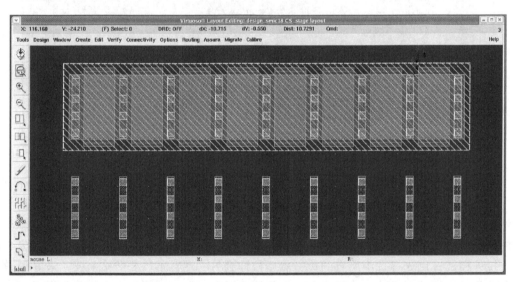

图 4.71　从 MOS 管中取出 M1 和接触孔

4.12　本章小结

　　本章主要介绍了常用 Layout 的基本操作方法与技巧，包括元件例化、打散 Pcell、基本图形绘制与操作以及严格对齐等，还介绍了保护环原理与 Multipart Path 自动画法，以及保护环模板文件的生成方法。这些内容非常基础，但又非常重要，需要长期的学习与实践积累才能摸索出来，现在推荐给大家，助力大家快速提升 Layout 能力。

知识点巩固练习题

1. 版图训练：请通过打散 Pcell 方法研究一下 smic18mmrf 中的 1.8V 和 3.3V MOS 管的版图结构，找出 1.8V 和 3.3V 是通过哪层区分的。

2. 简答：为什么需要对 poly 进行 SN 或 SP 覆盖？

3. 版图训练：用切割法画一个 E 字，再同时选中 3 个横的右边进行拉伸。

4. 版图训练：调出一个 MOS 管版图，然后照原样画一遍，并将其组建成一个 cell。

5. 版图训练：用 n18 管生成一个 5×5 的方阵，再用 Edit in Place 的方法将每列的栅连接起来，每行的源漏连接起来。

6. 版图训练：用换层方法将 smic18mmrf 中的电阻 rndif 改造成 rpdif。

7. 版图训练：用金属 M1 填充图 4.21 中对角线上的方格，要求填充图形与尺子严格重合。

8. 版图训练：用修改坐标方法按照 100μm 的间隔将 4 个 n18 形成一个正方形四角阵。

9. 版图训练：请完成图 4.25 中距离较远的两个金属块的连接，并放大检查确认。

10. 版图训练：请用矩形切割法完成如图 4.72 所示的 Z 形连接。

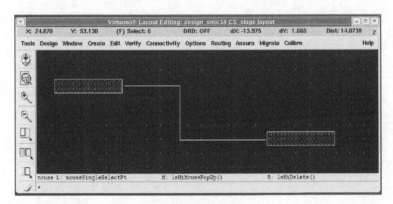

图 4.72　Z 形连接

11. 版图训练：请分析和解释一下 M1_NW 和 M1_SUB 孔单元的版图结构。

12. 简答：保护环主要有哪 3 个作用？

13. 拉伸（stretch）训练：随便画 10 个矩形，把它们拉伸成边长为 1μm、2μm、…9μm 和 10μm 的正方形。

14. 切割（chop）训练：画一个矩形，把它切割成凹、凸、口、日、田、十、土、工、E、L、T 等字形。

15. 换层训练：将一个 n18 管打散，并将栅和源漏扩散区换成 M1。

16. 按 C 键复制训练：例化一个 n18 管，再将它复制成一个 5×5 的方阵。

17. 按 M 键移动训练：按一下 M 键进入移动状态，移动 n18，并将它进行直角旋转。

18. 跨层连接训练：用 GT 层和 M3 分别画两个相互离开的矩形，然后选中 GT 层，按 P 键画 path，通过与 F3 键的配合，将 GT 与 M3 两个矩形连接起来。

19. 跨层打孔训练：使用按 O 键打孔的方法把交叠的 GT 层和金属 M2 层连接起来。

20. Merge 训练：用相同层画几个相互交叠的矩形，然后选中并按 Shift+M 键，得到多边形。

21. 单层或指定层显示训练：例化几个 MOS 管版图，单层显示各层，然后再练习同时显示 CT 层和 GT 层，CT 层和 M1 层。

22. 填空：金属 M1 向下连接的孔被称为（　　　），其通常用于连接扩散区和多晶硅。

23. 版图训练：用画 path 的方法实现图 4.31 中的连接。

24. 简答：为什么 N 阱内的少子保护环基本无效？

25. 单项选择：可以弹出目标图形属性菜单的快捷键是（　　　）。

A. R   B. X   C. F3   D. Q

26. 单项选择：可以弹出接触孔的快捷键是（　　　）。

A. O   B. X   C. F3   D. Q

第5章

版图设计、验证与后仿真

　　本章将以 CS_stage 为例系统地讨论版图设计、验证与后仿真的原理与方法，虽然 CS_stage 电路简单，但是它并不影响本章内容的系统性。除了系统性的学习之外，本章的操作内容还可以帮助大家打通设计流程，验证 EDA 软件配置与 PDK 的完整性，为后续的复杂电路设计做好准备，在本章的最后还将介绍 GDSII 版图的导出和导入方法，以打通版图数据的交换通道。

5.1　版图设计规则

　　版图设计规则（Design Rules）是集成电路设计与集成电路工艺加工之间的纽带，专门用于指导版图设计，以保证在一定的工艺误差范围内电路仍能正常工作。违反设计规则可能导致短路、开路、击穿、电迁移或 Latch-up 等问题，降低良率，甚至导致设计失败。

　　版图设计规则主要分为 λ 规则和绝对尺寸规则两类，其中 λ 规则又称为等比例规则，主要用于早期的集成电路工艺。λ 规则将各种尺寸都定义为 λ 的倍数，只要改变 λ 就可以直接用于新工艺，升级非常方便。但随着集成电路工艺进步，二次效应影响不断增加，使得很多规则尺寸不再遵循等比例变化的规律，λ 规则逐渐被以绝对尺寸（例如 μm）为单位的规则，即绝对尺寸规则所取代，等比例规则几乎不再使用。

　　版图设计规则主要包括 3 个方面的内容，即层定义（set of layers）、同层规则（intra-layer rules）和跨层规则（inter-layer rules），其中层定义规定了版图中使用的掩模（mask）层名称、功能、线条、填充和正反刻等信息，不需要进行特别介绍，所以以下面将重点介绍同层规则和跨层规则的含义和作用。

　　（1）同层规则（intra-layer rules）　主要包括最小宽度（minimum width）、最大宽度（maximum width）、最小间距（minimum space）、精确大小（exact size）和密度范围（density）等几种，见表 5.1。

表 5.1　同层规则表

规则名称	图例	解释示例
最小宽度 （minimum width）	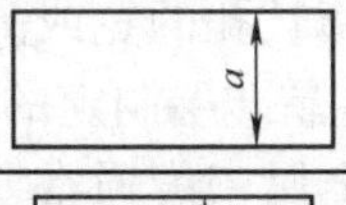 a	最小线条宽度 a
最大宽度 （maximum width）	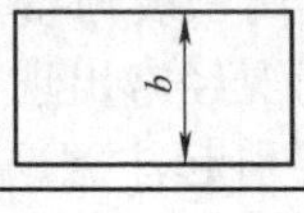 b	最大线条宽度 b

（续）

规则名称	图例	解释示例
最小间距 （minimum space）	c	最小图形距离 c
精确大小 （exact size）	e	边长为 e 的正方形
密度范围 （density）	例如 $30\% < d < 50\%$	同一层内所有图形面积与总面积的比值范围

最小宽度和最小间距是最重要的设计规则，它直接反映工艺水平，小于最小宽度的线条可能被刻断，小于最小间距的线条可能会短路，其中工艺节点通常是指 MOS 管的最小栅宽。

由于受应力影响和一些其他工艺限制，线条最大宽度也有一定限制。在实际的版图设计中，最常见的超宽问题出现在金属层，尤其是电源、地和大电流的金属连线。解决金属线条过宽问题可以采用金属线条并联、多层金属线条重叠和在超宽金属线条上开槽（slot）等方法，其中开槽的方法比较特殊，下面进行介绍。

开槽就是在宽金属上挖出一些矩形条，如图 5.1 所示为金属开槽的版图，图中的 7 个小矩形块就是开的金属槽，两侧是接触孔或过孔。开槽也有设计规则，包括最小宽度 a、最小边缘距离 b、最小间距 c、最小长度 d、开槽与孔的最小距离 e 和开槽密度（例如不小于 1.5%）等。虽然开槽可以用前面练习过的切割（chop）方法实现，但是如果 PDK 提供了专用的开槽层，最好用开槽层画开槽区，这样 DRC 可以用开槽规则进行检查，否则将按照普通设计规则进行检查。

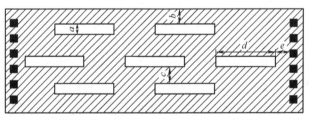

图 5.1　宽金属开槽

精确大小规则通常是针对接触孔和过孔设定的，之所以专门对孔设置精确大小规则，其主要原因是孔的大小和形状影响刻蚀速度，为了保证孔刻蚀的一致性，通常要求同一层的孔必须是相同大小的正方形。这里还需要指出，有些工艺也同时支持方形孔（方孔）和长条形孔（长孔），此时的精确大小通常是指长孔的宽或高必须等于方孔的边长。

密度范围规则主要是针对各金属层和多晶硅层制定的，在第 6 章有具体原理介绍。不同工艺对密度范围要求不同，普通工艺的金属密度通常要求在 30% ～ 50%，多晶硅密度要求在 14% ～ 30%。一般来说密度过低的情况经常出现，但对于规模较大的图形阵来说，却很容易出现密度过高的问题，这点一定要引起注意，应尽早对图形阵进行一下密度检查，否则如果出现密度过高的问题将很难解决，很有可能需要重新调整版图布局，由此付出很大代价。

解决密度过低问题可以采用添加 dummy 的办法。当版图面积不太大时，可以手工添加；而当版图面积很大时，则要使用工具自动添加。添加 dummy 首先要保证不破坏电路的连接关系，其次还要尽量减少由 dummy 产生的寄生效应。

（2）跨层规则（inter-layer rules）主要包括最小延伸（minimum extension）、最小包围（minimum enclosure）和最小交叠（minimum overlap），见表 5.2。

表 5.2　跨层规则表

规则名称	图例	解释示例
最小延伸 （minimum extension）		垂直交叉放置的两层图形，其中一层横向超出另一层的最小尺寸 a
最小包围 （minimum enclosure）		一层图形包围另一层图形的最小边距 b
最小交叠 （minimum overlap）		一层图形与另一层图形的最小交叠深度 c

最小延伸、最小包围和最小交叠规则用于标定两个工艺层之间的对齐误差，它来自工艺过程中 mask 层的最小错位精度，其中最小延伸的典型应用是如图 5.2 所示的栅超出扩散区的最小延伸尺寸，违反规则有可能造成 MOS 管源漏短路失效。

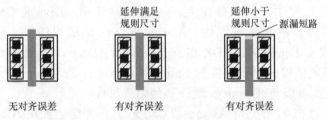

图 5.2　栅的最小延伸规则举例

最小包围通常是用于包围各种孔、N 阱包围扩散区以及 N 型或 P 型选择区包围扩散区等情况的最小尺寸规则。图 5.3 所示为金属包围孔的最小尺寸规则举例，在不满足最小包围规则的情况下，孔有可能偏离到金属外面。

这里需要指出，版图设计规则其实非常复杂，上面讨论的只是最基本和最常用的规则，不仅还有很多规则没有包括进来，而且随着工艺的发展，设计规则的种类还在不断增加，其中很多规则已经违背了通常的认知范围，使得 DRC 问题层出不穷、防不胜防。例如，在很多纳米级工艺中，金属线条最小间距不再是定值，而是与金属线条的宽度和长度相关联，并且还可能在最小间距之外规定了一些禁区范围，例如出现了大于最小间距有 DRC 问题，把间距拉近些反而不违规的怪现象。

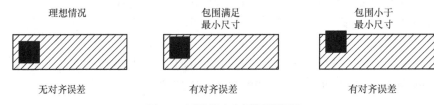

图 5.3 过孔最小包围规则举例

另外，在设计规则中包括一些版图的可制造性设计规则，它们与金属电迁移、天线效应和闩锁现象等有关，这些规则关系到芯片的安全性与可靠性，是版图设计必须考虑的重要问题，有关这些问题原理与解决方法将在第 6 章中集中讨论。

为了避免手工操作带来的 DRC 错误，需要知道具体的规则尺寸，虽然查阅 PDK 文档可以获得这些尺寸，但是比较麻烦。由于 MOS 管等的 Pcell 版图都经过了严格优化，金属线条优化到最细，同层间距、跨层延伸与包围等都优化到了最小，因此只要调出 Pcell 版图，用尺子测量一下即可知道大部分设计规则尺寸，非常方便。以 MOS 管为例，从中可以得到接触孔的最小间距、接触孔被扩散区和金属包围的最小包围，以及 N 阱和扩散类型选择层的最小包围等，这些尺寸可以直接用于版图设计。

这里需要提醒一下，在版图设计初期，大家经常会屏蔽掉一些暂时不需要检查的设计规则，例如金属密度或天线效应等，而在版图设计完成后一定要重新开启这些规则，否则可能会因 DRC 检查不充分给后续的版图设计埋下隐患。

DRC 检查属于版图验证，版图验证不仅包括 DRC，而且还包括 LVS。综合性的版图验证工具不仅具有 DRC 和 LVS 的功能，而且还具有版图电路提取（RCX/PEX）功能，即从版图中提取用于后仿真的电路网表和寄生参数。版图验证是版图设计的基本流程，无论有多认真，无论有多自信，版图都要进行验证，不仅这里的 DRC 要如此，LVS 也必须如此！

常用的综合性版图验证工具有 Calibre、Diva、Assura、Dracula 和 Hercules 等，其中 Calibre 是 Mentor 公司的产品，是目前业界公认的深亚微米和纳米工艺的版图验证标准，在版图验证和流片过程中，几乎被作为 signoff 工具使用。Diva 是 Cadence 最早期的版图验证工具，后来逐步被 Assura 取代，Assura 与 Diva 语法很相似，可以理解成是 Diva 的升级版，现在很多 Foundry 的 PDK 也支持 Assura。Dracula 也是 Cadence 公司早期的版图验证产品，其地位曾相当于现在的 Calibre。Hercules 是 Synopsys 公司的版图验证产品，在数据格式方面可以与 Synopsys 软件平台无缝对接。

现在几乎所有的 PDK 都支持 Assura 和 Calibre，只要学会使用 Assura 和 Calibre，就能适应绝大多数的设计环境，本章将同时介绍这两种工具的使用方法。

5.2 版图平面规划与布局布线

版图设计是对原理图进行物理实现的过程，主要包括 3 个步骤，即平面规划（floor planning）、布局（placing）和布线（routing），下面对这 3 个步骤进行概括性讨论。

平面规划是对版图总体轮廓和结构的规划，在没有特殊要求的情况下，版图通常会规划成矩形，上下（或者左右）是电源和地，输入输出端口引到矩形边缘。为了减小版图面积，器件摆放要尽量紧密。为了减少衬底噪声相互串扰，通常还会在各模块外围放置多层保护环。

布局就是合理地摆放器件，使版图在总体上符合平面规划的基本要求。器件布局要尽量紧凑，这样不仅可以减小芯片面积，而且还便于布线。差分电路要求对称布局，以最大限度地提高共模抑制能力。如果电流很大，布局时还要考虑 Latch-up 和电迁移问题。

在布局过程中对每一个器件位置和方向都要认真考虑，然后大体规划出连线方案，并且不可太密集，一定要为保护环留出足够空间。布局是个反复迭代的过程，需要不断地调整和改进，遇到特殊问题时重新布局也是常事。

图 5.4 是一个反相器平面规划和布局方案，由于反相器是一个数字逻辑门单元，所以一般都规划成矩形，上面是电源，下面是地，PMOS 管放在 N 阱里，并位于 NMOS 管的上方，P 型衬底接地、N 阱接电源即可。反相器的保护环不用封闭，采用一字形保护环即可，但如果这个反相器是在模拟电路中单独使用的，则最好采用山字形保护环结构，将MOS 管进行半包围，更好地将衬底连接到电源和地。

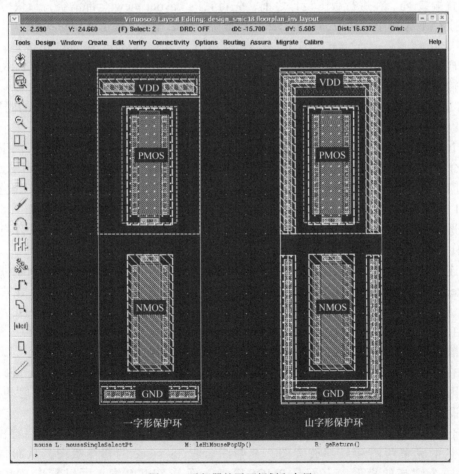

图 5.4　反相器的平面规划和布局

布线就是对器件的连接过程，与数字集成电路不同，模拟集成电路布线主要由手工完成。CMOS 模拟集成电路的布线主要用金属层，有时也会用 poly 层辅助走线，由于 poly

层的方块电阻比较大，会造成很大的电压降，所以 poly 层不走电流线，而且还要尽量短。

金属或 poly 的矩形、多边形和 path 都可以用于布线，其中 path 布线比较简单实用，只要给出起点、拐点和终点就能完成连线，而且还能自动打孔跨层，适合中长距离的连接。矩形和多边形布线适合近距离、超宽或者不规则的布线图形。

下面以上述介绍为基础对 CS_stage 进行版图设计与验证，由于 CS_stage 电路非常简单，所以版图设计难度不大，大家的主要精力可以集中在设计流程与 EDA 软件的操作上，并以此为基础在第 8 章深入学习运算放大器的版图设计与验证方法。

5.3 CS_stage 版图设计

本节对 CS_stage 进行版图设计，后面将分别使用 Assura 和 Calibre 对版图进行 DRC、LVS 和 RCX/PEX 操作，然后进行后仿真，完成如图 1.1 所示的模拟集成电路设计流程。CS_stage 是非常简单的单级放大电路，它的电路图与反相器非常相似，不同之处只是多出一个偏置端口 vb。在进行版图设计之前，先将它的 Layout view 全部清空，最快捷的清空方法是按 Ctrl+A 键全部选中，再按 Delete 键删除，最后按 Esc 键退出删除状态。

CS_stage 包括一个 NMOS 管和一个 PMOS 管，其中 NMOS 管的衬底接地，PMOS 管的衬底（N 阱）接电源，两个 MOS 管的漏端相连，并作为输出端口 vout，PMOS 管的栅极是输入端口 vb，NMOS 管的栅极是输入端口 vin。

CS_stage 版图总体规划为矩形，上面是电源，下面是地。由于两个 MOS 管的栅长相同，所以可以将两个 MOS 管纵向对齐，这样版图很容易形成一个规则的矩形。为了减小衬底噪声，两个 MOS 管还要加封闭保护环，在这点上与图 5.4 中的反相器保护环不同。由于保护环挡住了金属 M1 对外输出的连接通道，所以输入输出端口只能打过孔用金属 M2 引出。

平面规划完成后开始布局，布局的主要工作是例化和摆放器件，由于合理设置 MOS 管 Pcell 选项可以大大提高版图设计效率，所以这里有必要详细说明一下。如图 5.5 所示为不同选项设置的 MOS 管版图，MOS 管的宽 W=5μ、长 L=1μ，图中（1）没有连接栅到金属 M1，如果在例化窗口的 Gate Connection 栏中选择 Top，则可以得到（2），它的栅极打孔连接到了金属 M1，这样栅极对外连接就比较方便。如果在 Bodytie Type 栏中选择 Integrated，就可以得到（3），它的衬底被连接到了源漏的一端，通常 NMOS 管的源极接衬底，所以可以把它的左边当作源极。如果在 Bodytie Type 栏中选择 Detached，再配合下面的 Left Tap、Right Tap、Bottom Tap 和 Top Tap 选项，则可以得到（4）和（5）这种相当于被封闭保护环包围的 MOS 管版图，其中（4）没有选择 Top Tap，因此可以看成是不封闭的山字形保护环，而（5）则相当于封闭的口字形保护环，这符合 CS_stage 的设计要求，因此 CS_stage 的 NMOS 管就按（5）的选项进行例化。同理，PMOS 管也用相同的方法设置，其 W=15μ。

由于 CS_stage 只有两个 MOS 管，其布局和布线都非常简单，所以这里直接由图 5.6 给出了它的完整版图和局部放大图，其中图 a 是 CS_stage 的整体版图，从布局上看，版图是一个细高的矩形，上面是 PMOS 管，下面是 NMOS 管，可以看出 PMOS 管比 NMOS 管高很多。两个 MOS 管采用图 5.5 中（5）的例化形式，直接得到了封闭的保护环，保护环分别连接到了电源和地，输入输出端口位于两个 MOS 管的中间部分，输入端口 vb 和 vin 从左边接入，输出端口 vout 从右边引出。

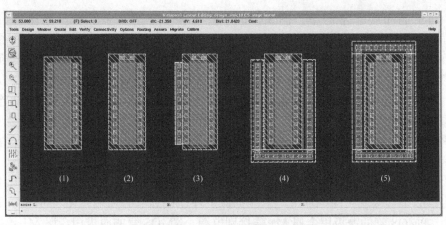

图 5.5　MOS 管不同选项的版图

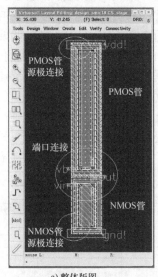

a) 整体版图

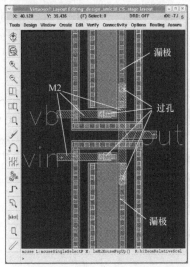

b) 端口连接

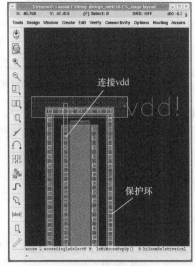

c) PMOS管源极连接

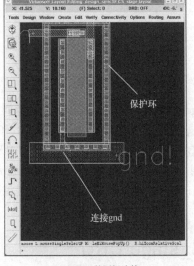

d) NMOS管源极连接

图 5.6　CS_stage 版图和局部放大图

　　CS_stage 的布线非常简单，图 5.6 中的 b、c 和 d 分别放大了端口连接部分和两个 MOS 管的源极连接部分，为了看清版图的细节，这 3 个放大图特意略去了一些图层。在图 5.6b 的端口连接部分可以看出，由于保护环封闭了 MOS 管，所以无法用金属 M1 连接，而只能通过金属 M2 连接。两个 MOS 管的栅作为输入端口直接由金属 M2 从版图左侧接入，并由过孔（M2_M1）与栅极相连，两个 MOS 管的漏极也用金属 M2 连接在一起，并作为输出端口从版图右侧接出。由于这里的端口连线很短，所以布线用金属 M2 的矩形条比较方便，宽度与金属 M1 相同，并严格对齐，按 O 键得到过孔，放在金属 M1 与金属 M2 的交叠处即可。

　　图 5.6 中的 c 和 d 分别为两个 MOS 管与保护环的连接放大图，从图中可以看出，把电源和地的矩形条直接放在保护环上，就能把保护环连接到电源和地，无须再按 O 键例化接触孔单元。PMOS 管的源极用金属 M1 连接到电源，NMOS 管的源极用金属 M1 连接到地。

　　版图设计完成后，在端口引出端需要添加 label，label 的名称、数量和大小写必须与原理图的 pin 完全一致，否则 LVS 结果将不匹配。每层金属都有其对应的 text 层，label 必须使用端口金属层所对应的 text 层，例如使用金属 M1 引出的端口就要用金属 M1 的 text 层。每个 label 都对应一个十字标志，十字标志必须放在端口的金属内，否则 label 无效。如图 5.7 所示，port_1 的十字标志放在了金属内，它是正确的，而 port_2 的十字标志放在了金属外，那么 port_2 添加的 label 就是无效的。

　　以 CS_stage 的 vout 端口为例，由于 vout 端口是用金属 M2 引出的，所以首先在 LSW 中选择 M2_TXT 层（金属 M2 对应的 text 层），按 L 键（label 首字母）弹出如图 5.8 所示的 Create Label 对话框，在 Label 栏中填写 vout，单击 Hide，在 Layout 窗口中将 vout 的十字标志放到连接 vout 的金属 M2 上即可。

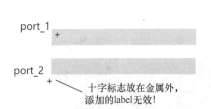

图 5.7　label 的十字标志放置示意图

图 5.8　Create Label 对话框

　　CS_stage 一共有 5 个端口，3 个用金属 M2 连接的普通端口（vb、vin 和 vout），2 个用金属 M1 连接的全局端口电源（vdd！）和地（gnd！），全局端口的 label 要加 "！"。在图 5.6 中的 b、c 和 d 中分别给出了端口 label 的放大图，可以看出金属 M1 和 M2 端口的 label 使用了不同的 text 层，而且每个 label 的十字标志都在端口的金属内。到此，CS_stage 的版图已经画完，下面将对它进行 DRC 和 LVS 验证。

5.4　CS_stage DRC

　　如图 5.9 所示为 Cadence 的 3 个版图验证工具菜单，图中的 3 个圈都是 Cadence 的版图验证工具菜单，其中最左侧的 Verify 是 Cadence 早期的版图验证工具 Diva，现在已经很少使用了。但从菜单位置和名称可以看出，Diva 是 Cadence 的正宗版图验证工具，而 Assura 和 Calibre 是后来集成上去的第三方版图验证工具，只有安装了这两种版图验证工具，菜单上才会出现它们。

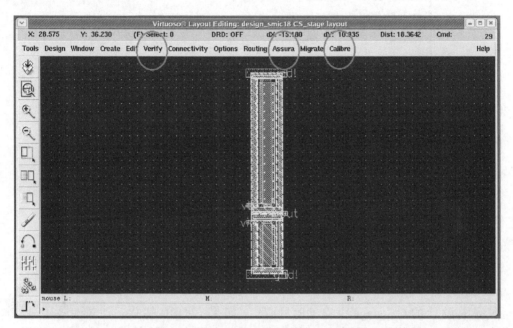

图 5.9　Cadence 的 3 个版图验证工具菜单

目前的 PDK 基本上都支持 Assura 和 Calibre，本节及后续的 LVS 和 RCX/PEX 操作中将分别介绍这两种工具的使用方法。

（1）基于 Assura 工具的 DRC　单击窗口菜单 Assura → Technology...，弹出如图 5.10 所示的 Assura Technology Lib Select 对话框，在 Assura Technology File 栏中设置 assura_tech.lib 的路径；然后单击 Assura → Run DRC...，弹出如图 5.11 所示的 Run Assura DRC 对话框。

图 5.10　Assura Technology Lib Select 对话框

在如图 5.11 所示的对话框中，主要设置画圈的 3 个选项内容，即 Technology、Rule Set 和 Set Switches，其中 Technology 选择所用的工艺 smic18mmrf，Rule Set 选择 DRC 的规则集（TopLevel_M6_No_Bind），Set Switches 用于屏蔽那些暂时不需要检查的设计规则，例如格点对齐（NoflagOffGrid）和（金属和多晶硅栅）密度检查（noDensityChecking）等，这里选择 noDensityChecking 来屏蔽密度规则检查。设置完成后单击 Save State 保存设置备用，再单击 Apply 按钮即可启动 DRC 检查，完成后如果没有 DRC 错误，则弹出如图 5.12 所示的 No DRC errors found. 的消息窗口。

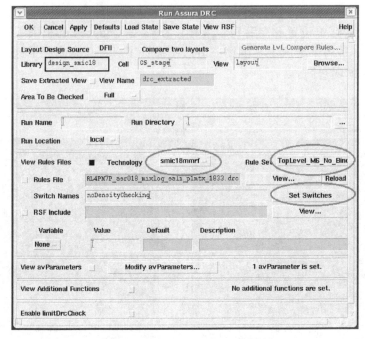

图 5.11　Run Assura DRC 对话框

　　本例中设计的 CS_stage 没有 DRC 问题，如果有 DRC 错误，会弹出如图 5.13 所示的 Error Layer Window 窗口，窗口中列出了 DRC 错误，单击窗口中的上下左右箭头选择错误，Layout 窗口会自动将错误标识出来，并放大显示，例如图中两个相互靠近的小金属块，有最小距离错误和最小面积的错误。

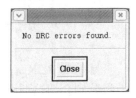

图 5.12　No DRC errors found. 的消息窗口

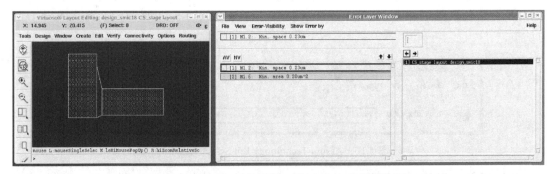

图 5.13　Error Layer Window 窗口和 DRC 错误位置

　　（2）基于 Calibre 的 DRC　单击窗口菜单 Calibre → Run DRC，弹出如图 5.14 所示的两个对话框，其中的 Load Runset File 窗口可以用来调用一个 runset 文件，自动调出以前的设置。如果没有合适的 runset 文件，可单击 Cancel 按钮，重新设置各选项参数，下面介绍具体设置方法。

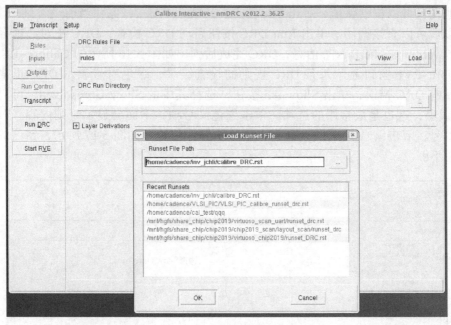

图 5.14　Calibre 的 DRC 对话框

首先单击 Rules 按钮，添加 DRC 规则文件，PDK 一般都会提供一个 Calibre 文件夹，其中有 DRC 目录，DRC 规则文件就在 DRC 目录中，扩展名为 .drc，本例的路径名为 /tech_lib/smic18mmrf_1P6M_200902271315/calibre/DRC/SmicDR8P7P_cal018_mixlog_sali_p1mt6_1833.drc。

然后单击 Inputs 按钮，得到如图 5.15 所示的对话框，选择箭头所指的 Layout 按钮，设置其中的两个画圈项目，在 Format 栏中选择 GDSII，并选择 Export from layout viewer，表示使用 layout 生成 GDSII，如图 5.15 所示。

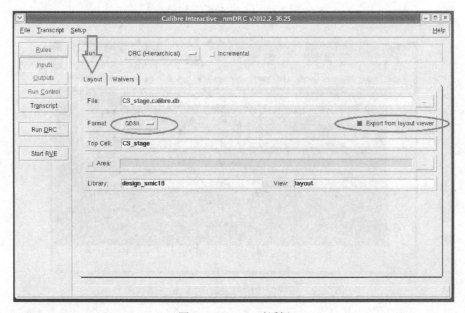

图 5.15　Inputs 对话框

其他设置可以按默认值，单击 File → Save Runset As...，保存当前设置到一个 runset 文件，以后可以直接调用。单击 Run DRC 按钮启动 DRC 检查，DRC 主对话框会显示进程状态、warnings 和 errors 等信息，DRC 完成后弹出如图 5.16 所示的 Calibre-RVE 窗口。

Calibre-RVE 窗口显示每条 DRC 规则的检查结果，绿色对号表示 DRC 正常，红色叉号表示有 DRC 错误，单击 Show All 按钮，选择其中的 Show Unresolved，可以只列出 DRC 错误项，这也是最常用的选项。单击红色叉号项，下面会显示规则内容，右侧会显示错误编号，双击编号可在 Layout 窗口中显示错误位置，如图 5.17 所示，错误的原因是最小间距不够。

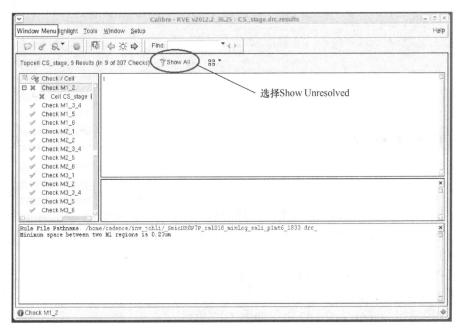

图 5.16　Calibre-RVE 窗口

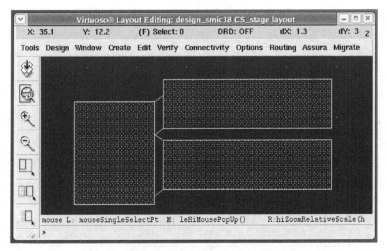

图 5.17　错误编号所对应的 DRC 错误放大图

5.5 CS_stage LVS

LVS（Layout Versus Schematic）就是版图与原理图电路连接关系的比对，以确认版图与原理图的电路连接关系、器件参数和端口名称等是否一致。常见的 LVS 错误包括短路、开路、器件引脚接错、器件参数不一致、器件数量不同和器件对位错误，以及端口名称和数量不一致等，查找复杂电路的 LVS 错误是一项非常艰巨且具有挑战性的工作，不仅需要丰富的经验，而且还需要极大的耐心和热情。

如图 5.18 所示为 LVS 比对成功后会给出的匹配成功信息，Assura 给出 Schematic and Layout Match 提示，而 Calibre 会显示一个开心的笑脸。

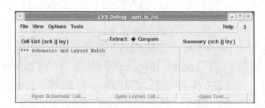 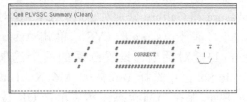

Assura工具界面   Calibre工具界面

图 5.18　LVS 比对成功

LVS 需要确定一些选项，了解这些选项的含义对 LVS 工具的设置会有一定帮助。例如，是否允许串并联选项，当两个串联的 1kΩ 电阻与一个 2kΩ 电阻比对时，允许串联就算匹配，否则就算不匹配，默认情况下都设置为允许串并联。是否比对数值的大小也是一个选项，如果不比对数值的大小，那么只要电路的连接关系相同就算匹配，否则数值也需要相同（或者在规定的误差范围内）。LVS 还有很多其他选项，一般情况下用默认值就可以了，只有在特殊或高级应用时才需要仔细研究各选项内容，并根据需求改变选项值。

很多 LVS 错误都出现在端口上，一定要保证最顶层的 label 与原理图的 pin 一致，顶层以下 cell 的 pin 传不到顶层。比如，为了防止误操作和方便版图后处理，很多时候都会把已经设计好的最顶层版图再例化到一个空版图上添加端口，这时候如果要进行 LVS 比对，就要在原来顶层相同的位置重新添加 label，否则也会出现 LVS 不匹配的问题。

为了保持器件的一致性或精确的比例关系，版图上经常需要添加 dummy 器件（这个内容在第 8 章中进行专门的讨论），以使匹配器件的周边环境保持相同。在版图添加 dummy 器件后，需要在原理图中也相应地增加这些 dummy 元件，以保证 LVS 通过。在原理图中添加 dummy 器件时，不仅需要注意器件参数一致，而且还要注意 dummy 器件的端口连接关系也要与版图一致。通常情况下 dummy 器件的端口尽量不要悬空，在条件许可的情况都短接到电源或地，若在 LVS 中设置不比对端口短接器件，则电路图中也可以不画出 dummy 器件。

有时候 LVS 会遇到一些特殊的问题，下面举一个简单的例子。假如电路图中有一个二输入与非门连接在电路中，并按照电路图的连接关系完成了版图设计，可是 LVS 总是不匹配，无论如何都查不出问题。后来发现这个问题主要出现在与非门的输入端口上，在符号图中两个输入端口的功能没有区分，从逻辑功能上可以不用区分，但是在原理图和版图上不同的端口连接了内部不同的 MOS 管，此时一定要严格区分。

LVS 需要经验，具有快速发现问题和解决问题的能力非常重要。现在 LVS 工具的 debug 能力越来越强，人机交互界面可以定位不匹配的位置，只要认真分析错误提示，大部分 LVS 问题都可以迎刃而解。但是，LVS 是一个复杂的过程，即使是匹配的电路也可能比对出不匹配的结果，对于这点要有充分的思想准备，尤其是大规模多电压域数模混合电路，没有一定的经验来调整或修改设置，得到成功的笑脸是很难的。

笔者曾经在 LVS 不匹配的情况下流过片，当时总是电源、地和衬底等出现问题，怎么修改设置也不行，而这些问题都出自 Foundry 提供的 Pad 单元内部，对这些单元单独进行 LVS 又是匹配的，出于对 Foundry 的充分信任，最终还是毅然决然地带着问题去流片，最后流片测试也成功了。回过头来再考虑 LVS 不匹配的事儿，问题还是出在对 LVS 软件的了解深度上，做大项目需要经验，LVS 也不例外。

下面对 CS_stage 版图进行 LVS 检查，由于它的电路图和版图都很简单，只要衬底连接正确，端口 Label 选层与放置正确，端口名称与电路图一致，LVS 很容易通过。下面使用 Assura 和 Calibre 分别对它进行 LVS 比对。

（1）基于 Assura 的 LVS　单击 Assura → Run LVS...，弹出如图 5.19 所示的 Run Assura LVS 对话框，设置画圈的两个选项参数，在 Technology 栏中选择 smic18mmrf，在 Rule Set 栏中选择 TopLevel_M6_No_Bind，下面的各种 rule 文件将会自动填入，单击 Save State 保存当前状态，然后单击 OK 按钮开始进行 LVS 比对，运行的结果如图 5.20 所示，LVS 结果成功。

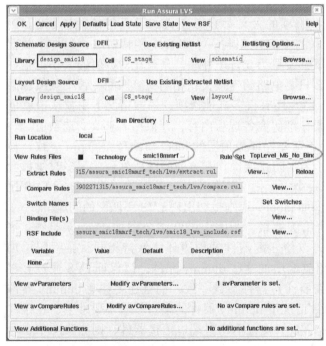

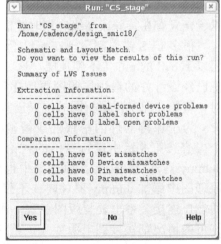

图 5.19　Run Assura LVS 对话框　　　　图 5.20　Schematic and Layout Match 对话框

下面在版图中去掉 PMOS 管源极连接 vdd！的金属 M1，制造一个错误再做 LVS，研究一些 LVS 不匹配的检查和处理方法。重复图 5.19 的 LVS 操作，LVS 完成后弹出如图 5.21 所示的消息窗口，从图中可以看出有一个器件不匹配的问题，单击 OK 按钮，弹出如图 5.22 左上方所示的 LVS Debug 窗口，单击 Debug 窗口左侧列出含有错误的 cell，则右侧 Summary 栏中将给出具体的错误列表，单击其中的第一个错误（Rewires），再单击下面的 Open Tool... 按钮，则可弹出如图 5.22 左下方所示的 Rewire Tool 对话框，单击这个对话框中的 Message（s）Info 和 Object（s）Info 栏中的内容，再单击下面的 Probe 按钮，则在 Layout 窗口中会高亮显示出不匹配的位置，PMOS 管的源极高亮，为了突出高亮显示，图中只显示了金属 M1 层。

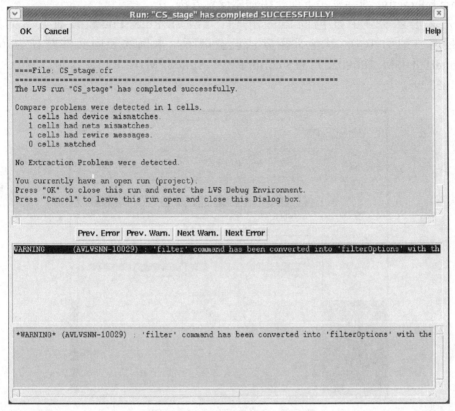

图 5.21　LVS 不匹配的消息对话框

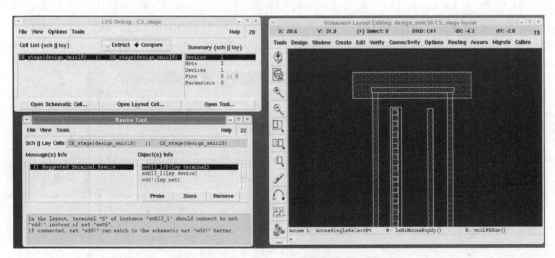

图 5.22　LVS 不匹配错误检查

为了充分研究 LVS 错误现象和检查方法，大家可以继续修改版图或电路图，人为制造更多的错误，最好每次只制造一个错误，然后记住错误报告的内容，并仔细观察错误在电路图和 Layout 窗口中的高亮显示形式，为 LVS 错误检查打下一定的基础。

（2）基于 Calibre 的 LVS　单击 Calibre → Run LVS，弹出如图 5.23 所示的两个对话框，如果没有合适的 runset 文件，单击 Cancel 按钮取消 Load Runset File 对话框，然后设置 Calibre Interactive 对话框，下面介绍具体设置方法。

首先单击图 5.23 中红色的 Rules 按钮，给 LVS Rules File 栏设置 LVS 的规则文件（扩展名一般为 .lvs），其他采用默认设置即可。本例的规则文件路径为 /tech_lib/smic18mmrf_1P6M_200902271315/calibre/LVS/SmicSPM10RR13R_cal018_mixRF_sail_p1mtx_1833.lvs。

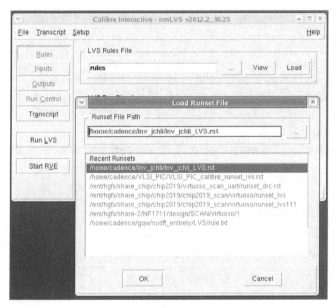

图 5.23　Calibre 的 Run LVS 对话框

然后单击 Inputs 按钮，选择 Layout，接着确认 Format 栏是 GDSII，并且 Export from layout viewer 处于选中状态，如图 5.24 所示。单击 Netlist 按钮，确认 Format 栏是 SPICE，并且 Export from schematic viewer 处于选中状态，如图 5.25 所示。

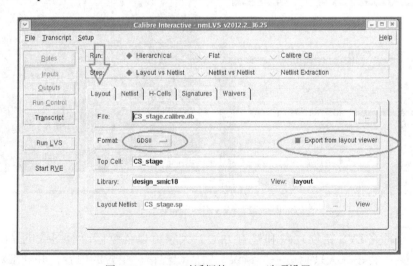

图 5.24　Inputs 对话框的 Layout 选项设置

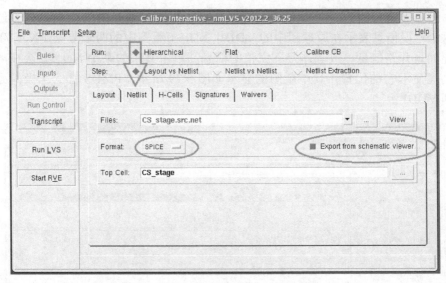

图 5.25　Inputs 对话框的 Netlist 选项设置

单击菜单 File → Save Runset As 保存当前状态，然后单击 Run LVS 按钮启动 LVS 检查，比对结束后会弹出 Calibre-RVE 窗口和 LVS Report File 窗口。如图 5.26 所示为 Calibre-RVE 窗口，单击左侧的 Comparison Results，LVS 匹配成功可得到对号和笑脸。

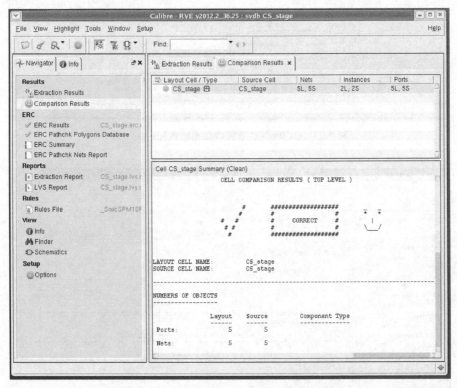

图 5.26　Calibre-RVE 窗口显示的对号和笑脸

下面用相同的方法制造错误，把 PMOS 管的源极连接与电源断开，LVS 得到如图 5.27 所示的匹配失败信息，画圈的部分显示了 Nets 数不匹配，版图中有 6 个，而电路图中只有 5 个。单击展开如图 5.27 所示的具体错误信息，可以得到如图 5.28 所示的不匹配详细信息，这个错误信息表示在原理图中的 VDD！对应了版图中的两个节点（Net VDD！和 5），这显然是开路信息，或者连接不完整的信息。单击其中的某个 Net 5，会在电路图和版图中高亮显示它的位置，其中版图的显示如图 5.29 所示，PMOS 管的源极高亮，并没有连接到 VDD! 上。

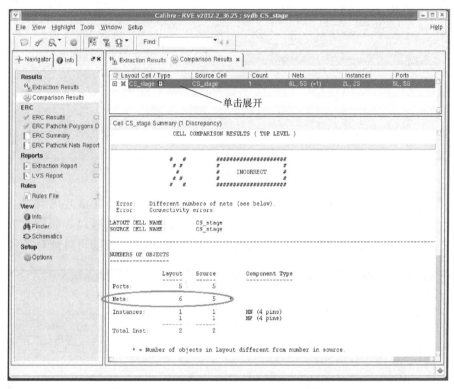

图 5.27 Calibre-RVE 窗口显示的匹配错误信息

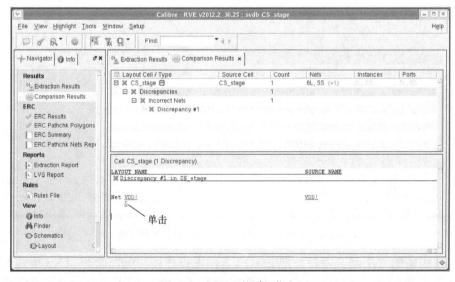

图 5.28 不匹配的详细信息

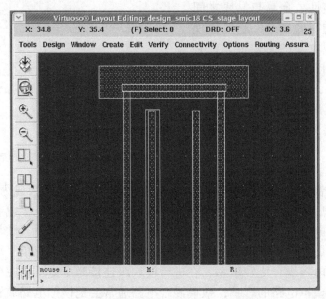

图 5.29 高亮显示的 PMOS 管的源极

5.6 CS_stage RCX/PEX

RCX/PEX 都是版图的寄生参数提取，Assura 把寄生参数提取称为 RCX（RC Extraction），Calibre 把寄生参数提取称为 PEX（Parasitic EXtraction）。电路的前仿真不包括寄生参数，而寄生参数对电路性能会产生一定的影响，提取寄生参数进行后仿真（post-simulation），可以更精确地预测电路的性能。由于高精度和高速电路对寄生参数十分敏感，因此了解寄生参数产生的原因，以及减小寄生参数的方法非常重要，所以下面进行简单的介绍。

寄生参数主要有寄生电容、寄生电阻和寄生电感 3 类，其中寄生电容和寄生电阻对电路影响较大，而寄生电感只有在频率很高时才有影响，因此下面只讨论寄生电容和寄生电阻。

（1）寄生电容 寄生电容无处不在，同层金属之间、不同层金属之间以及金属与衬底之间等都存在寄生电容，这些寄生电容可造成衬底噪声耦合和信号串扰，也可增大电路负载，影响电路性能。下面简单讨论一下寄生电容的结构原理和减少寄生电容的版图优化方法。

如图 5.30 所示为金属寄生电容示意图，这里以两层金属为例，从图中可以看出寄生电容包括 3 种，即平板电容 C_A（Area）、横向电容 C_L（Lateral）和边缘电容 C_F（Fringe）。

平板电容主要是指两层金属之间的重叠面积形成的电容，其电容密度由介质层的介电常数和极板间距决定，显然距离越近电容密度越大。横向电容是指同层金属断面之间的电容，其电容密度主要由距离和金属层厚度决定。边缘电容是金属边角上的电场与周围导体耦合形成的电容。工艺的进步使金属间距越来越小，横向电容和边缘电容在寄生电容中所占的比例越来越大，电容密度也越来越大，前面讨论过的 MOM 电容就是利用同层金属之间的寄生电容实现的。

信号线之间的寄生电容可以造成串扰，破坏信号完整性。金属与衬底之间的电容造成信号的衬底耦合，它在数模混合电路中对模拟电路的影响很大，必须采取措施去抑制。寄生电容还与寄生电阻产生 RC 延时，在现代 CMOS 工艺中，连线的 RC 延时已经超过门延时，成为限制集成电路工作频率继续提高的主要因素之一。

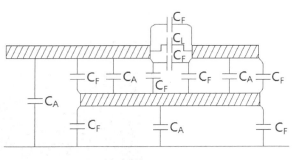

P 型衬底

图 5.30　金属寄生电容示意图

寄生电容通常都很小，对低频电路影响不大，但是对高频、高速或高精度电路来说，寄生电容往往会成为电路性能的瓶颈，所以必须认真优化版图设计，采取有效措施，以最大限度地减小寄生电容的影响。

为了减小寄生电容，金属连线要尽量短。为了减小串扰，可适当增加金属线条之间的距离。通常高层金属与衬底距离远，寄生电容相对较小，对于敏感信号可以考虑使用高层金属。模拟电路对电容耦合比较敏感，在进行模块级连接时尽量不要在模拟电路版图上方走线。为了减小对模拟电路的影响，数模混合电路通常会把模拟电路放置在角落，减少与数字电路的接触边界，并适当增加与数字电路部分的距离，同时在交界处放置保护环，抑制衬底噪声。另外，在信号线两边包地线，用向下层金属和过孔为信号线形成隔离隧道都是减少串扰的有效方法，经常用于敏感信号线的串扰保护，具体方法可参考第 6 章的版图优化部分。

（2）寄生电阻　金属连线也具有方块电阻，虽然很小，但是依然对电路的性能有一定的影响。当电流流过金属线条时，连线上的寄生电阻可以造成电压降（IR drop），有时较大的电流或较长的连线造成的 IR drop 不容忽视，例如十几毫伏和几十毫伏的 IR drop 会造成差分电路严重失调，也能导致比较器的精度下降。在普通的 CMOS 工艺中，最底层金属最薄，所以寄生电阻最大，不适合大电流的长线连接。最高层金属最厚，主要用于电源布线和制作电感。

大电流的布线问题要提前考虑，减小大电流布线的寄生电阻非常重要，它不仅与 IR drop 有关，而且还与预防 Latch-up 有关。在版图布局阶段可以把大电流器件优先摆放，且大电流模块要尽量靠近 Pad，以减少电源、地的连线长度。为了进一步减小寄生电阻，还可以考虑使用多层金属并联布线，当然必要时还要综合考虑由此而增加的寄生电容问题。

需要指出的是，虽然寄生电阻会使 RC 常数增加，导致电路高频特性变差，但在低频工作时，寄生电阻对电容负载的电路影响不大。例如，如图 5.31 所示的电流镜电路，Mn1、Mn2 和 Mn3 的栅连接传递的是直流电压信号，栅相当于电容负载，寄生电阻对这种连接影响不大，因此对于低速电路来说，这种连线上的寄生电阻的影响可以忽略不计。

为了减少寄生电阻的影响，长距离传递信号一般使用电流，因为同一条支路中电流处处相等，因此可以考虑把长距离传递的电压信号转换成电流信号来传递，在长线的另一端再把电流信号恢复成电压信号，具体的转换方法要根据电路的实际情况而定。由此可见，寄生电阻需要根据电路实际情况进行优化，并非一定都要优化到最小。

RCX/PEX 有一些选项需要了解一下，包括是否只提取寄生电阻，还是寄生电阻和寄生电容同时提取，是否还要提取寄生电感等。电容提取的参考点，通常是 GND。电容提取的模式有 Coupled 或 Decoupled，其中 Coupled 可提取连线之间的相互耦合电容，而

Decoupled 不提取，只计算与参考点之间的寄生电容，因此相对来说，Coupled 选项比较保守，而 Decoupled 可能会过于乐观。了解这些选项对 RCX/PEX 工具的使用非常重要，下面将对 CS_stage 的版图进行 RCX/PEX。

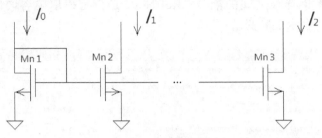

图 5.31　电流镜电路

（1）基于 Assura 的 RCX　单击 Assura → Run RCX...，弹出如图 5.32 所示的 Assura Parasitic Extraction Run Form 对话框，先设置箭头所指的 Setup，这里主要设置图中画圈的 Setup Dir 栏和 Output 栏，其中 Setup Dir 指定存放 RCX 规则文件的文件夹路径，里面放着各种与 RCX 相关的文件，本例为 /tech_lib/smic18mmrf_1P6M_200902271315/assura_smic18mmrf_tech/rcx/mixed。Output 指定 RCX 的输出格式，通常选择 Extracted View，这样就可以得到 av_extracted view，可以通过电路图显示寄生器件，而选择 Spice 或 Spectre，只能得到文本形式的网表，这几种选项都会经常用到。

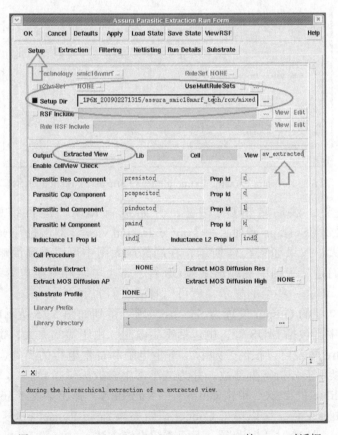

图 5.32　Assura Parasitic Extraction Run Form 的 Setup 对话框

如图 5.33 所示为 Extraction 设置的对话框，主要设置图中画圈的 3 个选项，即 Extraction Type、Cap Coupling Mode 和 Ref Node。其中 Extraction Type 设置只提取寄生电阻 R，或者提取寄生电阻 R 和电容 C，本例为提取 R 和 C。Cap Coupling Mode 选择 Decoupled，即不考虑连线之间的耦合。Ref Node 是指定提取电容时的参考点，本例是 gnd!，其中的"!"表示全局变量。

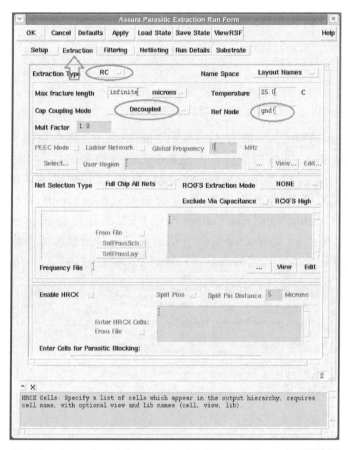

图 5.33　Assura Parasitic Extraction Run Form 的 Extraction 对话框

保存当前设置，然后单击 OK 按钮，开始进行 RCX，运行结束后打开 Library Manager，可以看到 CS_stage 增加了一个 av_extracted view，双击打开 av_extracted view，并对局部进行放大，效果如图 5.34 所示，在局部放大图中可以看到简略的版图，图中有很多小红框，它们是从版图中提取出来 MOS 管、寄生电阻和寄生电容等器件的符号图，如果再继续放大，略去一些层的显示，就可以看清它们的值。

如果把图 5.32 中的 Output 设置为 Spectre，则可得到如图 5.35 所示的 Spectre 格式的 RCX 网表。网表中既包括 MOS 管，也包括寄生电阻，由于篇幅太大，寄生电容没有截在图中。通过 Spectre 网表可以很清楚地看出寄生电阻和寄生电容的出处、连接关系和数值大小等信息，可以用于分析寄生参数，并为减小寄生参数提供指导。

（2）基于 Calibre 的 PEX　单击 Calibre → Run PEX，弹出如图 5.36 所示的两个对话框，如果没有 runset 文件，可以单击 Cancel 按钮关掉 Load Runset File 对话框，然后进行 Calibre Interactive – PEX 对话框设置，下面介绍设置方法。

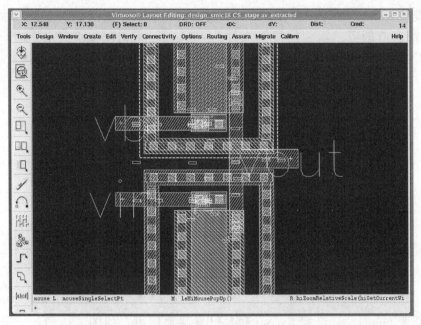

图 5.34 CS_stage 的 av_extracted view 局部放大图

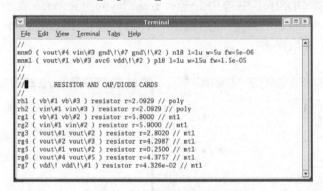

图 5.35 Spectre 格式的 RCX 网表

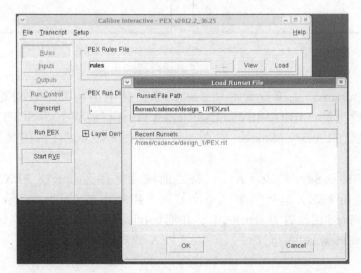

图 5.36 单击 Calibre → Run PEX 弹出的两个对话框

首先设置 Rules, 如图 5.37 所示, 在 PEX Rules File 中选择 PEX 的规则文件, 其他栏目采用默认值即可, 本例的规则文件为 /tech_lib/smic18mmrf_1P6M_200902271315/calibre/xRC/lvs/SmicSPM10RR12R_cal018_mixRF_sali_p1mtx_1833.lvs_XRC。

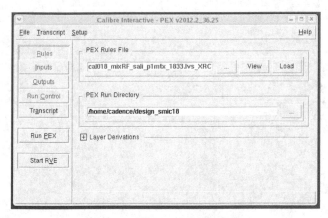

图 5.37 设置 PEX 的规则文件

然后设置 Inputs, 只设置 Layout 和 Netlist 两项即可, 如图 5.38 所示, 其中 Layout 中的 Format 栏选择 GDSII, 并选中 Export from layout viewer, 表示从 Layout 中提取 GDSII。 而 Netlist 中的 Format 栏选择 SPICE, 并选中 Export from schematic viewer, 表示从 schematic 中提取网表。

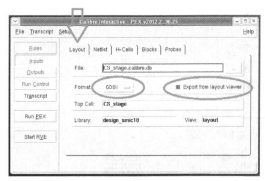
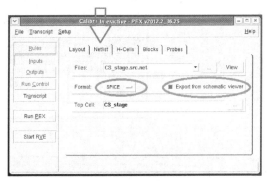

Layout设置   Netlist设置

图 5.38 Inputs 设置

最后设置 Outputs, 选项设置如图 5.39 所示, 其中最主要的设置是圈起的两项, Format 栏要设置为 CALIBREVIEW, Use Names From 栏要设置为 SCHEMATIC, 这样 PEX 完成后可以在 Library Manager 中直接看到 calibre view, 在后仿真配置 view 时也方便。

单击菜单 File → Save Runset As..., 将当前设置保存为 smic18_PEX.rst, 然后单击 Run PEX 开始进行 PEX, 运行结束后弹出如图 5.40 所示的 Calibre View Setup 对话框, 将 Calibre View Type 栏设置为 schematic, 并把 calview.cellmap 文件复制到当前工作目录中 (PDK 中的 calview.cellmap 文件, 经常与 PEX 的规则文件放在一起), 然后单击 OK 按钮。

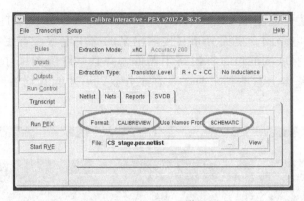

图 5.39　Outputs 设置

　　如果 Cellmap File 栏的 calview.cellmap 没有设置好或者文件位置不对，将会出现如图 5.41 所示的 Map Calibre Device 对话框，需要手工去设置寄生电容和寄生电阻的模型。电容和电阻要在 analogLib 中选取，如对话框中左侧栏所示，然后单击 Auto Map Pins，在 Pin Map 栏中就会列出 pin 的对应关系，再单击 OK 按钮即可。这项操作的目的是设置提取出的寄生电容和寄生电阻将用什么模型来仿真，一般都选择 analogLib 中的理想电容和电阻。

图 5.40　Calibre View Setup 对话框

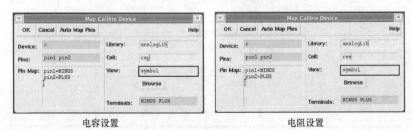

电容设置　　　　　　　　　　　　　　　电阻设置

图 5.41　Map Calibre Device 对话框

　　按照上述设置就可以生成 calibre view，在 Library Manager 中打开这个 view，可以看到 calibre view 的电路图，里面分布着提取出来的寄生电容、寄生电阻和 MOS 管。由于 calibre view 是按照版图的位置标出寄生器件，并且一般版图尺寸比器件符号大很多，所以打开 calibre 后基本上看不到东西，只有充分放大后才能看到器件，其效果如图 5.42 所示。

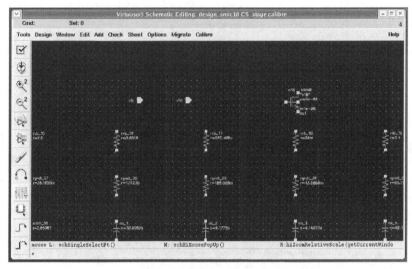

图 5.42　calibre view 局部放大图

　　在图 5.42 中有寄生电容、寄生电阻、MOS 管和两个 pin，再继续放大仔细观察，可以看到每个寄生器件端口的 net 名和器件值。如果还想详细研究寄生参数，可以直接查看 calibre view 的网表，如图 5.43 所示为网表的部分截图，虽然它不是标准的 Spice 格式，但是从截图中大致也可以看出，第一行是端口，第二和第三两行是 MOS 管，之后列出了若干个电容和电阻，大部分寄生电容不到 1fF，寄生电阻不到 1Ω。

图 5.43　calibre view 对应的网表

5.7　CS_stage 后仿真

通常情况下后仿真（post-simulation）是基于前仿真进行的，对 CS_stage 的后仿真也同样要基于它的前仿真进行。将前仿真电路图中的 CS_stage 替换为 RCX 或 PEX 提取的电路，再对它进行仿真就是后仿真，具体的替换方法就是把其中的一个 schematic view 改为 av_extracted view 或者 calibre view 即可。可见对 schematic view 的仿真叫作前仿真，而对 av_extracted view 或者 calibre view 的仿真叫作后仿真，因为它们是来自版图的电路，其中还包括寄生参数。

如果在一个电路中同时对 schematic view 和 av_extracted view（或者 calibre view）进行仿真，相当于前后仿真一起做，这样不仅可以保证两者的仿真激励相同，而且还能保证仿真环境设置也相同。由于 av_extracted view 和 calibre view 中包括寄生电阻和寄生电容，所以前后仿真的结果一定会有所不同，在同一个窗口中显示前后仿真波形将非常便于对比和分析。

将 schematic view 改为 av_extracted view（或者 calibre view）需要在 config view 中进行。顾名思义，config view 就是可以配置符号图与电路图对应关系的 view，默认情况下符号图与 schematic view 相对应，而在 config view 中，可以人为地将符号图与 av_extracted view（或者 calibre view）对应起来，以便进行后仿真，下面介绍具体替换过程和后仿真方法。

图 5.44　Create New File 对话框

（1）新建 config view　单击 Library Manager 菜单 File → New → Cell View...，弹出如图 5.44 所示的 Create New File 对话框，在 Library Name 栏中选择 design_smic18，在 Cell Name 栏中选择 CS_stage_sim，在 Tool 栏中选择 Hierarchy-Editor，则 View Name 栏会自动变成 config，单击 OK 按钮，弹出如图 5.45 所示的两个对话框。

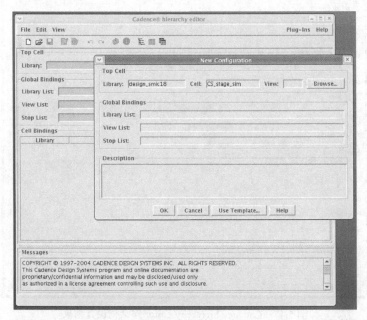

图 5.45　Cadence hierarchy editor 对话框和 New Configuration 对话框

单击 New Configuration 对话框的 Browse... 按钮, 弹出如图 5.46 所示的 Choose the Top Cell 对话框, 选择将要对哪个 view 进行配置, 这里选择 schematic, 然后单击 OK 按钮。再单击 Use Template... 按钮, 弹出 Use Template 对话框, 在 Name 栏中选择 spectre, 然后单击 OK 按钮。完成这两步后, 确认 New Configuration 对话框的结果如图 5.46 所示, 然后单击 OK 按钮, 得到如图 5.47 所示的 Cadence hierarchy editor 对话框设置结果, 再单击这个对话框菜单 View → Tree, 得到如图 5.48 所示的 Tree View 显示模式。

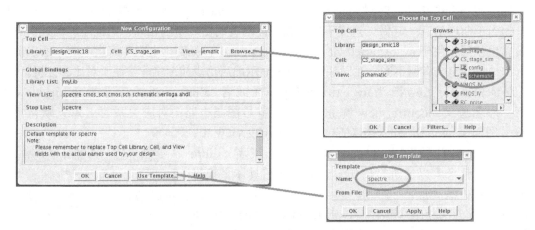

图 5.46　New Configuration 对话框设置

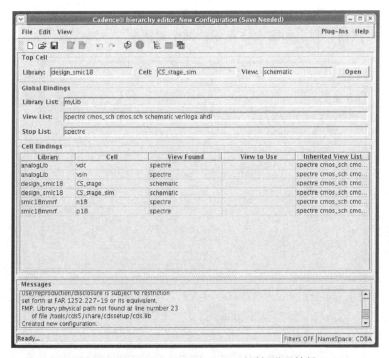

图 5.47　Cadence hierarchy editor 对话框设置结果

图 5.48　Tree View 显示模式

（2）替换 view　在如图 5.48 所示的 Tree View 显示模式中，Instance 栏中列出了仿真电路图中例化的 cell，View to Use 栏中显示了每个 cell 将要配置的 view。Instance 栏中的 I0 和 I1 代表 CS_stage_sim 中的两个例化单元，默认情况时它们都关联 schematic view，下面将把 I1 的 schematic view 替换为 av_extracted view（或者 calibre view），I0 保持不变。

如图 5.49 所示，在 I1 上单击右键，弹出下拉菜单，选择 Set Instance View，会出现 I1 可选择配置的 view 列表，其中圆圈中的 av_extracted 和 calibre 分别是 Assura 和 Calibre 提取的电路，后仿真可以选择其中之一，这里先选择 av_extracted，其结果如图 5.50 所示，单击箭头所指的 update 图标，然后保存，这样 I1 的替换就完成了，单击 Open 按钮，打开后，如图 5.51 所示，此时 I0 的输出 vout_sch 代表前仿真的输出，I1 的输出 vout_layout 代表后仿真的输出。

图 5.49　单击鼠标右键配置 I1 的 view

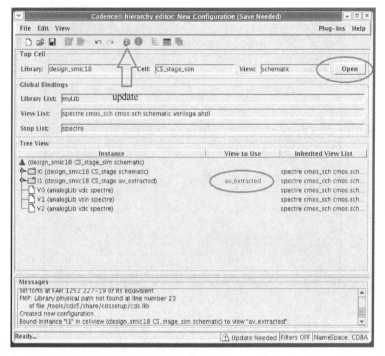

图 5.50　I1 配置为 av_extracted view

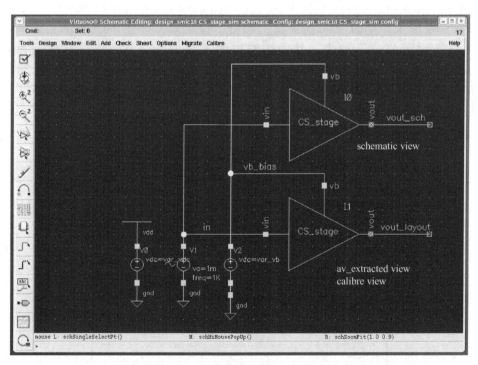

图 5.51　CS_stage_sim 的 config view

（3）启动后仿真　启动后仿真的方法与前仿真是一样的，打开 ADE 环境，调出 CS_stage_sim 的仿真状态文件，然后直接单击红绿灯图标进行仿真即可，只要原来保存的仿真状态没问题，后仿真也就没问题。如图 5.52 所示为 CS_stage 的交流前后仿真曲线，从图中可以看出 vout_layout（后仿真曲线）与 vout_sch（前仿真曲线）不同，说明后仿真中的寄生参数对电路确实有影响。

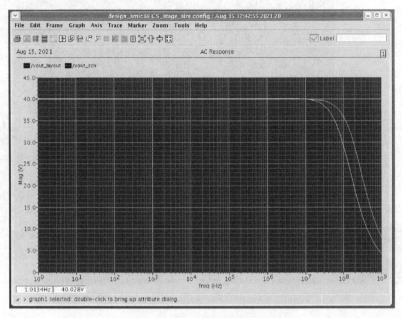

图 5.52　CS_stage 前后仿真的 ac 曲线

图 5.52 是对 av_extracted view 的后仿真结果，现在也可以把它配置成 calibre view。具体方法是先关闭 config view，再重新打开，会弹出如图 5.53 所示的 Open Configuration or Top CellView 对话框，选中图中的两个 yes，然后单击 OK 按钮，就会同时弹出如图 5.54 所示的 config view 窗口和 Cadence hierarchy editor 对话框，再按照前面介绍的方法，设置对话框为 tree view 模式，单击右键，配置 I1 的 view 为 calibre，再单击 update 图标后保存即可，这样 calibre view 就替换完成了，然后就可以进行对 calibre view 的后仿真了。

　　如果只想确认 config view 中各个例化的 view 是什么，可以不用打开 Cadence hierarchy editor 对话框，只要在 config view 窗口中选中这个 cell，然后按 E 键，弹出如图 5.55 所示的 Descend 对话框，View Name 栏即为当前 view，单击 OK 按钮还可以进到下层去看看，按 Ctrl+E 键或 Shift+B 键可返回，其中 schematic 和 calibre 对话框通过按 Ctrl+E 键返回，av_extracted 对话框通过按 Shift+B 键返回。

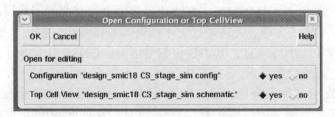

图 5.53　Open Configuration or Top CellView 对话框

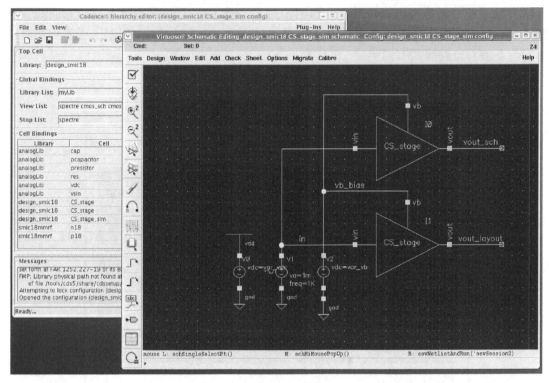

图 5.54　config view 窗口和 Cadence hierarchy editor 对话框

按Ctrl+E键返回　　　　　　　　　　　　　　　　　　　　按Shift+B键返回

图 5.55　Descend 对话框

5.8　CS_stage 版图的导出与导入

　　GDSII 是一种用于制作光刻掩模版的集成电路版图记录格式，作为事实上的工业标准，GDSII 被所有 EDA 厂商和 Foundry 支持。设计完成的版图需要提供 GDSII 文件给 Foundry，Foundry 用它进行制版和光刻等工艺流程。对 GDSII 有一定的认识和了解非常必要，它不仅可以帮助工程师正确设置掩模层（layer）的属性，有助于版图在不同的 EDA 平台上导入和导出，而且还有助于在流片过程中进行必要的工艺层确认。

　　GDSII 是二进制格式文件，无法通过文本编辑器直接阅读，它记录了版图中基本图形的层、形状、位置和大小等信息，其中层用编号区分。GDSII 还记录了 cell 的结构信息，以及 cell 与 cell 之间的调用关系。

　　EDA 工具一般用名称区分层，而 GDSII 用编号区分层，PDK 会提供一个 layer map 文件，它规定了层名与层号的对应关系。另外，PDK 中的 techfile（工艺技术文件）也包含层名与层号的对应关系信息，EDA 工具读取 techfile 后能够获取这些信息，基于这些信息自动实现 GDSII 文件的导出和导入。

各种版图工具都有自己的专用版图格式，但它们也都支持 GDSII，都具有 GDSII 文件的导入导出功能，下面以 CS_stage 为例，介绍一下用 Cadence 工具导出和导入 GDSII 版图的方法。

（1）GDSII 导出（Stream Out）　单击 icfb 主窗口菜单 File → Export-Stream...，弹出如图 5.56 所示的 Virtuoso Stream Out 对话框，单击 Library Browser 按钮，选择 Library Name、Top Cell Name 和 View Name 栏中的内容。在 Run Directory 栏中填写 "·" 即可，表示在当前工作目录；在 Output 栏中选择 Stream DB；在 Ouput File 栏中填写 GDSII 文件名，通常以 .gds 为扩展名，顶层 cell 名为文件名；Compression 栏为压缩格式选项，可以自选，例如选择 gzip；在 Scale UU/DBU 栏中填写 0.001，在下面的 Units 栏中选择 micron，表示以 0.001μm 为基本单位。设置完成后单击 OK 按钮，导出完成后，可以在当前工作目录里找到新产生的版图文件 CS_stage.gds.gz。

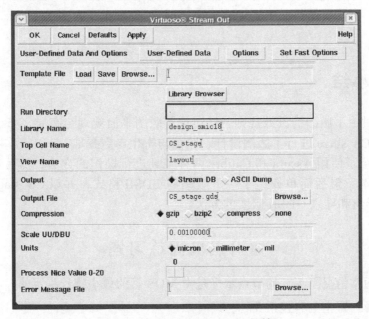

图 5.56　Virtuoso Stream Out 对话框

（2）GDSII 导入（Stream In）　版图导入需要指定一个与版图工艺相同的库，大家可以新建一个名字为 temp_smic18 的 Library，并将其关联 smic18mmrf 库。单击 icfb 主窗口菜单 File → Import → Stream...，弹出如图 5.57 所示的 Virtuoso Stream In 对话框，在 Run Directory 栏中填写 "·" 即可，表示在当前工作目录；在 Input File 栏中填写 GDSII 文件名，或者单击后面的 Browse... 按钮来选择文件，本例为 CS_stage.gds.gz；在 Top Cell Name 栏中填写 GDSII 中的顶层 cell 名，如果不知道，可以填写 * 号，表示 GDSII 文件中所有的 cell 都导入；在 Output 栏中选择 Opus DB；在 Library Name 栏中填写 GDSII 版图将要导入的目标库。再次提醒：目标库必须关联与版图相同的工艺库，否则导入的版图无法正确显示。单击 OK 按钮，导入成功后可以到 temp_smic18 库中打开 CS_stage 的版图看看。

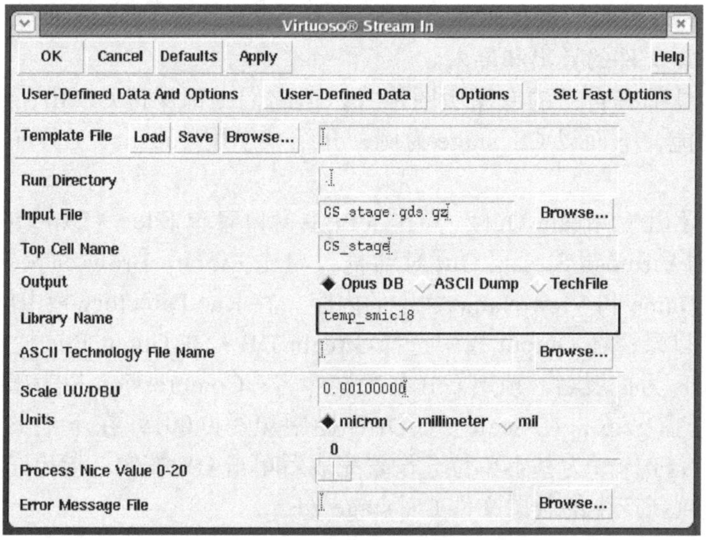

图 5.57　Virtuoso Stream In 对话框

5.9　本章小结

本章首先讨论了版图的设计规则，又讨论了版图平面规划与布局、布线的基本思路。在此基础上对 CS_stage 进行了版图设计、验证与寄生参数提取，其中版图验证与寄生参数提取分别介绍了使用 Assura 和 Calibre 两种工具进行操作的方法；然后对 CS_stage 进行了后仿真；本章最后简单介绍了一下版图的 GDSII 格式，并以 CS_stage 为例介绍了 Cadence 工具导出和导入 GDSII 版图的方法。

知识点巩固练习题

1. 判断：通常情况下工艺的节点水平是由 MOS 管的最小栅长决定的。

2. 多项选择：寄生电容包括 3 种，即（　　　）。

A. 平板电容　　　　B. 横向电容　　　　C. 边缘电容　　　　D. MOS 电容

3. 判断：为了减小寄生电容，金属连线要尽量短。

4. 单项选择：电源和地的连线通常电流较大，应尽量用（　　　）层金属布线。

A. 顶　　　　　　　B. 底　　　　　　　C. 中间

5. 单项选择：（　　　）可以得到 av_extracted view。

A. RCX　　　　　　B. LVS　　　　　　C. DRC

6. 判断：config view 可将单元配置成 av_extracted view 或 calibre view 用于后仿真。

7. 多项选择：GDSII 文件具有的基本性质包括（　　　）。

A. 用名称记录层　　　　　　　B. 采用二进制格式

C. 记录 cell 之间的调用关系　　D. 用编号区分层

8. 简答：版图平面规划的总体原则是什么？

9. 多项选择：设计规则主要包括 3 个方面的内容，即（ ）、（ ）和（ ）。

A. 层定义（set of layers）

B. 层内图形规则（intra-layer rules）

C. 层间图形规则（inter-layer rules）

D. 特征尺寸

10. 单项选择：违反了就有可能造成短路的设计规则是（ ）。

A. 最小线宽　　　B. 最小间距　　　C. 最小包围　　　D. 精确尺寸

11. 单项选择：违反了就有可能使接触孔偏出金属的设计规则是（ ）。

A. 最小线宽　　　B. 最小间距　　　C. 最小包围　　　D. 精确尺寸

12. 判断：只要原理图与版图的电路结构相同，LVS 就一定能匹配通过。

13. 填空：RCX 是（ ）工具的寄生参数提取步骤，PEX 是（ ）工具的寄生参数提取步骤。

第6章

版图设计的重要问题与优化处理方法

CMOS 版图设计需要考虑一些 CMOS 工艺特有的物理现象与效应，对这些问题应该认真对待，否则会使芯片性能下降，可靠性降低，甚至被静电击穿以致烧毁。本章将对这些物理现象与效应的形成机理进行介绍，并给出相应的版图设计解决方案。由于其中有些问题既不属于 DRC 和 LVS 的检查范围，也无法通过后仿真表现出来，所以只能通过版图设计者对这些问题的理解和设计经验进行处理，因此深入了解和学习对解决这些重要问题，对可靠的版图设计就显得十分重要。

6.1 金属电迁移与电压降

设想一下这种情况，经过流片测试，芯片功能一切正常，但是随着时间推移，芯片性能越来越差，直至到最后无法使用。造成这种情况的原因除了有芯片老化外，还有可能是由金属电迁移（Electro Migration，EM）导致的。当金属连线内的电流密度过大时，金属离子会沿导体产生迁移，其结果会使导体的某些部位产生空洞或晶须（小丘），这就是金属的电迁移现象[19]。如图 6.1 所示，图中的金属线条内有局部的损坏，而且随着使用时间的推移，损坏会越来越严重，甚至导致开路，这就是由 EM 造成的。

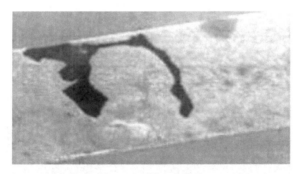

图 6.1　金属 EM 照片

造成 EM 的原因是电流密度过大，因此为了避免金属出现 EM 现象，应该根据电流大小合理设置金属线宽，控制电流密度。为了防止 EM，在 CMOS 工艺中通常可以按照 1mA/1μm 或 0.5mA/1μm 来初步估算金属线宽，但在实际版图设计时，还是要以 PDK 中的数据为准。

除了要考虑 EM，金属线宽的设置还要考虑金属线条上的电压降（IR Drop）。虽然金属线越宽则 IR Drop 越小，但是寄生电容却会随之增大。因此对于信号连线来说，金属线宽要折中考虑，但电源线和地线可以越宽越好，因为电源和地之间本身就需要滤波电容，此时寄生电容越大越好。CMOS 工艺顶层金属最厚，通常用于电源、地和大电流信号布线，并且芯片全局的电源和地的网络一定要用顶层金属布线。如果条件允许还可以考虑多层金属并联布线，以进一步减小 IR Drop。

6.2　静电放电

　　静电放电（Electro Static Discharge，ESD）主要解决 CMOS 的静电击穿问题。如图 6.2 所示，假设芯片的压焊块直接连接到 MOS 管的栅，即反相器的输入端，由于反相器的输入电容是由 Mn 和 Mp 的栅电容构成的，通常都非常非常小，且输入端口到电源和地之间又没有直流通路，所以只要在压焊块上感应出少量的静电电荷，就会在反相器的输入端产生很高的电压，将 Mn 和 Mp 的栅氧层击穿，导致芯片还未使用就已经损坏。

　　为了解决 CMOS 芯片的 ESD 问题，可在芯片输入端口并联反偏二极管。如图 6.3 所示，两个反偏二极管并联在输入与电源和地之间，在正常的输入电压范围内两个二极管都不导通，不影响输入信号。当输入端口的静电感应电压高于 VDD1+0.7V 时，二极管 D1 导通，当静电感应电压低于 GND1–0.7V 时，二极管 D2 导通，导通的二极管将电荷释放掉，避免了反相器中 MOS 管栅氧层的击穿，由此可见，这两个反偏二极管对输入端口的电压起到了钳位作用。图 6.3 中的 VDD1 和 GND1 代表为 ESD 保护电路提供的电源和地，而 VDD 和 GND 代表内部电路的电源和地，在大部分情况下这两组电源和地是独立的。

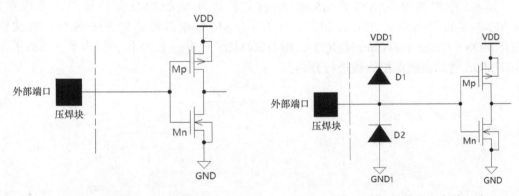

图 6.2　芯片压焊块连接反相器输入端　　　　图 6.3　并联反偏二极管 ESD 保护电路

　　在正常工作时，ESD 保护二极管除了给输入端口增加了一些额外的输入电容外，对电路基本没有什么影响，所以这种 ESD 保护方式也适用于模拟集成电路。如果需要对静电放电电流限流，避免因放电电流过大而烧坏 ESD 电路，通常会在输入端口处串接一个限流电阻 R1（见图 6.4），由于限流电阻可能产生压降，在应用上会受到一些限制，具体应用时需要考虑这个电阻对电路性能的影响。

ESD 保护二极管可以是 PN 结二极管，也可以是 MOS 二极管，通常它们都包含在 IO Pad 中，关于 IO Pad 的问题后面会有专门的章节进行讨论，现在暂时把它理解成芯片对外的连接端口即可。由于 ESD 保护是 IO Pad 的重要功能之一，ESD 击穿电压的大小与保护电路结构、二极管类型及版图实现方式等很多因素有关，通常需要专业团队与 Foundry 合作，反复设计与验证，最后得到 ESD 保护电路，并以 IO Pad 库的

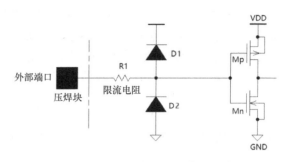

图 6.4　有限流电阻的 ESD 保护电路

形式交给用户使用。因此，对于大多数用户来说，基本上不用单独考虑 ESD 问题，直接调用库中的 IO Pad 即可。

有一些电路不能使用 IO Pad 库中的 Pad 单元，例如 RF CMOS 射频电路的输入输出端口，就需要自己设计 IO Pad，并解决 ESD 保护问题。另外，ESD 电路不只用在 IO Pad 单元中，也经常包含在芯片内部电路中，例如，在电路内部跨电压域处、IP 模块的对外端口处以及电子开关的两端等，以使电路能适应更加恶劣的外部环境。

如图 6.5 所示为一个典型低转高的电平转移电路（level-shifter），图中 A 为低压域的输入端口，AH 为高压域的输出端口，其中低压域的电源和地分别为 VDD15 和 GND15（假设低压为 1.5V），高压域的电源和地分别为 VDD5 和 GND5（假设高压为 5V）。输入信号 A 经过低压反相器 INVL 后反相得到 AB，AB 和 A 分别连接到 M1 和 M2 的栅，使 M1 和 M2 的栅压产生相反的变化，这个相反的变化被由 M1 到 M4 构成的正反馈电路加速并放大，最后经过高压反相器 INVH 输出到 AH 端口，实现了逻辑信号从低压域到高压域的转换。

图 6.5 中的两个 NMOS 管 M5 和 M6 就是跨电压域的 ESD 保护器件，可以对 M1 和 M2 的栅极进行双向 ESD 保护，由于 M5 和 M6 是栅极接地的 NMOS 管，也被称为 GGNMOS（Grounded-Gate NMOS），用 GGNMOS 管进行 ESD 保护很常见，所以下面对 GGNMOS 管的双向保护原理进行介绍。

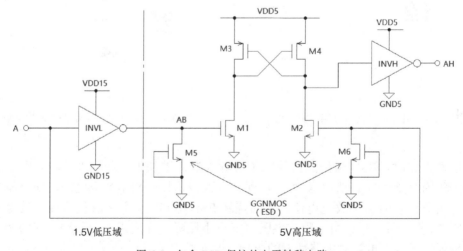

图 6.5　包含 ESD 保护的电平转移电路

如图 6.6 所示为 GGNMOS 管双向 ESD 保护原理示意图（以 M5 为例），这里的双向保护是指无论 AB 静电电压是很低（比地还低）还是很高，GGNMOS 管都能提供放电通道。其中 GGNMOS 管的反向 ESD 保护原理很简单，由于 M5 是 NMOS 管的二极管接法，且栅极接地，当 AB 上的静电感应电压比地低于 M5 的开启电压时，则 M5 导通，产生从 GND5 流向 AB 的放电电流 i_{ESD}，将 AB 电压钳位在比地低一个开启电压的水平，保护后续电路不被静电反向击穿，如图 6.6 中的反向保护部分所示。GGNMOS 管的正向 ESD 保护原理相对比较复杂，不像反向保护那么直观，需要从由漏极 D（N+）、衬底（P−）和源极 S（N+）构成的寄生 NPN 型晶体管导通的角度进行解释。

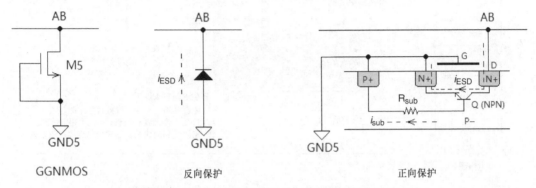

图 6.6　GGNMOS 管双向 ESD 保护原理示意图

如图 6.6 中的正向保护部分所示，图中有一个寄生 NPN 型晶体管 Q 和一个等效衬底寄生电阻 R_{sub}。假设 AB 的 ESD 感应电荷使 M5 的 D 端电压升高，升高到一定程度后，将使由 D 端（N+）与衬底（P−）构成的 PN 结二极管发生雪崩击穿，产生从 D 端流向 GND5 的衬底电流 i_{sub}，i_{sub} 在衬底电阻 R_{sub} 上会产生压降使晶体管 Q 导通，产生从 D 到 S（GND5）的放电电流 i_{ESD}，释放 AB 上的静电电荷，保护后续电路不被静电正向击穿。GGPMOS 管的双向 ESD 保护原理与之类似，这里不再进行分析。

相对来说，在 IO Pad 上设计 ESD 电路相对简单些，而规划和设计电路内部的 ESD 保护电路却很复杂，需要综合考虑工艺过程和电路工作环境等多种因素，所用器件也并非只限于 GGNMOS 管和 GGPMOS 管，必要时还要设计 ESD 辅助电路。这里对 ESD 保护电路的介绍只不过是冰山一角，初学者可在此基础上继续深入学习 ESD 保护原理，并多多参考成功案例，再向有设计经验的人请教，逐步积累经验，为日后能独立规划出合理的 ESD 解决方案打下基础。

6.3　闩锁效应

根据晶体管的原理结构可知，只要在两个 N 型半导体之间存在 P 型半导体，或者在两个 P 型半导体之间存在 N 型半导体，就可以构成理论上的晶体管。在 CMOS 工艺中天然地存在很多晶体管，除了第 2 章讲过的晶体管外，其他的晶体管都被看作寄生的晶体管。这些寄生晶体管经常会给电路带来危害，尤其是当寄生晶体管在电源和地之间构成 NPNP 结构时，就类似一个晶闸管（thyristor），它一旦导通就会将电源和地短路，使电路失效甚至烧毁，这就是 CMOS 的闩锁效应（Latch-up）。

如图 6.7 所示为 NPNP 结构晶闸管与 CMOS 工艺剖面对应关系图，晶闸管由共用基极和共用集电极的 PNP 型晶体管 Q1 和 NPN 型晶体管 Q2，以及电阻 R_{well} 和 R_{sub} 构成。从电路图与剖面图的对应关系可以看出，接地的 NMOS 管源极可以为 Q2 的发射极（N 型），P 型衬底可以为 Q2 的基极（P 型），它同时也是 Q1 的集电极；N 阱是 Q2 的集电极（N 型），同时也是 Q1 的基极；接电源的 PMOS 管源极可以为 Q1 的发射极（P 型）。上述这些正好可以构成 NPNP 结构晶闸管。

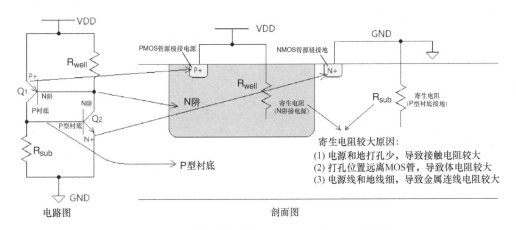

图 6.7　NPNP 结构晶闸管与 CMOS 工艺剖面对应关系图

在 CMOS 工艺中，为了实现二极管隔离，需要将 N 阱接电源，P 型衬底接地，而图 6.7 中的 R_{well} 和 R_{sub} 分别是 N 阱接电源和 P 型衬底接地的寄生电阻。如果 R_{well} 上有一点儿电压降，Q1 就会略微导通，并略微提高 Q2 的基极电压，这会使 Q2 略微多导通些，从而使 R_{well} 上的电压降又增加了一点儿，Q1 就会更导通些，从而导致 Q2 也就更导通。这样就形成了正反馈，使 Q1 和 Q2 在一瞬间完全导通，造成 VDD 和 GND 之间短路，从而产生 Latch-up。

R_{well} 和 R_{sub} 主要由 N 阱或 P 型衬底的体电阻、接触电阻和金属连线电阻构成，接地效果不好会使 R_{sub} 增加，接电源效果不好会使 R_{well} 增加。当 R_{sub} 较大时，R_{sub} 上流过很小的电流就有可能使 Q2 导通。同理，Q1 的基极是 N 阱，接电源效果不好时 R_{well} 较大，其上流过很小的电流也可能使 Q1 导通。

既然 CMOS 工艺本身就具备晶闸管结构，那么就必须采取防范措施阻止晶闸管导通，避免出现 Latch-up。从前面的分析可知，发生 Latch-up 主要是由电阻 R_{well} 和 R_{sub} 上的电压降引起的，而电阻的电压降又等于电阻与电流的乘积，所以减小电阻和减小电流都能有效防止晶闸管触发导通，下面分别从这两个方面进行讨论。

（1）减小电阻　由于 R_{well} 和 R_{sub} 是由 N 阱或 P 型衬底的体电阻、接触电阻和金属连线电阻 3 部分构成的，所以减小 R_{well} 和 R_{sub} 也需要从这 3 个方面入手。首先是降低 N 阱和 P 型衬底的体电阻，这个主要由工艺决定，Foundry 已经对其进行了优化，对于一般用户来说无法改变。其次是减小接触电阻，即减小对 P 型衬底和 N 阱连接的接触电阻，这个可以通过增加接触孔的办法来实现。因为保护环就是负责 P 型衬底和 N 阱连接的，上面已经布满了接触孔，因此保护环（多子保护环）本身就有防止 Latch-up 的功能，所以加好保护环是减小接触电阻，防止 Latch-up 的重要手段，必要时可采用双排孔的保护环，效果会更好。最后是减小金属连线电阻，也就是电源和地的走线要尽量宽和尽量短，在资源允许的情况下，还可以用多层金属重叠并联，以进一步减小连线电阻。

（2）减小电流　减小电流可由少子保护环实现。由于 N 阱内的少子保护环几乎不用，所以下面只讨论 P 型衬底上少子保护环减小电流的工作原理和使用方法。

P 型衬底上的少数载流子是电子，而如果有来自 NMOS 管的源漏扩散区和沟道的电子通过 P 型衬底到达 N 阱，就相当于 Q2 产生了一个从集电极到发射极的电流，这个电流将在 R_{well} 上产生电压降，有可能导致晶闸管触发。为了减少从 P 型衬底到达 N 阱的电子，可以在 P 型衬底与 N 阱之间设置少子保护环（N 阱环）来吸收这些电子，前面曾经讨论过，P 型衬底上的少子保护环被称为二次保护环，现在看来二次保护环也具有防止 Latch-up 的功能。

设法减小 Q1 和 Q2 的 β 值，也是防止 Latch-up 发生的一个有效方法，这可以通过增加基区宽度的办法来实现。具体到 Q1 和 Q2 来说，Q1 的基区宽度为 N 阱的厚度减去 PMOS 管源漏扩散区的厚度，在 N 阱内增加 N+ 埋层可以增加基区宽度，降低 β，这与标准 CMOS 工艺不兼容，所以这种办法只有在特殊的情况下使用。Q2 的基区宽度为 NMOS 管源漏扩散区到 N 阱的距离，因此只要让 NMOS 管尽量远离 N 阱，就相当于增加了基区宽度，降低了 β。

只要条件具备，设计不当的版图就很容易发生 Latch-up。例如，当芯片上电时，N 阱与 P 型衬底之间的寄生电容会瞬间充电，充电电流有可能触发晶闸管，从而引发 Latch-up。如果芯片端口误加了过高或过低的电压，或者出现 ESD，也有可能引发 Latch-up。在某些特殊的情况下，多个驱动单元同时动作，瞬间合成的大电流也可能引发 Latch-up。

基于上面的讨论，可以归纳出以下几条预防 Latch-up 的主要措施。

1）使用多子保护环：使用多子保护环，即 P 型衬底接地和 N 阱接电源的保护环，包围 MOS 管，并且保护环离 MOS 管越近越好，必要时可以采用山字形保护环结构，即从保护环上伸出"枝杈"，深入到保护环内部，为保护环中心的 MOS 管提供额外的衬底连接，以进一步减小 R_{sub} 和 R_{well}。

2）使用少子（二次）保护环：使用少子保护环吸收流向 N 阱的电子，也就是使用二次保护环减小 N 阱与 NMOS 管源漏区之间的衬底电流，以防止 R_{well} 上的电压降过大造成触发。更具体来说就是当需要特殊关心 Latch-up 时，可以在 NMOS 管与 N 阱之间增加接电源的 N 阱环。

3）远离 N 阱：NMOS 管要尽量远离 N 阱，增加电子穿越 P 型衬底到达 N 阱的难度，也就是减小了 Q2 的 β。

4）加宽电源和地：用尽量宽的金属线给保护环接地或接电源，有条件时使用多层金属重叠并联。

6.4　天线效应

在深亚微米工艺中，经常采用等离子体刻蚀（plasma etching）技术。在等离子体刻蚀过程中会产生游离电荷，这些电荷可能会被裸露的导体或多晶硅收集，当收集的电荷超过一定数量时就有可能损伤栅氧层，降低芯片的可靠性和使用寿命，这种现象被称为工艺天线效应（Process Antenna Effect，PAE）[18]。金属线条总面积越大，收集的电荷就越多，形成天线效应的可能性就越大。

天线比率（antenna ratio）是用来估算可能发生天线效应的概率，其定义为构成天线的金属与连接的栅氧层面积比率，这个比率越低越好。虽然天线效应与工艺水平和加工精度基本无关，但是版图设计方面还是可以采取一定的措施来预防天线效应的，并且在 DRC 规则文件中通常都包含检查天线效应的规则，可以通过 DRC 检查出来。模拟集成电路版图设计一般采用手工方法处理天线效应，而数字集成电路版图设计通常使用工具自动修理。

处理天线效应常见的方法有 3 种，第一种是反偏二极管并联法，第二种是金属跳层法（layer hopping），第三种是缓冲单元插入法。反偏二极管并联法就是在栅极并联反偏二极管，这种方法需要占用一定的版图面积，并会增加布线和版图设计复杂度。金属跳层法就是人为地切断连接到栅极的金属线条，以减少直接连接到栅极金属线条的总面积的方法。缓冲单元插入法主要用于数字版图设计，就是用缓冲单元切断较长的信号连线，达到预防天线效应的目的。金属跳层法比较简单实用，下面进行具体介绍。

金属跳层法可分为上跳和下跳两种，如图 6.8 所示为上跳跳层法示意图。图中连接到栅极的金属 M1 被切断后上跳到金属 M2，然后再下跳回金属 M1。从图中可以看出，当金属 M1 的线条被切断后，直接连接到栅极的金属 M1 线条减少，这样在进行金属 M1 刻蚀时就不会产生天线效应。而当进行金属 M2 加工时，M1 已经被氧化层隔离，不再会感应出太多的电荷，所以不会产生天线效应。

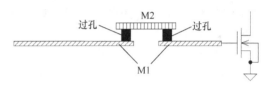

图 6.8　防止天线效应的上跳跳层法示意图

6.5　金属密度和多晶硅密度

在 CMOS 工艺中，对金属和多晶硅进行等离子体刻蚀和化学机械平坦化（Chemical Mechanical Planarization，CMP）是常用的工艺步骤，由于这些工艺步骤会受到图形分布密度的影响，所以要求图形密度既不能过高也不能过低，只有这样才能最大限度地保证工艺质量，有效地避免短路和开路现象，进一步提高电路的匹配性。

等离子体刻蚀是利用等离子体（相当于刻蚀剂）与被刻蚀的物质表面进行反应，生成挥发性的化学物质，然后被真空系统抽出腔体的过程 [19]。如图 6.9 所示，由于低密度区域需要刻蚀掉的金属（铝）或多晶硅很多，刻蚀剂消耗相对较大，刻蚀剂浓度就会相对较低，容易造成刻蚀不干净和刻蚀不足的情况。而在高密度区域则相反，需要保留的金属或多晶硅相对较多，刻蚀剂的消耗相对较少，刻蚀剂的浓度就会相对较高，容易造成过刻蚀，导致导线变细或者断路。由此可见，遵守金属密度（metal density）规则和多晶硅密度（poly density）规则是保证芯片加工质量的重要措施之一，单靠工艺控制无法彻底解决密度差造成的刻蚀不均匀问题。

化学机械平坦化（CMP）又被称为化学机械抛光，是一种表面全局平坦化技术。如图 6.10 所示，CMP 具有图形密度效应，高图形密度区域通常比低图形密度区域的抛光速度快，容易产生蝶形缺陷，以及造成金属和氧化物都被过刻蚀，而且还会产生金属线条凹陷，同时金属越宽凹陷越深 [20]。无论是采用沉积工艺的铝布线，还是采用大马士革工艺的铜布线，图形密度对 CMP 都有影响，所以金属密度必须控制在一定的范围内，以最大限度地提高 CMP 的平整度，增加电路的匹配性。

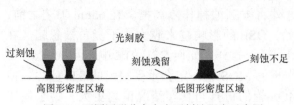

图 6.9　不同图形分布密度下刻蚀程度示意图

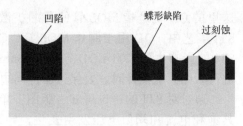

图 6.10　CMP 的凹陷、蝶形缺陷和过刻蚀

6.6　浅槽隔离及其扩散区长度效应和扩散区间距效应

纵观集成电路的发展历史，器件隔离技术主要经历了三代，第一代是 PN 结隔离技术，主要用于低成本的 TTL 集成电路。第二代是硅局部氧化（Local Oxidation of Silicon，LOCOS）隔离技术，主要用于大于 0.3μm 的 CMOS 和 BiCMOS 工艺，其中 BiCMOS 集成电路是由双极门电路和 CMOS 门电路构成的集成电路。由于 LOCOS 存在场区氧化层横向鸟嘴（bird's beak）效应问题和白带效应（Kooi Si$_3$N$_4$ 效应）问题，器件间距无法继续减小。第三代是浅槽隔离（Shallow Trench Isolation，STI）技术，广泛应用于 0.25μm 以下工艺的集成电路 [21]。

STI 技术与 LOCOS 隔离技术非常类似，但 STI 的场区隔离氧化物不是通过热氧化生长产生的，而是通过在衬底上制作隔离凹槽，然后再采用高密度等离子体化学气相沉积法（High Density Plasma CVD，HDP CVD）沉积出来的，这样可以有效避免鸟嘴效应和白带效应，因此器件密度非常高，是目前中高端 CMOS 集成电路工艺的主要隔离技术。如图 6.11 所示为 LOCOS 隔离和 STI 的剖面示意图。

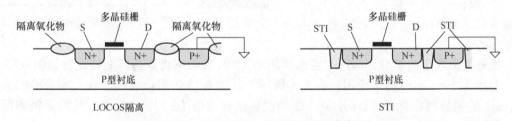

图 6.11　LOCOS 隔离和 STI 剖面示意图

由于 STI 填充介质的热力膨胀系数与硅衬底的热力膨胀系数不同，所以会导致 STI 产生挤压 MOS 管扩散区的应力，引起 MOS 管电参数发生变化，这就是 STI 应力效应，也称为扩散区长度效应（Length of Diffusion Effect，LOD），这里的扩散区长度是指 STI 的隔离槽到 MOS 管沟道的距离。LOD 主要影响器件的饱和电流和阈值电压，使 NMOS 管的速度随着 STI 应力的增加而减少，使 PMOS 管的速度随着 STI 应力的增加而增加 [21]。

由于越远离 STI 的隔离槽，MOS 管受 LOD 的影响越小，所以可以在 MOS 管两侧放置 dummy 管，以增加 STI 的隔离槽到有用 MOS 管沟道的距离。在电流镜和差分对电路中，器件匹配非常重要，为了减小 LOD 的影响，也都会在匹配器件两侧放置 dummy 管，关于放置 dummy 管的问题在后面的版图匹配部分还有讨论。

除了会带来 LOD，STI 的应力还会带来扩散区间距效应（OD Space Effect，OSE），这里的 OD 就是指 MOS 管的源漏扩散区加上沟道的部分，也就是版图中的有源区。在 STI 工艺中，OD 用于制作 MOS 管，OD 之外将被刻蚀掉作隔离槽。在 65nm 工艺之前，STI 的影响主要来自 LOD，而从 45nm 开始，OSE 的影响越来越大，不能再被忽略。在进行版图匹配设计时，要保持器件周边环境一致，这样才能使 OSE 的影响相互抵消。

通过对 STI 的讨论可知，版图上单个出现的 MOS 管一定会承受很大的 STI 应力，使其饱和电流和阈值电压发生变化，导致 MOS 管的仿真与真实情况偏离更大，为了使实际电路更加接近仿真结果，必要时版图上的单管也需要加 dummy 管，以减小 STI 应力的影响。

6.7 倾斜角度离子注入与阴影效应

离子注入（ion implantation）是 CMOS 工艺的重要工艺步骤，当离子注入方向平行于晶体主轴时，将很少受到核碰撞，离子将沿主轴方向注入很深，这种现象被称为沟道效应（channeling effect）。为了有效地减小沟道效应，人们采用倾斜角度离子注入法，即在进行离子注入时，有意将离子注入角度偏离晶轴 7° ~ 9°。倾斜角度离子注入可以减轻沟道效应，但是它却给 MOS 管带来了栅阴影效应（shadowing effect），造成 MOS 管源漏区失配[2]。

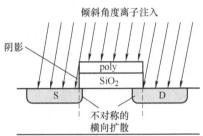

如图 6.12 所示为倾斜角度离子注入产生的栅阴影效应示意图。从图中可以看出，由于倾斜角度后，栅极遮挡了一部分离子，使 MOS 管的源极或漏极出现注入阴影，导致其扩散区宽度减小，且源漏区的横向扩散也不再对称。作为一个估算值，如果栅到硅表面的高度为 0.5μm，离子束的注入角度为 7°，那么阴影区的宽度将达到 61nm，这个数值对于高端工艺来说是不容忽视的。

图 6.12 MOS 管栅阴影效应示意图

受栅阴影效应的影响，版图上源漏共用的 MOS 管将不再保持匹配特性。如图 6.13 所示，左侧为 1∶1 电流镜电路图，右侧为版图。从图 6.13 中可以看出，在共用源极的情况下，M1 的阴影落在漏极（D1），而 M2 的阴影落在源极（S2），这样两个管的源极和漏极都不再相同，I_{ref} 和 I_o 的比例关系也不再是 1∶1。

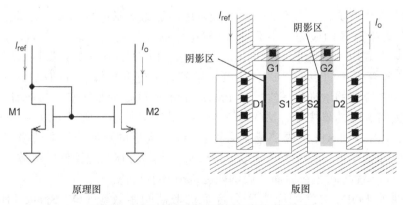

原理图   版图

图 6.13 电流镜原理图和带栅阴影效应的版图

为了保持比例关系，避免栅阴影效应的影响，可以人为地将匹配的 MOS 管拆分成多个，然后再并联起来，这样每个 MOS 管的阴影个数相同，影响可以相互抵消。如果不拆分匹配管，也能使栅阴影效应的影响相同，但是前提条件是不能共用源极，且保证匹配管的源和漏与栅保持相同的左右位置关系。

6.8　阱邻近效应

如图 6.14 所示，在进行阱离子注入时，经过电场加速的离子在光刻胶边界和侧面发生散射和反射，散射和反射的离子进入到硅表面后，影响了阱边界区域的掺杂浓度，使得距离阱边界越近浓度越大，造成阱边界附近 MOS 管的阈值电压和饱和电流与阱中间 MOS 管的阈值电压和饱和电流不同，这种现象被称为阱邻近效应（Well Proximity Effect，WPE）[21]。随着工艺不断进步，WPE 的影响越来越大，对电路的影响已不能忽略。

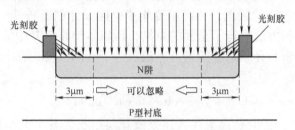

图 6.14　阱邻近效应（WPE）示意图

在工程上，WPE 对阈值电压偏差的影响可以按照几十到一百毫伏的量级进行估算，远离阱边 3μm 以上时，WPE 的影响可以忽略不计。在版图匹配设计时，要考虑 WPE 对匹配器件的影响，使匹配器件尽量远离阱的边缘，并保持匹配器件与阱边缘的距离相同。

6.9　栅间距效应

栅间距效应（Poly Space Effect，PSE）是指器件电学参数随着器件栅极间距变化而发生变化的现象[22]。不同的栅间距不仅可对应力产生影响，还会对工艺过程中的光罩、沉积和刻蚀等环节产生不同的影响，因此在 FinFET 工艺中要求栅间距必须相同，而在普通 CMOS 工艺中，栅间距的影响也不能忽略。

如图 6.15 所示为 PSE 对多晶硅栅刻蚀速度影响示意图，从图中可以看出，两侧栅的刻蚀程度明显高于内部栅的刻蚀程度，导致器件之间的匹配度降低。为了减轻 PSE 的影响，可以在匹配器件两侧放置 dummy 器件，而对于 FinFET 工艺，通常还需要放置更多的 dummy 栅。

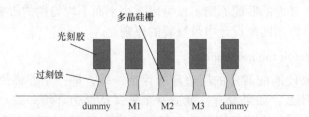

图 6.15　PSE 对多晶硅栅刻蚀速度影响示意图

6.10 版图匹配

CMOS 工艺的器件精度不高，温度系数较大，受电源电压变化影响也比较严重，这使 CMOS 器件很难满足高精度电路设计的要求。虽然绝对精度不高，但是 CMOS 器件的比值精度却可以做得很高，版图设计的匹配特性越好，比值精度就越高。因此，充分利用器件的匹配特性，将电路关键指标落实到器件的比值上，就可以设计出高精度 CMOS 模拟集成电路。

设计匹配电路有一定的技术难度，即使是两个相同的几何图形，经过工艺加工后也不一定能得到相同的器件特性，器件之间总会存在着一定的偏差。造成匹配偏差的因素很多，对于版图工程师而言，有些因素可控，有些因素不可控。不可控因素包括半导体本身的物理特性和 Foundry 的工艺水平，而可控因素就是采用可以提高版图匹配（layout matching）的设计原则与方法。

本节将介绍一些常用的版图匹配设计原则与方法，充分理解和运用这些原则与方法，可以设计出匹配精度很高的版图，为高精度集成电路设计创造条件。由于参考文献 [5] 对版图的匹配设计原则与方法进行了全面的总结，所以本节将以其中的设计原则与方法为主线进行讨论，逐一分析和介绍这些原则与方法。为了查阅方便，在下面的介绍中也同时给出参考文献 [5] 中的英文原文。

1. 相互靠近（Place matched devices close to each other）

在 CMOS 工艺中，无论是离子注入还是氧化层生长，各工艺步骤在平面上都存在一定的不均匀性，造成器件物理特性在位置上的差异，影响匹配精度。以栅氧层厚度为例，平面的不均匀性会造成栅氧层厚度差，导致 MOS 管的跨导、阈值电压和沟道电容等都略有不同。由此可见，由于平面不均匀性的存在，即使相同的几何图形也不一定能做到精确的匹配，只靠简单地复制几何图形是不能得到良好匹配特性的。

为了减小平面不均匀性的影响，匹配器件或电路模块应该尽量相互靠近。如图 6.16 所示，以栅氧层厚度为例，由于栅氧层厚度的变化是连续的，距离越近，厚度差异越小，匹配精度就越高，其中 h_2 与 h_3 距离较近，其栅氧层厚度相差较小，而 h_1 与 h_3 距离较远，其栅氧层厚度差别也大。由此可以得出结论，相互靠近可以提高匹配精度。

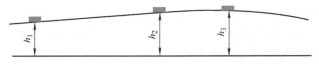

图 6.16 栅氧层厚度差异示意图

另外，芯片工作时会发热，不同位置可能存在温度差。虽然温度对器件性能有影响，但是如果把匹配器件尽量相互靠近，则可以使它们的温差减小，器件的匹配精度也会提高。由此可见，相互靠近的匹配原则不仅可以减小平面不均匀性的影响，而且还可以减小温度的影响，因此是版图匹配设计中最重要的原则。

2. 观察邻居（Watch the neighbors）

观察邻居首先要使匹配器件的周边环境保持一致，即一个器件周边有什么，另一个器件的周边就要有什么，如果没有，就造一个来保持周边环境一致。一致的周边环境可以使匹配器件受到相同的工艺和物理效应与现象的影响，例如金属密度和多晶硅栅密度、

LOD、OSE、栅阴影效应、WPE 和 PSE 等的影响，以最大限度地提高匹配精度。

观察邻近还要注意匹配器件周边的大功率器件，因为大功率器件可以被看作一个热源。当匹配器件周围有热源时，以热源为中心的温度梯度会影响器件匹配，但如果匹配器件相对于热源对称，则它们就会位于热源的等温线上，热源对匹配的影响就会大大减小。如图 6.17 所示，左图中心为一个热源器件，可以按照垂直对称放置匹配器件，使其位于相同的等温线上。右图有两个热源器件，可以把热源器件的连线当成对称轴，然后对称放置匹配器件，以抵消温度的影响。

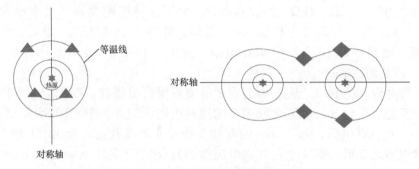

图 6.17　等温线对称放置

匹配器件周边是否有大功率器件，对匹配的影响会有多大，以及如何减小热源对匹配的影响等，这些问题非常重要，但却又很隐蔽，需要版图设计工程师与电路设计工程师相互沟通，根据匹配精度要求，合理安排版图布局，尽量减小热源对匹配的影响。

3. 方向一致（Keep devices in the same orientation）

集成电路工艺会产生方向性误差，这个方向性误差类似于一束光照进竖直的井，当光线垂直地面照射时，井内无阴影，照亮的井底面积与井口面积完全相同，而当光线角度有倾斜时，井内就会产生阴影，导致照亮的井底面积小于井口面积，光线的倾斜度越大，差别就越大。

方向性误差可正可负，如图 6.18 所示，假设水平方向上误差为正（延长），竖直方向上误差为负（缩短），垂直摆放的两个相同的实线矩形，由于方向性误差的存在，加工出来的实际矩形在横纵两个方向上都不一样，其中横向的窄而长，纵向的宽而短。

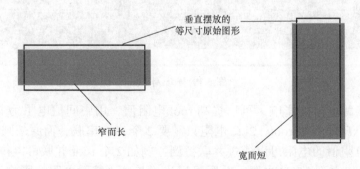

图 6.18　工艺方向性误差示意图

除了有限的工艺精度会造成方向性误差外，前面介绍的倾斜角度离子注入也会带来方向性误差，这种方向性误差是无法通过工艺控制消除的。由于倾斜角度离子注入会造成栅阴影效应，而栅阴影效应又使 MOS 管源漏区的横向扩散不再对称，不过可以采用多指结构来平衡阴影效应。如果垂直摆放，则无论如何也不会抵消栅阴影效应对源漏区的影响。

所以，方向一致对抵消倾斜角度离子注入带来的方向性误差非常重要。另外，倾斜角度离子注入不仅影响 MOS 管的匹配，而且还会影响与倾斜角度离子注入相关的其他类型器件，方向一致的原则同样适合这些器件。

4. 中值为根（Choose a middle value for your root component）

有时候需要多个器件进行等比例匹配，用于产生等比例的电压或电流，比如在 ADC 和 DAC 电路中，经常需要一系列 2 倍关系的电压或电流来产生二进制加权关系，这就提出了如何等比例匹配多个器件的问题。例如，需要产生比例关系为 2 的 5 个电阻，其阻值依次为 250Ω、500Ω、1kΩ、2kΩ 和 4kΩ。为了保持匹配关系，大家通常都会首先生成 250Ω 电阻，然后串联 2 个得到 500Ω 电阻，串联 4 个得到 1kΩ 电阻，串联 8 个得到 2kΩ 电阻，最后串联 16 个得到 4kΩ 电阻，这里可以把 250Ω 电阻称为根元件（root component，以后简称 root）。

用最小值电阻作为 root，从表面上看 2 倍关系保持得很好，匹配应该没问题，但实际上它们的匹配会受到 root 相互之间串联的接触电阻影响。如图 6.19 所示，图中用 8 个 root 串联出一个 2kΩ 电阻，每个 root 的两端都通过 4 个接触孔与金属 M1 相连，假设每个孔的接触电阻为 20Ω，则 4 个孔并联电阻为 5Ω，相当于每个 root 都额外增加了 10Ω，串联的 root 越多，总接触电阻就越大，造成匹配精度下降就越多。

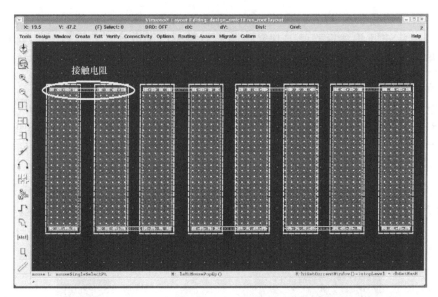

图 6.19　root 串联

为了减小接触电阻的影响，可以提高 root 电阻值，用中间值电阻为 root。如图 6.20 所示，如果以 1kΩ 电阻为 root，2kΩ 电阻只需要 2 个 root 串联，而原来则需要 8 个串联。小于 1 个 root 电阻值的电阻可以通过并联得到，例如 2 个 root 并联可以得到 500Ω 电阻，4 个 root 并联可以得到 250Ω 电阻。并联可以进一步减小接触电阻的影响，2 个并联可以使接触电阻小到 1/2，4 个并联可以小到 1/4，以此类推。

可见，这种以中间值电阻为 root 的方式不仅使接触电阻变小了，而且接触电阻占 root 值的比例也变小了，其总体效果比用最小值电阻为 root 好很多。以中间值电阻为 root 的原则不仅适用于电阻，而且也适用于其他类型的器件，在遇到多个器件匹配时，尽量选取中间值作为 root。

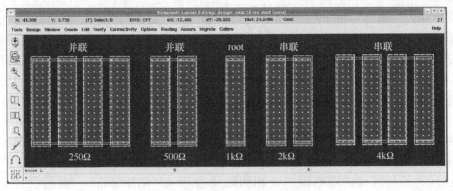

图 6.20　以 1kΩ 电阻为 root 的版图结构

当然，中间值为 root 主要是为了减小串联所带来的绝对影响，如果用小值 root 串联也能保持好比例关系，则选用小值 root 也未尝不可，读者可以针对电阻、电容和 MOS 管等，用中间值为 root 与最小值为 root 进行后仿对比，为日后的选择做准备。

5. 十指交错（Interdigitate）

把两只手的十指交错握在一起时，就会形成十指交错，左手的每个手指代表一个器件，右手的每个手指代表另一个器件，形成交错排列。例如，当 A 和 B 两个电阻需要匹配时，除了需要遵守前面提到的相互靠近、观察邻居和方向一致的原则外，还需要采用十指交错的设计原则，即分别将电阻 A 和电阻 B 拆分成若干等份，然后将这些等份交错排列，再串联起来，以提高匹配精度。

如图 6.21 所示，图中有 8 个小电阻，即 A1、A2、A3、A4、B1、B2、B3 和 B4，把它们进行交错排列后再连接起来，就得到了十指交错后的电阻 A 和电阻 B。十指交错以后，电阻 A 和电阻 B 的局部受工艺和温差的影响可以相互抵消，总体的匹配度就会提高。十指交错原则适用于所有种类器件的匹配，是匹配版图设计的主要方法之一，应用非常广泛。

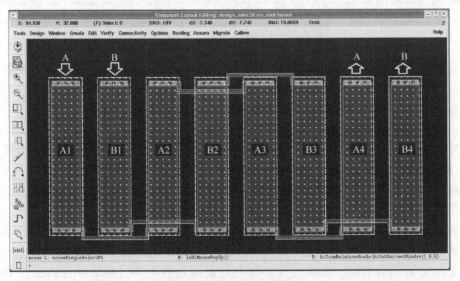

图 6.21　电阻的十指交错匹配

6. dummy 环绕（Surround yourself with dummies）

根据前面的讨论，LOD、OSE、WPE 和 PSE 等各种效应，以及金属和多晶硅栅的密度差异等多种因素，都会造成器件特性上的差异，所以为了提高匹配精度，一定要使匹配器件周边的环境保持一致。添加 dummy 是一种最常用的保持环境一致的设计方法，不仅应用于匹配电路，也常应用于不需要匹配的多指 MOS 管，或由多单元构成的电阻或电容等。

如图 6.22 所示，为了让图中两侧的电阻单元 A1 和 B4 与内部的电阻单元具有相同的周边环境，在 A1 和 B4 的外侧分别放置了 dummy 电阻，使 A1 和 B4 也成为内部电阻单元，具有了与其他内部电阻单元相同的周边环境。由于 dummy 电阻没有实际的电路功能，所以可将其两端接地。为了通过 LVS 检查，既可以在电路图中添加两端接地的 dummy 电阻，也可以修改 LVS 选项，屏蔽掉所有端口都短接或都接地的器件，这样就可以不需要到电路图中添加 dummy 电阻了。

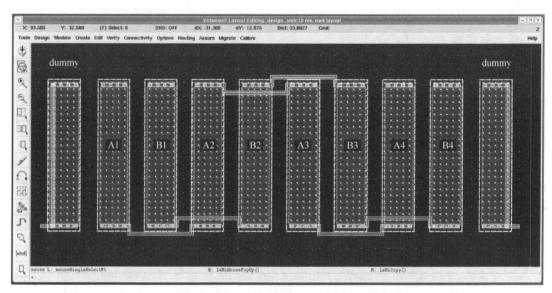

图 6.22　两侧添加 dummy 电阻的版图

如前所述，添加 dummy 器件的方法不仅适用于匹配电路，也常用于不需要匹配的单个器件。在多指 MOS 管的两侧添加 dummy，可以减小 STI 应力对有用 MOS 管的影响，使仿真结果更接近实际。由多个单元构成的电阻或电容也需要 dummy，这样做的主要目的是尽量保持边缘单元与内部单元的一致性。

另外，提前为一些器件添加冗余的 dummy 还可以为电路优化预留空间，必要时可将 dummy 单元变更为功能单元，而无须外扩整个版图就能增加器件尺寸，可以大大提高设计效率和设计自由度，是版图设计常用的方法。因此，建议大家在实际工作中，为一些关键器件多添加几个 dummy，以便为后期参数调整或优化创造条件。

添加 dummy 也可以减小 WPE 的影响。以 N 阱 CMOS 工艺为例，WPE 可使靠近阱边的 PMOS 管阈值电压与饱和电流发生变化，所以 PMOS 管匹配时不仅需要添加 dummy，而且还要尽量远离阱边缘，如果空间不够拉开足够远的距离，则需要让匹配的 PMOS 管到 N 阱边缘的距离相同，并且栅的要方向一致。虽然在空间允许的情况下，远离阱边缘 3μm 以上可使 WPE 的影响忽略不计，但是阱内匹配的 PMOS 管依然需要添加 dummy。

除了在两侧添加 dummy，有时候还可以在器件周围添加一圈 dummy，形成 dummy 环。下面以带隙参考源为例介绍 dummy 环的版图结构，为了讨论方便，把图 3.103 复制到图 6.23 中。在 3.10 节中曾经推导过，图 6.23 中的正温度系数部分为

$$\Delta V_{\mathrm{BE}} = \Delta V_{\mathrm{BE1}} - \Delta V_{\mathrm{BE2}} = V_{\mathrm{T}} \ln(n) \tag{6-1}$$

式中，n 非常重要，它是晶体管 Q2 与 Q1 反向饱和电流的比值，具体到 smic18mmrf 工艺库，也就是晶体管单元数的比值，本例为 8∶1，即 Q2 调用 8 个基本晶体管单元，Q1 调用 1 个基本晶体管单元，这 9 个基本晶体管单元正好可以排成 3×3 的方阵，并将 Q1 放在正中心，这也是人们喜欢使用 8∶1 的主要原因。

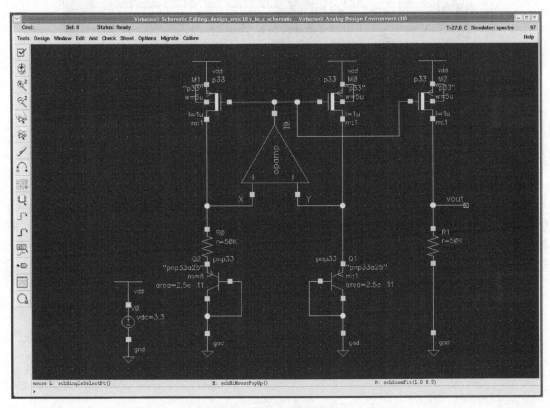

图 6.23　复制的图 3.103

如图 6.24 所示，左侧为不带 dummy 环的 Q2 与 Q1 的版图，由于 Q2 的外侧环境与内侧环境不同，因此性能也会与 Q1 有差异，所以 Q2 与 Q1 的比例关系也会受到影响。右侧为经过 dummy 环环绕的版图结构，此时 Q2 的内外侧环境与 Q1 也相同，其比例关系也会比左侧的好。

关于 dummy 的使用需要注意以下 6 点，第一点是 dummy 的排列与间距应与正常器件一样，这样才算真正的环境一致。第二点是必要时可以用窄一些的 dummy 以节省面积。第三点是为了进行 LVS 检查，电路图中也要添加相应的 dummy 器件，否则需要通过设置 LVS 选项，把 dummy 器件屏蔽掉，不进行比对。第四点是 dummy 器件的端口不要悬空，短路后可酌情接地或接电源。第五点是当 dummy 环占用的空间很大时，应根据需要酌情使用，如果匹配非常关键，则付出再大的代价也要添加。第六点是可以在 dummy 环外再加上保护环，匹配效果会更好。

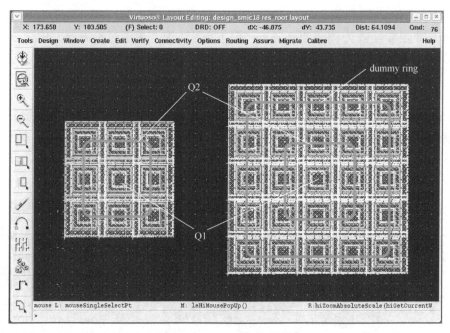

图 6.24　dummy 环环绕示意图

7. 四方交叉（Cross-quad your device pairs）

在集成电路设计中大量使用差分电路，要求两条差分支路的匹配精度越高越好。差分输入管经常使用四方交叉的版图结构进行匹配，即人为地将差分输入管一分为二，然后按照如图 6.25 所示的位置交叉放置，然后再将它们并联起来。四方交叉与十指交错一样，都可以用于抵消温差和工艺不均匀性的影响。

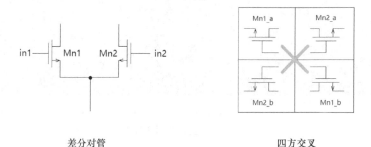

差分对管　　　　　　　　　　　　四方交叉

图 6.25　差分对管与四方交叉示意图

在四方交叉结构中，位于对角的 MOS 管需要并联，连线一共会交叉 3 次，即源极连接的交叉、栅极连接的交叉和漏极连接的交叉。参考文献 [5] 给出的交叉解决方案如图 6.26 所示，其中 MOS 管都是采用多指结构，由于这 4 个 MOS 管的源极需要连接在一起，且要流过总的偏置电流，所以优先给它布线，图中的"干"字形即为源极的连接线，连线使用金属 M1 层。由于"干"字形连接线占据了四方交叉的中心线，栅极的连接和交叉只能在"干"字两横画的中间，因此每个栅极都需要跨过 M1 再连接在一起，且只能分别使用 poly 和 M2 跨过"干"字的竖画。漏极交叉已经无法在中间完成了，只能使用 M2 跨越 MOS 管，但是为了提高匹配性能，要尽量使它们的宽度、长短和走向保持对称，并使其寄生参数也大体相同。

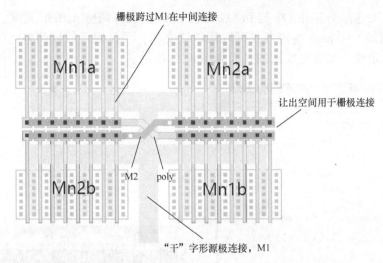

图 6.26　MOS 管四方交叉方案（摘自参考文献 [5]）

基于上述 MOS 管四方交叉的方案，图 6.27 给出了一个设计参考，其中漏极的交叉连接使用 M2，为了突出显示，在图中用白色线条描出了线条走向，下面对实施方案进行详细介绍。

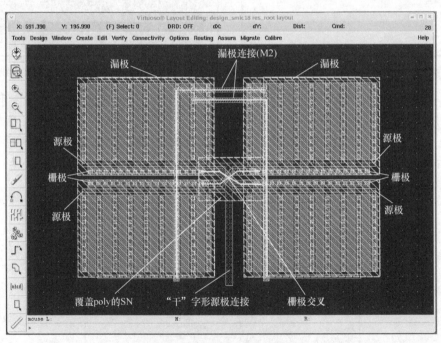

图 6.27　MOS 管的四方交叉版图

如图 6.28 所示为生成 4 个交叉管的参数设置。对于 16 栅的匹配 MOS 管，所以先生成 4 个 8 栅的 MOS 管，在 Fingers 栏中填写 8，并将 Gate Connection 根据摆放位置指定为 Top 和 Bottom，S/D Connection 指定为 Both，将 4 个 MOS 管的栅极朝向中间，这样连接源极的"干"字形就可以直接画出了。

栅极的交叉连接分别用 GT 层和 M2 层的 path 实现，调整 path 的宽度，使其与对接的 poly 宽度相同。用 path 连接不仅可以画斜线交叉，而且便于拉伸调整，很容易画出对称的 X 形交叉走线，调整完成后的效果如图 6.29 所示。

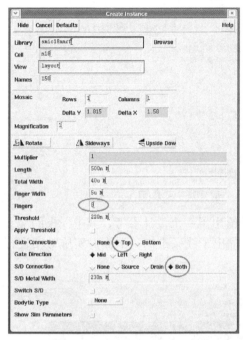

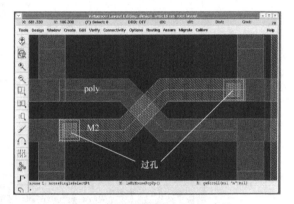

图 6.28　多指 MOS 管栅极、源极和漏极的连接例化　　图 6.29　栅极连接的 X 形交叉走线

这里还有两点需要说明，第一是因为 poly 需要离子注入，因此需要在 poly 的 path 上覆盖 SN 层或 SP 层。本例是 NMOS 管的四方交叉，所以选 SN 层比较适合。第二是为了能够画出 45° 的斜线，按 P 键进入画 path 模式后再按 F3 键，弹出如图 6.30 所示的 Create Path 对话框，将 Snap Mode 栏设置为 diagonal 即可。

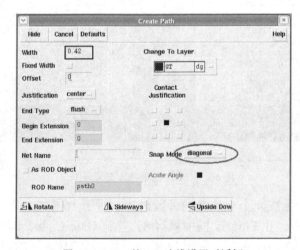

图 6.30　path 的 45° 连线设置对话框

如果差分对管的栅极（finger）很多，则可以采用如图 6.31 所示的交叉交错匹配方案，为了显示关键细节，图中特意略去了一些层。从图中可以看出，上下两排 MOS 管以两个

栅极为一组，形成局部四方交叉，再由众多的局部四方交叉形成交叉交错，这种结构使两个 MOS 管的栅极在中间形成了交叉在一起的波浪。同一个 MOS 管的源极、漏极在上下两侧连接到属于自己的横向 M2 上，上下两条 M2 通过纵向 M3 连接到一起，完成最终的交叉连接。

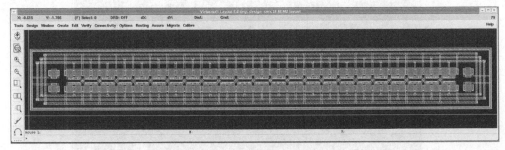

图 6.31　交叉交错匹配方案

图 6.31 中的差分对管用保护环包围起来，左右两侧最外边的 MOS 管是 dummy 管。这种方案在实际工程中比较常见，其具体的应用方案在第 8 章中还将详细介绍。需要指出，图中两侧的 dummy 管没有与差分对管实现源漏极共用，所以并不能减小 LOD 的影响。

虽然四方交叉可以提高器件的匹配精度，但是也会带来更多的寄生参数，影响电路的高频特性，而且随着 CMOS 工艺尺寸的减小，连线间的寄生参数对性能影响所占的比例越来越大，当频率特性要求较高时，可只对差分输入管进行四方交叉匹配，而负载和偏置等其他部分可就近摆放在一排，采用 ABBA 的交叉方案，下面进行举例说明。

如图 6.32 所示为带有 dummy 管的恒流源负载电路图，中间两个 PMOS 管为两个需要匹配的恒流源负载管，m=4，两边的 PMOS 管是 dummy 管，m=1。图 6.33 为采用 ABBA 匹配方案的版图，版图中两侧为 dummy 管，中间的 MOS 管采用 ABBA 方案进行匹配。ABBA 方案是工程上常用的匹配方案，总体效果比 ABAB 方案的匹配效果好，因为 ABAB 方案中的 A 和 B 存在总体偏左或偏右的问题，误差的抵消效果不如 ABBA 方案[2]。

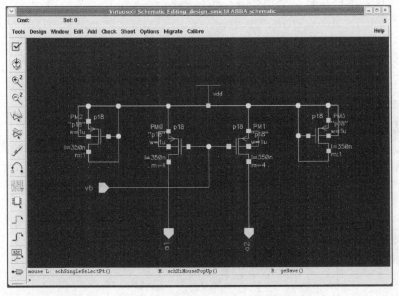

图 6.32　带有 dummy 管的恒流源负载电路图

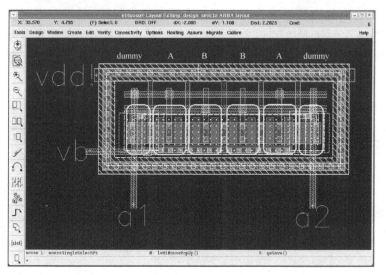

图 6.33　采用 ABBA 匹配方案的版图

　　把四方交叉和十指交错有机地集合起来，可以处理多器件的匹配问题，其核心思想就是把需要匹配的器件按照基本单元进行分割，然后再以共质心的方式均匀分布这些基本单元，使各器件的基本单元相互交叉在一起，以得到较好的匹配效果。如图 6.34 所示，图中有 16 个基本电容单元，把这些基本单元按照图中分配的方式并联在一起，就可以得到 5 个按照 8∶4∶2∶1∶1 比例匹配的电容。电容的最外圈是 dummy 电容环，为了节省面积，这里的 dummy 电容只用了一半的基本单元面积。

8. 寄生补齐（Match the parasitic on your wiring）

　　为了提高匹配精度，应该使匹配支路上的寄生参数也相同，布线时可特意延长或延伸连线，使对称连线的寄生电容和寄生电阻保持一致。例如，在如图 6.35 所示的晶体管四方交叉版图中，画圈部分都进行了金属连线的延伸，以补齐寄生电容和重叠电容，保持左右两条连线的寄生参数一致，以实现更好的匹配。

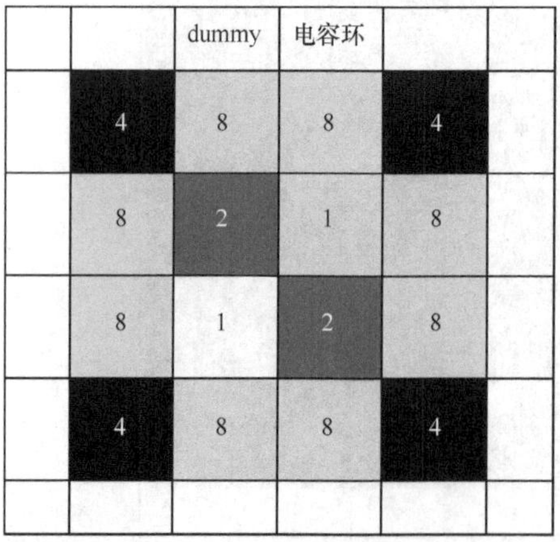

		dummy	电容环	
	4	8	8	4
8	2	1		8
8	1	2		8
4	8	8	4	

图 6.34　8∶4∶2∶1∶1 的匹配电容分布图

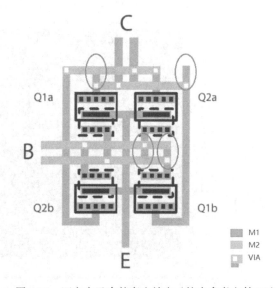

图 6.35　四方交叉中的寄生补齐（摘自参考文献 [5]）

9. 全局对称（Keep everything in symmetry）

对称是版图匹配最重要的原则和方法，不仅局部需要对称，而且全局也要对称。例如在图 6.36 所示的 RF CMOS 无线接收机电路中，通常采用 IQ 混频的结构来抑制镜频干扰。该结构有两条完全相同的混频支路，但两条支路的本振信号相位相差 90°，即图 6.36 中 LO_sin 和 LO-cos。混频信号经过希尔伯特变换并滤波，然后相加，镜频干扰（image）就会相互抵消，不用滤波器就可以滤除镜频干扰，从而提高了芯片的集成度。在这种接收机的版图设计中，采用全局对称结构，可以最大限度地提高对镜频干扰的抑制效果。

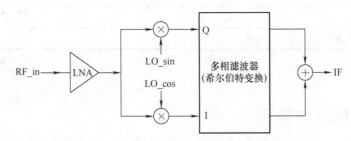

图 6.36　IQ 混频 RF CMOS 无线接收机结构图

10. 差分对等（Make differential wiring identical）

差分长线一定要平行走线或者对称走线，以尽量保证信号的延时相同，提高差分效果。

11. 宽度统一（Match device widths）

宽度统一就是把需要匹配的器件做成相同的宽度，使比例系数只由长度决定。由于宽度相同，则工艺误差在宽度方向上所占的比例也相同，因此对匹配精度影响不大。尤其是在电阻的匹配时，一定要保持宽度一致，绝不能用相同长度，不同宽度方法去匹配，否则匹配效果会很差。

12. 越大越好（Go large）

虽然工艺误差无法消除，但是只要图形够大，则工艺误差所占的比例就会很小，因此为了提高匹配精度，可以适当增大器件的几何尺寸，减小工艺误差的影响，相当于用面积换精度。还是以电容为例，在需要严格匹配时，应有意增加电容面积，把原来的小尺寸基本单元变成大尺寸基本单元，以此来提高匹配精度。

一定要牢牢记住以上 12 条版图匹配设计原则，并且应用到实际的版图设计中。这 12 条匹配设计原则出自参考文献 [5]，感兴趣的读者可以系统地学习这本书。为了查阅方便，表 6.1 对上述 12 条匹配设计原则进行了中英文对照汇总。

表 6.1　匹配设计原则表

编号	原则	参考文献 [5] 英文说明
1	相互靠近	Place matched devices close to each other
2	观察邻居	Watch the neighbors
3	方向一致	Keep devices in the same orientation
4	中值为根	Choose a middle value for your root component

（续）

编号	原则	参考文献 [5] 英文说明
5	十指交错	Interdigitate
6	dummy 环绕	Surround yourself with dummies
7	四方交叉	Cross-quad your device pairs
8	寄生补齐	Match the parasitic on your wiring
9	全局对称	Keep everything in symmetry
10	差分对等	Make differential wiring identical
11	宽度统一	Match device widths
12	越大越好	Go large

6.11 源漏共用与棒图

源漏（极）共用是版图设计中最常用的设计方法之一，这个问题虽然简单，但是初学者往往没有这个意识，经常在版图中单独摆放可以源漏共用的 MOS 管，造成面积上的浪费。如图 6.37 所示为 MOS 管有无源漏共用对比的版图，其中左侧无源漏共用，右侧有源漏共用，为了表述清楚，图中特意略去了一些层。显然，源漏共用的版图比没有源漏共用的版图更加紧凑。

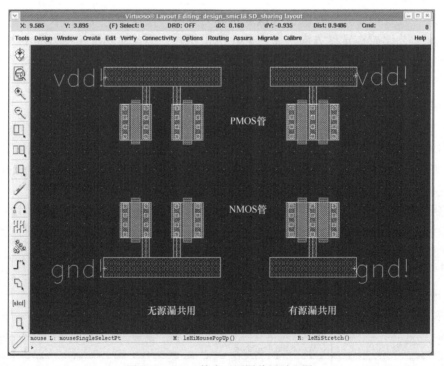

图 6.37　MOS 管有无源漏共用对比图

源漏共用不仅限于接电源或接地，只要是同类型有源漏连接的器件，都可以源漏共用。采用源漏共用布局方法，不仅可以减小版图面积，而且还能减小寄生参数，同时还能天然地完成一根非常可靠的连线，并省下一套打孔画线的连接工作。所以通过对 MOS 管的合理布局，最大限度地实现源漏共用，是设计版图的重要任务。

在较为复杂的电路图中找出源漏共用点，规划出最优的源漏共用方案，是一项技术性很强的工作。棒图（stick-diagram）法可以把源漏连接变得非常直观，大大降低源漏共用的查找难度，是一种非常实用的源漏共用设计方法。

棒图又称棍图或棍棒图，它是把原理图中的 MOS 管抽象成十字图形，竖画代表栅，横画的两侧代表源漏。在寻找源漏共用时，首先把代表 PMOS 管和 NMOS 管的十字排成上下两行，然后再标出源漏连接点的名称，通过水平旋转和移动，把具有相同名称的源漏尽可能地摆放在一起，最后用连线将图中的 MOS 管连接起来，并约定叉号表示连接。下面举几个简单例子进行说明。

如图 6.38 所示为一个由两个反相器构成的同相缓冲器电路图，输入信号为 A，输出信号为 Y，第一级的反相信号输出为 B。如图 6.39 所示为调整前源漏未共用的棒图，从图中可以看出，只要将 Mn1 和 Mp1 进行水平旋转，两个 PMOS 管的源极和两个 NMOS 管的源极就可以实现共用，并连接到 VDD 和 GND 上，而且栅极还可以上下贯通。如图 6.40 所示为调整后连接完成的棒图，如图 6.41 所示为相应的源漏共用版图，为了表述更清楚，图中也特意略去了一些层。

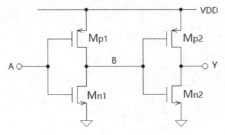

图 6.38　同相缓冲器电路图

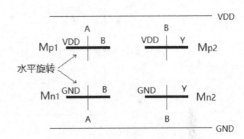

图 6.39　调整前源漏未共用的棒图

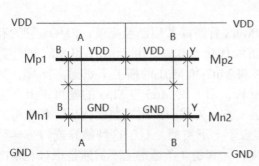

图 6.40　调整后连接完成的棒图

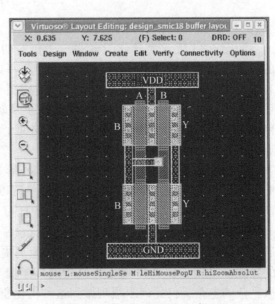

图 6.41　同相缓冲器源漏共用版图

　　缓冲器电路的源漏共用非常简单，只需要目测即可，不用棒图也能很容易看出来，这里用棒图只是为了介绍方法，目的是使大家了解棒图的基本操作方法，为处理更复杂的源漏共用电路做准备。源漏共用的最佳状态包括两个方面，一个是整条有源区不被断开，即最终完成的版图只有一条 P 型有源区和一条 N 型有源区；另一个是栅极上下贯通，即 PMOS 管和 NMOS 管共用一个栅极，缓冲器电路就满足这两个要求。

　　如果电路过于复杂，或者理论上就不可能实现完全的源漏共用，将有源区分段也是无法避免的。例如，如图 6.42 所示的异或门电路图，电路由 5 个 NMOS 管和 5 个 PMOS 管构成。根据电路的连接关系，查找 5 个 NMOS 管的源漏共用关系很简单，它们可以用一条有源区实现，而 5 个 PMOS 管却无法做到，下面进行具体分析，并画出异或门的源漏共用棒图。

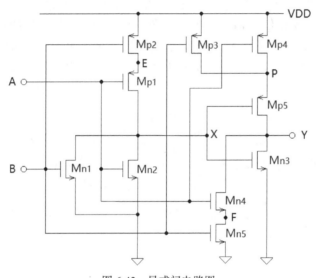

图 6.42　异或门电路图

　　如图 6.43 所示为异或门电路未优化的初步棒图，这里的未优化是指棒图中 MOS 管的位置是按编号摆放的，所以摆放顺序不一定是最优的，并且既没有进行连接栅，也没有进行电源和地之外的源漏连线。经过棒图分析可以看出，电路中的 5 个 PMOS 管无法用一条完整的有源区实现源漏共用，其原因就是 P 点上连接了 3 个管的源漏端，即 Mp3、Mp4 和 Mp5 的源或漏，选择其中的任何两个管共用 P 点，都无法为第三个管再找到共用点，因此有源区只能断开。

　　通过观察图 6.43 的棒图可以看出，虽然 NMOS 管源漏共用已经完成，PMOS 管的有源区断开也是无法避免的，但是电路依然可以继续优化。首先，由于 Mn1 和 Mn2 的外侧都接地，所以可以将它们位置对调，这样可以将 Mn2 和 Mp1 的栅上下贯通。同理，如果将 Mn3、Mn4 和 Mn5 组合在一起进行水平反转，则不仅 Mn5 与 Mp3 的栅可以上下贯通，而且还能使 Mn3 与 Mp5 之间的栅距离更近，方便连线。经过这些优化后，最终得到的异或门棒图如图 6.44 所示，其中有 4 条栅实现了上下贯通。对于这种像异或门一样稍微复杂的电路，仅凭肉眼很难做到这种优化程度，尤其是 4 条栅的上下贯通是很难观察出来的。

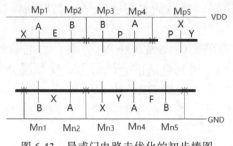

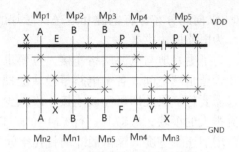

图 6.43　异或门电路未优化的初步棒图　　　　图 6.44　最终完成的异或门棒图

这里需要说明一下，棒图主要用于逻辑门版图的源漏共用优化设计，但是它对模拟版图的设计也具有重要意义。首先，在模拟电路中更需要进行源漏共用优化，以减小寄生参数。有了棒图的基本功，规划这些源漏共用就显得非常简单。其次，在模拟电路中也经常有逻辑门电路，这些逻辑门版图经常也需要自行设计，充分利用棒图的直观性，可以大大降低查找这些逻辑门源漏共用的难度。

6.12　版图优化的设计原则与方法

本节将介绍一些常用的版图优化的设计原则与方法，遵循这些原则与方法可以帮助大家少走弯路，避免一些低级错误。这些原则与方法具体如下：

（1）理解电路原理和结构　设计版图也需要大概了解电路的基本功能和结构原理，对信号流方向、输入输出端口和功率分配情况做到心中有数。只有这样才能明确电流分配、信号流走向、匹配特性、敏感信号、关键器件和大电流器件等基本情况，为版图的总体规划和子模块划分等后续工作做好准备。在实践表面，对电路理解得越充分，版图设计的质量就会越高，设计调整的次数就越少，因为很多问题不是只靠 DRC 和 LVS 就能发现的。

（2）规划版图总体布局　在版图开始设计之前，首先需要对版图进行总体规划（floorplan）。版图的总体规划不仅包括规划版图的形状和大小，而且还包括规划各电路模块的布局方案、关键信号的保护与屏蔽方法、匹配方案、大电流 EM 方案和 pin 位置与连接方案，以及全局的电源和地（Power and Ground，PG）方案等。

如果对版图的总体形状没有特殊要求，可以按照信号流方向对器件进行布局，将版图外围轮廓规划成矩形即可。按照信号流的方向进行布局，不仅能方便布线，而且还能防止形成寄生反馈环路，有利于电路的稳定。关键信号通常是那些敏感信号，例如被采样的模拟输入信号，以及电磁干扰较大的信号，例如时钟信号等。这些关键信号通常需要保护或屏蔽，布局时需要提前制定出这些信号的布线方案，有关信号的保护和屏蔽方法后面还将具体讨论。

（3）优先规划大电流器件　大电流器件需要在布局阶段就规划出合理的位置，使其尽量靠近被驱动的电路或者输出端口，并确定布线的金属层、线宽和电流进出方案，坚决避免在版图设计后期为扩充电流而调整电路布局，这将带来巨大的返工工作量。如果大电流来自电源或者流向地，则需要相应地加宽电源或地的金属宽度，或者在电源或地的金属上预留足够的打孔空间，能充分地与由上层金属构成的电源和地网络进行连接。

（4）规划 PG 方案　芯片整体的电源和地通常会形成电源网络和地网络，覆盖芯片的各个电路模块。电源网络通常是由顶层金属或（和）次顶层金属构成的，这些金属横向或

（和）纵向的分布，将电源和地送到芯片的各个位置，然后通过打孔的形式与电路模块连接，为电路模块供电。

为了更好地与电源网络连接，也要求对各个电路子模块规划好 PG 方案，为电源和地打孔预留足够空间。各个电路子模块应把电源和地连接到合适的金属层上，使顶层 PG 网络只需要打一层孔即可完成连接，以减少因多层打孔造成的 DRC 或 LVS 错误。对于那些电流很大的模块，应对其进行 EM 和 IR Drop 的综合考虑，必要时可统一协调顶层 PG 网络，增加连线宽度，预留额外的打孔空间。

（5）保护或屏蔽（shielding）关键信号　对关键信号的保护或屏蔽俗称包地线，其核心思想是在信号线的两边平行放置接地线，以吸收外界的电磁干扰，或阻止干扰信号向外辐射。如图 6.45 所示为对信号 Vin 进行 shielding 的版图，从图中可以看出，Vin 被两条接地的金属线条夹在中间，使来自 VA 和 VB 的干扰电场被接地线吸收，而在没有 shielding 时，干扰电场直接加到了 Vin 上，对信号完整性造成较大的破坏[2]。接地线的宽度以及接地线到被保护的信号线之间的距离没有固定的要求，在满足 DRC 的情况下，既不要太宽，也不能太远。

为使 shielding 的效果更好，还可采用如图 6.46 所示的 3D 结构[2]。从图中可以看出，被 shielding 的信号为金属 M6，在其上方放置金属 M9，下方放置金属 M3，在两侧用过孔将金属 M9 和 M3 连接起来，如果两侧打满过孔，就相当于信号被三维屏蔽起来。显然，3D 结构的 shielding 要比 2D 结构的好，但是它消耗的布线资源较多，因此只有在特殊场合才会使用。

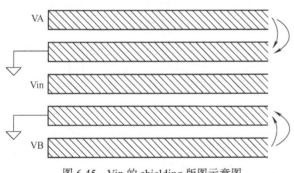

图 6.45　Vin 的 shielding 版图示意图

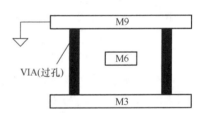

图 6.46　3D 结构的 shielding 版图

（6）使用多重保护环　保护环是 MOS 管连接衬底的重要途径，也是防止 Latch-up 的重要手段，规划好保护环方案对版图设计非常重要。一般情况下可以先将电路子模块进行保护环包围，然后再将若干相互靠近的子模块进行一个大包围，最后把整个版图进行一次最外层的包围，由于采用多排孔保护环对衬底的连接效果和对 Latch-up 的预防效果会更好，所以建议尽量采用多排孔保护环。

（7）划分和设计子模块　在进行整体版图设计之前，通常要将电路划分成若干子模块，然后再设计子模块，形成局部版图单元。

子模块划分和局部版图单元设计应遵循以下几条原则：

1）面积较大的 MOS 管、电阻或电容最好单独划分为一个子模块，在子模块内部完成各个基本单元的并联或串联连接。

2）差分对管最好单独划分为一个子模块，在子模块内部完成交叉匹配连接。

3）把功能相对集中的逻辑电路和控制电路做成一个子模块。

4）每个子模块形成的局部版图单元必须通过 DRC 和 LVS 验证，否则将可能给整体电路的设计和验证带来很大的隐患。由于 EDA 工具对局部版图单元的 DRC 和 LVS 错误指向性很强，所以可以大大降低设计和改错难度。

具体的子模块划分与局部版图单元设计方法可以参考第 8 章内容。

（8）优先关键信号布线　在整体布局完成后，应首先对关键信号线进行布线，例如匹配信号线、敏感信号线和大电流信号线等，其他不重要的信号线要为关键信号线让出空间。不能眉毛胡子一把抓，不分主次地分配布线空间，以免造成匹配困难或大电流布线空间不够等问题。

（9）布线方向横纵一致　无论是子模块布线，还是顶层模块布线，都要尽量遵守同金属布线方向横纵一致的原则，并且越是高层金属越要严格遵守，这样不仅可以有效地利用布线空间，而且还能大大降低布线难度，同时也不容易出现 DRC 错误。

金属布线层的方向一般应从 M2 开始往上层确定，当 MOS 管垂直放置时 M2 应横向布线，则 M3 应纵向布线，因为此时 MOS 管的源漏是纵向的，延伸后可通过打孔连接到横向的 M2 上，可以很容易地实现多指 MOS 管的并联，非常方便 MOS 管的四方交叉布线，当然，这只是个建议，实际操作还要看个人习惯和其他约束条件。

（10）减小与电源和地的寄生电容　为了减小金属线与电源和地的寄生电容，提高电路的频率特性，应尽量减小信号线与电源线和地线的重叠，即金属线信号线尽量不要布在电源和地或保护环的 M1 上，尤其是 M2 离 M1 最近，所以更需要尽量减少与 M1 电源和地的重叠。

（11）差分交错布线　如果在具有较强干扰的信号旁边布匹配差分信号线，例如在时钟线旁边布差分信号线，可以采用差分交错布线的方法减小干扰的影响，其核心思想是通过交错布线，让两条差分信号线各有一半的距离靠近强干扰信号线，以平衡干扰信号对差分信号的影响。如图 6.47 所示，为了减小时钟信号 clk 对差分输入信号 Vin+ 和 Vin- 的影响，可以将 Vin+ 和 Vin- 交错布线，使 clk 对 Vin+ 和 Vin- 的影响相互抵消。

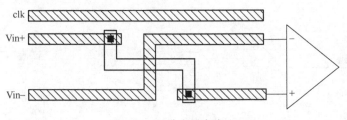

图 6.47　差分交错布线法

6.13　版图设计的可制造性设计

可制造性设计（Design for Manufacturability，DFM）主要研究产品本身的物理设计与制造系统各部分之间的相互关系，并把它用于产品设计中，以便将整个制造系统融合在一起进行总体优化。在集成电路领域，DFM 也是一个重要的问题，因为随着集成电路工艺水平的不断提高，工艺流程日益复杂，DFM 对集成电路的作用也越来越大，如果在版图设计阶段就提前考虑 DFM 相关问题，不仅可以提高芯片性能，而且还能提高良率（yield），降低芯片成本。下面将讨论几个与版图设计相关的 DFM 问题。

（1）前面曾经讨论过的天线效应实际上是个 DFM 问题　这个问题与等离子体刻蚀工艺相关，即如果与栅极相连的金属线条面积过大，则在刻蚀过程中将聚集大量电荷将栅氧层击穿，导致 MOS 管失效。为了防止天线效应发生，可以在版图中插入放电二极管，也可以采用跳线法减小连接到栅极的金属线条面积，而在数字电路中还可以人为加入缓冲器来切断长线信号以预防天线效应。由于这些措施都是通过版图设计实现的，所以属于版图设计的 DFM 问题。

（2）版图的金属密度和多晶硅密度规则也是个 DFM 问题　这个规则针对的工艺步骤是等离子体刻蚀和 CMP，符合密度规则的芯片性能会更好一些，成品率也会更高。通过前面的讨论可知，图形密度不仅影响等离子体刻蚀的速度，而且还影响 CMP 的平整度，如果图形密度不符合设计规则，则会造成器件的匹配度降低，甚至造成短路或开路故障，导致芯片功能失效。另外，与刻蚀相关的 PSE 与栅极的分布密度也有关系，也应该属于版图设计的 DFM 问题。

（3）在集成电路工艺过程中发生随机颗粒缺陷是无法避免的　随机颗粒缺陷可能造成短路或开路故障。虽然 Foundry 通过制定设计规则来减少缺陷的发生，降低缺陷对集成电路工艺的影响，但是随着集成电路工艺的发展，特征尺寸在不断减小，而随机颗粒缺陷的尺寸并没有减小，几乎达到了与特征尺寸可以比拟的程度，使得随机颗粒缺陷对芯片成品率的影响越来越大。在相同的工艺条件和 DRC 规则下，可以通过增加冗余通孔和加宽与扩展连线的方法来减小随机颗粒缺陷的影响，这些处理方法也属于版图设计的 DFM 问题，下面分别进行讨论。

1）增加冗余通孔就是在原有通孔的基础上增加一些冗余通孔，其中最常见的就是加双孔，即在原来只有一个孔的地方再增加一个孔，或者在连线时直接打双孔。随着工艺特征尺寸不断减小，工艺刻蚀错位问题也不断增加，导致通孔的失效率不断上升，增加冗余通孔不仅可以减少金属互连的失效问题，而且还能减小通孔带来的电阻，减小连线延时，提升电路速度，是工程上最常见版图设计的 DFM 方法，如果工艺支持，还可以打长孔（见图 6.48）。

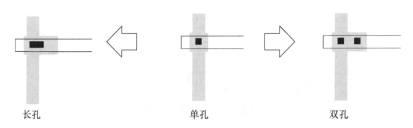

长孔　　　　　　　　单孔　　　　　　　　双孔

图 6.48　加双孔和打长孔的版图

2）连线加宽与扩展（wire widening and spreading）也是版图设计解决 DFM 问题采用的重要方法。由于连线加宽后能够承受更大的缺陷影响，所以在相同随机颗粒缺陷分布的情况下，加宽连线出现开路的概率会低于没有加宽连线出现开路的概率。而扩展连线分布可以降低连线短路故障的概率，因为连线距离越远，由缺陷造成的短路概率就越低，所以在尽可能的情况下拉开连线距离，可以降低短路故障出现的概率。如图 6.49 所示为连线加宽与扩展的版图，其中左侧为原始连线版图，图中的连线宽度相等，且都在 track（布线通道）上，所以间距是固定的，右侧为加宽与扩展后的连线版图。

原始连线　　　　　　　　　　　　加宽与扩展的连线

图 6.49　连线加宽与扩展的版图

6.14　本章小结

本章对版图设计需要考虑的一些特殊问题进行了讨论，包括 EM、IR Drop、ESD、Latch-up、PAE、金属密度和多晶硅密度、STI 及其 LOD 和 OSE、沟道效应、栅阴影效应、WPE 和 PSE 等各种现象和效应，以及版图匹配的设计原则、源漏共用及棒图的原理与方法和版图的优化设计原则与方法，以及版图设计的 DFM 问题等，这些内容对版图的优化设计和提高集成电路的成品率与可靠性都具有重要的意义。

知识点巩固练习题

1. 填空：造成 EM 的根本原因是（　　　）过大。

2. 简答：为什么芯片输入端口并联反偏二极管可以起到 ESD 保护作用？

3. 填空：CMOS 芯片在电源和地之间存在 NPNP 结构的晶闸管结构，一旦导通就会发生（　　　）。

4. 填空：在 N 阱 CMOS 工艺寄生的 NPNP 晶闸管结构中，N 阱构成 PNP 管的（　　　）极和 NPN 管的（　　　）极。

5. 多项选择：防止 Latch-up 的措施包括（　　　）。

A. 衬底连接多打孔　　　　　　　B. 衬底连接越近越好

C.NMOS 管远离 N 阱　　　　　　D. 增加少子二次保护环

6. 判断：P 型衬底少子保护环主要是为了吸收逃向 N 阱的空穴，以降低 Latch-up 的风险。

7. 多项选择：诱发 Latch-up 的原因包括（　　　）。

A. ESD　　　　　　　B. 电路中的瞬间大电流

C. 芯片端口误加了过高或过低的电压

D. 当芯片上电时，N 阱与 P 型衬底之间的寄生电容瞬间产生的较大电流

8. 简答：什么是天线效应？

9. 简答：什么是预防天线效应的金属上跳法？

10. 多项选择：金属密度（metal density）和多晶硅密度（poly density）规则主要是针对工艺步骤（　　　）和（　　　）制定的。

A. CMP　　　　　　B. CVD　　　　　　C. 等离子体刻蚀　　　　　　D. 氧化

11. 填空：浅槽隔离（STI）的影响主要体现在隔离氧化物对源漏区的（　　）作用。

12. 多项选择：与 STI 属于同类性质术语的是（　　）。

A. PN 结隔离技术　　　　　　　　B. CMP

C. LOCOS　　　　　　　　　　　　D. 等离子体刻蚀

13. 多项选择：STI 带来的效应包括（　　）。

A. LOD　　　　　B. CMP　　　　　C. OSE　　　　　D. LOCOS

14. 简答：分析一下沟道效应（channeling effect）与栅阴影效应（gate shadowing effect）的关系？

15. 简答：什么是阱邻近效应（WPE）？

16. 填空：当有源区离开阱边（　　）μm 以上时，WPE 可以忽略不计。

17. 简答：什么是栅间距效应（PSE）？

18. 单项选择：设计高精度 CMOS 模拟集成电路，必须将电路的关键指标落实到器件的（　　）上来。

A. 匹配精度　　　B. 参数　　　　　C. 电流特性　　　　D. 电压特性

19. 判断：只要版图相同，加工出来的器件特性就相同。

20. 多项选择：版图中匹配器件越近越好，是因为（　　）。

A. 平面不均匀性影响小　　　　　B. 电流小　　　　C. 电阻低　　　　D. 温差小

21. 判断：集成电路工艺误差具有方向性，所以版图上匹配器件的摆放方向必须一致。

22. 单项选择：多个电阻按指数比例递增时，root 电阻最好选取（　　）。

A. 最小值电阻　　B. 中间值电阻　　C. 最大值电阻

23. 多项选择：将匹配器件进行十指交错，可以（　　）。

A. 降低工艺不均匀性影响　　　　B. 降低温度不均匀性影响　　　　C. 减小功耗

24. 判断：dummy 环绕可以使器件的周边环境相同。

25. 判断：在给匹配器件布线时，为了使布线的寄生参数也保持一致，必要时需要人为延长连线。

26. 多项选择：符合提高器件匹配精度的版图设计原则包括（　　）。

A. 全局对称　　　B. 差分对等　　　C. 宽度统一　　　D. 多打接触孔

27. 判断：匹配器件的版图越大越好，这样可以减小工艺误差所占的比例。

28. 设计：请画出一个两输入与非门的棒图。

29. 简答：请列出版图的优化设计原则与方法。

30. 简答：什么是 shielding？

31. 简答：子模块划分和设计应遵循哪几条原则？

32. 多项选择：与 DFM 相关的效应或规则包括（　　）。

A. PAE　　　　　　B. PSE　　　　　C. 金属密度规则

33. 多项选择：为了减小工艺中随机颗粒缺陷的影响，可以采用的版图设计 DFM 的方法包括（　　）。

A. 增加冗余通孔　B. 加宽连线　　　C. 扩展连线分布　D. 打长孔

第 7 章

IO Pad

集成电路裸芯片（die）是通过 Pad 与外界连接，虽然 Pad 本身没有太多的电路功能，但是却种类繁多，使用复杂，了解和掌握一些 Pad 的基本知识有助于对 Pad 进行规划、选取、布局和连接，Pad 处理不当也会导致流片失败，造成不可挽回的损失。

7.1 钝化窗口与 Bonding

CMOS 集成电路通常采用多层金属布线，金属层与金属层之间由 SiO_2 隔开，当最顶层金属刻蚀完成后，也需要生长一层 SiO_2 进行保护，这样整个裸芯片就与外界完全隔离，避免了最顶层金属被空气氧化。

为了给裸芯片提供电源和地以及连接输入输出，通常会用最顶层金属制作较大的矩形金属块，并将金属块上的 SiO_2 刻蚀掉，再将很细的金属线（通常是金线）通过键合（Bonding）工艺连接到金属块上，金属线的另一端 Bonding 到外壳的引脚或 PCB 上，这样就可以把裸芯片内部的电源、地、输入和输出信号连接到外部，如图 7.1 所示就是一个 COB（Chip On Board）实例照片，它把裸芯片直接连接到了 PCB 上。

要想在这些矩形金属块上 Bonding 金属线，需要将金属块上的 SiO_2 刻蚀掉，从而使金属暴露出来，暴露在空气中的金属很快就被氧化了，这里的金属主要是指铝，铝表面氧化后会形成钝化层，钝化层保护了下面的金属铝不再被氧化，因此刻蚀掉 SiO_2 的开口区域就被称为钝化窗口。如图 7.2 所示为一个钝化窗口的版图（略去了其他层），图中打叉的正方形（PA 层）为钝化窗口，开在顶层金属上，由顶层金属通向芯片内部，实现与内部电路的连接。为了防止钝化窗口处的顶层金属翘皮，通常会用过孔将次顶层金属也连接在一起，使钝化窗口的结构更加稳定。

图 7.1 裸芯片的 COB 显微照片

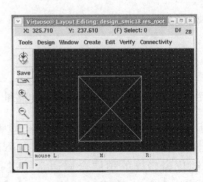

图 7.2 钝化窗口版图

可以将 Bonding 简单理解为在钝化窗口上"焊接"金属线的过程，金属线越细，钝化窗口就可以越小，但是加工精度和难度也就越大。钝化窗口的边长要大于金属线直径，窗口间距离也不能太小，否则很容易引起短路。

之所以给"焊接"加双引号，是因为钝化窗口非常微小，通常小于100μm，肉眼几乎无法分辨出来，而且金属线也很细，不可能用通常的焊接方法来完成，必须采用专用的 Bonding 工艺。最常用的 Bonding 工艺是超声键合工艺，关于 Bonding 的深入讨论不是本书主要内容，感兴趣的读者请参阅相关的专业资料[23]。

7.2 IO Pad 结构

虽然钝化窗口的金属可以直接连接到芯片内部，但是这会出现 ESD 问题，因此必须把钝化窗口和 ESD 保护电路制作在一起，形成一个具有信号输入输出和 ESD 保护功能的单元，这种功能单元就被称为 IO Pad。Pad 是裸芯片与外界连接的中转站，如图 7.3 所示是一个简单的 Pad 电路图，其中打叉的矩形代表钝化窗口，两个反偏的二极管 D1 和 D2 是 ESD 保护电路。从图中可以看出，由于 ESD 保护电路需要电源和地，所以每个具有 ESD 保护功能的 Pad 也必须有电源和地端口。

在数字集成电路设计中，经常需要用到一些具有简单逻辑功能的 Pad，这类 Pad 上的逻辑电路也需要电源和地，为避免 ESD 噪声干扰，通常逻辑电路的电源和地与 ESD 保护电路的电源和地相互独立，而且很多时候二者电压不同，当然也就不能共用，所以 Pad 不仅需要电源和地，而且通常还需要两组，一组用于 ESD 保护，另一组用于简单逻辑。

如图 7.4 所示为一个用于数字电路的具有反相功能的输入 Pad 的电路图，图中 VDDH 和 GNDH 是 ESD 保护电路的电源和地，VDD 和 GND 是逻辑电路的电源和地。VDDH 和 VDD 电压可以相同也可以不同，例如 SMIC 0.18μm 工艺的某个 Pad 库，Pad 的 ESD 保护电路电源是 3.3V，而逻辑电路和芯片内部的工作电源是 1.8V，图 7.4 中的端口 P 为用于 Bonding 的钝化窗口，而端口 P_core 连接到芯片内部。

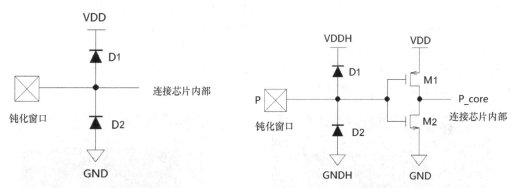

图 7.3 带有 ESD 保护功能的 Pad 电路图   图 7.4 具有反相功能的输入 Pad 的电路图

如图 7.5 所示为一个简化的 Pad 的版图结构示意图，从上到下依次为端口 P(Padhead，即版图的钝化窗口部分)、VDDH、GNDH、VDD、GND 和连接芯片内部信号的端口 P_core。钝化窗口处的顶层金属通常用过孔连接着下层金属，以防止金属层外翘，同时还能减小电阻和增加电流通过能力。钝化窗口不能太宽，要小于整个 Pad 的宽度，且要保证当两个 Pad 并肩靠在一起后满足最小间距要求，否则在 Bonding 时容易造成短路。

电源和地的端口要设置在 Pad 两侧的边缘上，使并肩放在一起的 Pad 能自动地连接电源和地，当 Pad 围成环时可形成 power-ring，由 Pad 围成的环被称为 Padframe。连接到芯片内部的接口（P_core）进行了多层金属并联处理，以方便用户自由选择合适的金属层进行连接。

图 7.5 所示的 Pad 版图只是一个示意图，而实际的 Pad 可能有很多输入输出端口，端口的排列顺序和命名方式也不一定与本图相同。但是最顶端是 Padhead 用于 Bonding、最底端引出接口用于连接芯片内部，以及每个电源和地的端口都在 Pad 两侧的特点是相同的。了解 Pad 的这些结构特点，对于正确选择和使用 Pad，以及合理地规划和设计 Padframe 是很有必要的，大家可以以此为基础，继续深入学习有关 Pad 的知识。

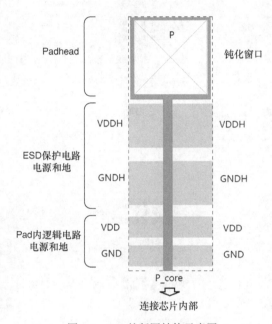

图 7.5　Pad 的版图结构示意图

7.3　Pad 库

Pad 的技术含量很高，通常由 Foundry 或第三方公司提供，普通用户只需要直接调用即可。Pad 库中通常会包含几十种以上的 Pad 单元，包括电源 Pad、地 Pad、输入输出 Pad、填充 Pad（Filler Pad）、转角 Pad（Corner Pad）和隔离 Pad（Split Pad）等，下面对它们的功能和用法进行简单讨论。

（1）电源 Pad 和地 Pad　它们为所有其他 Pad 提供两组电源和地，一组是 ESD 保护电路的电源和地，另一组是 Pad 内部逻辑电路的电源和地，同时这组逻辑电路的电源和地也连接到芯片内部。如图 7.6 所示为电源 Pad 和地 Pad 内部连接示意图，图中网格填充图形代表一层金属，黑色小正方形代表过孔，在这里只是一个示意图，表示有跨层连接。图中给出了 6 种 Pad，包括 ESD 保护电路电源 Pad（ESD 电源）、ESD 保护电路地 Pad（ESD 地）、逻辑电路电源 Pad（逻辑电源）和逻辑电路地 Pad（逻辑地），以及两种分别将

ESD 保护电路和逻辑电路电源和地二合一的 Pad，在图中标有（ESD+ 逻辑），它们可以同时为 ESD 保护电路和逻辑电路提供电源或地，由于要提供两组电源或地，所以它们有两组过孔。显然，二合一 Pad 只有在 ESD 保护电路电压和逻辑电路电压相同时才能使用，并且只能用于对噪声不敏感的电路。

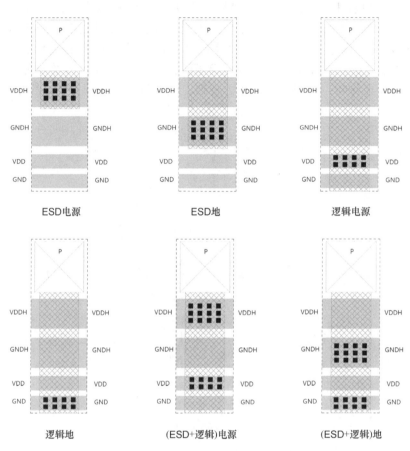

图 7.6　电源 Pad 和地 Pad 内部连接示意图

在同时包含模拟电路和数字电路的芯片中，模拟电路和数字电路的电源和地都需要由专用的 Pad 分别提供以减小相互串扰。在 Pad 库中通常会有模拟电源 Pad 和地 Pad，以及数字电源 Pad 和地 Pad。模拟电源 Pad 和地 Pad 只能为模拟电路供电，数字电源 Pad 和地 Pad 只能为数字电路供电，即使它们的电压相同也不能混用，但当模拟电源 Pad 与数字电源 Pad 电压相同时，允许相邻放置，并将它们 Bonding 在同一个封装引脚上。

如图 7.7 所示，将电源 Pad、地 Pad 与其他 Pad 并肩排好，图中最外侧左右两边的 Pad 代表其他普通 IO Pad，排好后各个 Pad 对应的电源和地可自动连接起来，VDDH Pad 给所有的 VDDH 供电，VDD Pad 给所有的 VDD 供电，两个接地的 Pad 分别给所有的 GNDH 和 GND 供电。另外，芯片内部也需要电源和地，它们由 VDD Pad 和 GND Pad 供电。另外，从版图的结构示意图可以看出，VDD Pad 和 GND Pad 将端口向下延伸到了 Pad 的底部边缘，以便为芯片内部提供电源。

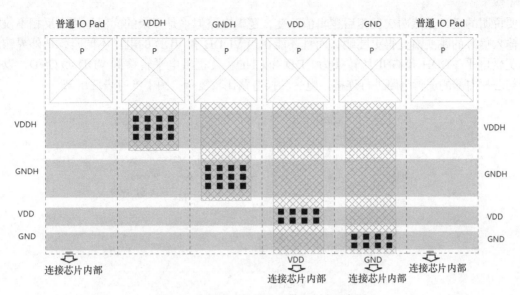

图 7.7　电源 Pad 和地 Pad 供电方式示意图

　　如图 7.7 所示的供电方式对模拟电路和数字电路都适用，虽然模拟电源 Pad 和地 Pad 与数字电源 Pad 和地 Pad 两侧边缘的电源和地端口位置是相同的，但它们不能直接对接，因为在实际的版图设计中，模拟类 Pad 和数字类 Pad 将分别归属于模拟 Pad 域和数字 Pad 域，它们不仅不能混排，而且两个域之间还要添加隔离 Pad（Split Pad），关于这个问题后续还会专门说明。

　　（2）模拟输入输出 Pad　　模拟电路的输入输出 Pad 比较简单，通常只包含 ESD 保护电路和钝化窗口，钝化窗口与内部电路相连，可以传送模拟电流和电压，但也有 Pad 串联一个电阻再接入芯片内部的，使用这种 Pad 时要注意电阻的影响，一般情况下都使用不带电阻的 Pad。

　　模拟输入输出 Pad 的电路图如图 7.8 所示，左边 Pad 没有电阻，右边 Pad 有电阻。从图中还可以看出，每种 Pad 都包括两组电源和地，一组用于 ESD 保护电路，另一组与 Pad 内部无连接，只用于引出电源接口，用于 Pad 之间的电源传递。

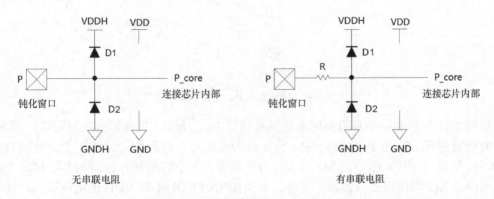

图 7.8　简化的模拟输入输出 Pad 电路图

　　（3）数字输入输出 Pad　　数字电路的输入输出 Pad 种类有很多，以满足各种数字接口的需要。如图 7.9 所示为简化的同相输入 Pad 电路图，输入信号 P 经过两次反相后传给 P_core。

需要说明的是，虽然两次反相后逻辑值不变，逻辑电路似乎是多余的，但是两次反相不仅能把输入信号的跳变沿变得更陡峭，而且还能在当 VDDH 和 VDD 的电压不同时，把外界输入的逻辑电平 VDDH 和 GNDH 转换为 VDD 和 GND，使逻辑电平转移到 VDD 和 GND，以便于与芯片内部的逻辑电路进行连接。电平转换电路比较复杂，图中没有表现出来。

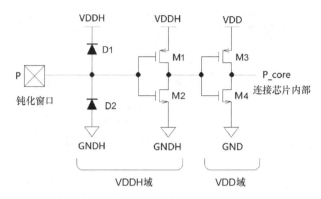

图 7.9　简化的同相输入 Pad 电路图

与模拟 Pad 不同，数字 Pad 几乎不直接传送输入输出信号，即使是同相输入输出也要经过两次反相，以保证跳变沿陡峭和进行必要的逻辑电平转换，就如图 7.9 所示的电路图而言，它与实际的电路相差很大，这里是一个帮助大家理解 Pad 原理结构的示意图，不能把它作为 Pad 设计的依据。

如图 7.10 所示为一个输入输出双向 Pad 电路（示意图），为了突出逻辑功能和说明使用方法，图中略去了电源端口和 ESD 保护电路，后面其他数字 Pad 也都做了同样处理。由于需要切换方向，它额外需要一个控制方向的端口 sw，sw 由内部逻辑产生，根据电路的工作状态对 Pad 的方向进行切换。在使用这种 Pad 时一定要确认好 sw 的高低与 Pad 输入输出方向的关系，如果控制反了，芯片的功能就将无法实现，项目也将会因为这个小小失误而失败。

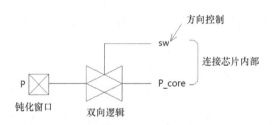

图 7.10　输入输出双向 Pad 电路图（示意图）

如图 7.11 所示为一个具有高阻态的同相输出 Pad，highz 为高阻态控制端口，当 highz 为 0 时为普通同相输出 Pad，当 highz 为 1 时为高阻态，这种 Pad 经常用于总线端口，高阻时释放总线控制权。图中的 M5 和 M6 为开关管，用于高阻断开，而 M1 与 M2、M3 与 M4、M7 与 M8 两两构成反相器。另外，如果图中的 VDDH 与 VDD 的电压不同，还需要电平转换才能实现正确的输入输出功能，本图没有体现出来。

数字电路的输入输出 Pad 种类繁多，功能各异，除了前面提到的几种 Pad 之外还需要很多其他功能的 Pad，例如 Open-drain Pad、Open-source Pad 和三态 Pad 等。通常数字 Pad 都有若干配置端口，要根据 Pad 说明文档和电路原理图，仔细分析和理解 Pad 各端口设置与 Pad 逻辑功能之间的关系，不能只看真值表就草率进行控制端口配置，同时配置完成后还要反复核对和确认，否则一旦流片就再也没有修改的机会了！

（4）Filler Pad　如前所述，将两个 Pad 相邻放置就可以将电源和地自动连接起来，但如果两个 Pad 之间有空隙，那么 Pad 之间的电源和地就会被断开，电源环和地环就不完整，因此需要 Filler Pad 去填充。Filler Pad 的主要功能就是填充 Pad 之间的空隙，把各个 Pad 上的电源和地连接起来。

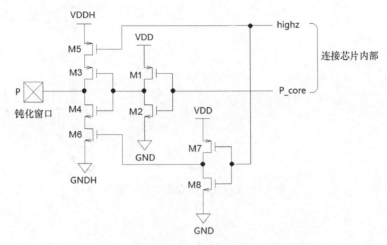

图 7.11　具有高阻态的同相输出 Pad 电路图

为了填充不同宽度的空隙，Filler Pad 通常会被设计成多种不同的宽度，将它们组合起来就可以填充任何宽度，类似于货币有 1 分、2 分、5 分、1 角、2 角等，可以组成分辨率不小于 1 分的任何值。

如图 7.12 所示为 1 个 10μm 宽的 Filler Pad 结构图和采用 Filler Pad 填充 Pad 空隙的示意图，其中左边 3 个 Pad 之间空隙宽度为 11μm，用了 1 个 10μm 和 1 个 1μm 宽的 Filler Pad 完成填充。右边两个 Pad 之间的空隙宽度是 5μm，直接用了 1 个 5μm 宽的 Filler Pad 完成填充。

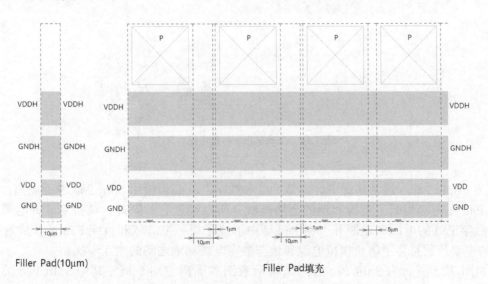

图 7.12　Filler Pad 结构图和填充示意图

（5）Corner Pad　芯片版图上的 Pad 通常会围成一个矩形环构成 Padframe，而 Filler Pad 只能填充同一行或同一列内的 Pad 空隙，电源和地在行列的拐角也需要连接，这时就需要 Corner Pad。如图 7.13 所示为 Corner Pad 版图结构示意图，如图 7.14 所示为 Corner Pad 拐角连接示意图，采用这种方法把 4 个拐角都连接起来，就能形成一个完整的矩形 Pad 环。

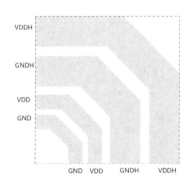

图 7.13　Corner Pad 版图结构示意图

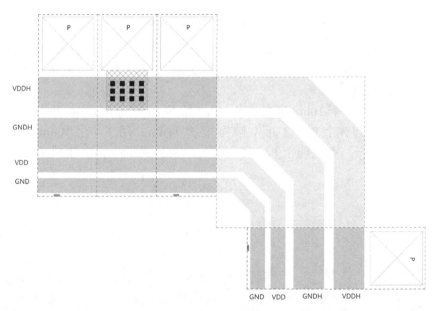

图 7.14　Corner Pad 拐角连接示意图

（6）Split Pad　通常情况下，模拟 Pad 和数字 Pad 必须使用 Split Pad 进行隔离，由于 Split Pad 在内部切断了电源和地的金属连线，所以经过它的隔离，模拟 Pad 的电源和地就与数字 Pad 的电源和地断开，在 Pad 环中形成了模拟 Pad 域和数字 Pad 域。放置 Split Pad 的主要目的是为了防止模拟电源和地与数字电源和地之间的相互干扰。

如图 7.15 所示为 Split Pad 版图结构示意图和隔离应用举例，其中 Split Pad 版图结构与 Filler Pad 很像，只是它的电源和地在 Pad 内部是断开的，所以两侧端口名称也不同，其左侧端口为 VDDH1、GNDH1、VDD1 和 GND1，右侧对应的端口为 VDDH2、GNDH2、VDD2 和 GND2。通常情况下，两侧端口结构和功能一样，可以互换，在使用时不用区分。右侧图中的 1 号和 2 号 Pad 代表模拟域 Pad，3 号和 4 号 Pad 代表数字域 Pad，它们被 Split Pad 隔开。另外，有些 Pad 库使用手册还规定，Split Pad 两侧必须是电源 Pad 或地 Pad，类似图 7.15 中的排列结构。

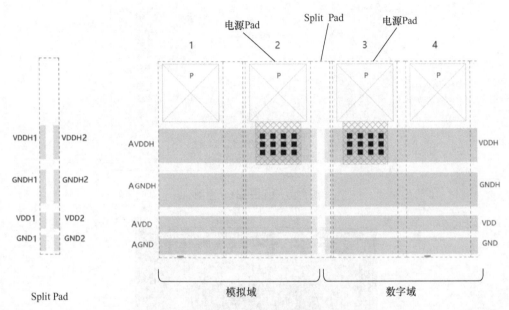

图 7.15 Split Pad 版图结构示意图和隔离应用举例

7.4 Padframe

前面曾经提到过，由 Pad 围成的环就是 Padframe，如图 7.16 所示为一个 Padframe 示意图，它由 24 个 Pad 构成，4 个拐角使用了 Corner Pad，由于 Pad 是紧密排列且只有模拟域 Pad，所以没有用到 Filler Pad 和 Split Pad。为了使电源和地更可靠，Padframe 中分别有两组 ESD 保护电路的电源 Pad 与地 Pad 和核心电路的电源 Pad 与地 Pad。

从图 7.16 中还可以明显看出，在 Padframe 上有 4 条封闭的电源环和地环。core（核心电路）的版图将放置在 Padframe 中，其电源、地及各个输入输出端口将与 Pad 的内部端口相连。另外，即使 core 很小，die-size（裸芯片尺寸）也将以 Padframe 为边界，所以用这个 Padframe 设计的 die-size 高为 H，宽为 W。如图 7.17 所示为一个实际的 Padframe 版图案例，它是图 7.16 所示 Padframe 的具体实现。

如图 7.18 所示的版图布局情况，当 core 版图（深色）面积较小而 Pad 的数量较多时，此时 die-size 由 Pad 数量决定，这种情况被称为 Pad-limited design。反之，如果 core 版图面积较大，而 Pad 数量相对较少时，此时 die-size 是由 core 的面积决定的，这种情况被称为 Core-limited design，显然这两种情况不是人为可控的。

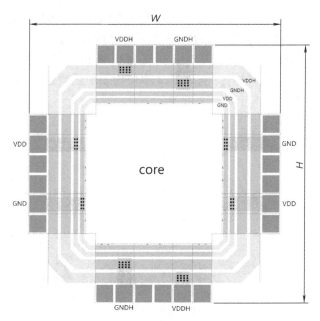

图 7.16 Padframe 示意图

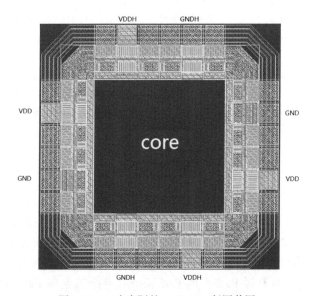

图 7.17 一个实际的 Padframe 版图截图

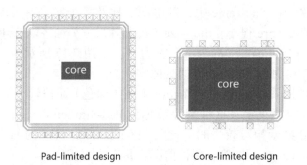

Pad-limited design　　　　　Core-limited design

图 7.18 Pad-limited design 和 Core-limited design

7.5　芯片封装

芯片封装（Packaging）是将集成电路的裸芯片（die）连接到塑料或陶瓷载体上，或者直接 Bonding 在 PCB 上的过程，前者称为塑料或陶瓷封装，后者称为 COB（Chip-on-Board）封装，这些常见的封装形式各有特点，可根据实际情况选用。

塑料或陶瓷封装可以分成引脚插入型和表面贴装型，其中引脚插入型是集成电路最简单最初级的封装形式，它的特点是便于手工焊接，如图 7.19 所示为双列直插式（Dual In-line Package，DIP）封装。

表面贴装型封装的芯片可直接焊接在 PCB 表面上，引脚无须穿过 PCB，它的特点是引脚密度大，因而封装后尺寸小，便于电子设备的小型化，缺点是手工焊接难度大，通常是在流水线上由机器焊接。在实验板制作和小批量生产时也经常手工焊接，如图 7.20 所示为几种典型的表面贴装型封装的芯片。

图 7.19　双列直插式（DIP）封装　　　图 7.20　几种典型的表面贴装型封装的芯片

COB 封装是将裸芯片直接 Bonding 在 PCB 上，如图 7.21 所示为 COB 封装照片，左图为裸芯片 COB 封装的内部照片，裸芯片被粘贴在 PCB 上，然后用金属线将裸芯片的 Pad 与 PCB 的焊盘连接起来。COB Bonding 之后，还需要在芯片上点胶以保护芯片，右图为点胶后的 COB 效果图。很多电子产品都使用 COB 封装，它的最大优点是裸芯片直接封装在 PCB 上，可以大大减小整机体积，通常使用在微型电子设备中，最典型的例子就是音乐芯片和电子表芯片。

COB　　　　　　　音乐芯片

图 7.21　COB 封装示例和 COB 封装点胶后的音乐芯片

如图 7.22 所示为双列表面贴装型封装示意图，从俯视剖面图可以看出，很细的金属线通过 Bonding 工艺将裸芯片的 Pad 与外壳上的引脚连接起来，然后用环氧树脂对其进行密封固定，进行保护和支撑。

虽然表面贴装型引脚较小，但是与裸芯片的 Pad 比起来还是属于巨无霸，随着裸芯片引脚数量的增加，芯片的封装外壳也越来越大，对于正方形的 QFP（四面扁平封装），如果每边有 100 个引脚，封装后的芯片也差不多有火柴盒大小，而其中的裸芯片也不过小指甲盖大小，这样描述的目的是让大家对裸芯片和封装外壳的尺寸比例有个大致的了解。

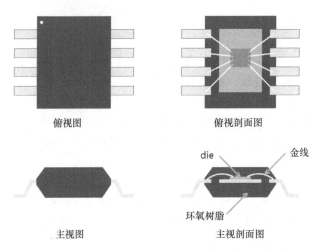

俯视图　　　　　　　　　　　俯视剖面图

die　　　　　　　　　　金线

环氧树脂

主视图　　　　　　　　　　　主视剖面图

图 7.22　双列表面贴装型封装示意图

7.6　本章小结

本章首先讨论了钝化窗口与 Bonding 的相关内容，然后对 IO Pad 的结构进行了介绍，对 IO Pad 的分类与应用分别进行了讨论，并重点对 Split Pad、Corner Pad 和 Filler Pad 等特殊 Pad 的结构和应用进行了说明，在此基础上给出了 Padframe 的结构和设计案例，最后介绍了裸芯片的封装、分类及其特点，为芯片的封装建立感性认识。

知识点巩固练习题

1. 填空：完成最顶层金属刻蚀后，也需要生长一层（　　　）进行保护，这样整个 die 就与外界完全隔离了。

2. 填空：最顶层金属上刻蚀掉了 SiO_2 的开口区域被称为（　　　）。

3. 判断：Bonding 可以简单理解为在钝化窗口的金属上"焊接"金属线的过程。

4. 填空：Pad 内部主要包括钝化窗口和（　　　）电路，数字电路的输入输出 Pad 还要包括一些简单的逻辑电路。

5. 填空：Pad 通常包括两组电源和地，一组用于（　　　），另一组用于简单逻辑电路。

6. 判断：Pad 最顶端是 Padhead，最底端引出连接芯片内部的接口，每个电源和地端口都放置在 Pad 两侧边缘。

7. 判断：通常 ESD 保护电路的电源和地与 core 的电源和地相互独立。

8. 判断：即使 ESD 保护电路的电源电压与 core 的电源电压相同，它们也绝对不可以 Bonding 在一起。

9. 判断：数字电路的输入输出 Pad 一定包含一些简单逻辑电路。

10. 单项选择：Pad 之间的空隙必须用（　　　）填充。

A. Corner Pad　　　B. Split Pad　　　C. Filler Pad　　　D. 电源 Pad

11. 单项选择：模拟域 Pad 与数字域 Pad 必须用（　　　）隔离。

A. Corner Pad　　　B. Split Pad　　　C. Filler Pad　　　D. 电源 Pad

12. 单项选择：行与列的拐角必须用（　　　），这样才能构成完整的 Padframe。

A. Corner Pad　　　B. Split Pad　　　C. Filler Pad　　　D. 电源 Pad

13. 填空：裸芯片的实际面积是由（　　　）外边界所围成的矩形区域决定的。

14. 判断：当 core 的面积较小，而 Pad 的数量较多时，此时 die-size 由 Padframe 决定，这种情况被称为 Core-limited design。

15. 填空：将 Pad 钝化窗口处的顶层金属与下面金属用过孔连接起来主要是为了防止顶层金属（　　　）。

第8章

差分运算放大器原理与全流程设计案例

运算放大器是 CMOS 模拟集成电路的核心电路模块,很多模拟集成电路设计任务最终都集中在运算放大器的设计上,所以要学好模拟设计就要学好运算放大器设计。虽然运算放大器的结构多种多样,但是它们都是从最简单的一级和二级差分放大器演化出来的,因此理解和掌握好一级和二级运算放大器的基本电路结构和原理,学会大致估算和手算关键参数,是学好运算放大器设计的关键,也是继续学习提高的起点。

由于绝大部分差分运算放大器几乎都采用共源极(common-source stage)及其变形电路进行放大,而且它们又都可以拆分和等效成单管电路,所以本章将首先对单管共源极放大电路进行分析。解决了单管问题,就可以专注于差分电路的拆分和等效分析,将电路分析问题简化为计算共源管跨导和求解输出电阻的问题,学习起来就会非常轻松了。

本章最后将基于 SMIC 0.18μm CMOS 工艺,提供一个完整的二级差分运算放大器全流程设计案例,供大家参考。

8.1 共源极放大器分析基础

虽然 MOS 单管放大器可分为 3 种结构,即共源极(common-source stage)放大器、共栅极(common-gate stage)放大器和共漏极(common-drain stage)放大器,但在差分运算放大器中,差分输入对管基本上都接成共源极结构,输出级也以共源极结构为主,因此掌握好共源极电路分析,对差分电路分析和计算非常重要。

从基本的共源极结构还可引申出共源共栅结构和源极带反馈电阻的共源极结构。共源共栅结构是套筒结构运算放大器的核心电路,而源极带反馈电阻结构是分析差分放大器共模特性的等效电路,这两种引申结构是设计和分析高增益运算放大器,以及分析和计算差分电路共模抑制比的基础,学好这两种电路结构原理可以为运算放大器的分析和计算铺平道路。

如图 8.1 所示为最基本的共源极放大电路及其小信号等效电路,其中输入信号为 v_{in},输出信号为 v_{out},MOS 管漏极与 VDD 之间是负载电路。负载电路的等效电阻为 r_{load},根据小信号等效电路可得电压增益 A_v 为

$$A_v = \frac{v_{out}}{v_{in}} = \frac{-g_m v_1 \cdot (r_{load}//r_o)}{v_1} = -g_m \cdot (r_{load}//r_o) = -g_m \cdot r_{out} \tag{8-1}$$

式中，g_m 为 MOS 管的跨导；r_o 为 MOS 管的沟道电阻；r_{out} 为输出电阻，其值为 r_{load} 与 r_o 的并联值；式中的负号表示单管共源极放大器是反向放大器。由式（8-1）可知，在计算 A_v 的公式中，只需要知道 g_m、r_o 和 r_{load} 即可。而在 g_m、r_o 和 r_{load} 这 3 个量中，g_m 和 r_o 可以根据 MOS 管的宽长比和工作点求出（求 g_m 可参阅 8.4 节），而且在很多情况估算时还可将 r_o 忽略，所以计算 A_v 的主要难点就只在于估算和求解 r_{load}。如果能快速估算出 r_{load}，与 r_o 并联就可以得到 r_{out}，计算增益的问题就迎刃而解了，因此下面将讨论一下常见的负载电路及其等效电阻 r_{load} 的估算方法。

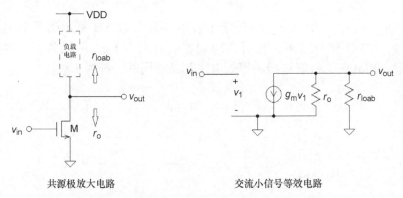

图 8.1　共源极放大电路及其交流小信号等效电路

如图 8.2 所示为 4 种不同负载电路的共源极放大器，分别是以电阻、理想电流源、MOS 二极管和恒流源为负载的电路，下面逐一对它们进行分析、比较和说明。

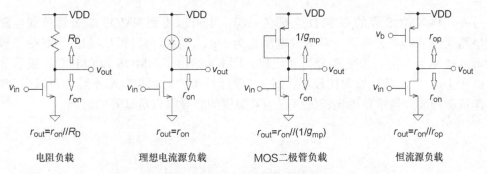

图 8.2　共源极放大器常见负载电路

（1）电阻负载　从电阻负载的电路图可以看出，它的 r_{load} 就是 R_D，所以 r_{out} 为 r_{on} // R_D。如第 2 章所述，由于 CMOS 工艺中的电阻精度很低、工艺一致性很差，并且还有很大的温度系数。同时电阻值又不能很大，否则电阻会产生很大的电压降，影响输出摆幅。所以在 CMOS 差分运算放大器电路中很少直接使用电阻负载，这里举例主要是为了说明 r_{out} 的计算方法。

（2）理想电流源负载　理想电流源的 r_{load} 为无穷大，所以 r_{out} 就是 r_{on}，此时可以得到电压增益的最大值 $g_m r_{on}$，这个最大增益被称为 MOS 管的本征增益（intrinsic gain），后面的很多估算都会用到本征增益这个概念。用理想电流源做负载主要是用于定性说明，简化电路分析，用于设计初期估算，在实际运算放大器电路中理想电流源只能无限逼近，不可能物理实现。

（3）MOS 二极管负载 如图 8.3 所示为 MOS 二极管负载电路和计算等效电阻的交流小信号等效电路，在交流等效电路中，MOS 管的源极接地，G 和 D 连接在一起。由于是从 G 和 D 看进去的等效电阻，所以可以在等效电路的 G 和 D 端施加 V_x，再除以 I_x 即可得到等效电阻。根据等效电路得

$$r_{load} = \frac{V_x}{I_x} = \frac{V_x}{g_{mp}v_1 + \frac{V_x}{r_{op}}} = \frac{V_x}{g_{mp}V_x + \frac{V_x}{r_{op}}} = \frac{1}{g_{mp} + \frac{1}{r_{op}}} \approx \frac{1}{g_{mp}} \qquad (8-2)$$

式中，由于 $1/r_{op} \ll g_{mp}$，所以 r_{load} 约等于 $1/g_{mp}$。对于如图 8.3 所示的等效电路，如果从源极 S 施加 V_x，将 G 和 D 接地，也可以得到等效电阻为 $1/g_{mp}$ 的结果，这就说明无论是从哪个方向看，PMOS 二极管连接的等效电阻都是相同的，都为 $1/g_{mp}$。

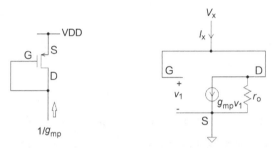

MOS二极管负载电路　　　　　计算等效电阻的交流小信号等效电路

图 8.3　MOS 二极管负载电路和计算等效电阻的交流小信号等效电路

另外，将 NMOS 管的 G 和 D 连接在一起，也可以得到 NMOS 二极管负载电路，其等效电路无论从哪个方向看，其等效电阻也为 $1/g_{mn}$。所以可以得出结论，MOS 二极管负载的等效电阻为 $1/g_m$。为便于分析和比较，图 8.4 给出了 NMOS 和 PMOS 二极管负载电路。由于 $1/g_m$ 与 r_o 相比通常比较小，对 r_{out} 进行并联时 r_o 可以忽略不计，所以用 MOS 二极管作负载的放大器增益也比较低，仅为共源管的跨导除以负载管的跨导。

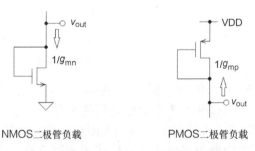

NMOS二极管负载　　　　　PMOS二极管负载

图 8.4　NMOS 和 PMOS 二极管负载电路

（4）恒流源负载 如果将 MOS 管的栅极和源极电压都固定，那么 MOS 管在饱和区就相当于一个恒流源。由于沟道长度调制效应的存在，MOS 管恒流源达不到理想恒流源的水平，即其交流小信号电阻为沟道电阻 r_o，因此图 8.2 中的 MOS 管恒流源负载电路的等效电阻 r_{load} 为 r_{op}，r_{out} 等于 $r_{on}//r_{op}$。

MOS 二极管负载电路和 MOS 恒流源负载电路是共源极放大器常用的负载电路。MOS 二极管负载电路的 r_{out} 为 $1/g_m$，而 MOS 管恒流源负载电路的 r_{out} 为两个 r_o 的并联，

其值远远大于 $1/g_m$，所以从增益的角度看，MOS 管恒流源电路具有很大的优势。虽然 MOS 二极管电路增益不高，但是它不需要对栅极进行偏置，而且栅源电压也由电流唯一确定，在差分输出模式下不需要共模反馈，所以还是会在运算放大器电路设计中经常使用。

如图 8.5 所示电路，Mp2 为恒流源负载，Mp1 为串联在 Mp2 与 v_{out} 之间的共栅管，v_{b1} 和 v_{b2} 是它们栅极的偏置电压。如果没有 Mp1，从 v_{out} 向上看的 r_{load} 为 r_{op2}，而当有 Mp2 存在时，Mp2 就像一个放大镜，可以把原来的 r_{load} 放大为 Mp1 的本征增益倍，即 r_{load} 从原来的 r_{op2} 变成 $g_{mp1}r_{op1} \cdot r_{op2}$。一般 MOS 管的本征增益大约为几十倍，Mp1 可以将 r_{load} 提高一个数量级，对增益的贡献也会非常大，对这个结论本节后面将有证明。

虽然 Mp1 把 r_{load} 提高了一个数量级，但是如果还是直接与共源管的 r_o 并联，r_{out} 的提高也不会很大。为了使 r_{out} 能真正提高，也可以在 v_{out} 与共源管之间插入一个放大镜，即叠放一个共栅 MOS 管，把共源管的 r_o 也提高本征增益倍。如图 8.6 所示，Mn2 为共源放大管，其栅极输入为 v_{in}，Mn1 是叠放在 Mn2 与 v_{out} 之间的 MOS 管，它也可以将 r_{on2} 放大本征增益倍，即 $g_{mn1}r_{on1} \cdot r_{on2}$，使原来的 r_o 也提高了一个数量级。这样从 v_{out} 向上、下看的等效电阻都提高了一个数量级，其并联值也就提高了一个数量级，得到了真正的提高。

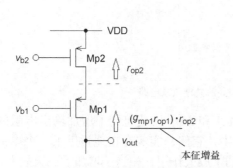

图 8.5　r_{op2} 被放大本征增益倍的负载电路

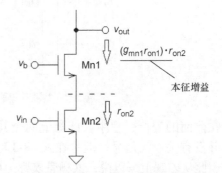

图 8.6　r_{on2} 被放大本征增益倍的共源极结构

虽然叠放了 MOS 管 Mn1，但是共源管 Mn2 的跨导并没有受影响，这是因为整条支路是串联的，所以变化的电流只能来自共源管 Mn2，也就是说式（8-1）中的 g_m 保持不变。但是 r_{out} 却因共栅管 Mn1 和 Mp1 提高了一个数量级，即提高了本征增益倍，为了分析方便，这里假设两个共栅管的本征增益相同。

将图 8.5 与图 8.6 连在一起，可得如图 8.7 所示的放大电路。通过上面的分析可知，Mn1 和 Mp1 是两个共栅管，它们能将普通共源极放大电路电压增益提高本征增益倍。下面观察一下输入信号的放大过程，从信号流的角度研究一下 Mn1 的作用。

从图 8.7 可以看出，v_{in} 首先是被共源管 Mn2 放大（反相放大），然后又被共栅管 Mn1 放大（同相放大），所以由 Mn1 和 Mn2 构成的电路被称为共源共栅放大电路，与它相对应的负载电路被称为共源共栅负载电路[2]。

图 8.7 所示电路的总增益为

$$A_v = -g_{mn2} \cdot r_{out} = -g_{mn2} \cdot \left[\left(g_{mn1} r_{on1} \cdot r_{on2} \right) // \left(g_{mp1} r_{op1} \cdot r_{op2} \right) \right]$$

$$= -g_m \cdot \left[\left(g_m r_o \cdot r_o \right) // \left(g_m r_o \cdot r_o \right) \right] = -g_m \cdot \left[\frac{1}{2} g_m r_o \cdot r_o \right] \quad (8\text{-}3)$$

$$= -\frac{1}{2} g_m r_o \cdot g_m r_o = -\frac{1}{2} \left(g_m r_o \right)^2$$

为了方便分析，假设所有 MOS 管的跨导都为 g_m，输出电阻都为 r_o。另外，从中括号内的 $\frac{1}{2} g_m r_o \cdot r_o$ 可以看出，$g_m r_o \cdot r_o$ 代表向上看和向下看的电阻都为本征增益倍的 r_o，而 $\frac{1}{2}$ 代表向上和向下两个相同的电阻并联。

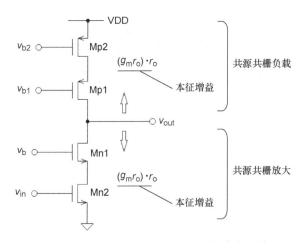

图 8.7 共源共栅放大电路与共源共栅负载电路

在前面的分析过程中，感觉上两个共栅管 Mn1 和 Mp1 只是起到了增加输出电阻的作用，并没有去放大信号，但是在式（8-3）的结果中，它们却实实在在地贡献了一个本征增益，因此从宏观上可以说，共栅管实际上就是起到了放大作用，相当于增加了一级放大。

前面介绍的各种负载电路都以 NMOS 管为共源极放大管，如果以 PMOS 管为放大管，分析和估算的方法也是相同的，只要抓住负载电路的本质即可。牢记二极管接法的 r_{load} 为 $1/g_m$，恒流源接法的 r_{load} 为 r_o，以及可以将 r_o 放大本征增益倍的共源共栅结构，估算 r_{load} 或 r_{out} 就不再是一件神秘的事情。

为了突出重点，方便大家理解结论性的东西，式（8-3）中假设所有 MOS 管的跨导 g_m 和输出电阻 r_o 都相同，并且忽略了背栅效应等各种次要因素，如果本结果与其他参考文献比较精确的结果有所不同，大家可以自行分析，将它们统一起来。工程上的估算和手算一般不考虑背栅效应，因为再精确的计算也比不过仿真，而且即使手工计算很准，PVT 仿真的结果也会相差很大，对电路进行各种调整也是必需的，手工计算几乎不可能一步到位。因此，考虑背栅效应只是为了验证定性分析，或者是解作业题而已。

前面讨论的各种共源极放大器，放大管的源极都直接接地，所以它们的电压增益可以用 $-g_m r_{out}$ 计算，且公式中的 g_m 就是放大管的跨导。如果共源极放大管的源极串联一个电阻再接地，就构成了一个源极带反馈电阻的共源极结构（common-source stage with resistive load），这种结构在分析共模抑制比时一定会遇到，所以下面讨论一下它的计算和估算方法，为共模特性分析做准备。

如图 8.8 所示为源极带反馈电阻的共源极放大器，它与图 8.2 中电阻负载共源极放大器的唯一区别就是共栅管的源极与地之间加了一个 R_S，这个 R_S 给放大器电路引入了电流串联负反馈。这种电路可以用两种方法求解增益，一种是电阻比值法，它只适用于不考虑 r_o 和背栅效应的情况；另一种是 $G_m r_{out}$ 法，可以处理考虑 r_o 的情况，但不考虑背栅效应。上述两种方法在参考文献 [2] 中都有介绍，下面将分别对它们进行分析和归纳总结。

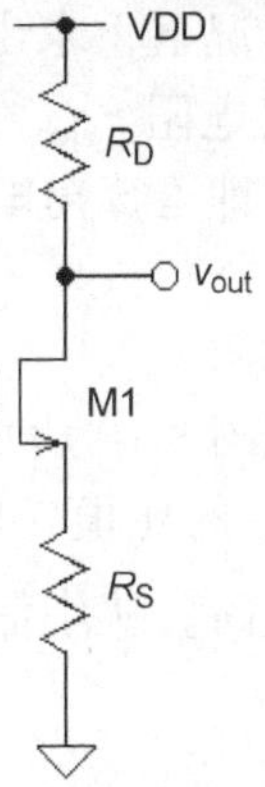

（1）电阻比值法　根据电阻比值法，如图 8.9 所示，从下往上看，虚线把放大器电路分成了 GND 到漏极和漏极到 VDD 两个部分，将漏极到 VDD 的电阻命名为 r_{up}，GND 到漏极的电阻命名为 r_{down}，则电压增益 A_v 就等于

$$A_v = -\frac{r_{up}}{r_{down}} \tag{8-4}$$

式中，r_{up} 就是 r_{load}，在图 8.9 中为 R_D，而 r_{down} 为 R_S 串联从 MOS 管源极看到漏极（v_{out}）的等效电阻 $1/g_m$（由于在从源极向 v_{out} 看电阻的交流等效电路中，MOS 管的栅极和漏极都接地，相当于二极管接法，所以其等效电阻为 $1/g_m$）。这样 r_{down} 就等于

$$r_{down} = R_S + \frac{1}{g_m} \tag{8-5}$$

所以，用电阻比值法可得电压增益 A_v 为

$$A_v = -\frac{r_{up}}{r_{down}} = -\frac{R_D}{R_S + \dfrac{1}{g_m}} \tag{8-6}$$

可以看出，在不考虑 r_o 和背栅效应的情况下，用电阻比值法计算源极带反馈电阻的共源极放大器的电压增益非常简单，由于物理意义明确，所以也非常好记，非常适合电路估算。电阻比值法必须在忽略 MOS 管 r_o 和背栅效应的情况下使用，否则所得结果就是错误的。另外，如果 R_S 为 0，电路就简化为不带反馈的共源极放大器，其电压增益为

$$A_v = -\frac{R_D}{\dfrac{1}{g_m}} = -g_m R_D \tag{8-7}$$

与电阻负载共源极放大器在 r_o 为无穷大时的结果是一样的。

（2）$G_m r_{out}$ 法　其实这是一种通用方法，适合所有的电路，这里的讨论只是应用该方法一个特例。$G_m r_{out}$ 法的核心思想是在输出端对地短

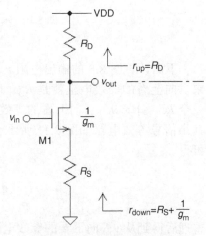

图 8.8　源极带反馈电阻的共源极放大器

图 8.9　电阻比值法示意图

路的情况下，求出电路总体的跨导 G_m，即输出电流与输入电压的比值，然后再求出电路的输出电阻 r_out。这就可以把电路等效成一个跨导为 G_m 的 MOS 管，用 G_m 乘以 r_out 再加上负号即可算出电压增益 A_v

$$A_v = -G_\mathrm{m} \cdot r_\mathrm{out} \tag{8-8}$$

如图 8.10 所示为求解 G_m 的电路和其交流小信号等效电路，G_m 是输出电流 i_out 与输入信号 v_in 的比值，由于输出端接地，所以负载电阻 R_D 被短路，而由于 R_S 的存在，r_o 并没有被短路。从小信号等效电路可以看出 i_out 是 $g_\mathrm{m}v_1$ 和 i_{r_o} 之和，所以 i_out 为

$$i_\mathrm{out} = g_\mathrm{m}v_1 + i_{r_\mathrm{o}} = g_\mathrm{m}\left(v_\mathrm{in} - i_\mathrm{out}R_\mathrm{S}\right) + \frac{1}{r_\mathrm{o}}\left(-i_\mathrm{out}R_\mathrm{S}\right) \tag{8-9}$$

经过整理可得 G_m 为

$$G_\mathrm{m} = \frac{i_\mathrm{out}}{v_\mathrm{in}} = \frac{g_\mathrm{m}}{1 + \dfrac{R_\mathrm{S}}{r_\mathrm{o}} + g_\mathrm{m}R_\mathrm{S}} = \frac{g_\mathrm{m}r_\mathrm{o}}{r_\mathrm{o} + R_\mathrm{S} + g_\mathrm{m}r_\mathrm{o}R_\mathrm{S}} \tag{8-10}$$

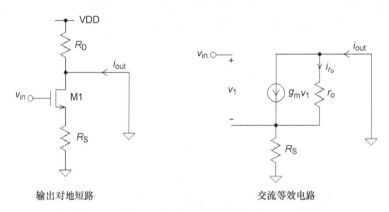

输出对地短路　　　　　　　　　　交流等效电路

图 8.10　求解 G_m 的电路和其交流小信号等效电路

下面计算图 8.8 的输出电阻 r_out，它是从 v_out 看进去的上下两个方向等效电阻的并联结果。向上看的等效电阻就是 R_D，而向下看的等效电阻稍微复杂一些，因为源极下面多了一个 R_S。计算从 v_out 向下看的等效电阻，需要在漏极加入电压 V_x，然后用 V_x 除以电流 I_x，其小信号等效电路如图 8.11 所示，其中栅极电压保持不变，所以相当于交流接地，因此可得

$$I_\mathrm{x} = g_\mathrm{m}v_1 + i_{r_\mathrm{o}} = g_\mathrm{m}\left(-I_\mathrm{x}R_\mathrm{S}\right) + \frac{V_\mathrm{x} - I_\mathrm{x}R_\mathrm{S}}{r_\mathrm{o}} \tag{8-11}$$

整理后得到从 v_out 向下看的等效电阻为

$$\frac{V_\mathrm{x}}{I_\mathrm{x}} = r_\mathrm{o} + R_\mathrm{S} + g_\mathrm{m}r_\mathrm{o}R_\mathrm{S} \tag{8-12}$$

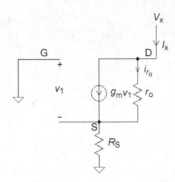

图 8.11　计算等效电阻的交流小信号等效电路

从式（8-12）可以看出，当源极接 R_S 后，从漏极看下去的电阻除了 r_o 和 R_S 外，还多了一个本征增益倍的 R_S。r_o 和 R_S 为电路中的实体电阻，而 $g_m r_o R_S$ 可以理解为虚拟电阻，并没有具体的物理实体与之相对应。可以看出，当 $g_m r_o R_S$ 远远大于 $r_o + R_S$ 时，输出电阻可以近似等于 $g_m r_o R_S$，可以理解为 MOS 管把源极的反馈电阻 R_S 放大了本征增益倍，这样前面曾经提到过的本征增益倍 r_o 的结论得证。

既然知道了从 v_{out} 向下看的电阻为 $r_o + R_S + g_m r_o R_S$，则与 R_D 并联就可以得到 r_{out}，则根据 $G_m r_{out}$ 法的电压增益公式，可得

$$
\begin{aligned}
A_v &= -G_m \cdot r_{out} \\
&= -\frac{g_m r_o}{\left(r_o + R_S + g_m r_o R_S\right)} \cdot \left[R_D // \left(r_o + R_S + g_m r_o R_S\right)\right] \\
&= -\frac{g_m r_o}{\left(r_o + R_S + g_m r_o R_S\right)} \cdot \frac{R_D \cdot \left(r_o + R_S + g_m r_o R_S\right)}{R_D + r_o + R_S + g_m r_o R_S} \\
&= -\frac{g_m r_o R_D}{R_D + \left(r_o + R_S + g_m r_o R_S\right)}
\end{aligned}
\tag{8-13}
$$

为了突出从 v_{out} 向下看的电阻，在式（8-13）中特意给它加了括号。

通过观察式（8-13）可以发现，分母为从 VDD 向下看的总电阻，而分子是本征增益倍的 R_D，可以用这个具有明确物理意义的理解去帮助记忆，在进行电路估算时，可以看着电路直接写出增益来。如果令 r_o 为无限大，则 $G_m r_{out}$ 法的结果就可以简化成为电阻比值法的式（8-6）的结果。

$G_m r_{out}$ 法有两个特点，一个是通用性，所有的电路都能用；另一个是化繁为简，把复杂电路拆分成求 G_m 和 r_{out} 两个简单电路，尤其是在求解 G_m 时可把输出对地短路，这样可以把负载电路短路掉，使电路复杂度大大降低。鉴于这两个优点，再遇到不好处理的电路问题，可以用 $G_m r_{out}$ 法试试。需要说明的是，在进行手工计算时，电阻比值法的精度已经够用，没有必要使用 $G_m r_{out}$ 法去精确计算。

图 8.12 给出了从两个方向看源极带反馈电阻放大电路的等效电阻示意图，向上看的等效电阻为 $R_S + 1/g_m$，向下看的等效电阻为 $r_o + R_S + g_m r_o R_S$，在这里比较一下，可以帮助更好地理解和记忆。

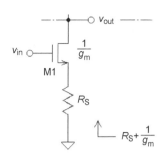

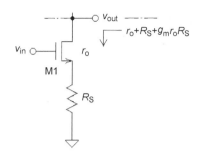

从下往上看的等效电阻   从上往下看的等效电阻

图 8.12　从上下不同方向上看源极支路的电阻

8.2　差分运算放大器结构分析

差分运算放大器的输入级通常是由两条对称的共源极放大器支路构成，运算放大器主要分为一级和二级两种结构，这两种结构各有特点，应用都非常广泛，下面对它们的原理、特性和应用进行讨论。

（1）一级差分运算放大器　如图 8.13 所示为一级差分运算放大器基本结构电路图，左图为双入双出结构，右图为双入单出结构，其中双入双出结构用于全差分电路系统中，而双入单出结构用于单端输出场合。虽然这两种电路的输出端口不同，但是它们的电压增益是相同的，这个结论一定要记住，它的背后有一个双端变单端，且增益不浪费的原理，后面将要讨论。

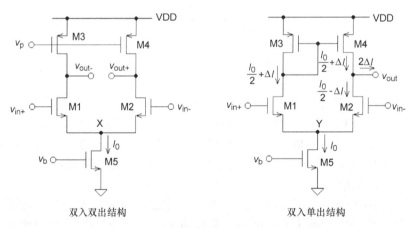

双入双出结构   双入单出结构

图 8.13　一级差分运算放大器基本结构电路图

在双入双出结构中，M1 和 M2 为差分输入对管，构成两条共源极放大支路，M3 和 M4 为恒流源负载管，M5 为尾电流管，流过电流 I_0，为差分支路提供偏置电流。在差分输入信号作用下，两条支路电流发生反方向的变化，且增大量和减小量正好抵消，因此流入 M5 的总电流 I_0 不变，X 点的电位也就不变，这样在小信号分析时 X 点就相当于交流接地，使两条差分支路退化成了两个普通恒流源负载的共源极放大器。左右两条支路的电压增益分别为 g_{m1}（r_{o1}//r_{o3}）和 g_{m2}（r_{o2}//r_{o4}），由于在差分模式下输入信号幅度和输出信号幅度都增加了一倍，所以比值不变，因此差分电压增益就等于单个支路的电压增益，即

$$A_v = \frac{v_{\text{out+}} - v_{\text{out-}}}{v_{\text{in+}} - v_{\text{in-}}} = g_{m1}\left(r_{o1}//r_{o3}\right) = g_{m2}\left(r_{o2}//r_{o4}\right) = \frac{1}{2}g_m r_o \quad (8\text{-}14)$$

为了简化分析，假设 $g_{m1} = g_{m2} = g_m$，$r_{o1} = r_{o2} = r_{o3} = r_{o4} = r_o$。

如果把双入双出结构中的 M3 和 M4 连接成电流镜，则双端输出就可变成单端输出。如图 8.13 右图所示，图中 M3 和 M4 构成电流镜负载，且 M3 连接成了二极管形式，电流镜的电流由 M3 决定。在差分输入信号的作用下，如果 M3 电流增加 ΔI，则 M4 的电流也要增加 ΔI，而 M2 的电流要相应地减小 ΔI，这样 M2 与 M4 的电流差就为 $2\Delta I$，这个 $2\Delta I$ 没有别的通路，只能流进负载，这样由两个差分输入管产生的两个 ΔI 都没有浪费，从而实现了双端变单端的功能。由于 $2\Delta I$ 都从 v_{out} 这一侧流出，所以 r_{out} 就应该是 r_{o2} 和 r_{o4} 的并联，因此双入单出结构的电压增益为

$$A_v = \frac{v_{\text{out}}}{v_{\text{in+}} - v_{\text{in-}}} = g_{m1}\left(r_{o2}//r_{o4}\right) = \frac{1}{2}g_m r_o \quad (8\text{-}15)$$

与双端输出的增益相同。为了简化分析，这里也假设 $g_{m1} = g_{m2} = g_m$，$r_{o1} = r_{o2} = r_{o3} = r_{o4} = r_o$。

如图 8.14 所示为套筒结构差分运算放大器电路图，它由两个共源共栅放大器支路构成，左图为双入双出套筒结构，右图为双入单出套筒结构。根据前面的讨论可知，这里的共栅管 M3、M4、M5 和 M6 相当于放大镜，可以把输出电阻放大本征增益倍。在双入单出结构中，M5、M6、M7 和 M8 构成了共源共栅电流镜，作为差分电路的负载，这种电流镜与普通电流镜一样，也可以把双端输出变成单端输出。图中两种结构的电压增益相同，都为

$$A_v = g_{m1} \cdot \left[\left(g_{m4} \cdot r_{o4} \cdot r_{o2}\right)//\left(g_{m6} \cdot r_{o6} \cdot r_{o8}\right)\right]$$
$$= \frac{1}{2}g_m r_o \cdot g_m r_o = \frac{1}{2}\left(g_m r_o\right)^2 \quad (8\text{-}16)$$

这里为了简化分析，也假设所有 MOS 管的跨导为 g_m，所有 MOS 管的输出电阻为 r_o。

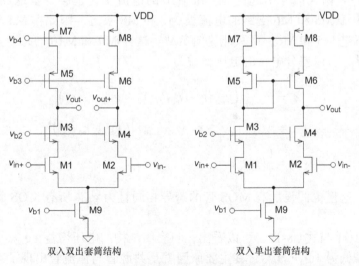

图 8.14 套筒结构差分运算放大器电路图

套筒结构的优点是增益高，缺点是它的共模输入范围小和输出摆幅因重叠的管较多而受限。将套筒结构的共源共栅变形改造，可以得到折叠式共源共栅结构放大器，这种结构

既能保持共源共栅结构的高增益，又能解决共模输入范围小和输出摆幅受限的问题，下面进行介绍。另外，套筒结构的共源共栅电流镜会占用两个 V_{GS} 的电压，在实际电路中这个代价很大，尤其是在低电压设计中更是不能容忍的，大家可以参考 8.6 节的内容，那里的偏置电路只占用了两个 V_{DS}，节约出来两个阈值电压，是工程设计上常用的电流镜结构。

如图 8.15 所示为折叠式双入双出共源共栅结构放大器电路图，其中 M9 和 M10 是 PMOS 共源输入管，M1、M2、M7 和 M8 为恒流源管，M3、M4、M5 和 M6 为共栅管，它们把从源极看出去的电阻放大了本征增益倍。其中从 M5 和 M6 的源极向外看的电阻是 r_{o7} 和 r_{o8}，而从 M3 和 M4 的源极向外看的电阻是（$r_{o1}//r_{o10}$）和（$r_{o2}//r_{o9}$），注意这里出现了并联，增益会受到影响。

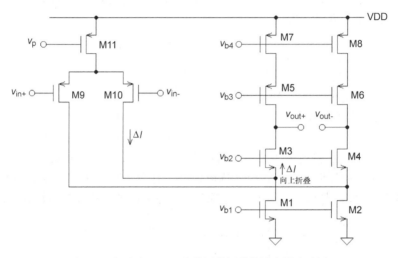

图 8.15　折叠式双入双出共源共栅结构放大器电路图

在图 8.15 中，由于 M1 和 M2 的电流是固定值，又分别是 M3 和 M10、M4 和 M9 电流之和，所以差分输入信号引起的 M9 和 M10 的电流变化也会等量地反映在 M3 和 M4 的支路上。又由于 M5 和 M6 支路的电流被 M7 和 M8 限定，因此在 M3 和 M4 的支路上的变化电流流不进 M5 和 M6，而只能流向负载。这样 M9 和 M10 的跨导实际上就是差分放大电路的跨导，所以差分电路的电压增益为

$$
\begin{aligned}
A_v &= g_{m9} \cdot \left\{ \left[\left(g_{m4} \cdot r_{o4} \cdot \left(r_{o2} // r_{o9} \right) \right) \right] // \left(g_{m6} \cdot r_{o6} \cdot r_{o8} \right) \right\} \\
&= g_{m10} \cdot \left\{ \left[\left(g_{m3} \cdot r_{o3} \cdot \left(r_{o1} // r_{o10} \right) \right) \right] // \left(g_{m5} \cdot r_{o5} \cdot r_{o7} \right) \right\} \\
&= \frac{1}{3} \left(g_m r_o \right)^2
\end{aligned}
\tag{8-17}
$$

为了简化分析，这里也假设所有 MOS 管的跨导相同且为 g_m，所有 MOS 管的输出电阻相同且为 r_o。

比较式（8-16）与式（8-17）可以看出，与套筒结构的电压增益（$g_m r_{o2}$）/2 相比，折叠式结构的增益降低为（$g_m r_{o2}$）/3，其主要原因就是共源管与恒流管出现了并联。另外，从图 8.15 还可以看出，变化的电流先从 M9 和 M10 向下流，再通过 M3 和 M4 向上流，变化的电流出现了折叠，所以被称为折叠结构。同理，折叠结构也可以单端输出，其增益与双端输出也相同，具体电路如图 8.16 所示。

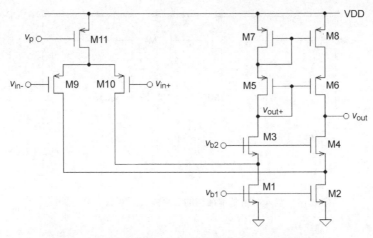

图 8.16　折叠式双入单出共源共栅结构放大器电路图

对于一级差分运算放大器来说，如果只靠提高输出电阻的方法来提高增益，最终会出现两个很难解决的问题。第一是频带太窄，因为很高的输出电阻与它的负载电容会形成一个频率很低的主极点，而主极点频率就是 3dB 带宽，所以输出电阻越高则频带越窄。第二个是带负载能力降低，因为本级的输出电阻相当于下一级的信号源内阻，内阻越大带负载能力越差。

为了解决上述问题，可以采用二级差分运算放大器结构，这样不仅可以提高增益，而且还可以通过适当的增益分配，让第一级主要提供高增益，让第二级主要提供强驱动能力。由于可以把提高增益和增加驱动能力分开实现，所以设计起来灵活度很大。基本结构的一级差分运算放大器电压增益通常为几十 dB 左右，套筒结构和折叠结构的一级差分放大器电压增益通常可以做到七八十 dB 以上，而在二级结构的运算放大器中，第二级还可以再增加几十 dB。

（2）二级差分运算放大器　如图 8.17 所示为双入单出基本结构的二级差分运算放大器电路图，其中第二级是由 M6 和 M7 构成的共源极放大器，M6 是共源极放大管，M7 是恒流源负载管，两级的总电压增益为各级增益的乘积。第二级电压增益的估算方法也是 g_{m6} 乘以 r_{out}，r_{out} 的估算方法是 M6 和 M7 的 r_o 的并联，即（$r_{o6}//r_{o7}$），分析和估算基本上没有什么难度。同理，如图 8.18 所示为双入双出基本结构的二级差分运算放大器电路图，其第二级也是差分结构。另外，套筒式和折叠式的第二级与这里的第二级是相同的，因此不再给出具体电路。

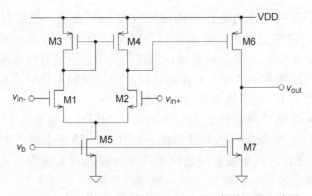

图 8.17　双入单出基本结构的二级差分运算放大器电路图

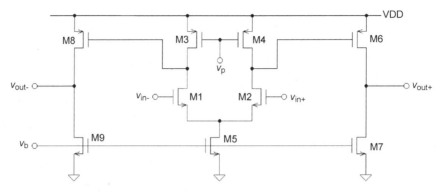

图 8.18　双入双出基本结构的二级差分运算放大器电路图

8.3　相位裕度与密勒补偿

如图 8.19 所示为一个连接成跟随器形式的负反馈放大器，其中放大器本身的增益为 $A(\omega)$，由于反馈系数为 −1，所以反馈信号会有 180° 的相位变化。如果 $A(\omega)$ 在某个频率处的相位也是 180°，那么整个环路的相位就是 360°。若在相位为 360° 时 $|A(\omega)|>1$，即环路增益的绝对值大于 1，会导致系统自激振荡，系统是不稳定的。若在相位为 360° 时 $|A(\omega)|<1$，则系统是稳定的。而若在相位为 360° 时如果 $|A(\omega)|=1$，则系统处于临界稳定状态，此时只要放大器的相位变化小于 180°，系统也可以从临界稳定回到稳定状态，小于 180° 的差被称为相位裕度（Phase Margin，PM）[2]。

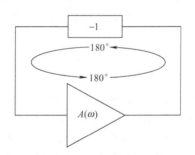

图 8.19　跟随器形式的负反馈系统稳定性分析图

运算放大器的开环电压增益可以用转移函数 $H(s)$ 表示，根据 $H(s)$ 画波特图可得到电压增益的幅度谱和相位谱。幅度谱在低频时是平直的，超过一定范围后随着频率的增加而下降。相位谱在低频时也是平直的，且相位为 0，但随着频率的增加，相位开始变负，且越来越大。当达到 −180° 时，原本被连接成负反馈的系统就变成了正反馈，如果在此频率下环路增益大于 1，则反馈系统将自激振荡。

一般情况下，可以把二级运算放大器看成有两个极点的系统。如图 8.20 所示为有两个极点转移函数的幅度谱和相位谱的波特图，左图是不稳定系统，右图是稳定系统，p1 和 p2 为转移函数的极点。关于波特图的详细理论与画法可参阅参考文献 [24]。下面先讨论一下零极点对波特图的影响，然后再进行稳定性分析。

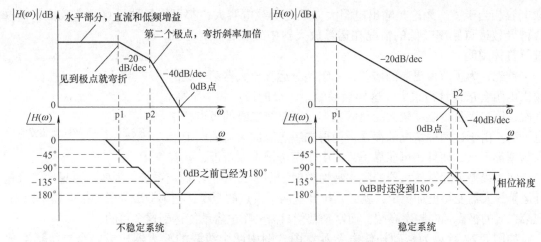

图 8.20　双极点系统转移函数的幅度谱和相位谱的波特图

从如图 8.20 所示的幅度谱 $|H(\omega)|$ 可以看出，无论是否稳定，$|H(\omega)|$ 刚开始都有一小段是平直的，对应为直流增益或低频增益。如果系统没有极点，这个水平部分将会一直延伸下去，表现出无限的带宽。但是由于极点的存在，水平部分延伸到第一个极点 p1 处就开始按 20dB/dec 的斜率向下弯折，再经过第二个极点 p2，弯折斜率加倍，为 40dB/dec，这里的 dec 表示 10 倍频程。可见，在幅度谱中，只要见到极点就下折即可。

从图 8.20 还可以看出，相位曲线由水平线和 45° 斜线构成，呈现出多级滑梯结构，每个极点对应一个滑梯，极点位于滑梯中点。由于每个极点只能产生 90° 相移，所以极点过后相位曲线又是平直的，直到再次遇到极点才又下滑。由上面的讨论可知，只要记住在极点处幅度下折和在极点处相位下滑到 45° 的结论，画好波特图也并不很难。

图 8.20 中不稳定系统的两个极点 p1 和 p2 距离较近，极点 p1 的 90° 相移完成后，又立刻开始了 p2 的相移过程，两个极点的 180° 相移很快就完成了。这个 180° 与负反馈产生的 180° 相加可得 360°，负反馈就变成了正反馈，而此时增益并没有降到 1 以下，即 0dB 以下，所以系统就将出现自激振荡。

而对于如图 8.20 所示的稳定系统，由于极点 p1 和 p2 距离很远，由 p1 引起的 90° 相移也经历了很宽的频率范围，在这个很宽的频率范围内，由极点 p1 引起的增益下折已经使增益降到 0dB，此时 p2 对相位的影响才刚刚开始，即当 p2 刚开始产生相移时，增益已经降低到 0dB，总相移却没有到 180°。如果继续相移，增益还将继续下降，当相移到 180° 时，虽然负反馈变成了正反馈，但是增益已经小于 0dB 了，无法产生自激振荡，所以系统是稳定的。把增益降低到 0dB 时相位与 180° 的差称为相位裕度（PM）。总体说来，PM 越大系统越稳定，但是并非越大越好，关于这点后面还将有说明。

如图 8.21 所示为一阶 RC 低通滤波器，其输入输出转移函数 $H(s)$ 为

$$H(s) = \frac{v_{\text{out}}(s)}{v_{\text{in}}(s)} = \frac{1}{RC} \cdot \frac{1}{s + \dfrac{1}{RC}} \tag{8-18}$$

转移函数的极点为 $s_p = -\dfrac{1}{RC}$，R 或 C 越大，极点频率越低。在通常情况下，差分运算放大器的每一级都可以看成一个一阶 RC 低通滤波器，每级的输出电阻相当于 R，每级的负

载电容相当于 C。无论是输出电阻大，还是负载电容大，都可能导致极点频率较低，而这两种导致极点频率较低的情况在运算放大器中确实存在，下面进行具体说明。

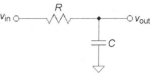

图 8.21　一阶 RC 低通滤波器

　　首先，为了获得更高的增益，二级差分运算放大器第一级的输出电阻会被设计得很大，这样会导致第一级的极点频率不高。其次，第二级负责驱动较大的负载电容，所以第二级的极点频率也不高。由于这两种情况的存在，使得二级运算放大器的两个极点频率都不高，而且还可能靠得近。由于两个极点靠得近，就有可能使二级差分运算放大器的频率特性类似于图 8.20 中的不稳定系统。因此，要想使二级差分运算放大器变得更加稳定，就必须拉开这两个极点的距离，把第一级的极点推向频率低端，把第二级的极点推向频率高端，而密勒补偿只需一个电容就能达到这个目的。

　　如图 8.22 所示为密勒补偿电路示意图，图中两个级联的放大器构成一个二级运算放大器，第一级和第二级的增益分别为 A_{v_1} 和 A_{v_2}，C_1 是第一级的等效负载电容，C_L 是负载电容，C_m 连接在第二级的输入与输出之间，图中特意为第二级的信号极性标出了正负号，表示 C_m 形成的是负反馈，这个 C_m 被称为密勒补偿电容。

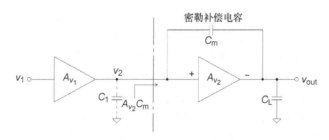

图 8.22　密勒补偿电路示意图

　　密勒补偿的作用有两个，一个是为第一级提供放大了 A_{v_2} 倍的 C_m 作为负载电容，以大幅度降低第一级的极点频率。另一个是在高频时短路第二级的输入输出，使第二级的输出电阻大大减小，从而提高第二级的极点频率。由此可见，密勒补偿的这两个作用可以有效地将两个极点频率拉开，从而达到稳定系统的目的。

　　下面首先对 C_m 降低第一级极点频率的原理进行分析。从图 8.22 虚线向右看的等效电路如图 8.23 所示，由于 $A_{v_2} \gg 1$，且第二级的输入阻抗为无限大，在输入端施加电压 $v_2(s)$，则可得 $i_2(s)$ 为

$$i_2(s) = \frac{v_2(s) - \left[-A_{v_2} v_2(s) \right]}{\frac{1}{C_m s}} = v_2(s) \left[1 + A_{v_2} \right] C_m s \qquad (8\text{-}19)$$

所以，有 $z_2(s)$ 为

$$z_2(s) = \frac{v_2(s)}{i_2(s)} = \frac{1}{\left(1 + A_{v_2} \right) C_m s} \approx \frac{1}{A_{v_2} C_m s} \qquad (8\text{-}20)$$

从 $z_2(s)$ 的表达式可以看出，它可等效为一个电容量为 $A_{v_2} C_m$ 的电容，所以第一级的等效

负载电容为

$$C_1 \approx A_{v_2} C_m \qquad (8\text{-}21)$$

显然，由于 C_m 被放大了 A_{v_2} 倍，即使 C_m 不是很
大，但等效电容 C_1 也可以很大，可以在不占用太
多芯片面积的情况下有效降低第一级的极点频率。

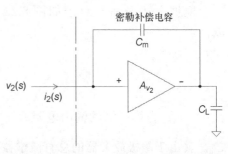

图 8.23　计算第二级等效输入阻抗的电路

　　下面再分析 C_m 提高第二级极点频率的原理。
由于 C_m 在低频时阻抗很大，所以在低频时 C_m 的
反馈作用很小，对第二级的增益影响不大。但是，
随着频率的增加，C_m 的阻抗越来越小，当频率增
加到很高时甚至可以看作短路，即 C_m 把第二级的
输入输出短路了。短路以后第二级的输出电阻就不
等于原来的输出电阻，它可能非常非常小，因此极点频率会大大提高，下面将给出解释。
可见，在不影响低频增益的情况下，C_m 也可以有效地提高第二级的极点频率。

　　如图 8.24 所示为密勒补偿二级双入单出放大器电路图，其中 M6 和 M7 构成第二级
放大电路，C_m 为密勒补偿电容。当频率很高时，C_m 将 M6 的栅极和漏极短路，这样 M6
就相当于被连接成二极管，使 M6 的等效电阻从原来的 r_{o6} 变成 $1/g_{m6}$，把第二级的总输出
电阻降低到约等于 $1/g_{m6}$，远远小于原来的输出电阻（$r_{o6}// r_{o7}$），从而大大提升了第二级的
极点频率，即从原来的 $1/[(r_{o6}// r_{o7}) C_L]$ 提高为 $1/[C_L/ g_{m6}]$，所以有

$$\omega_{p2} = \frac{g_{m6}}{C_L} \qquad (8\text{-}22)$$

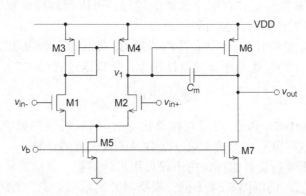

图 8.24　密勒补偿二级双入单出放大器电路图

　　单位增益带宽（Unity-Gain Bandwidth，UGB）是运算放大器的重要设计指标，是指
放大器增益降低到 1（0dB）时的频率，它决定密勒补偿电容的大小。对于图 8.20 中的
稳定系统，第二极点 p2 频率应大于 UGB，即在 UGB 以内可以看作一阶系统，而主极
点 p1 相当于这个一阶系统的极点。虽然从 p1 开始增益按照 20dB/dec 下降，但是在下降
区间内，增益与频率的乘积却是常数，这个常数被称为增益带宽积（Gain-BandWidth，
GBW）。

　　显然，当增益降到 1（0dB）时所对应的频率既是 GBW，也是 UGB，即 GBW 和
UGB 是相等的，或者说 UGB 只是 GBW 在 0dB 时的一个特例。又由于主极点 p1 是按

20dB/dec 下降的区间的起点，p1 所对应的增益值为直流增益，此时计算的 GBW 为 p1 的频率乘以直流增益，所以也可以得出结论，即二级放大器的 UGB 为主极点频率乘以直流增益，注意这个结论只对稳定系统二级放大器有效。

根据上述分析，对于如图 8.22 所示的二级密勒补偿运算放大器，其主极点频率 ω_{p1} 为

$$\omega_{p1} = \frac{1}{r_{out1} \cdot A_{v_2} C_m} \tag{8-23}$$

式中，r_{out1} 为第一级的输出电阻；$A_{v_2} C_m$ 为第一级的等效负载电容，是被放大了 A_{v_2} 倍的 C_m。又由于两极放大器的总直流增益为 $A_{v_1} A_{v_2}$，所以 UGB 为

$$UGB = A_{v_1} A_{v_2} \omega_{p1} = A_{v_1} A_{v_2} \cdot \frac{1}{R_{out1} \cdot A_{v_2} C_m} = \frac{A_{v_1}}{R_{out1} C_m} \tag{8-24}$$

如果以图 8.24 为例，A_{v_1} 用输入管的跨导 g_{m1} 乘以输出电阻 r_{out1} 来表示，且不考虑正负号，则

$$UGB = \frac{A_{v_1}}{r_{out1} C_m} = \frac{g_{m1} r_{out1}}{r_{out1} C_m} = \frac{g_{m1}}{C_m} \tag{8-25}$$

可见，UGB 是第一级跨导 g_{m1} 除以 C_m。

由于在 UGB 的推导过程中，式（8-24）消掉了 A_{v_2}，式（8-25）消掉了 r_{out1}，所以 UGB 只与 g_{m1} 和 C_m 有关。记住这两个消掉的过程，可以帮助理解和记忆 UGB 公式，这个公式非常重要，手工计算一定会用到。

由于 UGB 是给定的设计指标，而 C_m 可通过 C_L 求出（C_m 约为 $0.22 C_L$，关于这个问题后面还要专门讨论），且 C_L 也是给定的设计指标，所以通过式（8-25）可得到 g_{m1} 为

$$g_{m1} = UGB \cdot C_m \tag{8-26}$$

可见，根据设计指标 UGB 和 C_L 可以直接算出 g_{m1}，然后再根据设定的过驱动电压算出 MOS 管的宽长比，这样就可以完成对第一级共源极放大管的计算。

UGB 是一个很重要的设计指标，它不仅可用来计算第一级的跨导 g_{m1}，而且还可用来计算第二级的跨导 g_{m6}。仍以图 8.24 为例，根据参考文献 [2, 3]，如果密勒补偿的相位裕度为 60°，则要求第二个极点频率 ω_{p2} 为 2.2 倍的 UGB，所以根据式（8-22）有

$$\omega_{p2} = \frac{g_{m6}}{C_L} = 2.2 \times UGB \tag{8-27}$$

式（8-27）两边乘以 C_L，可得

$$g_{m6} = 2.2 \times UGB \cdot C_L \tag{8-28}$$

可见，根据设计指标 UGB 和 C_L 也可算出 g_{m6}，然后再根据设定的过驱动电压也能算出宽长比，这样也就完成了第二级共源极放大管的计算。

需要说明一下，如果是相位裕度为 45° 的密勒补偿，则要求第二个极点的频率为 1 倍的 UGB，需要将式（8-28）中的 2.2 改为 1。

密勒零点：虽然密勒补偿电容可以有效地分裂极点，增加相位裕度，但是由于它把第二级放大器的输入输出直接连接起来，为输入输出提供了另外一条通道，所以会给系统转移函数带来一个零点，为了表述方便，本书称其为密勒零点。密勒零点将严重破坏系统的稳定性，下面还是先以图 8.24 的电路为例，计算一下密勒零点频率，然后再讨论解决方案。参考文献 [2] 给出了一种计算密勒零点频率的简单方法，它是根据密勒零点的物理意义计算密勒零点 s_z，非常简单实用，下面介绍给大家。

如图 8.25 所示为图 8.24 电路的第二级交流小信号等效电路，其中 r_{out} 为第二级的输出电阻，其值为 $r_{o6}//r_{o7}$。可以看出，从 v_1 到 v_{out} 有两条信号通路，一条是经过 C_m 的通路，其电流用 I_1 表示，另外一条是经过 M6 的通路，其电流用 I_2 表示，I_1 和 I_2 进入 r_{out} 产生输出电压 v_{out}。根据密勒零点的定义有 $v_{out}(s_z)=0$，此时相当于流过 r_{out} 的电流为零，即

$$I_1(s_z)=[v_1(s_z)-v_{out}(s_z)]C_m s_z = v_1(s_z)C_m s_z$$
$$I_2(s_z)=-g_{m6}v_1(s_z)$$
$$(8-29)$$
$$I_1(s_z)+I_2(s_z)=v_1(s_z)C_m s_z - g_{m6}v_1(s_z) = v_1(s_z)[C_m s_z - g_{m6}] = 0$$

所以，可得零点 s_z 为

$$s_z = \frac{g_{m6}}{C_m} \qquad (8-30)$$

式（8-30）所得到的密勒零点位于右半平面，它对系统稳定性的破坏作用是双重的 [2]。第一，无论密勒零点是在左半平面还是右半平面，都会使增益按 20dB/dec 的斜率上升，能抵消一个极点的下降作用，造成增益下降变慢。第二，右半平面的密勒零点会产生负的相移，与极点的负相移叠加在一起，使相位变化更加迅速。这样，右半平面密勒零点不仅加快了相移，而且还减缓了增益下降，造成 180°

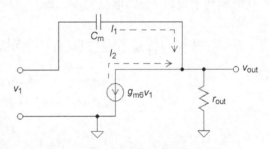

图 8.25　第二级交流小信号等效电路

相位很快就移完，而增益却还迟迟没有降低到 1（0dB）的情况，导致系统不稳定。

为了解决密勒零点对稳定性的双重破坏问题，第一种措施是把密勒零点频率推得很高很高，使它基本不影响 UGB 之内的频率特性。具体方法是把密勒零点频率 ω_z 设置在 10 倍的 UGB 处，所以，根据式（8-30）和式（8-25）可得

$$\omega_z = \frac{g_{m6}}{C_m} = 10 \times UGB = 10 \times \frac{g_{m1}}{C_m} \qquad (8-31)$$

这样

$$g_{m6} = 10 \times g_{m1} \qquad (8-32)$$

可见，为了使密勒零点的影响忽略不计，第二级的跨导要设计为第一级跨导的 10 倍以上 [2, 3]。

将式（8-25）代入式（8-27），再利用式（8-32）中的 10 倍关系，可得

$$\omega_{p2} = \frac{g_{m6}}{C_L} = 2.2 \times \text{UGB} = 2.2 \times \frac{g_{m1}}{C_m}$$

$$\frac{C_m}{C_L} = 2.2 \times \frac{g_{m1}}{g_{m6}} = 2.2 \times \frac{1}{10} = 0.22 \qquad (8\text{-}33)$$

$$C_m = 0.22 C_L$$

总结一下，结合式（8-32）和式（8-33），如果把密勒零点推到 10 倍 UGB，应该满足如下关系：

1）第二级跨导应是第一级跨导的 10 倍。

2）若相位裕度为 60°，C_m 应等于 $0.22C_L$。

3）若相位裕度为 45°，C_m 应等于 $0.1C_L$。

将密勒零点推向远处的方案是以功耗为代价的，因为它要求 g_{m6} 必须是 10 倍的 g_{m1} 以上，当 g_{m1} 较大时，g_{m6} 就必须用很大的电流来实现。下面向大家介绍第二种措施，即带调零电阻的密勒补偿，调零电阻在不增加电流的情况下，不仅可以将密勒零点推得很高，而且也可以将密勒零点移到左半平面，与第二个极点相消，把二阶系统变成一阶系统，使系统更加稳定。

为图 8.25 中的电容 C_m 串联一个电阻 R_m，可得如图 8.26 所示带调零电阻的第二级交流小信号等效电路，其中 R_m 就是调零电阻。同理，根据密勒零点的物理意义，$v_{out}(s_z)=0$，此时相当于流过 r_{out} 的电流为零，即

$$I_1(s_z) = \frac{v_1(s_z) - v_{out}(s_z)}{\dfrac{1}{C_m s_z} + R_m} = \frac{v_1(s_z)}{\dfrac{1}{C_m s_z} + R_m}$$

$$I_2(s_z) = -g_{m6} v_1(s_z) \qquad (8\text{-}34)$$

$$I_1(s_z) + I_2(s_z) = \frac{v_1(s_z)}{\dfrac{1}{C_m s_z} + R_m} - g_{m6} v_1(s_z) = v_1(s_z) \left[\frac{1}{\dfrac{1}{C_m s_z} + R_m} - g_{m6} \right] = 0$$

所以，s_z 为

$$s_z = \frac{1}{C_m \left(\dfrac{1}{g_{m6}} - R_m \right)} \qquad (8\text{-}35)$$

比较式（8-30）与式（8-35）可以看出，增加调零电阻后，密勒零点 s_z 的分母中出现了减法运算，通过合理设置 g_{m6} 和 R_m 的值，既可以把密勒零点频率推得很高，也可以把密勒零点在左右平面自由放置。如果要将密勒零点频率推得很高，只要让 R_m 等于 $1/g_{m6}$ 就可以了，虽然它们不可能严格相等，但是使密勒零点频率远远超过 10 倍 UGB 应该没什么问题，由于这里没有 10 倍 g_{m1} 之类的约束条件，所以不需要以功耗为代价。

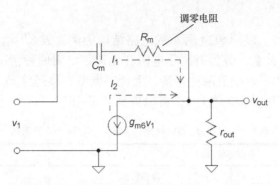

图 8.26 带调零电阻的第二级交流小信号等效电路

调零电阻不仅可以把密勒零点移到左半平面，而且还可以让它消掉位于左半平面的第二个极点 p2，使二阶系统变成一阶系统。根据式（8-22），若要消掉第二个极点，需要有

$$\frac{1}{C_m\left(\dfrac{1}{g_{m6}}-R_m\right)}=-\frac{1}{C_L\dfrac{1}{g_{m6}}} \tag{8-36}$$

式中，等号右边为第二个极点，负号表示在左半平面，整理可得

$$R_m=\left(1+\frac{C_L}{C_m}\right)\frac{1}{g_{m6}} \tag{8-37}$$

虽然可以通过式（8-37）实现零极点相消，但是在 PVT 的影响下，无论是电阻值，还是电容值，或者是 MOS 管的跨导等都会有所变化，使零极点位置出现偏差，影响消除效果。为了使调零电阻与 MOS 管具有相同的 PVT 变化，在参考文献 [3] 中给出了一种使用工作在线性区的 MOS 管实现调零电阻的方法，有兴趣的读者可以去参考一下，这里不再详细介绍。但是零极点相消的系统一定是最优的吗？这个问题需要讨论一下。

假如运算放大器的第二个极点被完美地消掉了，则放大器的转移函数只剩下了一个极点，由于一个极点最多只能产生 90° 相移，所以理论上相位裕度就可以达到 90°。这里就会产生一个问题，相位裕度越大越好吗？到底是 90° 好，还是 45° 好，有没有最优值，若有是多少呢？为了回答这个问题，请看如图 8.27 所示的不同相位裕度情况下的阶跃响应 [2]。

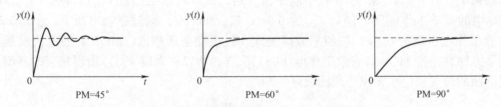

图 8.27 不同相位裕度情况下的阶跃响应

虽然相位裕度越大越稳定，但是从图 8.27 可以看出，相位裕度太大则阶跃响应太慢，需要的稳定时间太长，而相位裕度太小则会出现振铃，但随着相位裕度的增加振铃逐渐减小，在振铃刚好消失时对应的相位裕度为 60°[2, 3]。一般把 60° 设为相位裕度最优值，尤其是在速度优先的情况下，一般不会采用零极点抵消的设计方案，因为它的相位裕度是

90°，响应速度较慢。

为了方便大家查找，以图 8.24 所示的电路结构为例，表 8.1 给出了跨导 g_m 与设计指标 UGB、C_L 和 PM 的关系，分为有调零电阻和无调零电阻两种情况，有调零电阻又分为将密勒零点推到远处和零极相消两种方案，无调零电阻方案是将 ω_z 设置为 10 倍的 UGB。另外，将表中 g_{m6} 公式中的 2.2 改为 1，可以得到 PM=45°。

表 8.1　跨导 g_m 与设计指标 UGB、C_L 和 PM 的关系

有调零电阻		无调零电阻
零点推到无穷远 相位裕度为 60°	零极相消 相位裕度为 90°	ω_z 设置成 10UGB 相位裕度为 60°
$C_m < C_L$ $g_{m1}=\text{UGB} \cdot C_m$ $g_{m6}=2.2 \times \text{UGB} \cdot C_L$ $R_m=\dfrac{1}{g_{m6}}$	$C_m < C_L$ $g_{m1}=\text{UGB} \cdot C_m$ $g_{m6} \approx 10 \times g_{m1}$ （建议值） $R_m=\left(1+\dfrac{C_L}{C_m}\right)\dfrac{1}{g_{m6}}$	$C_m=\dfrac{2.2}{10} \times C_L$ $g_{m1}=\text{UGB} \cdot C_m$ $g_{m6}=2.2 \times \text{UGB} \cdot C_L$

注：g_{m6} 公式中的 2.2 改为 1，可以得到 PM=45°。

8.4　g_m、W/L 及 $\mu_n C_{OX}$ 的计算

计算 MOS 管跨导 g_m 和宽长比 W/L 是设计运算放大器的首要任务，由于绝大多数 MOS 管都工作在饱和区，所以要牢记 MOS 管饱和区电流的平方律公式，以 NMOS 管为例，I_D 为

$$I_D=\frac{1}{2}\mu_n C_{OX} \frac{W}{L}(V_{GS}-V_{TH})^2 \tag{8-38}$$

式中，μ_n 为电子的迁移率；C_{OX} 为栅与沟道的单位面积电容；V_{GS} 为栅源电压；V_{TH} 为阈值电压；括号 $(V_{GS}-V_{TH})$ 是 V_{GS} 超过 V_{TH} 的部分，又被称为过驱动（overdrive）电压 $V_{D,sat}$。

如果 V_{GS} 小于 V_{TH}，MOS 管就不能正常开启，所以可以把超过 V_{TH} 的部分 $V_{D,sat}$ 理解为 V_{GS} 中的有效工作电压。例如 V_{GS} 为 0.9V，V_{TH} 为 0.7V，则过驱动电压 $V_{D,sat}$ 为 0.2V，即有效工作电压就为 0.2V。按照平方律公式，过驱动电压越大，MOS 管的电流就越大，所谓平方律就是指 MOS 管有效工作电压的二次方，所以在理解 $V_{D,sat}$ 物理意义的基础上，按照下面的形式来记平方律公式比较好，即

$$I_D=\frac{1}{2}\mu_n C_{OX} \frac{W}{L}V_{D,sat}^2 \tag{8-39}$$

虽然根据式（8-39）可以看出提高 $V_{D,sat}$ 可以增加电流 I_D，但是为了增加共模输入范围，或者预留出足够的输出动态范围，$V_{D,sat}$ 通常不能太大，一般设置为 0.2V 左右。在 $V_{D,sat}$ 被限定后，就只能靠增加 W/L 来提高 I_D。但增加 W/L 会使寄生电容变大，影响放大器的频率特性和稳定性。当然，如果动态范围允许，提高 $V_{D,sat}$ 增加 I_D 也是可以的。

MOS 管可以把变化的电压转化为变化的电流，跨导 g_m 就是反映这种转化能力的物理量，对式（8-39）两边对 V_{GS} 求偏导，可得

$$g_m = \frac{\partial I_D}{\partial V_{GS}} = \frac{\partial}{\partial V_{GS}}\left[\frac{1}{2}\mu_n C_{OX}\frac{W}{L}(V_{GS}-V_{TH})^2\right]$$

$$= \mu_n C_{OX}\frac{W}{L}(V_{GS}-V_{TH}) \tag{8-40}$$

$$= \mu_n C_{OX}\frac{W}{L}V_{D,sat}$$

根据式（8-39）得

$$V_{D,sat} = \sqrt{\frac{2I_D}{\mu_n C_{OX}\frac{W}{L}}} \tag{8-41}$$

将式（8-41）代入式（8-40），可得跨导 g_m 的第二种表达形式，即

$$g_m = \mu_n C_{OX}\frac{W}{L}V_{D,sat} = \mu_n C_{OX}\frac{W}{L}\sqrt{\frac{2I_D}{\mu_n C_{OX}\frac{W}{L}}} \tag{8-42}$$

$$= \sqrt{\mu_n C_{OX}\frac{W}{L}\cdot 2I_D}$$

由于跨导公式（式（8-40））与电流公式（式（8-39））之间只差一个 $\frac{1}{2}V_{D,sat}$，所以式（8-40）还可以变形为跨导 g_m 的第三种表达形式，即

$$g_m = \frac{\mu_n C_{OX}\frac{W}{L}V_{D,sat}\cdot\frac{1}{2}V_{D,sat}}{\frac{1}{2}V_{D,sat}} = \frac{2I_D}{V_{D,sat}} \tag{8-43}$$

通过上面的推导可以看出，只要记住 I_D 的平方律公式，经过简单推导就可以得到 g_m 的 3 种表达形式，无须死记硬背。由于式（8-40）用电压（$V_{D,sat}$）求 g_m，式（8-42）用电流（I_D）求 g_m，而式（8-43）同时用到电压（$V_{D,sat}$）和电流（I_D）求 g_m，所以为了表述方便，本书将这 3 种表达形式分别命名为 g_m 电压公式、g_m 电流公式和 g_m 电压电流公式（见表 8.2）。

表 8.2　g_m 的 3 种表达式

名称	表达式
g_m 电压公式	$\mu_n C_{OX}\frac{W}{L}V_{D,sat}$
g_m 电流公式	$\sqrt{\mu_n C_{OX}\frac{W}{L}\cdot 2I_D}$
g_m 电压电流公式	$\frac{2I_D}{V_{D,sat}}$

  表 8.2 中的电压公式和电流公式主要用于求 W/L，也就是在 g_m 为已知的情况下，通过 I_D 或 $V_{D,sat}$ 计算宽长比 W/L，而当 MOS 管的 I_D 与 $V_{D,sat}$ 被同时限定时，可以用电压电流公式估算或验证可能得到的跨导值。例如，从表 8.1 可以看出，由于各级 g_m 的大小是由 UGB、负载电容 C_L 和 PM 决定的，所以 g_m 的电压电流公式只是用来估算或验证 g_m，尤其是在 g_m 和 $V_{D,sat}$ 都确定的情况下，可以估算和调整 I_D 的大小。

  在手算过程中，会反复用到 $\mu_n C_{ox}$ 和 $\mu_p C_{ox}$。虽然在做练习题时教材会给出这些参数，但是在实际项目中，这些参数却要自己在 PDK 中查找。下面先简单介绍一下这些参数的物理意义，然后再介绍从 PDK 中获取这些参数的方法。

  根据第 2 章的介绍，μ_n 是电子的迁移率，μ_p 是空穴的迁移率，一般以 $cm^2/$（$V\cdot s$）为单位。通常情况下 μ_n 是 μ_p 的 2 ~ 3 倍，在表 2.1 中曾经给出过 Ge 和 Si 在 300K 时迁移率的典型值，基本符合这个比例。由于迁移率与掺杂浓度有关，所以对于不同的 CMOS 工艺，μ_n 和 μ_p 会有所不同，因此必须用 PDK 中给定的参数进行计算。另外，由于迁移率还与温度有关，温度越高，迁移率越低，因此必须进行温度仿真，才能确保温度范围内电路功能正常。

  C_{ox} 是栅氧层单位面积的电容，或者称为栅电容密度，其表达式为

$$C_{OX} = \frac{\varepsilon_{SiO_2}}{t_{OX}} = \frac{\varepsilon_{r,SiO_2} \cdot \varepsilon_0}{t_{OX}} = \frac{3.9 \times 8.85 \times 10^{-12}}{t_{OX}} = \frac{3.4515 \times 10^{-11}}{t_{OX}} \qquad (8\text{-}44)$$

式中，t_{OX} 为栅氧层的厚度；ε_{SiO_2} 为栅氧层的介电常数，它是 SiO_2 的相对介电常数 ε_{r,SiO_2} 与真空介电常数 ε_0 的乘积，手工计算时这两个参数的精度不用太高，使用 $\varepsilon_{r,SiO_2} = 3.9$ 和 $\varepsilon_0 = 8.85 \times 10^{-12}$ F/m 进行计算即可。可以看出，C_{OX} 是间接得到的参数，它需要用 PDK 提供的 t_{OX} 计算出来。

  阈值电压 V_{TH} 也是重要的模型参数，它与 $V_{D,sat}$、I_D 和 V_{GS} 等都有关系，对于不同的 PDK 或同一个 PDK 中不同类型的 MOS 管，阈值电压也不同，其跨度可以从 0.3V 到 1V 以上，并非总是 0.7V 左右。

  在拿到 PDK 以后，有两种方法获得 μ、t_{OX} 和 V_{TH}，一种是文件查找法，该方法就是在 PDK 的模型文件中直接查找这些参数；另一种是 dc 仿真法，该方法需对 MOS 管进行 dc 仿真，然后用 ADE 的 Results 菜单工具直接列出器件的模型参数，其中就包括 μ、t_{OX} 和 V_{TH}。下面结合上华 CSMC 0.5μm CMOS 工艺 PDK（st02）和 SMIC 0.18μm CMOS PDK（smic18mmrf），对这两种方法进行具体介绍。

  （1）文件查找法 打开 PDK 提供的器件模型文件，Spectre 格式的模型文件扩展名为 .scs，然后找到相应的器件模型，模型中的 tox、vth0 和 u0 就是所需要的 t_{OX}、V_{TH} 和 μ。

  如图 8.28 所示为 CSMC 0.5μm CMOS PDK 中 Spectre 格式的模型文件 s05mixddst02v23.scs，图中的 model 行定义的 MOS 管模型名称为 mn，它是这个 PDK 中的一种 NMOS 管模型，其中的 +tox = 1.25e-08+toxn 就是这种类型 NMOS 管的栅氧层厚度 t_{OX}，其中 toxn 为工艺角偏差，在 TT 工艺角时为 0，由于手工计算主要是针对 TT 工艺角，所以把 toxn 当成 0 即可，器件模型参数采用国际单位制，因此 mn 模型 NMOS 管栅氧层厚度为 12.5nm。

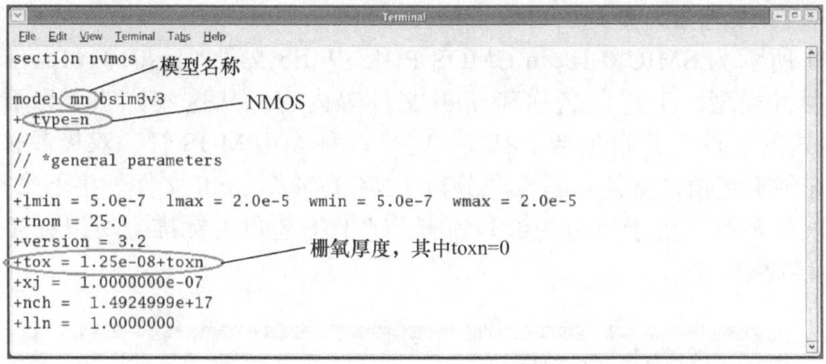

图 8.28　Spice 模型文件中的栅氧层厚度参数

如图 8.29 所示为阈值电压 V_{TH} 的参数，在 mn 模型的阈值电压参数部分，语句行 +vth0 = 7.55e–01+vth0n 给出了阈值电压，由于 vth0n 在 TT 工艺角时为 0，所以阈值电压为 0.755V。

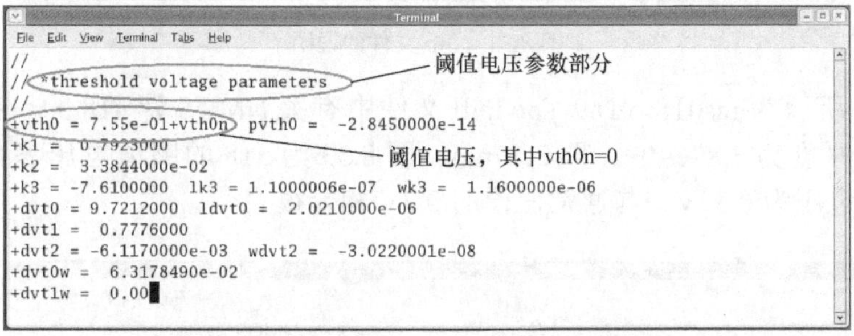

图 8.29　Spice 模型文件中的阈值电压参数

如图 8.30 所示为迁移率 μ 的参数，在 mn 模型的迁移率参数部分，语句行 +u0 = 4.0425720e–02 给出了迁移率，与表 2.1 中给出参数单位是 $\text{cm}^2/(\text{V·s})$ 不同，这里采用的是 $\text{m}^2/(\text{V·s})$，由于 m^2 与 cm^2 之间相差 4 个数量级，所以它们从数值本身看差别很大。用类似的方法还可以查找 PMOS 管 mp 的参数。

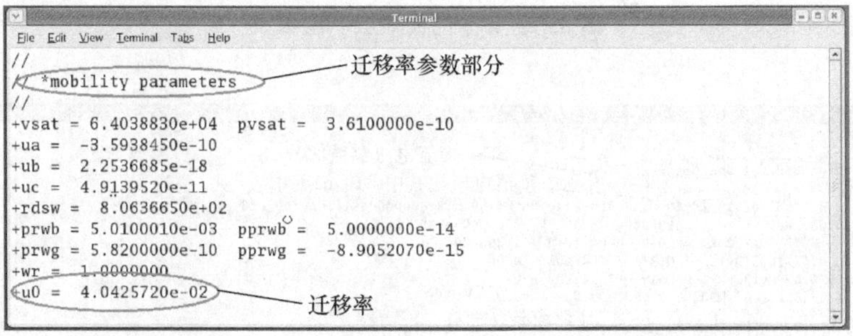

图 8.30　Spice 模型文件中的迁移率参数

如果没有 .scs 的模型文件，那么就是以 .lib 文件的形式给出的模型，.lib 文件定义了器件的分类和各工艺角的偏差，然后用 include 语句包含最基础的模型参数文件。所以在查找器件参数时，需要先看看 .lib 文件中的注释和使用说明，然后找到 include 语句，打开 include 语句中所指向的文件，通常为 .mdl 文件。在 .mdl 文件中查找模型参数，一般这些参数对应 TT 工艺角,查到后可以直接使用。

如图 8.31 所示为 SMIC 0.18μm CMOS PDK 中 .lib 文件（ms018_v1p9_spe.lib）的说明,其中有器件类型、工艺角名称和 .mdl 文件等内容。从这些说明可以看出,这是一个 Spectre 格式的文件,其中包括 1.8V 和 3.3V 两种类型 MOS 管、双极晶体管、电阻和 MIM 电容,5 种工艺角,支持蒙特卡罗分析（MC）,4 个 .mdl 文件。接下来是从 TT 工艺角开始定义误差参数,由于所有的参数都是以 TT 工艺角为标准,所以在 TT 工艺角下,所有的误差参数都为 0。

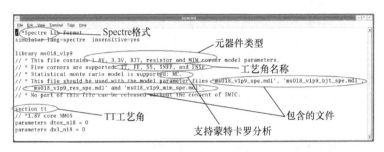

图 8.31　.lib 文件的说明

如图 8.32 所示为 ms018_v1p9_spe.mdl 文件中有关 NMOS 管 n18 的一些参数,图中 n18 的栅氧层厚度为 3.87e-09,即 3.87nm。图 8.33 为 n18 的阈值电压参数和迁移率参数,其中阈值电压为 0.39V,与通常假设的 0.7V 相差很大。

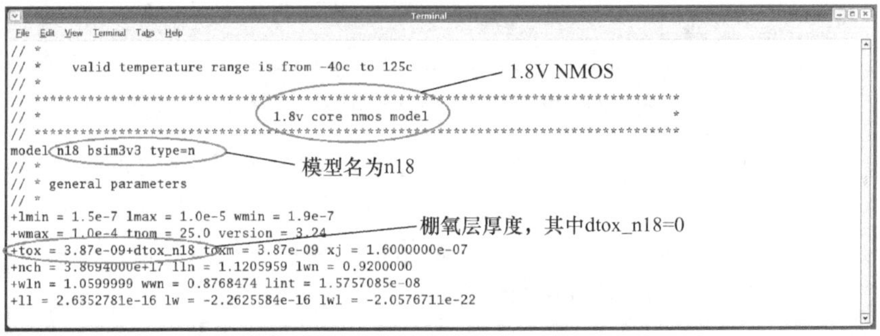

图 8.32　n18 的栅氧层厚度参数

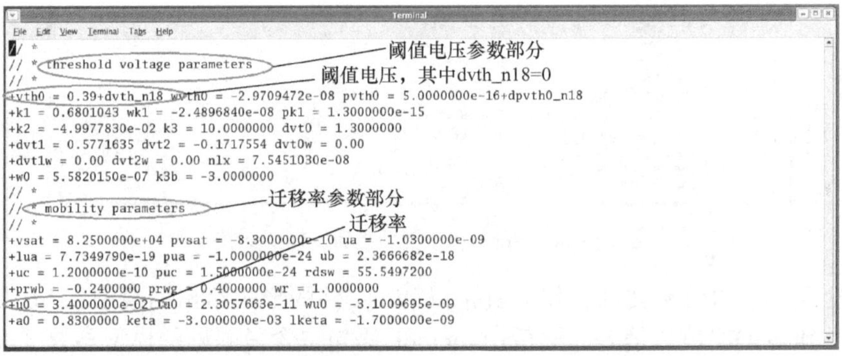

图 8.33　n18 的阈值电压参数和迁移率参数

（2）dc 仿真法　如图 8.34 所示,在 Cadence 的 ADE 环境中,对电路进行 dc 仿真,然后单击 Results → Print → Model Parameters 菜单，弹出空的 Results Display Window 窗口，再回到电路图中单击 MOS 管，窗口就会显示被单击 MOS 管的模型参数。如图 8.35 所示为 CSMC 0.5μm CMOS 工艺中 mn 管的模型参数，如图 8.36 所示为 SMIC 0.18μm CMOS 工艺中 n18 管的模型参数，模型参数也采用国际单位制，与直接查看文件所得到的结果是相同的。

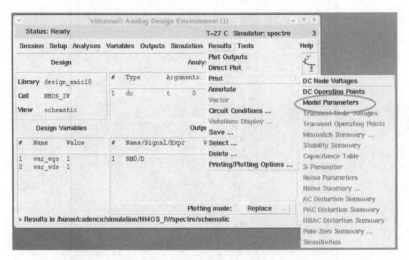

图 8.34　单击 Results → Print → Model Parameters 菜单

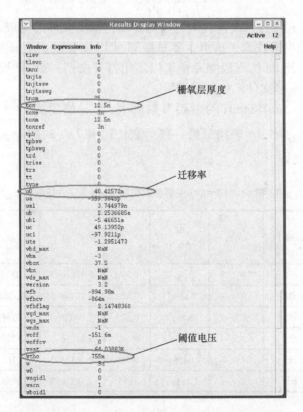

图 8.35　CSMC 0.5μm CMOS 工艺中 mn 管模型参数

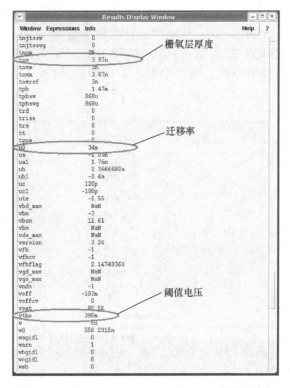

图 8.36　SMIC 0.18μm CMOS 工艺中 n18 管模型参数

　　以上两种方法各有特点，文件查询方法需要知道模型文件的构成及包含关系，而且还需要较为熟练的文档检索技术（这里主要是指 vi 使用技术），并且还要确保参数与模型之间正确的对应关系，而 dc 仿真法则完全可以不用打开文档，也不用了解文档的构成及包含关系，只要 Spice 模型文件添加正确即可。

　　表 8.3 为 st02 和 smic18mmrf 的主要参数列表，C_{OX} 使用式（8-44）进行计算，其中 ε_0=8.85e-12F/m，ε_{r,SiO_2}=3.9。表中最后一列为宽长比 W/L=1 时跨导 g_m 的典型值，过驱动电压设置为 $V_{D,sat}$=0.2V。

表 8.3　st02 和 smic18mmrf 主要参数列表（ε_0=8.85e-12F/m，ε_{r,SiO_2}=3.9）

PDK	model	t_{OX}/m	$\mu_0/$ ($m^2/V \cdot s$)	V_{TH}/V	C_{OX}/F	$\mu_0 C_{OX}/(A/V^2)$	g_m ($V_{D,sat}$=0.2V) (W/L=1)
SMIC 0.18μm （smic18mmrf）	n18	3.87e-9	3.4e-2	0.390	8.9186e-3	3.0323e-4	≈60μS
	p18	3.74e-9	8.66e-3	0.402	9.2286e-3	7.992e-5	≈16μS
	n33	6.65e-9	3.5e-2	0.695	5.1902e-3	1.8166e-4	≈36μS
	p33	6.62e-9	9.25e-3	0.672	5.2137e-3	4.8227e-5	≈9.6μS
CSMC 0.5μm （st02）	mn	1.25e-8	4.0426e-2	0.755	2.7612e-3	1.1162e-4	≈22μS
	mp	1.24e-8	2.155e-2	0.93	2.7835e-3	5.9984e-5	≈12μS

　　从表 8.3 可以看出，在 W/L=1 和 $V_{D,sat}$=0.2V 的条件下，n18 的跨导最大，大约 60μS，

p33 的跨导最小，不到 10μS。作为参考，假设 r_{out}=100kΩ，则 n18 可得到 6 倍的电压增益，而 p33 也就 1 倍左右，如果要继续提高电压增益可以增加宽长比，但电流 I_D 将随之增加，造成功耗加大。如果不想付出功耗代价去提高增益，就只能去提高 R_{out}，也就是在保持宽长比不变的条件下增加栅长，但当栅长过大时，MOS 管的面积也会太大，放大器的频率特性将受到影响，因此需要在功耗与面积之间进行折中。

下面用 smic18mmrf 的工艺参数，对如图 8.37 所示的有源负载共源极放大器进行手工计算，然后再进行电路仿真。电路中的 PM0 为共源极放大管，NM0 为有源负载，它与 NM1 接成电流镜结构，将 6μA 的参考电流扩大 5 倍，为放大支路提供 30μA 的电流。MOS 管采用 1.8V 的 n18 和 p18，过驱动电压都为 0.2V，放大倍数大于 50。

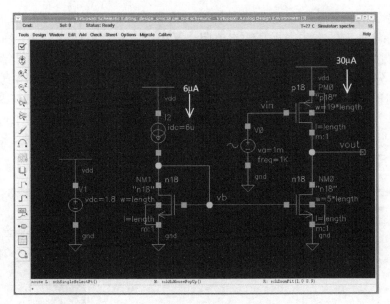

图 8.37 有源负载共源极放大器

NM1 和 NM0 的计算：这两个管都是 n18 型 NMOS 管，其中 NM1 是二极管接法的 NMOS 管，产生栅电压 v_b，在电流为 6μA 和过驱动电压为 0.2V 时，根据电流的平方律公式和表 8.3 中的参数，可得

$$6 \times 10^{-6} = \frac{1}{2} \times 3.0323 \times 10^{-4} \left(\frac{W}{L}\right)_{NM1} \times 0.2^2$$

$$\left(\frac{W}{L}\right)_{NM1} = \frac{2 \times 6 \times 10^{-6}}{3.0323 \times 10^{-4} \times 0.2^2} \approx 1 \tag{8-45}$$

由于 NM1 和 NM0 构成电流镜，且 NM0 要流过 5 倍的参考电流，即 30μA，所以有

$$\left(\frac{W}{L}\right)_{NM0} = 5\left(\frac{W}{L}\right)_{NM1} = 5 \tag{8-46}$$

PM0 的计算：PM0 是 p18 型 PMOS 管，它是共源极放大管，由于其电流为 30μA，过驱动电压为 0.2V，所以根据跨导电压电流公式，可得

$$g_{m,PM0} = \frac{2 \times 30 \times 10^{-6}}{0.2} = 300 \times 10^{-6} = 300(\mu S) \tag{8-47}$$

可见，虽然没有这个 PMOS 管的尺寸，但是它的跨导已经被电流和饱和电压降确定了。下面用电流的平法律公式计算一下这个 MOS 管的尺寸，得

$$30 \times 10^{-6} = \frac{1}{2} \times 7.992 \times 10^{-5} \left(\frac{W}{L}\right)_{PM0} \times 0.2^2$$

$$\left(\frac{W}{L}\right)_{PM0} = \frac{2 \times 30 \times 10^{-6}}{7.992 \times 10^{-5} \times 0.2^2} = 18.77 \approx 19 \tag{8-48}$$

由于共源管的跨导 $g_{m,PM0}$ 已经被其漏极电流和饱和电压降确定了，如果增益达不到 50，就只能靠增加 L 的方法去提高输出电阻。又由于宽长比要保持不变，所以应将 MOS 管的 L 设置成参数 length，而其 W 都设成 length 的倍数，根据前面的计算结果，将 NM0 和 PM0 的 W 分别设置成 $5 \times$ length 和 $19 \times$ length。在增益不够时，可以直接提高参数 length 进行调整，开始时 length 可以设置为工艺允许的最小值。由于 PMOS 管的 L 最小值是 220nm，所以可先将 length 设置为 220nm 进行仿真，然后不断改变 length 来观察增益的变化情况。图 8.38 给出了其中 length 为 520nm 时的仿真波形，表 8.4 给出了有源负载共源极放大器不同栅长的仿真结果。

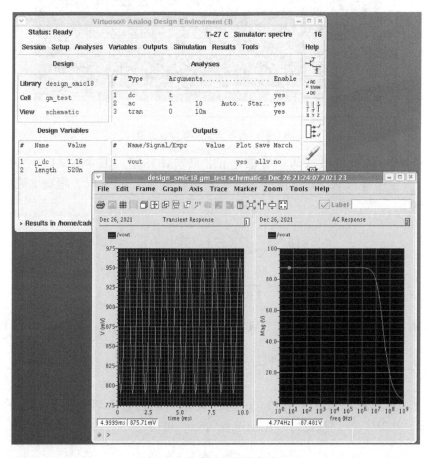

图 8.38　仿真设置和输出波形

表 8.4　有源负载共源极放大器不同栅长的仿真结果

length/nm	v_b/V	$I_{D, NM0}$/μA	gain/ 倍	gain/dB	v_{in} 直流偏置 /V
220	0.587	18	32	30	1.200
320	0.602	22	55	35	1.181
420	0.605	25	75	38	1.165
520	0.606	27	87	39	1.160

从表中可以看出，随着 length 的增加，电流镜栅产生的栅电压 v_b 从 587mV 提高到 606mV，有几十毫伏的变化。电流镜的输出电流从 18μA 提高到 27μA，更接近 30μA。可见 L 越大，电流镜的精度就越高，所以设计电流镜尽量要用 L 较大的管。电压增益从 30dB（32 倍）提高到 39dB（87 倍），提高了将近 10dB。这说明在保证宽长比不变的情况下，调整 L 改变几 dB 的增益是可行的。需要指出，改变 length 后需要对 v_{in} 的偏置电压（直流电压）进行微调，才能使输出电压 v_{out} 的工作点在 0.9V 附近，表中最后一列给出了合适的 v_{in} 偏置值。

8.5　运算放大器主要性能指标

运算放大器的性能指标主要包括电源电压和功耗、电压增益、带宽、相位裕度、建立时间、转换速率、共模抑制比、电源电压抑制比、共模电压输入范围、输出摆幅、负载电容、总谐波失真、输出阻抗和噪声等。下面讨论这些设计指标的物理含义、作用和影响因素，以及相关的计算和优化等内容。为方便读者集中查阅，并使这些内容自成体系，本节特意将必要的公式和图表再次归纳列出。

（1）电源电压和功耗　电源电压是根据工艺确定的，一般 0.5μm CMOS 工艺是 5V，0.18μm CMOS 工艺是 1.8V 和 3.3V。工艺越先进，电源电压越低，当电源电压降低到 1V 以下时，共模输入范围和输出摆幅会受到很大的限制，必须采用低电压结构。另外，根据第 7 章的介绍，大部分 Pad 本身就需要两种电源，例如需要 1.8V 和 3.3V，即使芯片内部只用 1.8V 电源，也要为 Pad 提供 3.3V 电源。在对电路进行 PVT 仿真时，电源电压至少要有 ±10% 的变化，以确保电路在允许的工作电压范围内正常工作。

功耗是非常重要的约束条件，手工计算时应先将功耗转换成电流，然后再进行电流分配。假设各 MOS 管的过驱动电压都设定为 0.2V，则根据 g_m 的电压电流公式可知，电流将决定 g_m 的大小，如果分配的电流不能满足 g_m 的要求，则需要重新进行电流分配，或者适当降低过驱动电压。为了给后续调整留有一定的余地，分配电流时最好预留一些作为备用。

对于两极放大电路而言，在没有特殊要求的情况下，可以先为每个放大级分配相同的电流，并以此为基础对增益带宽积、相位裕度和压摆率等的进行验算，然后再进行适当的调整。对于折叠式共源共栅结构，可以先为差分输入支路和共栅支路分配相同的电流，然后再以此为基础进行计算和调整。

（2）电压增益　在波特图中可以看出，运算放大器的电压增益从直流开始到主极点之间保持平直，过主极点频率后按照 20dB/dec 的斜率下降，因此增益指标通常会以直流或低频增益给出。通常普通单级放大器可以达到 30 ～ 40dB 的电压增益，而套筒或折叠式结构可以达到 70 ～ 80dB，甚至更高。

虽然运算放大器电压增益是由共源管 g_m 和放大器输出电阻 r_{out} 来共同决定的，根据前面讨论的密勒补偿和相位裕度原理可知，二级运算放大器每一级的跨导已经被 UGB 和 PM 限定，因此调整电压增益只能改变每级的输出电阻。普通的共源极差分放大级可以通过改变栅长 L 来调整输出电阻，而采用套筒结构和折叠式结构的放大级还可以通过改变共栅管的本征增益来调整输出电阻。

如图 8.39 所示的电路为常见的开环增益仿真电路，图中 C_L 为负载电容，L_1（1GH）为一个大电感，它将放大器的输出端 v_{out} 连接到负输入端，通过直流反馈为放大器产生闭环工作模式下的直流偏置。C_1（1GF）为一个大电容，将负输入端与地交流短路，确保没有交流反馈信号进入放大器。激励信号 v_{in} 连接到放大器的正输入端，为了进行增益仿真，它的 AC magnitude 必须设置为 1。如果 v_{in} 为叠加在直流共模电压上的正弦波，则电路既可以进行交流仿真，也可以进行瞬态仿真。这里一定要注意，正弦波信号源有两个容易混淆的参数，即 AC magnitude 与 Amplitude，AC magnitude 是用于交流仿真的参数，其值一般设置为 1，而 Amplitude 为正弦波的幅度，用于瞬态仿真。

由于图 8.39 中的 C_1 和 L_1 的值都是天文数字，所以只能用于仿真，不能用于实测。如果需要实测运算放大器，可以采用下面介绍的两种电路结构。第一种测量结构如图 8.40 所示，这是一种适合测量中低增益运算放大器的电路，其中的电阻 R_1 将激励信号 v_{in} 连接到放大器负输入端，电阻 R_2 将放大器的输出端 v_{out} 连接到负输入端，使放大器通过反馈得到合适的静态工作点，v_{in} 为偏置在共模电压上的交流信号，V_{cm} 为直流电压信号，为放大器正输入端提供共模电压。假设放大器正负输入端的交流信号分别为 v_p 和 v_n，则 v_p 一定是 0，而 v_n 由 v_{in} 间接产生，一定不是 0，这样放大器实际的差分输入电压（v_p-v_n）就不为 0，被放大器放大后就是 v_{out}。由于 v_{out} 与（v_p-v_n）之间的比值关系就是开环增益，所以只要能同时测量出 v_{out} 和（v_p-v_n），就可以算出开环电压增益。

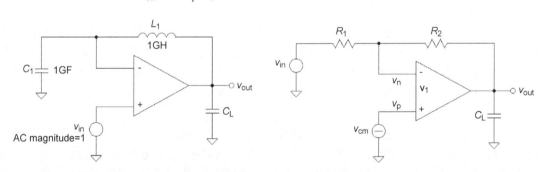

图 8.39　运算放大器开环增益仿真电路图　　　图 8.40　中低增益运算放大器开环增益测量电路

对于如图 8.40 所示的电路，由于 v_{out} 是运算放大器的输出端，其幅度一般都较大，因此可以被比较精确地测量出来，而 v_n 却位于放大器的输入端，其幅度一般都较小，如果要对其进行精确测量，则要求 v_n 也不能太小，换句话说，就是要求放大器的开环电压增益不能太高，否则放大器的输出信号就会跑出动态范围。可见，这种电路结构只适合测量中低增益的运算放大器。这里需要注意，由于 R_2 并联在输出端，为了尽量减小它对输出的影响，其值应远大于输出端的总负载阻抗 [2]。

　　第二种测量结构是如图 8.41 所示的 RC 反馈式运算放大器开环增益仿真和测量电路，它与图 8.39 中的电路结构基本相同，激励 v_{in} 也相同，只是将电感 L_1 换成了电阻 R_1，但是这个电路中的 R_1 和 C_1 都可以是普通电阻值和普通电容值，因此电路是可以实际搭建出来的，这样就能进行实际测量。由于 R_1 和 C_1 对电路引入了负反馈，必须把它们对电路的影响从测量结果中去除掉才能得到真正的开环增益，所以下面先讨论一下 R_1 和 C_1 对开环增益的影响，再说明如何去除反馈影响。

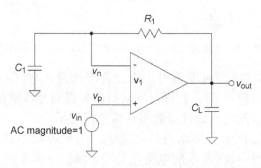

图 8.41　RC 反馈式运算放大器开环增益仿真和测量电路

　　根据图 8.41 可得

$$v_{out}(s) = A_v(s)v_1(s) = A_v(s)\left[v_{in}(s) - \frac{\dfrac{1}{C_1 s}}{R_1 + \dfrac{1}{C_1 s}} v_{out}(s) \right] \qquad (8\text{-}49)$$

式中，$A_v(s)$ 为放大器的开环增益；$v_1(s)$ 为放大器正负端之间的差分输入。整理可得 v_{out} 与 v_{in} 的转移函数为

$$\frac{v_{out}(s)}{v_{in}(s)} = A_v(s) \cdot \frac{s + \dfrac{1}{R_1 C_1}}{s + \dfrac{A_v(s)}{R_1 C_1}} \qquad (8\text{-}50)$$

可以看出，v_{out} 与 v_{in} 的转移函数由两部分构成，一部分是开环增益 $A_v(s)$，另一部分是由 R_1 和 C_1 带来的零极点分式，其中零点频率大小为 $(R_1 C_1)^{-1}$，极点频率大小为 $A_v(s)$ $(R_1 C_1)^{-1}$，可见，零极点分式的极点频率远远高于其零点频率，是零点频率的 $A_v(s)$ 倍。

　　下面研究一下式（8-50）的波特图。如果把波特图中 $A_v(s)$ $(R_1 C_1)^{-1}$ 以下的部分称为反馈部分，以上的部分称为回归部分，则可以得到如图 8.42 所示的波特图，其中 p1 和 p2 为放大器自身的极点。当频率很低时，式（8-50）为 1（0dB），可对应图中零点频率 $(R_1 C_1)^{-1}$ 以下的水平部分。然后，随着频率的增加，增益按照 20dB/dec 的斜率向上升，当频率到达分式极点 $A_v(0)$ $(R_1 C_1)^{-1}$ 后，极点抵消了零点的 20dB/dec 上升趋势，使增益变为水平，波特图进入了回归部分。回归部分就是放大器自身的波特图，反馈的影响没有了。这可以简单地理解为，当频率很高时，零极点分式中分子和分母的模基本相同，其比值为 1，式（8-50）就变成了 $A_v(s)$。

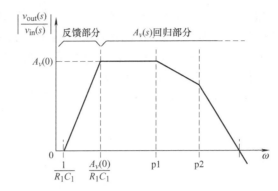

图 8.42 RC 反馈式运算放大器开环增益仿真和测量电路波特图

从如图 8.42 所示的波特图可以看出，通过合理选择 R_1 和 C_1 的值，使反馈产生的极点频率适当远离放大器的极点 p1，就可以从回归部分得到开环增益 $A_v(s)$，反馈的影响可以忽略不计。相频特性以此类推，这里就不再重复讨论了。

在前面讨论的仿真或测量开环增益的电路中，图 8.39 所示的电路专用于仿真，无法用于测量，而图 8.40 和图 8.41 所示的电路主要用于测量，其中图 8.40 中电路的缺点是只能测量中低增益的放大器，又由于是间接得到差分信号，需要同时测量差分输入和输出，并且进行数据处理后才能得到开环增益，所以过程比较复杂。而图 8.41 中的电路却可以通过频率扫描直接得到开环增益曲线，比图 8.40 中的电路方便很多，但缺点是需要合理设置 R_1 和 C_1 的值，在对放大器性能不十分了解时，只能通过试验去摸索，才能找到合适的反馈零极点。

（3）带宽　放大器带宽有 UGB（单位增益带宽）和 BW_{3dB}（3dB 带宽）两种，通常把 UGB 作为设计指标。由于 UGB 与 GBW（增益带宽积）相等，而 GBW 等于直流增益（设计指标）乘以 BW_{3dB}，所以 BW_{3dB} 也可以通过设计指标 UGB 和直流增益算出。

根据前面的讨论，对于两极带密勒补偿的放大器而言，UGB 为第一级的跨导除以密勒补偿电容，所以在密勒补偿电容已经确定的情况下，第一级跨导由 UGB 决定，也就是说设计指标 UGB 的作用之一就是计算第一级跨导。在下面的相位裕度讨论中还将看到，UGB 也将决定第二级的跨导。

（4）相位裕度　根据密勒补偿原理可知，为了保证负反馈系统的稳定，二级放大器要留有一定的相位裕度。虽然相位裕度越大放大器越稳定，但是相位裕度越大，则阶跃响应越慢，而相位裕度太小又会出现振铃，其中 60° 为振铃的临界角度，此时阶跃响应可以得到不出现振铃的最快速度，所以综合性能最好 [2]。

两级放大器的相位裕度与第二级的极点频率有关，而第二级的极点频率等于第二级跨导除以负载电容，所以相位裕度指标是由第二级跨导实现的。由前面的分析可知，经过密勒补偿后，当设计指标相位裕度为 45° 时，第二级的极点频率应等于 UGB；当相位裕度为 60° 时，第二级的极点频率应等于 2.2 倍的 UGB。由此可以得出结论，第二级跨导是由相位裕度和 UGB 共同决定的，负载电容越大，所需的跨导就会越大。根据表 8.2 中跨导的电压电流公式，在过驱动电压确定的情况下，跨导与电流成正比，跨导越大，则电流越大，即功耗越大。关于第一级跨导和第二级跨导与相位裕度、UGB 和 C_L 的关系，读者可参阅表 8.1 进行手工计算。

（5）建立时间　建立时间（Setup Time, ST）是放大器的小信号阶跃响应时间，ST 越小，放大器的速度就越快。ST 与放大器的主极点频率有关，主极点频率越高，阶跃响应越快，ST 越短。在高速 ADC 设计中，采样保持电路必须在每个规定的采样时间内迅速稳定到采样值，要求运算放大器的建立时间必须很短，以确保在采样周期内完成采样保持和转换。

下面先从一阶 RC 低通滤波器的阶跃响应开始讨论，然后具体给出 ST 与主极点频率的关系。如图 8.43 所示为一阶 RC 低通滤波器的电路图和阶跃响应波形，其中的阶跃响应波形就是一个 RC 的充电过程波形，输出电压 v_{out} 按指数上升，并无限接近稳定值。如果以 RC 电路的时间常数 τ（$\tau=RC$）为单位，且稳定值为 1，则表 8.5 给出了 v_{out} 在 $1 \sim 5$ 倍 τ 时的大小以及误差范围。可以看出，当 $t=4\tau$ 时，v_{out} 与稳定值的误差小于 2%。

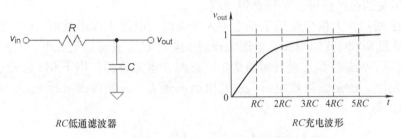

RC低通滤波器　　　　　　　　　　　　　　　RC充电波形

图 8.43　一阶 RC 低通滤波器电路和阶跃响应波形

表 8.5　v_{out} 与时间 t 的对应关系

t	v_{out}	误差百分比
τ	0.6321	37%
2τ	0.8647	14%
3τ	0.9502	5%
4τ	0.9817	2%
5τ	0.9933	1%

由于在 UGB 之内，即 0dB 频率点以下，稳定的二阶系统只有一个主极点，所以可以把它看为一个一阶 RC 低通滤波器，且其主极点 p1 的频率 f_{p1} 为

$$f_{p1} = \frac{1}{2\pi RC} = \frac{1}{2\pi} \cdot \frac{1}{\tau} \tag{8-51}$$

可见，只要知道了 τ，就能很容易算出主极点频率 f_{p1}。

如果放大器只给出了 ST 指标，而又没有其他说明，则可以认为 ST 是指输出电压接近稳定值 2% 以内的时间，即 ST 为 4τ，所以把 ST 除以 4 可以得到 τ，再用式（8-51）就可以算出主极点频率 f_{p1}。又由于 f_{p1} 等于 BW_{3dB}，所以用 GBW（即 UGB）除以 f_{p1} 就可以计算出所需的直流增益。总之，建立时间与主极点频率有关，建立时间越小，则要求主极点频率越高，BW_{3dB} 越大。

仿真 ST 可以使用如图 8.44 所示的跟随器电路，激励信号 v_{in} 施加在放大器的同相输入端，是一个位于共模偏置电压上 200mV 左右的阶跃信号，v_{out} 从阶跃的上升沿到接近稳定值所需要的时间就是建立时间。v_{out} 接近稳定值的程度取决于具体应用，一般情况下小于等于 2%。由于 ST 是放大器的小信号工作特性，所以阶跃信号幅度不能太大，以确保放大器中的 MOS 管都正常工作在饱和区。

（6）转换速率　转换速率（Slew Rate，SR）又称为压摆率，是闭环情况下运算放大器对大幅度阶跃信号的响应速度，即输出端电压上升或下降的最快速率，一般以 V/μs 为单位。SR 反映了放大器处理大信号的速度，在时域上表现为还原大信号细节的能力，或者输出信号追踪输入信号的能力。作为设计指标，SR 主要用于计算最小差分尾电流，或者输出级偏置电流的最小值，是电流分配的关键依据之一。总体来说，SR 越大，需要的电流就越大，是一个直接与功耗相关的设计指标，必须要得到满足。

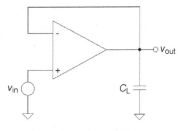

图 8.44　ST 仿真电路

如图 8.45 所示为大信号作用下双端输入单端输出电路工作示意图，C_{load} 为负载电容。左图为 M1 导通 M2 断开的情况，电流镜通过 M4 对 C_{load} 进行恒流充电，右图为 M1 断开 M2 导通的情况，M2 对 C_{load} 进行恒流放电，此时在电流镜的作用下 M4 也处于断开状态。无论是恒流充电，还是恒流放电，C_{load} 的电流都是 I_0，因此输出电压 v_{out} 应为一条斜线，斜率就是 SR，即

$$\text{SR} = \frac{\text{d}}{\text{d}t}\left[v_{\text{out}}(t)\right] = \frac{\text{d}}{\text{d}t}\left[\frac{I_0 \cdot t}{C_{\text{load}}}\right] = \frac{I_0}{C_{\text{load}}} \tag{8-52}$$

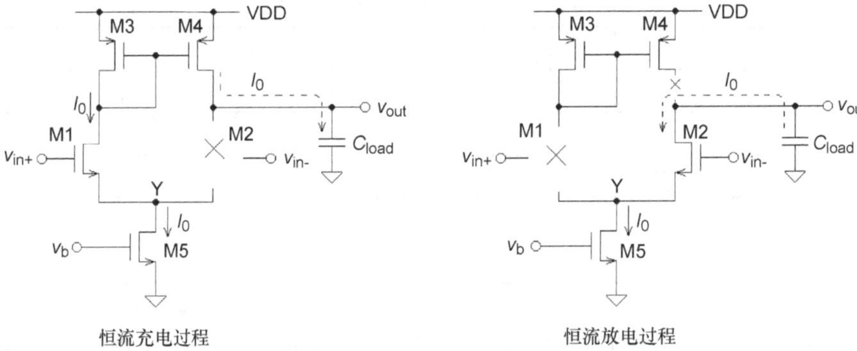

图 8.45　大信号作用下双端输入单端输出电路工作示意图

恒流充电过程　　　　　　　　　　　　恒流放电过程

而对于双端输入双端输出电路而言，在大信号作用下，正负输出端会同时经历充放电过程。如图 8.46 所示，图中的 C_{x1} 和 C_{x2} 分别为左右两路输出端口的等效负载电容，其中左图为 M1 断开，M2 导通，$I_0/2$ 对 C_{x1} 充电和对 C_{x2} 放电的情况，右图为 M1 导通，M2 断开，$I_0/2$ 对 C_{x1} 放电和对 C_{x2} 充电的情况。可以看出，C_{x1} 和 C_{x2} 的充放电电流都是 $I_0/2$，在差分输出的情况下，并且假设 C_{x1} 和 C_{x2} 都同为 C_{x}，则差分输出端的 SR 为

$$\text{SR} = \frac{\frac{I_0}{2}}{C_{\text{x1}}} - \left(-\frac{\frac{I_0}{2}}{C_{\text{x2}}}\right) = 2 \cdot \frac{\frac{I_0}{2}}{C_{\text{x}}} = \frac{I_0}{C_{\text{x}}} \tag{8-53}$$

根据式（8-52）和式（8-53）可以看出，对于差分输入级而言，无论是单端输出还是双端输出，它们的 SR 都是尾电流除以负载电容，这一结论也可以扩展到折叠式共源共栅的差分输入级，有兴趣的读者可以自己去分析一下。所以在这里可以得到一个通用的结论，不管是什么结构的差分输入级，尾电流越大，则 SR 就越大，提高 SR 只能通过增加尾电流来实现。

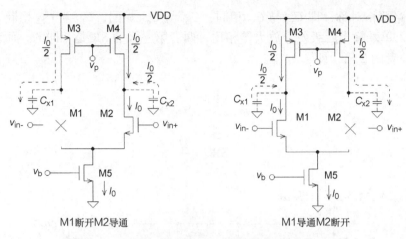

图 8.46　大信号作用下双端输入双端输出电路工作示意图

对于二级放大器而言，计算第二级（输出级）的 SR 比计算第一级的 SR 简单。如果是单端输出，SR 等于第二级的偏置电流除以负载电容 C_L，如果是双端输出，总 SR 是单端的 2 倍，这里的 2 倍是由于差分输出级有两个单独的电流源进行偏置，这两个单独的电流源可以同时对负载电容进行充电和放电，因此在差分模式下，充电和放电的总效果就是一端 SR 的 2 倍，这一点一定要注意。下面结合具体实例进行计算。

如图 8.47 所示为有密勒补偿的双端输入单端输出二级差分放大器，差分输入级的尾电流为 I_0，输出级的偏置电流为 I_1，图中的 x 为第一级的输出节点，C_x 为 x 点的等效负载电容。由于密勒补偿电容 C_m 通常是 pF 量级，远远大于 x 点上其他的寄生电容，所以 C_x 约等于 C_m。注意，由于此时是在大信号模式下工作，放大器只是对电容进行充放电，所以式（8-21）所得 A_{v_2} 倍 C_m 的结论不再适用。第二级的输出负载电容为 C_L，它是由设计指标直接给出的。根据式（8-52）和式（8-53）可得第一级和第二级的 SR 分别为

$$SR_1 = \frac{I_0}{C_m} \qquad (8\text{-}54)$$

$$SR_2 = \frac{I_1}{C_L} \qquad (8\text{-}55)$$

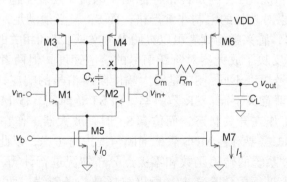

图 8.47　双端输入单端输出二级差分放大器

如图 8.48 所示为经过密勒补偿的双端输入双端输出二级差分放大器，为了分析方便，

假设差分电路严格对称，即 C_{x1} 与 C_{x2} 相同，C_{m1} 与 C_{m2} 相同，C_{L1} 与 C_{L2} 相同。与图 8.47 中的双端输入单端输出二级差分放大器相比，两者第一级的 SR 是相同的，而差分输出级的 SR 则是前者的 2 倍，即

$$SR_1 = \frac{I_0}{C_m} \tag{8-56}$$

$$SR_2 = \frac{2I_1}{C_L} \tag{8-57}$$

式中，$C_m = C_{m1} = C_{m2}$；$C_L = C_{L1} = C_{L2}$。

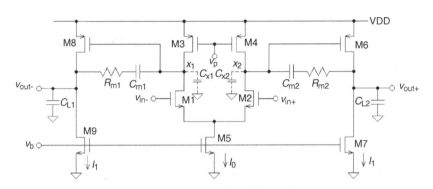

图 8.48　双端输入双端输出二级差分放大器

仿真 SR 也可以使用如图 8.44 所示的跟随器电路。虽然仿真 SR 与仿真 ST 都使用跟随器电路，而且施加的也都是阶跃信号，但是它们所激励的阶跃信号幅度却是不同的。仿真 SR 施加的激励信号为从 0 到电源电压 VDD 的大幅度阶跃信号，而仿真 ST 施加的则是叠加在共模电平上的小幅度阶跃信号。阶跃信号的幅度不同是两者仿真的最主要区别。

另外，虽然 SR 不是约束电流分配的唯一条件，但是核算电流分配方案，验证是否能满足 SR 的要求是必需的，否则将无法保证电路的大信号转换速度。另外，对于二级运算放大器来说，每一级都有一个 SR，电路总的 SR 要以较小的为准，即要保证最小的 SR 也能满足设计指标要求。

作为设计、调整和优化 SR 的定性指导原则，电流（功耗）越大，则 SR 越大，这就是用功耗换速度。如果对功耗的限制非常严格，而 SR 又必须满足，就需要采用一些提高 SR 的低功耗设计技术，感兴趣的读者可以查阅参考文献 [2] 和相关的论文。

虽然 SR 和 ST 都反映了放大器对阶跃信号的响应速度，但两者有以下 5 个区别，现总结如下：①阶跃信号幅度不同：SR 是对大幅度阶跃信号的响应，而 ST 是对小幅度阶跃信号的响应。②物理意义不同：SR 是斜率，而 ST 是时间。③ MOS 管工作状态不同：仿真 SR 时，放大器工作在开关状态，而仿真 ST 时，放大器工作在正常放大状态。④分析和计算方法不同：SR 需要对各 MOS 管的通断情况进行考虑，以此来计算充放电电流的大小，而 ST 需要通过系统的转移函数和零极点分布情况进行计算。⑤输出的波形不同：由于 SR 是对负载电容进行恒流充放电，所以波形是一条斜线，而 ST 是 RC 充放电，得到的是指数充放电波形。

（7）共模抑制比　共模抑制比（Common Mode Reject Ratio，CMRR）是衡量放大器

共模抑制能力的设计指标，一般以 dB 的形式给出，其定义为差模电压增益与共模电压增益的比值，即

$$\text{CMRR} = \frac{A_v}{A_{\text{CM}}} \tag{8-58}$$

式中，A_v 是差模电压增益；A_{CM} 是共模电压增益。可见，为了计算 CMRR，不仅需要计算差模电压增益，而且还需要计算共模电压增益。计算差模电压增益大家都很熟悉，下面讨论一下共模电压增益的计算方法。

如图 8.49 所示为差分输入级共模分析电路及其等效电路，其中 M1 和 M2 是差分输入管，M3 和 M4 是有源负载管，M5 是尾电流管，偏置电流为 I_0。把差分输入端口连接在一起作为共模输入端 v_{in}，把差分输出端口连接在一起作为共模输出端 v_{out}，则共模电压增益 A_{CM} 就是 $v_{\text{out}}/v_{\text{in}}$。

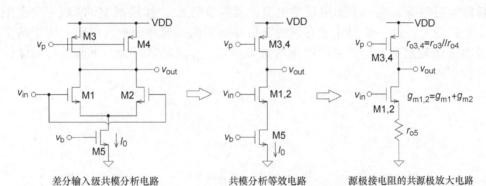

差分输入级共模分析电路　　共模分析等效电路　　源极接电阻的共源极放大电路

图 8.49　差分输入级共模分析电路及其等效电路

在图 8.49 中，由于 M1 和 M2 是并联的，M3 和 M4 也是并联的，为了方便计算，可以把差分输入级电路简化为中间的共模分析等效电路，其中的 M1,2 是 M1 和 M2 的并联结果，其跨导用 $g_{\text{m1,2}}$ 表示，其值为 $g_{\text{m1}}+g_{\text{m2}}$，M3,4 是 M3 和 M4 的并联结果，其沟道电阻用 $r_{\text{o3,4}}$ 表示，其值为 $r_{\text{o3}}//r_{\text{o4}}$，尾电流管 M5 在共模时可以等效成一个源极反馈电阻，其阻值为 r_{o5}。这样，共模分析等效电路最终可等效为右侧的源极接电阻的共源极放大电路。

在本章前面曾经介绍过求解源极接电阻的共源极放大电路电压增益的方法，既可以用电阻比值法进行大致估算，也可以用 $G_m r_{\text{out}}$ 法进行精确计算。下面将分别使用这两种方法对不同的电路进行 CMRR 求解，使大家进一步熟悉这两种方法的应用。

首先采用电阻比值法估算求解共模增益。图 8.49 中右侧的共模等效电路是最典型的源极接电阻的共源极放大电路，放大管的跨导为 $g_{\text{m1,2}}$，源极的接地电阻为 r_{o5}，负载电阻为 $r_{\text{o3,4}}$，根据电阻比值法，其共模电压增益 A_{CM} 为

$$A_{\text{CM}} = -\frac{r_{\text{up}}}{r_{\text{down}}} = -\frac{r_{\text{o3,4}}}{r_{\text{o5}} + \dfrac{1}{g_{\text{m1,2}}}} = -\frac{g_{\text{m1,2}} r_{\text{o3,4}}}{1 + g_{\text{m1,2}} r_{\text{o5}}} = -\frac{(g_{\text{m1}} + g_{\text{m2}})(r_{\text{o3}}//r_{\text{o4}})}{1 + (g_{\text{m1}} + g_{\text{m2}}) r_{\text{o5}}}$$

$$\tag{8-59}$$

$$= -\frac{2g_{\text{m1}} \cdot \dfrac{1}{2} r_{\text{o3}}}{1 + 2g_{\text{m1}} r_{\text{o5}}} = -\frac{g_{\text{m1}} r_{\text{o3}}}{1 + 2g_{\text{m1}} r_{\text{o5}}}$$

所以，CMRR 为

$$\mathrm{CMRR} = \frac{A_v}{A_{\mathrm{CM}}} = \frac{-g_{\mathrm{m1}}(r_{\mathrm{o1}}//r_{\mathrm{o3}})}{-\dfrac{g_{\mathrm{m1}}r_{\mathrm{o3}}}{1+2g_{\mathrm{m1}}r_{\mathrm{o5}}}} = \frac{g_{\mathrm{m1}}\cdot\dfrac{1}{2}r_{\mathrm{o3}}}{\dfrac{g_{\mathrm{m1}}r_{\mathrm{o3}}}{1+2g_{\mathrm{m}}r_{\mathrm{o5}}}} \approx g_{\mathrm{m}}r_{\mathrm{o5}} \qquad (8\text{-}60)$$

式中，差模增益 A_v 为 $-g_{\mathrm{m1}}(r_{\mathrm{o2}}//r_{\mathrm{o4}})$，并假设 r_{o1}、r_{o2}、r_{o3} 和 r_{o4} 都相等，g_{m1} 和 g_{m2} 都相等。可见，提高尾电流管的沟道电阻 r_{o5}，可以提高 CMRR。

然后采用 $G_{\mathrm{m}}r_{\mathrm{out}}$ 法进行共模增益的精确计算。如图 8.50 所示为套筒结构差分输入级共模分析电路及其等效电路。由于在共模情况下，M1 和 M2、M3 和 M4、M5 和 M6、M7 和 M8 是并联的，为了方便计算，可以分别用 M1,2、M3,4、M5,6 和 M7,8 代表它们并联后的管，把电路简化成中间的共模分析等效电路。通过观察发现，尾电流管 M9 在共模时也可以等效成一个源极反馈电阻，其阻值为 r_{o9}，如果把 M9 看成一个电阻，那么这个电路就可以进一步简化成右侧的源极接电阻的共源共栅放大电路。由于这个简化电路看起来比较复杂，计算它的电压增益采用 $G_{\mathrm{m}}r_{\mathrm{out}}$ 法非常适合，下面进行具体的分析和计算。

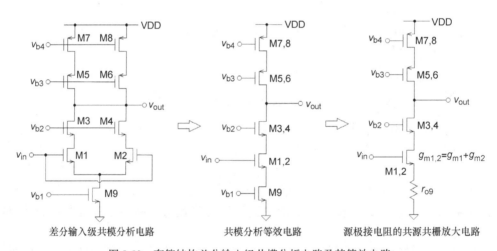

差分输入级共模分析电路　　　　共模分析等效电路　　　　源极接电阻的共源共栅放大电路

图 8.50　套筒结构差分输入级共模分析电路及其等效电路

1）G_{m} 推导：由于当 v_{out} 对地短路时（交流短路），i_{out} 与 M3,4 无关可以略去，所以求解 G_{m} 的交流等效电路和其交流小信号等效电路如图 8.51 所示。为简化分析，在小信号模型中不考虑 M1,2 的沟道长度调制效应。根据小信号等效电路可得

$$i_{\mathrm{out}} = g_{\mathrm{m1,2}}v_1 = g_{\mathrm{m1,2}}(v_{\mathrm{in}} - i_{\mathrm{out}}r_{\mathrm{o9}}) \qquad (8\text{-}61)$$

整理可得 G_{m} 的表达式为

$$G_{\mathrm{m}} = \frac{i_{\mathrm{out}}}{v_{\mathrm{in}}} = \frac{g_{\mathrm{m1,2}}}{1+g_{\mathrm{m1,2}}r_{\mathrm{o9}}} = \frac{2g_{\mathrm{m1}}}{1+2g_{\mathrm{m1}}r_{\mathrm{o9}}} \qquad (8\text{-}62)$$

式中，假设 $g_{\mathrm{m1,2}} = 2g_{\mathrm{m1}} = 2g_{\mathrm{m2}}$。

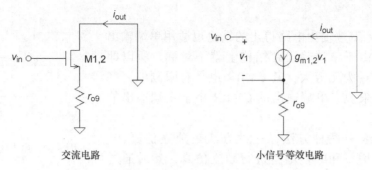

图 8.51　G_m 求解电路和其交流小信号等效电路

2）r_{out} 推导：通过观察可以发现，从 v_{out} 向下看，r_{o9} 被 M1,2 放大本征增益倍之后，又被 M3,4 放大本征增益倍，其值将远远大于向上看的等效电阻，所以向上和向下等效电阻并联后，主要以向上电阻为主，即

$$r_{out} = (g_{m5,6}r'_{o5,6})//(r'_{o7,8})//(g_{m3,4}r'_{o3,4} \cdot g_{m1,2}r'_{o1,2} \cdot r_{o9}) \approx g_{m5,6}r'_{o5,6} \cdot r'_{o7,8}$$
$$= 2g_{m5} \cdot \frac{1}{2}r_{o5} \cdot \frac{1}{2}r_{o7} = \frac{1}{2}g_{m5}r_{o5} \cdot r_{o7} \qquad (8\text{-}63)$$

式中，在电路完全对称的情况下，式中用了 $g_{m5,6}=2g_{m5}=2g_{m6}$、$r_{o5,6}=r_{o5}//r_{o6}=r_{o5}/2$ 和 $r_{o7,8}=r_{o7}//r_{o8}=r_{o7}/2$ 的替换关系。

因此用 $G_m r_{out}$ 法求得电路的共模电压增益 A_{CM} 为

$$A_{CM} = -G_m \cdot r_{out} = -\frac{2g_{m1}}{1+2g_{m1}r_{o9}} \cdot \frac{1}{2}g_{m5}r_{o5} \cdot r_{o7} \approx -\frac{g_{m5}r_{o5} \cdot r_{o7}}{2r_{o9}} \qquad (8\text{-}64)$$

式中，假设 $g_{m1}r_{o9}$ 远远大于 1。

又因为此电路是一个普通的套筒结构，其差模电压增益 A_v 为

$$A_v = -g_{m1} \cdot [(g_{m5}r_{o5} \cdot r_{o7})//(g_{m3}r_{o3} \cdot r_{o1})] \approx -g_{m1} \cdot \left(\frac{1}{2}g_{m5}r_{o5} \cdot r_{o7}\right) \qquad (8\text{-}65)$$

式中，在一般情况下，上下方向的等效输出电阻比较平衡，所以假设了 $g_{m3}r_{o3}\,r_{o1}$ 约等于 $g_{m5}r_{o5}\,r_{o7}$，所以，CMRR 为

$$CMRR = \frac{A_v}{A_{CM}} = \frac{-g_{m1} \cdot \left(\dfrac{1}{2}g_{m5}r_{o5} \cdot r_{o7}\right)}{-\dfrac{g_{m5}r_{o5} \cdot r_{o7}}{2r_{o9}}} = g_{m1}r_{o9} \qquad (8\text{-}66)$$

所得结论与式（8-60）相同，提高 CMRR，需要增加尾电流管的 r_{o9}。

需要指出，根据式（8-60）和式（8-66），提高尾电流管的 r_o 可以增加 CMRR，即可以在不改变宽长比的情况下提高尾电流管的栅长，但是这样会带来另外一个问题。如图 8.52 所示，尾电流管 M5 的漏端存在寄生电容 C_x，它主要由 M5 的 C_{DG}、C_{DS}、C_{DB} 和连线电容等构成，随着 M5 尺寸的增加，寄生电容 C_x 也随之增加。由于 C_x 的阻抗随着频率的增加而降低，导致 $1/C_x$ 与 r_{o5} 的并联值也随之降低，造成共模反馈能力下降，使 CMRR 降低。因此，在考虑到高频特性时，只靠增加尾电流管的栅长去提高 CMRR 也是

有限度的。

从双端输入双端输出电路得出的结论也适用单端输出的电路，但是由于单端输出在结构上就不对称，所以即使尾电流管的 r_o 为无穷大，其 CMRR 也是有限制的，并且从总体情况来说，单端输出的 CMRR 小于双端输出的 CMRR。

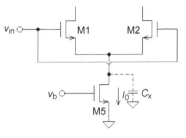

图 8.52　尾电流管的寄生电容

仿真 CMRR 有两种方法，一种方法是独立仿真法，即分别对差模增益和共模增益进行独立仿真，然后通过数据处理，对两个独立仿真结果进行比值计算得到 CMRR。这种方法的优点是比较直观，缺点是仿真过程比较烦琐和复杂，而且还需要进行数据后处理，所以一般情况下不用。另一种方法是联合仿真法，该方法将运算放大器接成闭环回路，并在放大器的两个输入端施加相同的交流激励信号，在闭环回路的作用下，放大器交流仿真输出的电压就是 CMRR 的倒数，可以用波形观察器直接观察。由于第二种方法仿真过程非常简单，且 CMRR 可以用波形直接观察，所以是 CMRR 仿真的常用方法，下面对它进行介绍。

如图 8.53 所示，图中的放大器被连接成跟随器形式，在放大器的两个输入端口 v_n 和 v_p 分别串接电压源 v_1 和 v_2，它们的 AC magnitude 都设置为 1，其中 v_1 的直流电平为 0，而 v_2 的直流电平为输入端的共模电平 V_{CM}，这样放大器的差模输入电压 v_{DIF} 和共模输入电压 v_{CM} 分别为

$$v_{DIF} = v_p - v_n = v_2 - (v_{out} + v_1) = -v_{out}$$

$$v_{CM} = \frac{v_p + v_n}{2} = \frac{v_2 + (v_{out} + v_1)}{2} = v_1 + \frac{v_{out}}{2} \quad (8\text{-}67)$$

式中，v_1 和 v_2 的交流信号相等，所以在 v_{DIF} 中用到了 v_2-v_1 等于 0，在 v_{CM} 中用 v_1 代替了 v_2。

假设放大器的差模增益为 A_v，共模增益为 A_{CM}，则 v_{out} 中既有 A_v 的贡献，也有 A_{CM} 的贡献，即

$$\begin{aligned} v_{out} &= A_v \cdot v_{DIF} + A_{CM} \cdot v_{CM} \\ &= A_v \cdot (-v_{out}) + A_{CM} \cdot \left(v_1 + \frac{v_{out}}{2} \right) \end{aligned} \quad (8\text{-}68)$$

整理可得

$$v_{out} = \frac{A_{CM} \cdot v_1}{1 + A_v - \dfrac{A_{CM}}{2}} \approx \frac{A_{CM}}{A_v} \cdot v_1 = \frac{1}{A_v \big/ A_{CM}} \cdot v_1 = \frac{1}{CMRR} \cdot v_1 \quad (8\text{-}69)$$

推导中假设了 $A_v \gg 1 - \dfrac{A_{CM}}{2}$，实际情况也确实如此。

根据式（8-69）可知，只要设置 v_1 和 v_2 的 AC magnitude 为 1，并进行交流仿真，图 8.53 中所得 v_{out} 的倒数就是 CMRR，可以用波形直接看到 CMRR 的频率特性曲线，折算成 dB 后直接加个负号即可，非常方便和直观[4]。

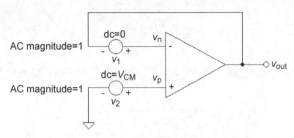

图 8.53　CMRR 仿真电路

　　如图 8.54 所示是另外一种常用的 CMRR 仿真电路，被称为匹配电阻形式的 CMRR 仿真电路，电路中的 R_1、R_2、R_3 和 R_4 为匹配电阻，且阻值相同。由于从放大器的每个输入端向外看都是两个电阻的并联，看到的阻抗相同，所以被称为匹配电阻形式的仿真电路。电路中的 R_2 将放大器连接成闭环结构，电阻 R_1 和 R_3 将 v_1 连接到放大器的两个输入端，电阻 R_4 将 v_2 连接到放大器的正输入端，v_1 是叠加在共模电平 V_{CM} 上的交流信号，其 AC magnitude=1，v_2 是为放大器提供直流偏置的直流电压源，其直流电平为 V_{CM}，而 AC magnitude=0。为了分析方便，图 8.55 给出了匹配电阻形式的交流小信号等效电路。

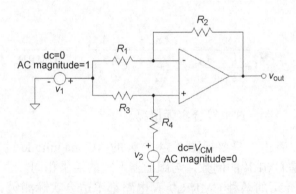

图 8.54　匹配电阻形式的 CMRR 仿真电路

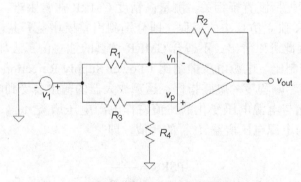

图 8.55　匹配电阻形式的交流小信号等效电路

　　从图 8.55 的交流小信号等效电路可以看出，由于 R_1、R_2、R_3 和 R_4 相等，则放大器正负输入端的交流小信号 v_p 和 v_n 分别为

$$v_n = \frac{v_1 + v_{out}}{2} = \frac{v_1}{2} + \frac{v_{out}}{2}$$

$$v_p = \frac{v_1 + 0}{2} = \frac{v_1}{2}$$

（8-70）

所以放大器的交流小信号差模输入电压 v_{DIF} 和交流小信号共模输入电压 v_{CM} 分别为

$$v_{DIF} = v_p - v_n = \frac{v_1}{2} - \left(\frac{v_1}{2} + \frac{v_{out}}{2}\right) = -\frac{v_{out}}{2}$$

$$v_{CM} = \frac{v_p + v_n}{2} = \frac{\frac{v_1}{2} + \left(\frac{v_1}{2} + \frac{v_{out}}{2}\right)}{2} = \frac{v_1}{2} + \frac{v_{out}}{4}$$

（8-71）

这里也假设放大器的差模增益为 A_v，共模增益为 A_{CM}，由于 v_{out} 中既有 A_v 的贡献，也有 A_{CM} 的贡献，所以

$$v_{out} = A_v \cdot v_{DIF} + A_{CM} \cdot v_{CM}$$
$$= A_v \cdot \left(-\frac{v_{out}}{2}\right) + A_{CM} \cdot \left(\frac{v_1}{2} + \frac{v_{out}}{4}\right)$$

（8-72）

整理可得

$$v_{out} = \frac{A_{CM} \cdot \frac{v_1}{2}}{1 + \frac{A_v}{2} - \frac{A_{CM}}{4}} \approx \frac{A_{CM} \cdot \frac{v_1}{2}}{\frac{A_v}{2}} = \frac{1}{A_v / A_{CM}} \cdot v_1 = \frac{1}{CMRR} \cdot v_1$$

（8-73）

推导中假设了 $\frac{A_v}{2} \gg 1 - \frac{A_{CM}}{4}$，这也符合实际情况。

从式（8-73）可以看出，只要把图 8.54 中 v_1 的 AC magnitude 设置为 1，并对其进行交流仿真，则 v_{out} 也是 CMRR 的倒数，与跟随器形式的结果相同。

需要指出，这里介绍的两种 CMRR 仿真电路都不适合实际测量，其中跟随器形式的电路很难做到在放大器的输入端插入两个完全相同的交流信号，而匹配电阻形式的测试精度与 4 个电阻的匹配精度直接相关，测量高精度 CMRR 非常困难。所以在实际测量中，一般用类似于 CMRR 独立仿真法的流程，即分别测出差模增益和共模增益，然后根据定义计算出 CMRR，因此可以看出，不适合 CMRR 仿真的独立仿真法却非常适合测量。

（8）电源电压抑制比　电源电压抑制比（Power Supply Rejection Ratio，PSRR）就是体现电源电压对输出影响程度的电路指标。运算放大器的输出会受到电源噪声的影响，如果把输出端电压变化与电源电压变化的比值看作电源电压增益 A_{VDD}，则 PSRR 可以定义为差模电压增益 A_v 与电源电压增益 A_{VDD} 的比值，即

$$PSRR = \frac{A_v}{A_{VDD}}$$

（8-74）

PSRR 也经常用 dB 表示。很显然，PSRR 越大，则表明放大器受电源噪声影响的程度越小。

如图 8.56 所示为单端输出差分电路的 ΔVDD（电源噪声）传递示意图。由于 M3 被

连接成二极管形式，Y 点电压与 VDD 将保持一个固定的电压差 V_{GS3}，VDD 上任何变化都会等量地传递到 Y 点，又由于 M3 与 M4 构成的电流镜会把 Y 点电压变化传递给 v_{out}，所以 v_{out} 与 VDD 会保持相同的变化，因此 A_{VDD} 近似为 1，也就是 0dB[2]。

　　如图 8.57 所示为双端输出差分电路的 ΔVDD 传递示意图，由于 M3 和 M4 是恒流源负载，它们的栅压是固定的，而且电路的总偏置电流又不变，所以由 ΔVDD 引起的 v_{out+} 和 v_{out-} 的变化不仅很小，而且还被差分电路抵消了，因此相比于单端输出，差分输出的放大器的电源电压抑制能力很强。

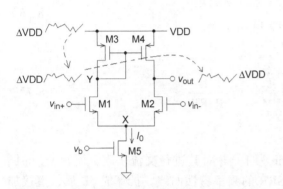 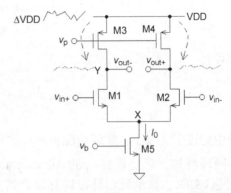

图 8.56　单端输出差分电路的 ΔVDD 传递示意图　　图 8.57　双端输出差分电路的 ΔVDD 传递示意图

　　当 PSRR 用 dB 表示时，其值就等于 $A_{v,\,dB}$ 减去 $A_{VDD,\,dB}$。根据前面的 ΔVDD（电源噪声）传递示意图可知，即使是如图 8.56 所示的单端输出电路，其 $A_{VDD,\,dB}$ 也不过为 0dB 左右，而在一般情况下差模电压增益 $A_{v,\,dB}$ 都会很高，做到 90dB 以上也不是很困难，所以只要能把 $A_{v,\,dB}$ 做得很高，实现很高的 PSRR 也是很容易的。有一些应用对 PSRR 要求很严格，例如在保真音频放大电路中，耦合在电源线上的噪声会直接反映到扬声器中，影响声音还原质量，因此对 PSRR 要求就非常高。

　　仿真 PSRR 的方法与仿真 CMRR 的方法大体相同，也是先把放大器连接成跟随器，然后在电源电压上叠加交流信号，则放大器交流输出电压的倒数与 PSRR 成正比，如果输入信号的幅度为 1，则输出电压的倒数就是 PSRR。

　　如图 8.58 所示为跟随器结构的 PSRR 仿真电路和其交流小信号等效电路，放大器的负输入端直接连接到输出端形成跟随器连接，放大器的正输入端接共模电压 V_{CM}，交流电压源 v_1（直流电压为 0）接在电源 VDD 与放大器的电源端口之间，用于模拟电源电压变化，由于 V_{CM} 与电源电压都是固定值，所以在交流小信号等效电路中都直接接地。

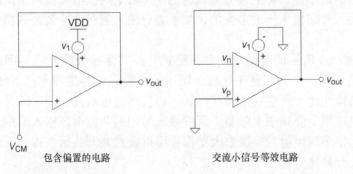

包含偏置的电路　　　　　　交流小信号等效电路

图 8.58　跟随器结构的 PSRR 仿真电路和其交流小信号等效电路

与前面分析 CMRR 的方法相同,从交流小信号等效电路可以看出,放大器两个输入端口 v_n 和 v_p 的差模输入电压 v_{DIF} 和 Δ VDD 分别为

$$v_{DIF} = v_p - v_n = 0 - v_{out} = -v_{out}$$
$$\Delta VDD = v_1$$

（8-75）

这里也假设放大器的差模增益为 A_v,电源电压增益为 A_{VDD},则 v_{out} 中既有 A_v 的贡献,也有 A_{VDD} 的贡献,即

$$v_{out} = A_v \cdot v_{DIF} + A_{VDD} \cdot \Delta VDD$$
$$= A_v \cdot (-v_{out}) + A_{VDD} \cdot v_1$$

（8-76）

整理可得

$$v_{out} = \frac{A_{VDD}}{1+A_v} \cdot v_1 \approx \frac{A_{VDD}}{A_v} \cdot v_1 = \frac{1}{PSRR} \cdot v_1$$

（8-77）

推导中假设了 $A_v \gg 1$,实际情况也确实如此。

同理可知,只要设置 v_1 的 AC magnitude 为 1,并对其进行交流仿真,所得 v_{out} 的倒数就是 PSRR,显示波形后可以直接看到 PSRR 的频率特性曲线,折算成 dB 后,直接加个负号即可,整个过程与 CMRR 非常类似,也非常直观[4]。

（9）共模电压输入范围   如图 8.59 所示为差分输入级共模等效电路,在差分支路完全对称的条件下,两个差分输出端的共模电平相同,所以相当于短路。为了保证 M5 工作在饱和区,X 与地之间的电压不能小于 M5 的饱和电压降。同理,为了保证 M3 和 M4 工作在饱和区,Y 点与 VDD 之间的电压不能小于 M3 或 M4 的饱和压降,也就是说 M1 和 M2 的源极电压被限定了最小值,漏极电压被限定了最大值,这个源极电压的最小值加上 V_{TH1}（或 V_{TH2}）就是输入端共模电压的最小值,漏极电压的最大值加上 V_{TH1}（或 V_{TH2}）就是输入端共模电压的最大值,输入端共模电压的最小值与最大值就定义了共模电压输入范围。

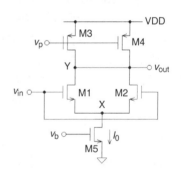

图 8.59   差分输入级共模等效电路

通过上面的简单分析可以看出,计算共模电压输入范围有两项任务,一项是找到差分输入管源极电压的最小值,加上差分输入管的 V_{GS} 就是共模电压输入范围的最小值。另一项是找到差分输入管漏极电压的最大值,加上差分输入管的 V_{TH} 就是共模电压输入范围的最大值。

下面以如图 8.60 所示的套筒结构和折叠式共源共栅差分放大器为例,讨论这两种结构的共模电压输入范围,为了便于比较,图中的折叠式结构也特意用 NMOS 管作为输入级。虽然套筒结构相比于折叠式结构功耗低,而且增益也略高,但它的共模电压输入范围却很小,因此在应用上受到很大限制。而折叠式结构的共模电压输入范围却很大,适用范围非常广,因此很多高增益的单级放大器都采用折叠式共源共栅结构,下面对它们的共模电压输入范围进行具体分析。

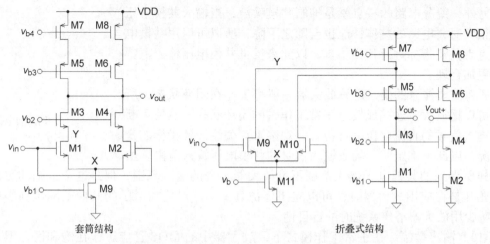

图 8.60　套筒结构和折叠式共源共栅差分放大器

在图 8.60 的套筒结构中，X 点的最低电压为 $V_{D,sat9}$，以保证尾电流管 M9 工作在饱和区，Y 点（差分输入管的漏极）的最高电压为 $v_{b2}-V_{GS3}$，以保证 M3 工作在饱和区，所以套筒结构的共模电压输入范围 V_{CM} 为

$$V_{GS1} + V_{X,MIN} \leqslant V_{CM} \leqslant V_{TH1} + V_{Y,MAX} \tag{8-78}$$

即

$$V_{GS1} + V_{D,sat9} \leqslant V_{CM} \leqslant V_{TH1} + v_{b2} - V_{GS3} \tag{8-79}$$

通过式（8-79）可以看出，套筒结构输入端共模电压的最小值为一个栅源电压加上一个过驱动电压，而共模电压的最大值为 v_{b2} 减去一个栅源电压再加上一个阈值电压，这个一减一加就相当于减去一个过驱动电压，如果 v_{b2} 设定为 3 个过驱动电压加上一个阈值电压，即 $V_{D,sat9} + V_{D,sat1} + V_{D,sat3} + V_{TH3}$，则电路的共模电压输入范围只有一个过驱动电压，即 $V_{D,sat3}$。如果 v_{b2} 再设置高一些，则共模电压输入范围还可以进一步增大，但是随着 v_{b2} 的增大，输出摆幅就会减小，v_{b2} 增大多少，输出摆幅就会减小多少。可见在 v_{b2} 的设置上，提高共模电压输入范围与输出摆幅（输出动态范围）是相互矛盾的。

在图 8.60 的折叠式结构中，X 点和 Y 点分别要为 M11 和 M7 留出一个饱和电压降，所以 X 点的最低电位为 $V_{D,sat11}$，而 Y 点的最高电位为 VDD$-V_{D,sat7}$，因此折叠式结构的共模电压输入范围是

$$V_{GS9} + V_{D,sat11} \leqslant V_{CM} \leqslant V_{TH9} + \text{VDD} - |V_{D,sat7}| \tag{8-80}$$

与式（8-79）相比，其共模电压输入范围的下限是相同的，但是上限却相差很多，在阈值电压大于饱和电压降的情况下，共模电压的上限将超过电源电压。

上面介绍的是共模电压输入范围的判断与计算方法，而仿真共模电压输入范围的常用方法是把运算放大器连接成单位增益缓冲器的形式（见图 8.61），放大器的正输入端接直流电压 V_1，对 V_1 进行 dc 扫描分析，根据输出端对直流输入的跟踪情况来估算共模电压输入范围。这种方法虽然非常简单，但是不适合仿真那些输出摆幅影响输入范围的放大器。

另外，差分电路的特点就是抑制共模噪声，当输入共模电压变化很大时，电路的整体性能也会随之下降，所以可以用共模电压对重点关注指标进行扫描仿真，以此来反推共模电压输入范围则会更加合理。

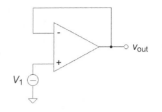

图 8.61　共模电压输入
范围仿真电路

还有需要注意的是，运算放大器一般都工作在闭环状态，所以也可以把放大器连接成接近正常工作时的闭环状态，然后不断改变输入信号的直流电压进行仿真，观察重点关注设计指标的变化情况，以此来确定实际场景输入信号的共模电压输入范围。虽然这样所得到的共模电压输入范围不是放大器本身的输入范围，但是这个范围却更加实际，尤其是在应用放大器时，可以先闭环仿真一下，对施加激励的共模范围做到心中有数，减少用放大器搭建系统时的盲目性。

（10）输出摆幅　在正常工作模式下，放大器中的 MOS 管应工作在饱和区，但是随着输出电压的变化，输出支路上的 MOS 管可能离开饱和区，造成运算放大器信号变形。输出摆幅定义为输出信号没有明显失真时的输出电压范围，也称为输出动态范围。因为每个 MOS 管最少要占用一个饱和电压降，有时还要多占用一个阈值电压，所以输出支路上叠放的 MOS 管越多，输出摆幅就越小，下面举例说明输出摆幅问题。

如图 8.62 所示的恒流源负载电路，左图为共源结构，右图为共源共栅结构，为了保证各 MOS 管都工作在饱和区，每个 MOS 管的漏源之间都要占用一个过驱动电压，因此左图共源电路的 v_{out} 既不能高于 VDD$-V_{D, sat2}$（以保证 M2 工作在饱和区），也不能低于 $V_{D, sat1}$（以保证 M1 工作在饱和区），所以输出摆幅为电源电压减去 M1 和 M2 的饱和电压降，即 VDD$-$（$V_{D, sat1}+V_{D, sat2}$）。由于右图的共源共栅电路比共源电路还多叠加了两个 MOS 管，所以其输出摆幅为电源电压减去 4 个 MOS 管的饱和电压降，即 VDD$-$（$V_{D, sat1}+V_{D, sat2}+V_{D, sat3}+V_{D, sat4}$）。

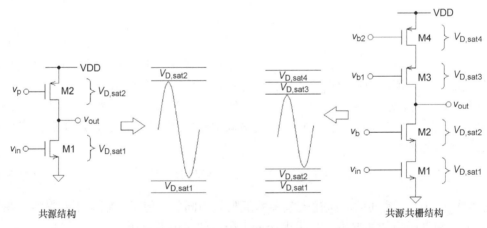

图 8.62　恒流源负载电路输出摆幅估算示意图

如图 8.63 所示的二极管负载电路，左图为共源结构，右图为共源共栅结构。对于二极管接法的 MOS 管来说，栅源电压等于其漏源电压，因此左图电路要为 M2 留出一个栅源电压 V_{GS2}，而右图电路则要为 M3 和 M4 各留出一个栅源电压，即 V_{GS3} 和 V_{GS4}，所以左图的输出摆幅为电源电压减去一个栅源电压和一个饱和电压降，即 VDD$-$（$V_{D, sat1}+V_{GS2}$），而右图输出摆幅为电源电压减去两个栅源电压和两个饱和电压降，即 VDD$-$（$V_{D, sat1}+$

$V_{\mathrm{D, sat2}} + V_{\mathrm{GS3}} + V_{\mathrm{GS4}}$)。由于 V_{GS} 等于 $V_{\mathrm{TH}} + V_{\mathrm{D, sat}}$,所以每个 MOS 二极管不仅要付出一个 $V_{\mathrm{D, sat}}$,而且还要付出一个 V_{TH},以使输出摆幅被大大减小。

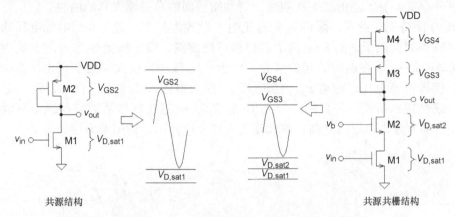

图 8.63 二极管负载电路输出摆幅估算示意图

在低电压设计中,输出摆幅是个严重的挑战。低电压设计不仅要尽量减小 $V_{\mathrm{D, sat}}$,而且还要尽量减少 MOS 管的重叠层数,更不能浪费 V_{TH}。另外,由于差分输出摆幅是单端输出摆幅的二倍,所以差分结构在低电压电路中具有更重要的意义。

如图 8.64 所示为共源共栅和折叠式共源共栅差分放大器,可以看出,左图的共源共栅电路一共重叠了 5 层 MOS 管,而右图的折叠式结构只重叠了 4 层,因此右图电路的输出摆幅就比左图电路多一个饱和电压降。一般来说,两级运放的第一级基本上没有输出摆幅问题,主要问题会出在第二级上,所以无论是重叠 4 层还是重叠 5 层,都可以当第一级使用。

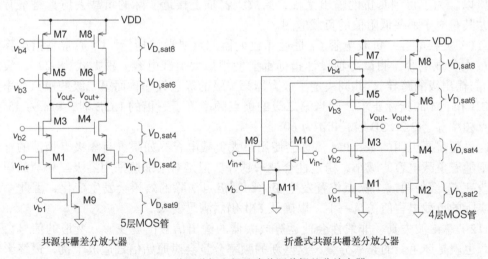

图 8.64 共源共栅和折叠式共源共栅差分放大器

仿真输出摆幅可以采用如图 8.65 所示的反馈放大结构,输入信号 V_1 是偏置在共模电平 V_{CM} 上的正弦波,V_2 是直流电压源,为放大器正输入端提供共模电压 V_{CM},电阻 R_1 和 R_2 构成可以将 V_1 放大 $-R_2/R_1$ 倍的放大器,在仿真时应适当提高 R_2/R_1 的值来提高放大倍数,这样输入正弦波的幅度就可以很小,以避免出现输入信号超出允许范围的问题。

在对图 8.65 进行瞬态仿真时,随着正弦波幅度的不断增大,输出波形的幅度也不断增大，当输出波形超出输出摆幅范围时就会出现明显变形，而输出波形不出现明显变形的最大范围就是输出摆幅。对于输出波形变形仅凭肉眼判断并不客观，所以要用正弦波的总谐波失真来衡量，有关总谐波失真问题，请参阅后面的总谐波失真的内容。

如果 V_2 保持 V_{CM} 不变，而将 v_1 的直流电平设置为参数，进行 0 到电源电压的直流扫描，则可以得到类似于如图 8.66 所示的扫描特性曲线，图中横坐标是 v_1 的直流电压参数 p_v_1，纵坐标是 v_{out}。在曲线的起始部分，由于 p_v_1 较小，放大器处于截止状态，输出电压很高，接近电源电压，随着 p_v_1 接近 V_{CM}，放大器进入正常工作状态，输入电压表现出很好的线性跟踪特性，并且斜率较大（$-R_2/R_1$ 倍），这个区域所对应的纵坐标就是输出摆幅，然后随着输入电压的升高，放大器进入到非线性区，输出渐渐接近于地。

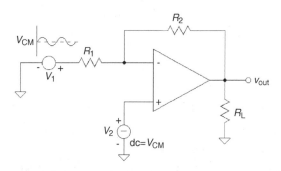

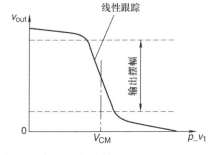

图 8.65 反馈放大结构的输出摆幅仿真电路 　　图 8.66 输出摆幅的直流扫描特性曲线示意图

这里还需要指出，如果放大器的负载电阻很小，则输出摆幅也不可能很大，因为负载电阻上的电压降是电阻乘以电流得到的，而偏置电流又是有限的。在这种情况下，输出摆幅可能既不受 MOS 管工作区的限制，也不受总谐波失真的限制，而是受到负载电阻的限制。所以，为了得到真正的输出摆幅，给放大器加上接近实际的负载去仿真是很有必要的，尤其是对于那些低阻值的负载应用。

（11）负载电容　负载电容 C_L 是运算放大器的重要设计指标，C_L 通常是指运算放大器的最大负载电容，测试各项指标都要使用最大负载电容。根据式（8-22），负载电容 C_L 与输出级的跨导 g_m 共同决定了放大器第二级的极点频率，而第二级的极点频率应满足 UGB 和 PM 的指标要求，即当第二级的极点频率等于一倍的 UGB 时，PM 为 45°，当次极点频率等于 2.2UGB 时，PM 为 60°。

这里还需要说明的是，PM 仿真会使用最大负载电容，如果没有零极点相消的补偿方案，则随着负载电容的减小，稳定性会越来越好。但是对于那些采用零极点相消的设计来说，改变 C_L 会使第二个极点位置发生变化，零极点消除的效果会发生变化，因此一定要使用实际的负载电容值仿真一下，以确认 PM 仍然满足要求。

（12）总谐波失真　非线性会使运算放大器的输出信号出现变形，变形的信号会产生谐波，也就是产生新的频率分量，这些新的频率分量会对原始信号造成干扰，最终影响整个电路系统的精度。例如，使用 1kHz 的正弦波激励运算放大器，由于非线性的原因，放大后的正弦波不仅包含 1kHz（基波），而且还包含 2kHz（二次谐波）和 3kHz（三次谐波）等，叠加在基波上的谐波会影响基波信号，例如在 ADC 电路中，运算放大器的非线性会使采样保持电路和放大电路等出现谐波，导致有效量化精度下降。

总谐波失真（Total Harmonic Distortion，THD）就是描述信号变形程度的物理量，一般定义为：信号中谐波总功率与基波功率的比值。如果输出信号 $v_1(t)$ 表示为

$$v(t) = a_0 + a_1 \cos \omega_0 t + a_2 \cos 2\omega_0 t + a_3 \cos 3\omega_0 t + a_4 \cos 4\omega_0 t + \cdots \quad (8\text{-}81)$$

式中，$2\omega_0$、$3\omega_0$ 和 $4\omega_0$ 等为谐波频率，则 THD 的 dB 形式可表示为

$$\text{THD} = 10\log\left(\frac{a_2^2 + a_3^2 + a_4^2 + \cdots}{a_1^2}\right) \quad (8\text{-}82)$$

可以看出，为了仿真 THD，需要给放大器输入正弦信号，得到输出波形后对数据进行 FFT（快速傅里叶变换），以得到基波和各次谐波的幅度。

　　分析 THD 时 FFT 需要指定点数一般是 1024、2048 或 4096 等 2 的 n 次幂，最好通过合理设置基波频率和采样频率，使得在指定点数内（例如 2048 点），基波信号正好是整周期，这样可以防止频谱泄漏，计算出的 THD 会更加准确。这是因为 FFT 是假想从一个无限长的序列中截取一段进行周期延拓后得到的离散谱，所以截取整周期的正弦波延拓后，所得到的序列仍然与原来的序列相同，因此不会造成频谱泄漏。如果受限于各种条件而无法得到整周期序列，就需要给截取的采样序列加窗函数，且序列内包含的周期数越多越好。

　　用 Cadence 仿真运算放大器的总谐波失真也非常简单，将放大器连接成跟随器形式，输入正弦信号进行瞬态仿真，然后使用 Calculator 的 thd 函数直接计算输出波形的总谐波失真即可。输出结果是一个用百分比表示的比值，即用百分比表示的谐波方均根值与基波有效值的比值，若要将百分比换算成 dB，则需将百分比先除以 100，再用 20log 计算为 dB。关于 Calculator 中 thd 函数的具体设置方法可以参照 8.6.6 节的 THD 仿真部分。

　　（13）输出阻抗　运算放大器的输出阻抗可以分为开环阻抗和闭环阻抗两种，无论是仿真开环阻抗还是仿真闭环阻抗，其原理都与推导输出阻抗类似，就是在运算放大器的输出端施加一个 AC magnitude=1 的交流电流激励，然后进行交流仿真，所得到的输出端电压值就是输出阻抗值，图 8.67 给出了仿真开环输出阻抗和闭环输出阻抗的电路图。

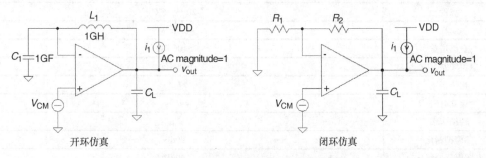

图 8.67　运算放大器输出阻抗仿真电路

　　可以看出，两种仿真电路都在正输入端接入直流电压 V_{CM}，为放大器提供合适的工作点，在输出端施加电流源激励 i_1，并且电流源的 AC magnitude 都设置为 1。由于闭环仿真电路不仅反馈直流，而且也反馈交流，所以反馈电阻对输出阻抗会有一定的影响，仿真得到的输出阻抗是包括反馈电阻在内的总输出阻抗。一般情况下，如果不指定反馈结构，可以给出开环输出阻抗和跟随器形式的输出阻抗，如果给出反馈结构或者给出反馈增益，则需要采用闭环结构进行仿真。

　　（14）噪声　噪声是放大器的重要指标之一，仿真可以参照 3.13 节中的步骤进行。放大器噪声仿真通常使用单位增益缓冲器结构，它只仿真放大器本身的噪声，而且输出噪声就等于等效输入噪声，具体电路如图 8.68 所示。

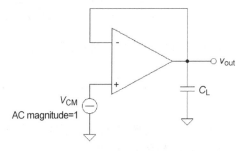

图 8.68　放大器噪声仿真电路

8.6　折叠式共源共栅放大器电路设计与仿真

本节和下节将基于 SMIC 0.18μm CMOS 工艺，设计一个单端输出的二级折叠式共源共栅放大器。设计流程是先确定电路结构，再进行手工计算，最后进行仿真与优化。下节将对电路进行版图设计、DRC、LVS、PEX 和后仿真，整个设计将形成一个完整的模拟集成电路设计流程。

8.6.1　设计指标

运算放大器的具体设计指标见表 8.6，其中对总谐波失真、输出阻抗和噪声不做要求。

表 8.6　运算放大器设计指标

工艺	SMIC 0.18μm CMOS
电源电压	$1.8 \times （1 \pm 10\%）$ V
温度	$-20 \sim 85$℃
功耗	<0.9mW
直流增益	>100dB
单位增益带宽	>5MHz
相位裕度	>60°
建立时间	<40ns
转换速率	5V/μs
共模抑制比	>90dB
电源电压抑制比	>90dB
共模电压输入范围	$0 \sim 1.2$V
输出摆幅	>1.4V
最大负载电容	40pF
总谐波失真	—
输出阻抗	—
噪声	—

8.6.2　电路结构规划

（1）级数选择和增益分配　100dB 增益用两级放大器结构比较合适，第一级选择共源共栅结构，主要实现高增益，第二级选择普通的共源极放大电路，主要实现低输出阻抗，以驱动 40pF 的负载电容，并且第一级增益初步设定为 70dB，第二级增益初步设定为 30dB。

（2）折叠式共源共栅结构（第一级）　第一级采用折叠式共源共栅结构可实现 70dB 增益，采用 PMOS 管作为差分输入管能够实现 0 ～ 1.2V 的共模电压输入范围，又由于放大器是单端输出，所以第一级应采用电流镜负载。

（3）输出级（第二级）　输出级在结构上的选择余地并不大，通常采用普通的有源负载共源极放大器即可，这一级的主要任务是提供较强的带负载能力，增益并不要求很高，30dB 即可。

（4）偏置电路　放大器的偏置电路要提供 4 种偏置电压，为差分输入级尾电流管、NMOS 和 PMOS 共栅管，以及负载管的栅极提供偏置电压。

（5）密勒补偿　第二级放大器需要密勒补偿，按照指标要求，在负载电容为 0 ～ 40pF 范围内，放大器的相位裕度应大于 60°。为了满足这个要求，可以采用带调零电阻的密勒补偿方案，而且尽量将密勒零点设置到第二级的极点处，以达到零极补偿的目的，以确保相位裕度满足设计要求。另外，由于负载电容要支持 0 ～ 40pF 范围，采用零极补偿的方案可以放宽对第二级跨导的要求，以减小功耗，有关这个问题将在后面的电路仿真优化部分进行说明。

（6）关断控制　工业电路大都需要具备关断模式，本例放大器也将提供一个输入控制端，可以通过逻辑电平关断放大器。

经过上面的分析，本例放大器的主体电路如图 8.69 所示。电路由折叠式共源共栅结构（第一级）、输出级（第二级）和偏置电路 3 个部分构成，关断控制电路如图 8.70 所示，由一个反相器和 4 个 MOS 开关管构成。

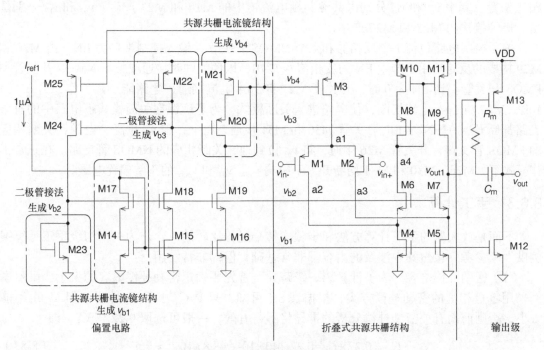

图 8.69　放大器的主体电路图

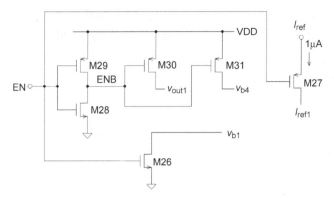

图 8.70　放大器的关断控制电路图

在放大器的主体电路中，M1 和 M2 为折叠式共源共栅结极的差分对管，M3 为尾电流管，M4 ～ M7 构成两条共栅支路，M8 ～ M11 构成一种变形的共源共栅电流镜，将双端输出变为了单端输出。采用共源共栅电流镜作为负载，不仅可以使镜像电流更准，而且还可以给 a4 和 v_{out} 提供确定电位，从而使总输出 v_{out} 的电位也是确定的。共源管 M13 和负载管 M12 构成电路的输出级，C_m 和 R_m 构成密勒补偿电路。

这种变形的共源共栅电流镜与前面介绍的电流镜不同，它只有 M10 接成二极管形式，M8 仍然是共栅管，串联接在 M10 的栅极与漏极之间。这种结构的好处是电流镜只占用两个饱和电压降，可以提高电路的输出摆幅，缺点是要为 M8 单独产生栅极偏置电压。

偏置电路通过端口 I_{ref1} 输入 1μA 的基准电流，用这个基准电流产生放大器所需的 4 个偏置电压。这 4 个偏置电压由低到高依次为 v_{b1}、v_{b2}、v_{b3} 和 v_{b4}，分别为 NMOS 管 M4、M5 和 M12、NMOS 共栅管 M6 和 M7、PMOS 共栅管 M8 和 M9，以及尾电流管 M3 提供栅压偏置。其中 v_{b1} 和 v_{b4} 分别由共源共栅电流镜中的 M14 和 M21 产生，v_{b2} 和 v_{b3} 分别是由二极管接法的 M23 和 M22 产生。

关断控制电路包括 1 个反相器和 4 个 NMOS 开关管，输入控制端口为 EN。由 M28 和 M29 构成的反相器用于产生 EN 的反相信号 ENB，以便能同时接通或关断 NMOS 开关管和 PMOS 开关管。当 EN 为 0 时，开关管 M27 将 1μA 电流接通，电路能正常工作，当 EN 为 1 时，M27 将 1μA 电流切断，使电路进入关断模式。为了确保在关断模式下电路中的每条支路都断开，在 EN 为 1 时开关管 M30 和 M31 接通，将 v_{out1} 和 v_{b4} 拉高到电源，关断相应的 PMOS 管支路，开关管 M26 接通，将 v_{b1} 拉到地，关断相应的 NMOS 管支路。在正常工作模式下，M26、M30 和 M31 均断开，不影响 v_{b1}、v_{b4} 和 v_{out1} 的正常偏置电压。

8.6.3　手工计算

下面是放大器的手工计算方法和步骤，整个过程比较简单，作为一个初级手工计算案例供大家参考，虽然其中涉及的内容都非常基础，但却非常实用。

（1）密勒补偿电容　为了计算第一级跨导，首先要确定密勒补偿电容的大小。虽然本例采用零极相消的密勒补偿方案，根据表 8.1 可知，只要 C_m 小于 C_L 即可，但 C_m 也不能太小，否则前面有关密勒补偿分析的推导将不再有效，一般可选取 0.22 倍 C_L，即

$$C_m = 0.22 \times C_L = 0.22 \times 40 \times 10^{-12} = 8.8 \times 10^{-12} \approx 9\text{pF} \tag{8-83}$$

（2）电流分配　根据 1.8V 电源电压和 0.9mW 功耗的要求，可以算出总电流应为

500μA，这里用 450μA 进行估算，余下的用于偏置电路和备用。分配给第一级 100μA，每条共源共栅支路各 50μA，即 M4 和 M5 各流过 50μA，其中有 25μA 来自差分输入对管，分配给第二级 350μA 用于满足转换速率的要求。

（3）转换速率核算　根据式（8-52），转换速率为电流除以负载电容，对于两级放大器而言，需要分别算出每级的转换速率，每级的转换速率都要超过设计指标。根据第一级和第二级的电流和负载情况，可得

$$SR1 = \frac{I_{D3}}{C_m} = \frac{50 \times 10^{-6}}{9 \times 10^{-12}} \approx 5.6V/\mu s$$

$$SR2 = \frac{I_{D13}}{C_L} = \frac{350 \times 10^{-6}}{40 \times 10^{-12}} = 8.75V/\mu s$$

（8-84）

其中，第一级的充放电电容约等于密勒补偿电容 C_m，由于它是差分级，所以计算转换速率要用尾电流 I_{D3} 除以 C_m。第二级是单端输出，所以直接用输出级电流 I_{D13} 除以负载电容 C_L。由于每级的转换速率都大于设计指标 5V/μs，所以按照目前的电流分配能够满足设计指标，如果不满足，则需要重新分配电流。

（4）第一级跨导计算　根据表 8.1 中的公式，第一级跨导 $g_{m1,2}$ 为

$$g_{m1,2} = UGB \cdot C_m = 5 \times 10^6 \times 2\pi \times 9 \times 10^{-12} \approx 282.6\mu S \Rightarrow 300\mu S \quad (8-85)$$

式中，UGB 要用角频率进行计算，所以要乘以 2π，将计算所得的 282.6μS 用 300μS 进行估算。虽然使用 300μS 进行估算比较保守，但是到后面的 PVT 仿真和后仿真阶段还会发现，其实 300μS 还是不够，仍不能满足 UGB 要求，还要根据实际仿真结果继续调整。

（5）第一级差分对管宽长比计算　由于第一级差分对管 M1 和 M2 的电流为 25μA，跨导为 300μS，所以根据表 8.2 中跨导的电流公式可得

$$\left(\frac{W}{L}\right)_{1,2} = \frac{g_{m1,2}^2}{\mu_p C_{OX} \cdot 2 \cdot I_{D1,2}} = \frac{300^2 \times 10^{-12}}{8 \times 10^{-5} \times 2 \times 25 \times 10^{-6}} = 22.5 \Rightarrow \frac{23\mu}{1\mu} \quad (8-86)$$

其中，由于差分输入对管是 PMOS 管，所以根据表 8.3 的 SMIC 0.18μm CMOS 工艺参数可得 $\mu_p C_{OX}$ 为 $79.92 \times 10^{-6}A/V^2$，在计算中用 $80 \times 10^{-6}A/V^2$ 代替，并且计算的宽长比为 22.5，实际选用的尺寸为 23μ/1μ。

注意，这里并没有选用工艺的最小栅长 0.18μm，而是选用了 1μ 栅长，选用 1μ 栅长的二阶效应相对较小。当然，当电路图的 PVT 仿真全部通过后，如果有必要可以考虑适当优化栅长。需要指出的是，与数字集成电路不同，在模拟集成电路设计中，决定电路性能的是宽与长的比值，而不是宽与长的绝对值，MOS 管的尺寸并非一定要随工艺特征尺寸的降低而减小。

（6）第二级跨导的计算　根据表 8.1 中的公式，为了得到 60° 的相位裕度，第二级跨导 g_{m13} 先设置为第一级跨导 g_{m1} 的 10 倍，满足设计指标后再逐步优化，即

$$g_{m13} = 10 \cdot g_{m1} = 10 \times 300\mu S = 3000\mu S \quad (8-87)$$

（7）第二级共源管宽长比计算　计算第一级差分放大管宽长比可以用跨导的电流公式，即在知道电流和跨导的情况下可求出第一级放大管的宽长比，当时并没有太在意差分放大管会需要多大的过驱动电压。与计算第一级不同，计算第二级需要考虑输出摆幅，在

设计指标中，要求输出摆幅大于 1.4V，它只比电源电压小 0.4V，那么就要求输出级的两个 MOS 管 M12 和 M13 只能各占 0.2V。在这种情况下，输出管的最大电流为 350μA，过驱动电压为 0.2V，由于这两个值都已经限定，则此时输出管的最大跨导也就被跨导电压电流公式限定了，即

$$g_{m13,max} = \frac{2I_{D13}}{V_{D,sat13}} = \frac{2 \times 350 \times 10^{-6}}{0.2} = 3500\mu S > 3000\mu S \quad (8-88)$$

式（8-88）计算的 $g_{m13,maz}$ 为 3500μS，大于 3000μS，满足设计要求。但是，如果这个被限定的跨导小于 3000μS，那就只能通过其他途径解决，比如重新分配电流，或者启用备用电源产生电流等。当然，在输出级电流不变的情况下增加输出管的宽长比，可以减小 $V_{D,sat13}$ 以增加跨导，但其代价是器件的寄生参数电容，而且还对输出管栅压控制提出了更高要求，否则在 PVT 变化很大时，输出管很容易偏出饱和区。

既然输出管电流为 350μA 与过驱动电压为 0.2V 能满足跨导要求，那么就可以直接用电流的平方律公式计算 M13 的宽长比，即

$$\left(\frac{W}{L}\right)_{13} = \frac{I_{D13}}{\frac{1}{2}\mu_p C_{OX} V_{D,sat13}^2} = \frac{350 \times 10^{-6}}{\frac{1}{2} 80 \times 10^{-6} \times 0.2^2} = 218.75 \Rightarrow \frac{220\mu}{1\mu} \quad (8-89)$$

（8）偏置电压规划　一般来说，放大器中的 MOS 管都应工作在饱和区（特殊电路或特殊功能的 MOS 管除外），而为了使放大器的输入范围和输出动态范围尽量大，工作在饱和区的 MOS 管占用的过驱动电压越小越好。但由于 PVT 的影响，过驱动电压常常会有几十到上百毫伏的变化，所以设置过驱动电压时往往要留有一定的裕量。根据具体的工艺、电源电压和应用环境，过驱动电压可以设置为 120mV 或者 200mV，在本例中各 MOS 管的过驱动电压设置为 200mV。由于过驱动电压是由栅源电压和阈值电压决定的，所以首先要合理规划和设置放大器各 MOS 管的栅极电压，然后再用偏置电路产生这些栅极电压。

电路从低到高依次需要 4 个偏置电压，即 v_{b1}、v_{b2}、v_{b3} 和 v_{b4}，其中 v_{b1} 和 v_{b4} 的值很容易确定，因为被它们偏置的 NMOS 管源极都接地，PMOS 管的源极都接电源，所以 v_{b1} 和 v_{b4} 只要能保证被偏置的 MOS 管的栅源电压等于阈值电压加 200mV 即可。根据表 8.3，n18 和 p18 管的阈值电压分别为 390mV 和 402mV，所以 v_{b1} 和 v_{b4} 为

$$\begin{aligned} v_{b1} &= 390 + 200 = 590 \approx 600mV \\ v_{b4} &= 1800 - 402 - 200 = 1198 \approx 1200mV \end{aligned} \quad (8-90)$$

电路中的共栅管由 v_{b2} 和 v_{b3} 提供偏置电压，由于共栅管的源极电压既不接电源也不接地，很多初学者在确定它们的栅极偏置电压时感到无从下手。其实这个问题也很简单，只要将 NMOS 共栅管的源极理解为叠加一个过驱动电压再接地，PMOS 共栅管的源极理解为叠加一个过驱动电压再接电源即可，不过是比计算 v_{b1} 和 v_{b4} 多加一个过驱动电压而已。因此，v_{b2} 和 v_{b3} 为

$$\begin{aligned} v_{b2} &= 390 + (200 + 200) = 790 \approx 800mV \\ v_{b3} &= 1800 - 402 - (200 + 200) = 998 \approx 1000mV \end{aligned} \quad (8-91)$$

公式中特意加了括号，括号中有两个过驱动电压，以此来表示增加一个过驱动电压。

需要指出，虽然这里共栅管的衬底与源极电位不同，造成阈值电压与正常值有所不同，但是在手算阶段可以忽略，阈值电压带来的误差将通过仿真进行修正。

（9）偏置管宽长比计算　v_{b1} 和 v_{b4} 分别由 M14 和 M21 产生，它们都使用 1μA 电流产生栅极电压，以共源共栅电流镜的形式向被偏置的 MOS 管提供栅极偏置电压。虽然共源管 M14 和 M21 的栅极与漏极中间都隔着一个 MOS 管，但是它们依然符合平方律公式，只要适当设置 M14 和 M21 的宽长比，就能产生预期的 v_{b1} 和 v_{b4}。而 v_{b2} 和 v_{b3} 则由 M22 和 M23 采用普通二极管接法的 MOS 管产生，所以产生 v_{b1}、v_{b2}、v_{b3} 和 v_{b4} 的 MOS 管的宽长比都可以用平方律公式直接计算。虽然各 MOS 管的电流都是 1μA，但根据 v_{b1}、v_{b2}、v_{b3} 和 v_{b4} 的规划值，M14 和 M21 的过驱动电压为 200mV，而 M22 和 M23 的过驱动电压根据式（8-91）为 400mV，因此可得

$$\left(\frac{W}{L}\right)_{14}=\frac{2\cdot I_{D14}}{\mu_n C_{OX}V_{D14,sat}^2}=\frac{2\times10^{-6}}{300\times10^{-6}\times0.2^2}=\frac{1}{6}\Rightarrow\frac{1\mu}{6\mu}$$

$$\left(\frac{W}{L}\right)_{21}=\frac{2\cdot I_{D21}}{\mu_p C_{OX}V_{D21,sat}^2}=\frac{2\times10^{-6}}{80\times10^{-6}\times0.2^2}=\frac{5}{8}\Rightarrow\frac{1.25\mu}{2\mu}$$

$$\left(\frac{W}{L}\right)_{22}=\frac{2\cdot I_{D22}}{\mu_p C_{OX}V_{D22,sat}^2}=\frac{2\times10^{-6}}{80\times10^{-6}\times0.4^2}=\frac{1}{6.4}\Rightarrow\frac{1\mu}{6.5\mu}$$

$$\left(\frac{W}{L}\right)_{23}=\frac{2\cdot I_{D23}}{\mu_n C_{OX}V_{D23,sat}^2}=\frac{2\times10^{-6}}{300\times10^{-6}\times0.4^2}=\frac{1}{24}\Rightarrow\frac{1\mu}{24\mu}$$

$$(8\text{-}92)$$

式中，M21 的宽长比为 5/8，选择宽长的实际尺寸为 1.25μ 和 2μ，这样在保持宽长比不变的情况下，宽和长的实际尺寸都不太小，有利于提高宽长比的工艺精度。

另外，从式（8-92）的计算结果还可以看出，各 MOS 管的宽长比都小于 1，尤其是 M23 的宽长比最小，这是因为它的过驱动电压较大（0.4V），但电流却很小（1μA），只有用很小的宽长比才能使平方律公式两边相等。像这种宽长比远远小于 1 的 MOS 管通常被称为倒比管，在电流很小的超低功耗电路中经常出现。

（10）电流镜共栅管 M17 和 M20 宽长比计算　受沟道长度调制效应的影响，即使两个相同的 MOS 管有相同的 V_{GS}，只要它们的 V_{DS} 不同，电流也就会有差别，造成电流镜匹配精度随 V_{DS} 的变化而变化。本例中变形的共源共栅电流镜使用共栅管减小共源管 V_{DS} 的变化，可以将 V_{DS} 的变化减小到原来变化的本征增益分之一，即可将 V_{DS} 的变化减小一个数量级，使电流的匹配精度得到明显提高。本例中共栅管 M17 和 M20 必须工作在饱和状态才能起到缓冲 V_{DS} 变化的作用，因此需要根据预设的栅极电压计算出合适的宽长比，以确保共源共栅电流镜中的两个 MOS 管都工作在饱和状态。

为了计算共栅管的宽长比，下面先讨论一下这种变形结构中共栅管的栅极电压范围。如图 8.71 所示，以产生 v_{b1} 的共源共栅电流镜为例，图中的 M17 是共栅管，由于它的源极和漏极电压都有限制，所以为了保证 M17 工作在饱和状态，其栅极电压 v_{b2} 的范围也是受限的，下面具体分析一下。

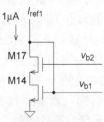

图 8.71　产生 v_{b1} 的共源共栅电流镜

首先，M17 的源极电压就是 M14 的漏极电压，为了保证 M14 工作在饱和状态，M17 的源极电压就不能小于 M14 的饱和压降，所以 v_{b2}（M17 栅压）应为 $V_{GS17} + V_{D14,sat}$。M17 的漏极电压固定为 v_{b1}，v_{b1} 限制了 v_{b2} 的最大值为 $v_{b1} + V_{TH17}$，即 $v_{b2,max} = v_{b1} + V_{TH17}$，否则 M17 就会进入线性区，因此就有

$$v_{b2} = V_{GS17} + V_{D14,sat} = V_{TH17} + V_{D17,sat} + V_{D14,sat}$$
$$v_{b2,max} = v_{b1} + V_{TH17} = V_{TH14} + V_{D14,sat} + V_{TH17} \tag{8-93}$$

式中，V_{GS17} 等于 $V_{TH17} + V_{D17,sat}$，而 v_{b1} 就是 V_{GS14}，等于 $V_{TH14} + V_{D14,sat}$。用 $v_{b2,max}$ 减去 v_{b2}，可得 v_{b2} 的变化范围为

$$v_{b2,max} - v_{b2} = V_{TH14} + V_{D14,sat} + V_{TH17} - (V_{TH17} + V_{D17,sat} + V_{D14,sat}) = V_{TH14} - V_{D17,sat} \tag{8-94}$$

根据式（8-90）可知道，要想使 M17 保持在饱和区，M17 的饱和电压降不能高于 M14 的阈值电压，说明 v_{b2} 的变化范围也很小。在前面的偏置电压规划中，曾将 M14 和 M17 的饱和电压降都设置为 200mV，并认为它们的阈值电压都是 390mV，符合 M17 的饱和电压降小于 M14 的阈值电压要求，因此所规划的偏置电压能使 M17 工作在饱和区。既然 M14 和 M17 的电流相同，且饱和压降也相同，所以二者的宽长比也应该相同，即

$$\left(\frac{W}{L}\right)_{17} = \left(\frac{W}{L}\right)_{14} = \frac{1\mu}{6\mu} \tag{8-95}$$

同理，PMOS 共栅管 M20 的宽长比也应该等于 M21 的，即

$$\left(\frac{W}{L}\right)_{20} = \left(\frac{W}{L}\right)_{21} = \frac{1.25\mu}{2\mu} \tag{8-96}$$

（11）其他 MOS 管宽长比计算　偏置电路使用 1μA 参考电流产生 4 路相同的参考电流，4 路参考电流分别产生偏置电压 v_{b1}、v_{b2}、v_{b3} 和 v_{b4}，由 v_{b1}、v_{b2}、v_{b3} 和 v_{b4} 偏置的 MOS 管与偏置电路中的 MOS 管构成电流镜。为了保证电流镜的匹配精度，被偏置的 MOS 管要用多个相同的 MOS 单元管并联构成，这里所说的 MOS 单元管就是偏置电路中电流镜中的 MOS 管，即 M14、M17、M20 和 M21。

尾电流管 M3 要产生 50μA 电流，而参考电流为 1μA，所以需要 50 个 MOS 单元管并联构成。从原理图可以看出，它的栅极偏置电压是 v_{b4}，所以其 MOS 单元管为 M21。在电路图输入时，只要将 M3 设置为与 M21 相同的宽长比，再将 m 设置为 50 即可。同理，M25 的偏置电压也是 v_{b4}，它的 MOS 单元管也是 M21，由于其电流为 1μA，所以它的 m 值应该为 1。另外，根据电路图可知，M15、M16、M4、M5 和 M12 的偏置电压为 v_{b1}，所以其 MOS 单元管为 M14，其中，M15 和 M16 的 m 为 1，M4 和 M5 的 m 为 50，M12 的 m 为 350。M24、M8 和 M9 的偏置电压为 v_{b3}，所以其 MOS 单元管为 M20，其中，M24 的 m 为 1，M8 和 M9 的 m 为 25。由于 M10 和 M11 分别与 M8 和 M9 构成共源共栅结构，而 M8 和 M9 的 MOS 单元管为 M20，所以 M10 和 M11 就应该以 M21 为 MOS 单元管，m 为 25。

关断控制电路属于逻辑电路和开关电路，这种电路对 MOS 管的宽长比没有特殊要求，在电路设计中可以将的宽长比都设置为 2μ/1μ。

（12）密勒补偿电阻 R_m 计算　根据表 8.1 中的公式，零极点相消时 R_m 应等于

$$R_m = \left(1 + \frac{C_L}{C_m}\right)\frac{1}{g_{m13}} = \left(1 + \frac{40}{9}\right)\frac{1}{3000 \times 10^{-6}} \approx 1.815\text{k}\Omega \qquad (8\text{-}97)$$

为便于查阅，表 8.7 列出了电路中所有 MOS 管的宽长比和模型名称。

表 8.7　电路中 MOS 管宽长比列表

编号	模型、W/L、m	编号	模型、W/L、m	编号	模型、W/L、m
M1	p18、23μ/1μ、1	M12	n18、1μ/6μ、350（原理图中使用 10μ/1μ、6）（350/6≈60/1）	M22（倒比管）	p18、1μ/6.5μ、1（原理图中使用 1μ/3.5μ 和 1μ/3μ 的 2 个管串联）
M2		M13	p18、10μ/1μ、22	M23（倒比管）	n18、1μ/8μ、3（原理图中使用 3 个 1μ/8μ 的管串联）
M3	p18、1.25μ/2μ、50	M14	n18、1μ/6μ、1	M24	p18、1.25μ/2μ、1
M4	n18、1μ/6μ、50	M15		M25	
M5		M16		M26	n18
M6	n18、1μ/6μ、25	M17	n18、1μ/6μ、1	M27	p18
M7		M18		M28	n18
M8	p18、1.25μ/2μ、25	M19		M29	
M9		M20	p18、1.25μ/2μ、1	M30	p18
M10		M21		M31	
M11					

（M26～M31：2μ/1μ、1）

8.6.4　原理图输入与仿真

在 design_smic18 库中新建一个 opa_folded 单元，如图 8.72、图 8.73 和图 8.74 所示为放大器 opa_folded 的原理图，其中图 8.72 为放大器第一级和第二级的原理图，图 8.73 为放大器偏置电路的原理图，图 8.74 为放大器控制电路的原理图，图 8.75 为放大器 opa_folded 的符号图。为了后续仿真和优化方便，R_m 和 C_m 先使用 analogLib 中的理想电阻和理想电容代替，并将它们的值设为参数 p_res 和 p_cap。

在上述电路原理图中，除 M12、M22 和 M23 外，其他 MOS 管的参数与表 8.7 中的参数完全一致。其中 M12 从计算值 $(W/L)_{12}=1μ/6μ$ 和 $m=350$ 变为 $(W/L)_{12}=10μ/1μ$ 和 $m=6$，这样不仅可以解决 m 不能大于 100 的问题，更主要的是可以节约大量的面积，因为 M12 只是个恒流源负载，其电流大小并不很重要，只要稳定即可。而 M22 和 M23 是倒比管，为了版图设计方便，它们都改为了几个管的串联（注意，不是并联！），其中 M22 从 1μ/6.5μ 改为 1μ/3.5μ 和 1μ/3μ 两个管的串联，M23 从 1μ/24μ 改为 3 个 1μ/8μ 管的串联。管串联就是栅连接在一起，而源漏则首尾相接串联起来。

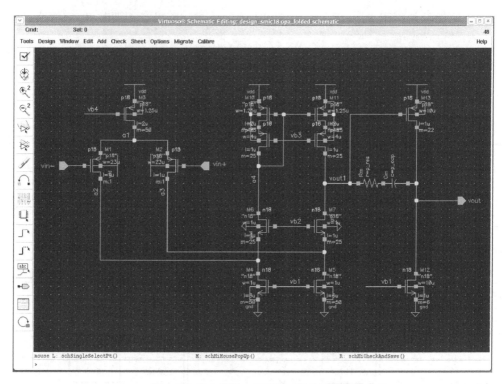

图 8.72　放大器第一级和第二级的原理图

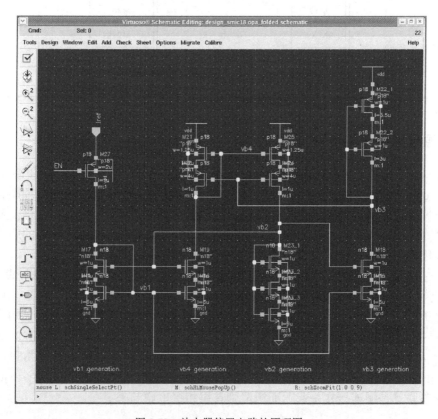

图 8.73　放大器偏置电路的原理图

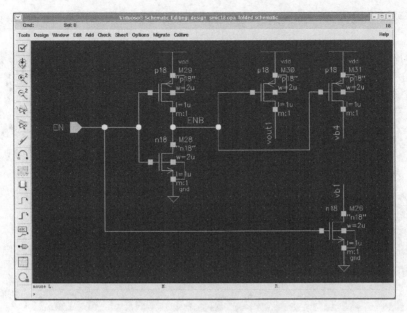

图 8.74　放大器控制电路的原理图

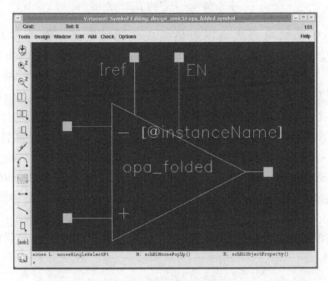

图 8.75　放大器的符号图

在 design_smic18 库中新建一个放大器仿真单元 opa_folded_sim，如图 8.76 所示为放大器 opa_folded_sim 的仿真电路图，图中包括两块相同的电路，用超大电感（1GH）和超大电容（1GF）构成直流反馈环路，为放大器的输入端提供工作点，并按图 8.39 中的方法对放大器进行激励，电路可以对放大器进行静态工作点仿真和开环增益仿真。放大器的输出端接 40pF 的负载电容，EN 使能端接地，使放大器正常工作。

如图 8.76 所示，放大器的激励信号设置比较简单，idc 电流源输入 1μA 电流到每个放大器的 Iref 端口，电流源的方向朝下！放大的正输入端接直流电压源 V1，其直流电平设置为参数 vcm，为了进行 ac 仿真将 AC magnitude 设置为 1。电源电压由直流电压源 V0 提供，为了方便后续的 PVT 仿真，将电源电压设置为参数 var_vdc。

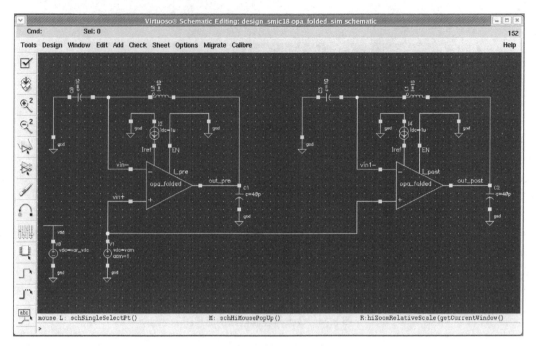

图 8.76　放大器的仿真电路图

如图 8.76 所示的仿真电路之所以包括两块相同的电路，就是为了在后仿真时方便 config view 的配置。在前仿真阶段，两块电路相同，激励相同，所以仿真结果也相同，但是到了后仿真阶段，右侧的放大器将在 config view 中被替换为版图电路，这样右侧部分就变成了后仿真，而左侧部分仍然是前仿真。前后电路的仿真结果一定会有所不同，把两块相同电路放到同一个仿真电路图中，就是为了将来可以在同一个波形窗口中观察和比较。

原理图输入完成后打开 ADE 窗口，先按如图 8.77 所示设置器件模型，由于后续的仿真要用到 PDK 中的电阻和电容，所以模型中增加了 res_tt 和 mim_tt。再通过菜单 Setup → Temperature... 确认一下工作温度是否为 27℃，Cadence 617 可以直接看到和修改。然后，通过 ADE 窗口菜单 Variables → Copy From Cellview 将原理图中的变量复制到 ADE 窗口 Design Variables 栏中，双击变量进行设置，将 var_vdc、p_cap、p_res 和 vcm 分别设置为 1.8、9p、3k 和 900m，设置结果如图 8.78 所示，其中 3k 是 R_m 最后的优化值，比理论计算的 1.8k 大 1k 多。

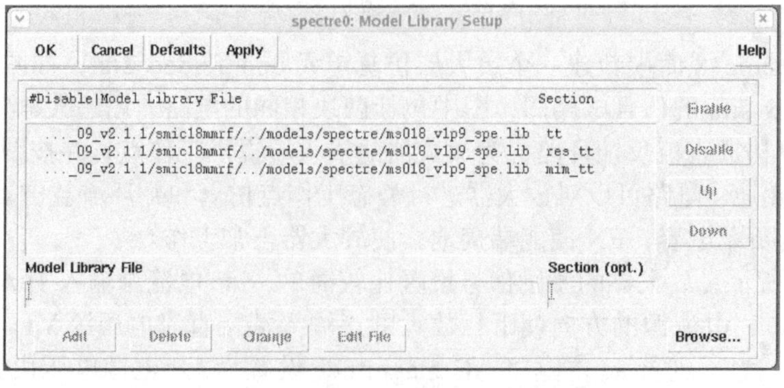

图 8.77　器件仿真模型设置窗口

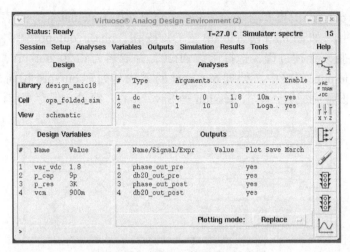

图 8.78　ADE 仿真窗口设置结果

在图 8.78 中还有 dc 和 ac 仿真的设置，其中 dc 仿真以 vcm 为扫描变量，扫描范围设置为 0 ~ 1.8，Sweep Type 设置为 Linear，Step Size 设置为 10m；ac 仿真以频率为扫描变量，扫描范围设置为 1Hz ~ 1GHz，Sweep Type 设置为 Logarithmic，Points Per Decade 设置为 10。这里做 dc 仿真主要是为了看 MOS 管的工作点。虽然是对 vcm 进行扫描，但是在原理图上显示的工作点电压将是对应 vcm 默认值为 900mV 时的值。

在图 8.78 中的 Outputs 栏中有两个放大器的相位和增益，其中，phase_out_pre 和 db20_out_pre 是左边放大器输出端的相位和增益（dB），phase_out_post 和 db20_out_post 是右边放大器输出端的相位和增益（dB），每次仿真后都可以自动显示，不需要去单击 Results 菜单，在反复调整和优化时非常方便。虽然本书的 3.8 节曾经介绍过显示 dB 增益和相位信号的方法，但为了使本节内容自成体系，方便大家就近查阅，下面针对图 8.76 再介绍一下。

ac 设置完成后，单击 ADE 窗口菜单 Tools → Calculator... 打开 Calculator，选中 ac 和 vf，仿真原理图会自动弹出。然后单击 out_pre，则 VF（"/out_pre"）就将显示在 Calculator 中，再单击函数列表中的 phase，就可以得到如图 8.79 所示的表达式 phase（VF（"/out_pre"））。

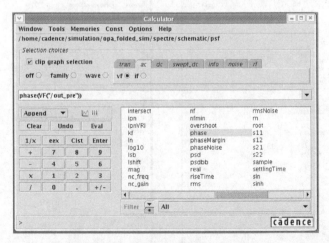

图 8.79　Calculator 中的 phase 函数显示

在 ADE 窗口中单击菜单 Outputs → Setup...，弹出 Setting Outputs 对话框，在 Name

栏中填写 phase_out_pre，再单击 Get Expression 按钮，Calculator 中的表达式就会显示在 Expression 栏中，如图 8.80 所示。单击 OK 按钮，phase_out_pre 就会显示在 ADE 的 Outputs 列表中。重复上述过程，选择函数 dB20，并取名为 db20_out_pre，可以将 dB 增益显示在 ADE 的 Outputs 列表中。处理 out_post 的方法与处理 out_pre 相同，最终设置结果如图 8.78 所示。设置完成后，单击 Session → Save State... 菜单，保存当前设置，然后仿真。

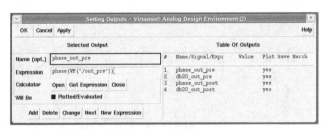

图 8.80　Calculator 表达式获取窗口

　　由于手工计算会忽略很多二级效应，使计算结果与仿真结果会有一定的差别，尤其是在偏置电路上的差别会导致整个电路都不工作，或者各项设计指标都很差。所以对于有偏置电路的放大器，在开始仿真时一定要首先观察偏置电路，看看工作点是否正常，然后再去关注其他指标，否则直接观察仿真结果，发现电路不工作或性能太差，自信心会受到打击。本例的放大器仿真，也将从调试工作点开始，下面介绍调试过程与现象分析。

　　将 ac 仿真的 Enable 选项先关掉，只保留 dc 仿真，然后单击 ADE 中的红绿灯图标开始仿真，仿真结束后，单击 ADE 菜单 Results → Print → DC Operating Points，进入显示工作点状态，然后单击电路图中的 MOS 管，观察它们的工作状态。

　　首先看 M14 和 M17，它们是偏置电路中的 NMOS 管共源共栅电流镜，用于产生偏置电压 v_{b1}，并且共栅管 M17 的栅电压是否合适，也是调试 v_{b2} 的依据。单击 M14 和 M17，可以得到如图 8.81 所示的工作点参数。可以看出 M14 的 region 为 1（线性区），M17 的 region 为 2（饱和区），显然 M14 的工作区不对。

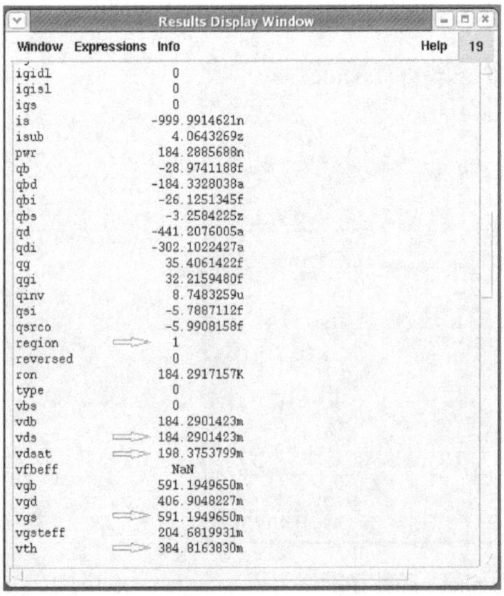

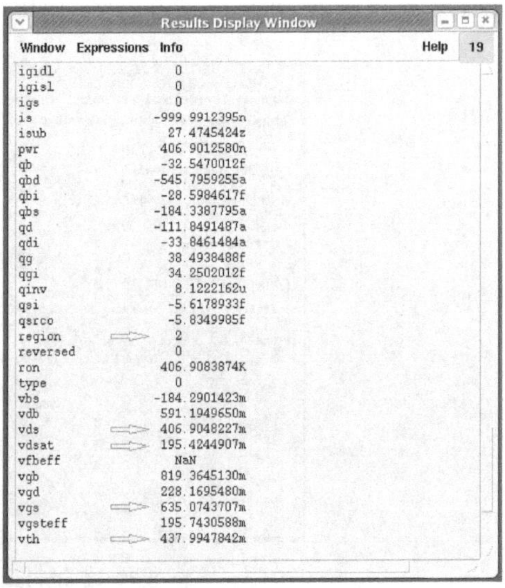

图 8.81　共源共栅电流镜管 M14 和 M17 的工作点参数

进一步分析发现，M14 的 vds 为 184.3mV，小于其 198.4mV 的 vdsat，所以工作在线性区。由于 M14 的 vgs 为 591.2mV，vth 为 384.9mV，vgs 超过 vth 有 200mV 以上，因此可以断定其 vgs，也就是 v_{b1} 是正确的，造成工作区不正确的原因是它的 vds 太小，其原因是共栅管 M17 的 vds 太大，从图中可以看出高达 406.9mV，下面尝试分析解决。

首先，通过观察图 8.81 中最后一行的参数，M14 与 M17 的 vth 相差了 50mV，其原因出自 M17 的衬底与源极的电位差，手工计算时曾经把它忽略。这个多出的 50mV 应该体现在 v_{b2} 中，也就是应该将 v_{b2} 从 800mV 提高到 850mV。如果不提高 v_{b2}，那么 M17 的过驱动电压就不够，自然会占用过多的 vds 以进行补偿，以至于将 M14 推进线性区。v_{b2} 是由倒比管 M23 产生的，增加倒比管的栅长，可以提高 v_{b2}，因此将总栅长从 24μm 提高到 27μm 后，v_{b2} 为 846mV，约等于 850mV，而且 M14 也返回了饱和区。

虽然 M14 返回了饱和区，但是从图 8.82 显示的 M14 参数可以看出，vds 和 vdsat 非常接近，相差不到 10mV，饱和的状态非常临界，任何 PVT 的变化都可能使它离开饱和区，因此必须扩大 vds 与 vdsat 的差距，最好大于 100mV 以上，才能经受得起 PVT 仿真的考验。

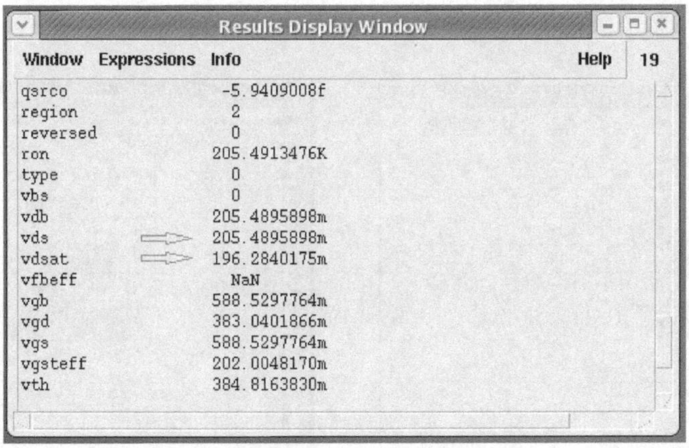

图 8.82　调整后 M14 的工作点参数

根据式（8-90）的推导结论，为了保证 MOS 管工作在饱和状态，共源共栅电流镜中共栅管的饱和电压降越小越好，这就要求共栅管的过驱动电压降要很小，在电流不变的情况下，只要增加它的宽长比就能将过驱动电压降低。因此，将共栅管 M17 的宽长比从 1μ/6μ 提高到 1μ/1μ。仿真结果如图 8.83 所示，此时 M14 的 vds 超出 vdsat 有 100mV 以上，不再位于饱和区的边缘，同时 M17 的 vdsat 也只有 93.8mV，远远小于 M14 的阈值电压，因此符合预期要求。接下来需改一下以 M17 为单元管的 MOS 管 M18、M19、M6 和 M7 的宽长比，使其与 M17 的宽长比相同，m 值保持不变，这样 NMOS 管电流镜就调试完成了。

如图 8.84 所示为构成 PMOS 管共源共栅电流镜的 M20 和 M21 的工作点参数，其中 M20 的 vth 为 466mV，比手算时多出 60mV 以上，为了弥补这个误差，需要将 v_{b3} 的理论值调低 60mV，即从 1000mV 调低到 940mV，而由 M22 产生的 v_{b3} 为 923mV，比较接近 940mV，因此 v_{b3} 暂时可以保持现状。另外，从图 8.84 中可以看出，M21 的 region 为 1（线性区），不符合要求，需要增加共栅管 M20 的宽长比来减小所需的 vdsat 和过多占用的 vds。

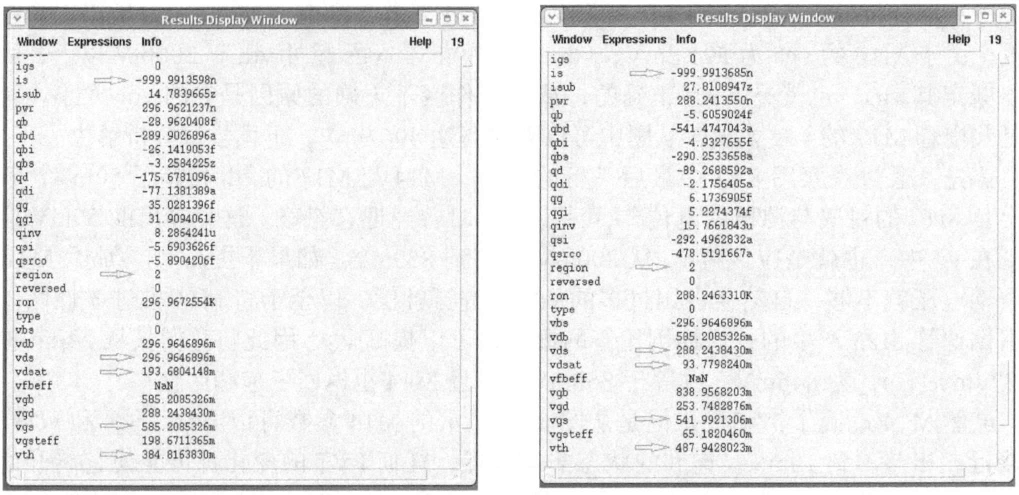

M14

M17

图 8.83 M17 的宽长比提高到 1μ/1μ 后的工作点参数

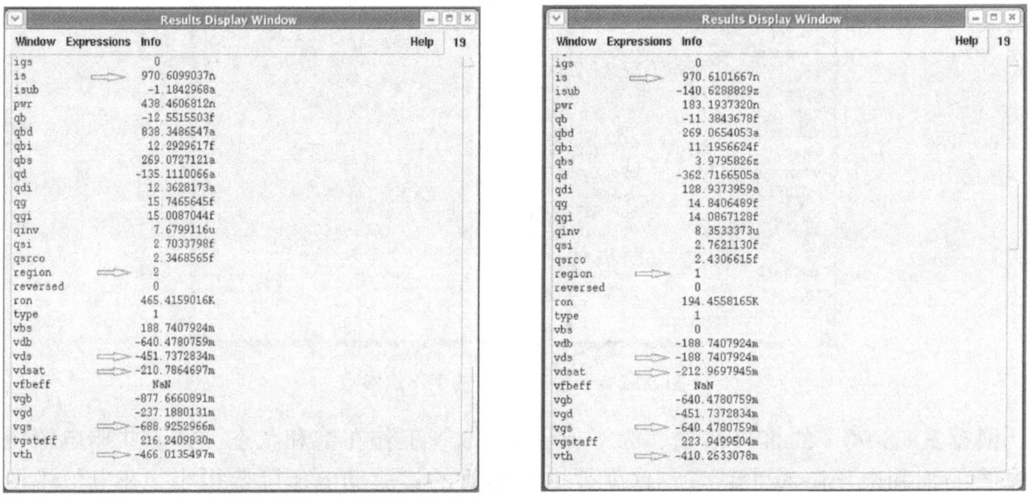

M20

M21

图 8.84 M20 和 M21 的工作点参数

经过不断调整，将共栅管 M20 的宽长比从 1.25μ/2μ 提高到 4μ/1μ 后，所得到的结果比较合适，这也相当于将共栅管的宽长比提高了 6 倍多，再将 M24 的宽长比也同步调整为 4μ/1μ，调整后 M20 和 M21 的工作点参数如图 8.85 所示。从图中可以看出，调整后 M21 不仅位于饱和区，而且 vds 超出 vdsat 也将近 100mV，工作点在饱和区的富余量也比较大，共栅管 M20 的 vdsat 小于 100mV，vds 也降低为 332.7mV，完全符合式（8-90）的推导结论，即共栅管 M20 的饱和电压降（100mV）小于共源管 M21 的阈值电压（410mV）的要求。调整之后，再将以 M20 为单元管的 M8 和 M9 也进行同步调整，将其宽长比调整为 4μ/1μ，m 值保持不变，这样工作点调整部分就全部完成了。

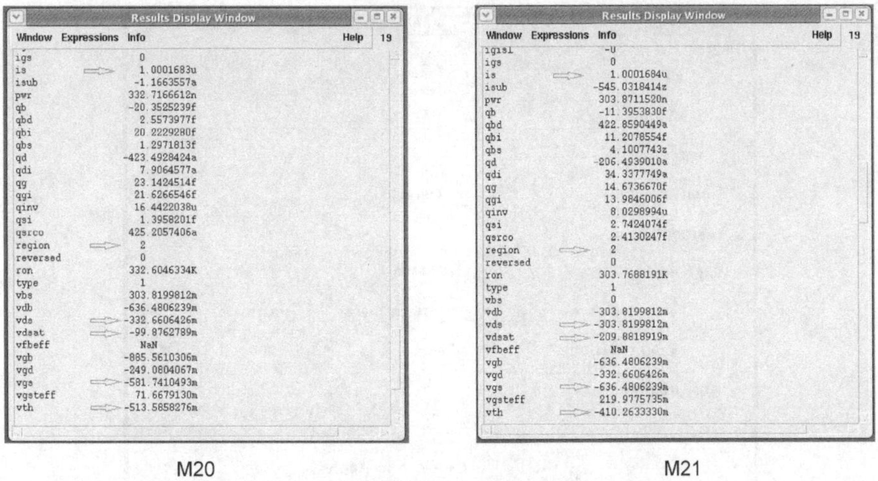

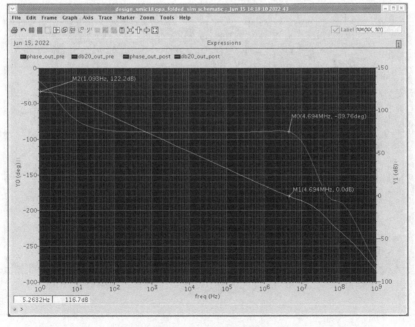

图 8.85　调整后 M20 和 M21 的工作点参数

工作点调整和宽长比修改完成后进行 ac 仿真，仿真结果如图 8.86 所示。为了严格测量 UGB 和 PM，可利用 3.8 节介绍的波形操作技巧，在 db20 曲线上添加 marker，即在 db20 曲线上移动鼠标，然后按 M 键，则 db20 曲线上将出现 marker，双击 marker，弹出如图 8.87 所示的 Marker Attributes 对话框，将对话框中的 Position（X,Y）栏设置为 by Y，表示用纵坐标定位，然后将纵坐标值设置为 0，然后单击 OK 按钮，这样 marker 上的横坐标就是 UGB。在 phase 曲线上也添加一个 marker，双击 marker 弹出 Marker Attributes 对话框，将其 Position（X，Y）栏设置为 by X，将 UGB 值填入到横坐标中，单击 OK 按钮之后 marker 的纵坐标就是相位，加上 180° 就是 PM。用上述方法测量得到的 UGB 为 4.694MHz，PM 为 89.76°，直流增益为 122.2dB。显然，UGB 不到 5MHz，不满足设计指标要求，下面分析一下其中的主要原因。

图 8.86　首次 ac 仿真曲线

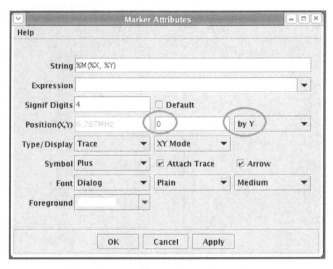

图 8.87　Marker Attributes 对话框

由于 UGB 等于第一级跨导 $g_{m1,2}$ 除以密勒补偿电容 C_m，理论计算的跨导值为 300μS，而电路的仿真结果是 243.8μS，这可能是造成 UGB 不够的原因之一。增加宽长比可以增加跨导，并且不需要增加电流，因此可以先考虑将第一级差分对管加倍，即直接将 m 改为 2，看看仿真效果。图 8.88 为将差分对管 m 改为 2 后的仿真结果，此时 $g_{m1,2}$ 提高到 331.8μS，虽然 $g_{m1,2}$ 没有加倍，但从图 8.88 中可以看出，UGB 提高到 6.891MHz，PM 为 85.58°（180°-94.42°），直流增益为 125.1dB，满足设计指标要求。

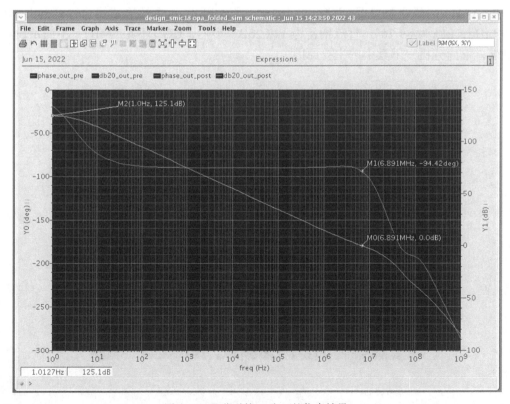

图 8.88　差分对管 m 为 2 的仿真结果

这里需要说明一下，在跨导的电流公式中，跨导与宽长比是开方关系，并不是线性关系，所以在电流不变的情况下，而 m 值加倍，跨导相当于乘以 $\sqrt{2}$，理论计算值为 344.7μS，与仿真值基本接近。另外，在跨导的电压公式中，虽然跨导与宽长比是线性关系，但是饱和电压降却有可能随宽长比的变化而改变。因此在大多数情况下，跨导并不随 m 值线性变化，只有当宽长比与电流等比例变化，且源极接电源或接地时，跨导与 m 值才有可能获得比较理想的线性变化关系。

虽然图 8.88 的相位裕度和增益都满足了设计指标，但是仿真得出的第二级跨导 g_{m13} 仅为 2720.2μS，小于 3000μS 的建议值，3000μS 的建议值是基于 C_m 等于 $0.22C_L$ 和第二个极点等于 2.2 倍 UGB 的基础上得出的，如果 g_{m13} 小于 3000μS，就说明第二个极点频率小于 2.2 倍 UGB，且理论上的 PM 也不可能高于 60°，但此时仿真得到的 PM 却将近 86°，相当于第二个极点基本没有发挥作用，很显然这种情况只有在满足表 8.1 中的零极相消的条件时才能发生，可见 R_m 为 3kΩ 应该很接近零极相消的优化值。

按照式（8-93），零极相消时 R_m 的理论计算值接近 2kΩ，对 R_m 进行扫描（p_res）可以得到更加准确的优化值。由于 ac 仿真已经对频率进行了扫描，所以若再对变量 p_res 进行扫描，需要用到 3.6 节中介绍的二重扫描技术。为使本章自成体系，方便大家参考，下面再具体介绍一下对 p_res 的 ac 扫描仿真方法。

单击 ADE 窗口 Tools → Parametric Analysis...，弹出如图 8.89 所示的 Parametric Analysis 对话框，再单击这个对话框菜单 Setup → Pick Name For Variable → Sweep 1...，弹出 Parametric Analysis Pick Sweep 1 对话框，选择其中的变量 p_res，然后单击 OK 按钮，这时 p_res 就加到了 Parametric Analysis 对话框的 Variable Name 栏中。在 Range Type 栏中选择 From/To，并填写 From 为 0，To 为 6k。在 Step Control 栏中选择 Linear Steps，并填写 Step Size 为 1k，表示 p_res 从 0 到 6k 按照 1k 的步长进行扫描。设置完成后单击菜单 Tool → Save...，弹出 Parametric Analysis Save 对话框，直接单击 OK 按钮，可将关于 p_res 的扫描设置保存下来供以后调用。

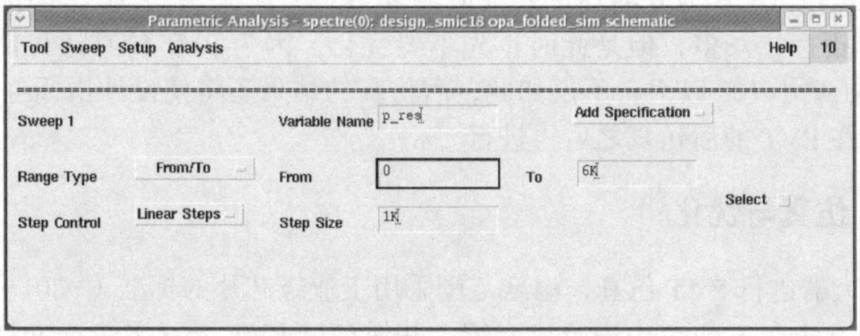

图 8.89 Parametric Analysis 对话框

单击 Parametric Analysis 对话框菜单 Analysis → Start 开始仿真，其相位扫描仿真结果如图 8.90 所示，经过局部放大可以发现，p_res 等于 3k 时相位的水平延伸最长，也就是保持 90° 的频率最高，因此 3k 是 p_res 的最优值。

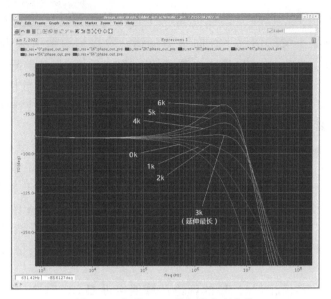

图 8.90　扫描 p_res 的相位仿真曲线

可以看出，虽然第二个极点被零点抵消，可相位曲线却没有一直保持平直的 90°，其原因就在于放大器不仅存在被密勒补偿分裂的主极点和次极点，而且还存在第三个极点、第四个极点和其他极点等，这些极点导致相位裕度继续减小，由于这些极点与次级点相隔又不太远，所以零点抵消的效果坚持不了多远，相位很快就又开始迅速下降了。

通过表 8.1 的公式列表可以看出，零极相消的密勒补偿方案对密勒补偿电容 C_m 的大小没有具体要求，只要小于 C_L 即可。对第二级跨导也没有具体要求，第二级跨导只用于计算 R_m。虽然零极相消的方案对 C_m 和第二级跨导都没有具体限制，但是在手工计算时它们的初始值也不能太随意，否则就不符合密勒补偿的理论基础，导致理论分析结果与仿真结果差别很大。建议即使采用零极相消的密勒补偿方案，C_m 也先按照 0.22 倍的 C_L 来计算，第二级跨导也先按照 10 倍的第一级跨导来计算，待仿真通过后再尝试逐步减小 C_m和第二级电流，以进一步减小面积和功耗。

就本例而言，UGB 为 6.891MHz，PM 将近 86°，直流增益为 125.1dB，虽然它们都超过了设计指标比较多，但是此时也先不要优化，因为 PVT 仿真还可能使 UGB 下降 20% 以上，PM 减小 10° 以上。不仅如此，后仿真的结果还将使设计指标继续变差，所以优化问题可以在 PVT 的后仿真之后再进行。

8.6.5　PVT 仿真与优化

下面对放大器进行 PVT 仿真，温度范围采用工业级芯片的标准（−20 ～ 85℃）。PVT仿真的原理与方法在 3.11 节中进行过介绍，并保存过 PVT 设置文件 smic18.cor。由于这里放大器的 PVT 仿真也将基于 smic18.cor 进行，如果没有 smic18.cor 这个设置文件，可以参考 3.9 节的工艺角仿真设置过程和 3.11 节的 PVT 设置过程，对 PVT 仿真进行现场设置，并且为了方便今后使用，建议将设置结果保存到 smic18.cor 文件中。

在 PVT 仿真之前，先将电路中的理想元件 R_m 和 C_m 替换为 PDK 中的 rhrpo 电阻和MIM 电容，具体例化参数如图 8.91 所示。其中电阻使用 5μm 宽、30μm 长的两个 rhrpo电阻并联实现，并联后的阻值在 3kΩ 左右（注意图中 Segments 和 Segment Connection 选项的内容)。由于电阻的宽度越宽精度越高,而 R_m 又要求尽量准确,所以例化电阻时特意使用两条 5μm 宽的电阻并联实现。电容选用 PDK 中的 MIM 电容,它的特性在 2.4 节中做过介绍,本电路为了实现 9pF 电容 C_m,使用了 15 个 0.6pF 的小电容并联实现,每个小电容的有效面积是(25×25)$μm^2$。替换后的仿真结果如图 8.92 所示,与替换前图 8.88 所示的仿真结果几乎相同,这说明 R_m 和 C_m 的替换没有问题,可以进行 PVT 仿真了。

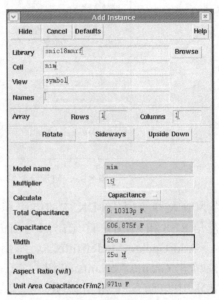

图 8.91　R_m 和 C_m 元件例化选项

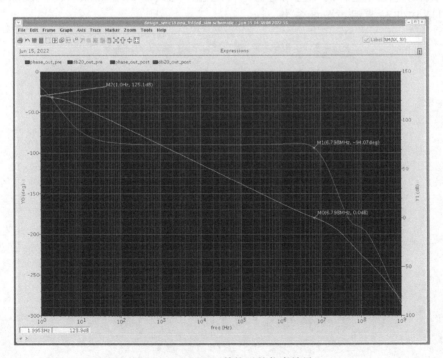

图 8.92　R_m 和 C_m 替换后的仿真结果

单击 ADE 窗口菜单 Tools → Corners...，弹出 Analog Corners Analysis 对话框，然后将 smic18.cor 的设置调进来，并将 Performance Measurements 栏清空，将 var_vdc 改为 1.8V 系列的值，初步修改之后的结果如图 8.93 所示。

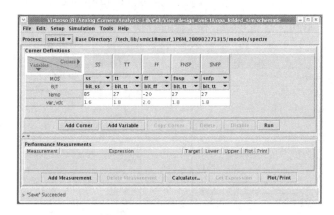

图 8.93 初步修改的 Analog Corners Analysis 对话框

因为放大器使用了 PDK 中的电阻和电容元件，所以 PVT 仿真需要增加电阻和电容的工艺角 RES 和 MIM。首先添加电阻的工艺角 RES，单击 Analog Corners Analysis 的 Setup → Add/Update Model Info...，弹出如图 8.94 所示的 Update Process/Model Info 对话框，单击 Groups/Variants 按钮，在 Group Names 栏中填写 RES，再根据图 3.58 中关于 PDK 中电阻的工艺角说明，在 Variants 栏中填写 res_ss、res_tt 和 res_ff，然后单击 Apply。用同样的方法为电容添加工艺角 MIM，在 Group Names 栏中填写 MIM，在 Variants 栏中填写 mim_ss、mim_tt 和 mim_ff，然后单击 OK 按钮。添加完成后按照图 8.95 所示对电阻和电容的工艺角进行一一配置，尤其是 SS、TT 和 FF 一定要配置正确，因为它们是 PVT 仿真最重要的参考。

图 8.94 添加电阻和电容工艺角

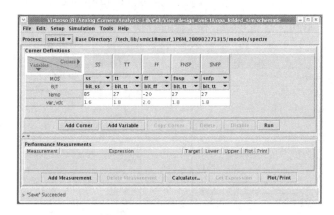

图 8.95 电阻和电容工艺角的配置结果

下面向 Performance Measurements 栏添加显示信号,把放大器的增益和相位添加进来,方法还是先单击 Analog Corners Analysis 上的 Add Measurement 按钮,然后填写显示信号名,再单击 Calculator 以获得表达式,最后单击 Get Expression 完成添加。虽然前面曾经介绍过向 Performance Measurements 栏添加显示信号的方法,但是为了便于参考,这里结合放大器具体的 PVT 仿真流程,向读者再介绍一下添加过程。

单击 Add Measurement 按钮,弹出如图 8.96 所示的 Enter Measurement name 对话框,在对话框中输入信号名称 db20_out_pre,然后单击 OK 按钮,再单击 Calculator... 按钮,选择 ac → vf,此时进入到选择被显示节点的状态,在原理图中单击 out_pre,并在计算器的函数区选择 dB20,这样就得到了如图 8.97 所示的放大器增益 dB 表达式,最后

图 8.96　Enter Measurement name 对话框

在 Performance Measurements 栏中单击 db20_out_pre 的 Expression 栏,再单击 Get Expression 按钮,则表达式就填入到 Expression 栏中,勾选 Plot 后就完成了添加 db20_out_pre。按照相同的方法再添加另一个放大器的增益信号 db20_out_post,以及两个放大器的相位信号 phase_out_pre 和 phase_out_post,相位信号要选择 phase 函数,最后的结果如图 8.98 所示。

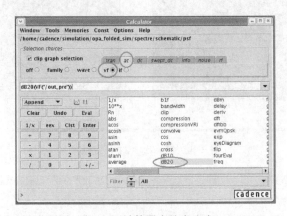

图 8.97　计算器中的表达式

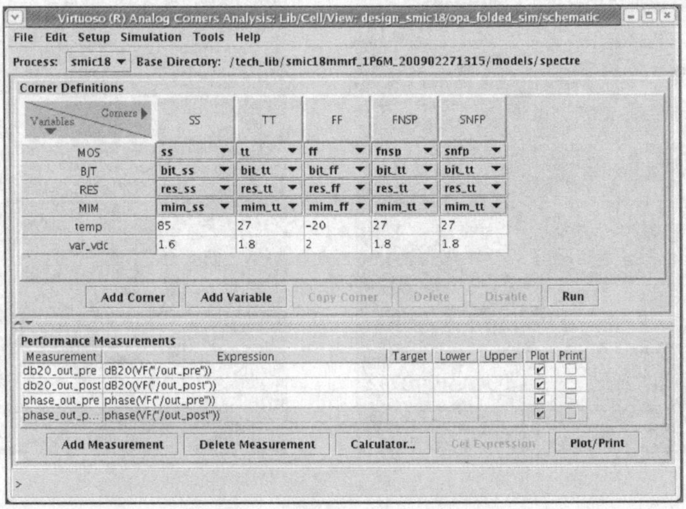

图 8.98　添加显示信号的结果

先保存设置，再单击 Run 进行第一次 PVT 仿真，如图 8.99 所示为第一次 PVT 仿真结果，图 8.100 是其局部放大图。从图中可以看出，不仅增益都能满足设计指标，而且由于进行了零极点补偿，相位裕度也变化不大，但精确测量 PVT 组合曲线的相位裕度后发现，SS 的 UGB 只有 4.564MHz，不满足设计指标。

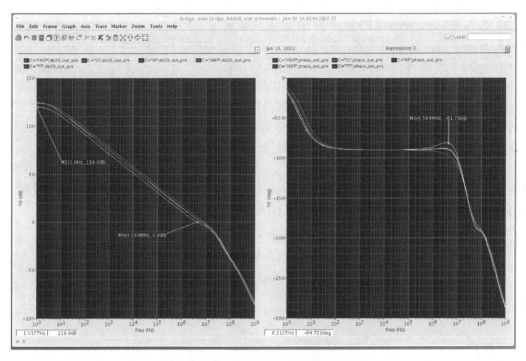

图 8.99　第一次 PVT 仿真结果

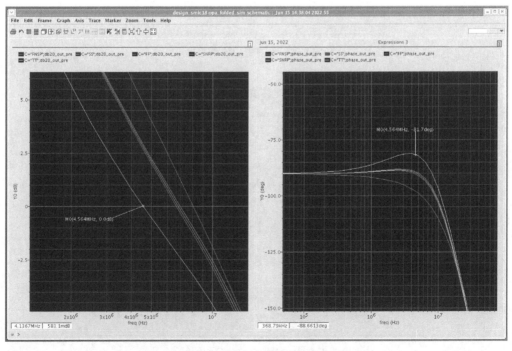

图 8.100　第一次 PVT 仿真结果的局部放大图

因为 UGB 与第一级跨导成正比，所以增加 UGB 可以先从提高第一级跨导开始，这样就能保持第二级不变，最大限度地使零极点补偿不受影响。由于主电路目前只用了 450μA 电流，还有将近 50μA 备用，所以可以启用 20μA 备用电流给第一级，用电流提高跨导。首先将第一级差分对的尾电流提高 20μA，即将 M3 的 m 值从 50 提高到 70，再将 M4 和 M5 的 m 值各加 10，即从 50 提高到 60，以保持两条共栅支路的工作点不变。调整之后进行第二次 PVT 仿真，SS 的 UGB 提高到 5.866MHz，满足了设计指标的要求，TT 条件下的 UGB 为 8.669MHz，相位裕度约为 81°。

通过 PVT 仿真可以发现，PVT 仿真结果与典型条件的结果相差很大，为了对 PVT 的影响程度有一个直观认识，下面给出几个 PVT 数据供大家参考。第一，PVT 对第一级跨导的影响，在各种 PVT 组合中，跨导最小值是 300μS，最大值是 450μS，PVT 使跨导变化高达 50%。第二，对直流增益的影响，最小值是 117.6dB，最大值是 125.5dB，增益差别将近 10dB。第三，对 UGB 的影响，最小值是 5.866MHz，最大值是 9.782MHz，UGB 的 PVT 总跨度约为 4MHz。第四，对 PM 的影响，由于 PVT 对相位的影响因密勒补偿方案不同而不同，所以不太好统一描述，但是相差十几度也很正常。

到此为止，放大器的原理图设计基本完成，表 8.8 将给出优化调整之后的电路器件参数，以方便查阅，其中有变化的参数标出了原值。

表 8.8　优化调整之后的电路器件参数

编号	模型、W/L、m	编号	模型、W/L、m	编号	模型、W/L、m
M1	p18、23μ/1μ、2 （原值 m=1）	M11	p18、1.25μ/2μ、25	M21	p18、1.25μ/2μ、1
M2	p18、23μ/1μ、2 （原值 m=1）	M12	n18、10μ/1μ、6	M22 （倒比管）	p18、1μ/3.5μ、1 p18、1μ/3μ、1 （串联）
M3	p18、1.25μ/2μ、70 （原值 m=50）	M13	p18、10μ/1μ、22	M23 （倒比管）	n18、1μ/9μ、1 n18、1μ/9μ、1 n18、1μ/9μ、1 （串联） （原值 W/L=1μ/8μ）
M4	n18、1μ/6μ、60 （原值 m=50）	M14	n18、1μ/6μ、1	M24	p18、4μ/1μ、1 （原值 W/L=1.25μ/2μ）
M5	n18、1μ/6μ、60 （原值 m=50）	M15	n18、1μ/6μ、1	M25	p18、1.25μ/2μ、1
M6	n18、1μ/1μ、25 （原值 W/L=1μ/6μ）	M16	n18、1μ/6μ、1	M26	n18、2μ/1μ、1
M7	n18、1μ/1μ、25 （原值 W/L=1μ/6μ）	M17	n18、1μ/1μ、1 （原值 W/L=1μ/6μ）	M27	p18、2μ/1μ、1
M8	p18、4μ/1μ、25 （原值 W/L=1.25μ/2μ）	M18	n18、1μ/1μ、1 （原值 W/L=1μ/6μ）	M28	n18、2μ/1μ、1
M9	p18、4μ/1μ、25 （原值 W/L=1.25μ/2μ）	M19	n18、1μ/1μ、1 （原值 W/L=1μ/6μ）	M29	n18、2μ/1μ、1
M10	p18、1.25μ/2μ、25	M20	p18、4μ/1μ、1 （原值 W/L=1.25μ/2μ）	M30	p18、2μ/1μ、1
				M31	p18、2μ/1μ、1

8.6.6 其他设计指标的仿真

在综合考虑电源电压、功耗和转换速率的基础上，手工计算主要是针对电压增益和相位裕度进行的，而对其他设计指标只是进行了大致分析或估算。下面介绍放大器其他设计指标的仿真方法，仿真条件为典型工艺、室温和标准电源电压，不对 PVT 进行仿真。

（1）建立时间仿真　如上节所述，将放大器连接成跟随器形式，在正输入端施加 200mV 的阶跃信号即可仿真建立时间。下面通过复制和改造 opa_folded_sim 单元来新建一个建立时间仿真单元 opa_folded_st。首先在 Library Manager 中选择 opa_folded_sim，单击右键通过下拉菜单，复制 opa_folded_sim 到 opa_folded_st。打开 opa_folded_st 的原理图，将反馈回路中的超大电感和超大电容都去掉，并短接超大电感的两端连线，就得到如图 8.101 所示的建立时间仿真电路图。注意，由于电感短接，原来的 out_pre 和 vin– 就变成了同一个节点，所以需要将 vin– 节点标签去掉，否则保存时会报错，同理 vin1– 也要做相同的处理。

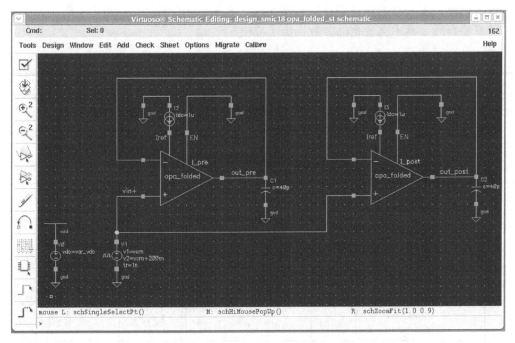

图 8.101　建立时间仿真电路图

从 vin+ 输入的阶跃信号 V1 可以用 vpulse 产生，阶跃信号的高低电平分别为 vcm+200m 和 vcm，这样就可以得到叠加在输入共模电压上的阶跃信号，阶跃信号的周期设置为 10μs，占空比为 50%，上升时间和下降时间都设置为 1ns，输入延时设置为 1μs，V1 的具体设置结果如图 8.102 所示。

V1 设置完成后先保存电路，然后打开 ADE 窗口，通过 session 菜单调出 opa_folded_sim 的状态，这样就可以直接设置好器件模型和电路中的各个参数值，再将 Analysis 栏和 Outputs 栏清空后，设置瞬态仿真参数和输出波形信号，瞬态仿真时间为 6μS，输出信号为 vin+、out_pre 和 out_post，具体设置结果如图 8.103 所示。

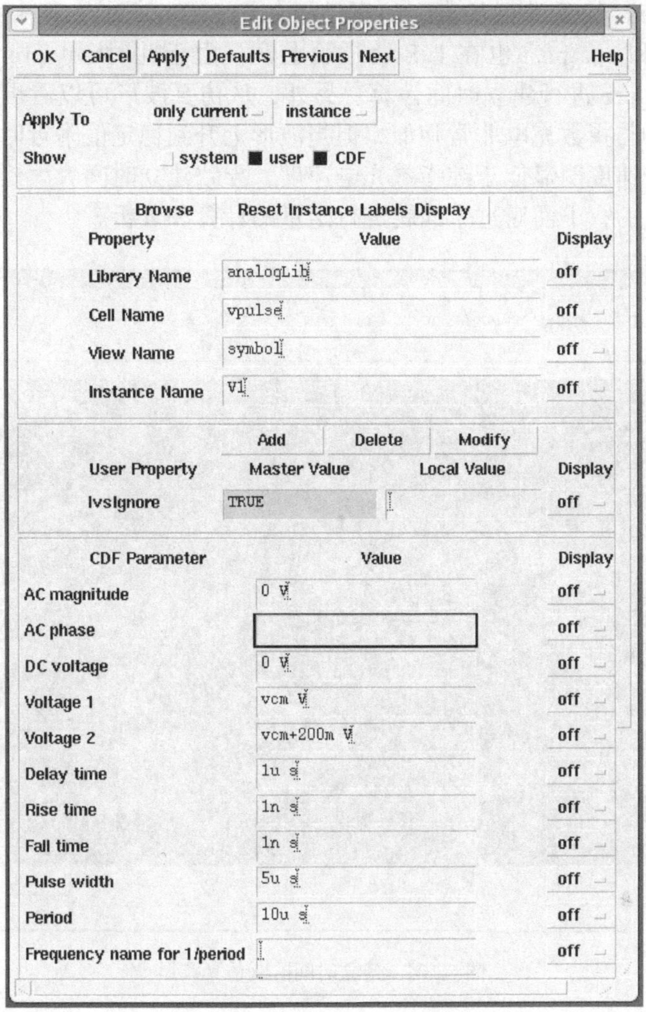

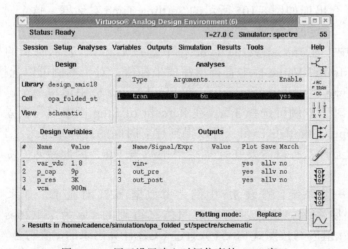

图 8.102　阶跃信号 V1 的设置

图 8.103　用于设置建立时间仿真的 ADE 窗口

保存当前状态，然后进行仿真，仿真结果如图 8.104 所示，其中 vin+ 的阶跃从 1μS 处开始，out_pre 和 out_post 也在 1μS 处开始上升，由于此时 out_pre 和 out_post 波形相同，所以选择 out_pre 进行建立时间计算。另外，从仿真波形可以看出，在阶跃跳变的初始阶段，上升趋势与指数充电非常相似，但当波形上升到稳定值附近时，上升趋势出现了抖动和变形，上升速度明显低于纯指数充电速度，导致建立时间大大延长，这显然是由于相位裕度过大造成的，下面对这个问题进行定量的计算和分析。

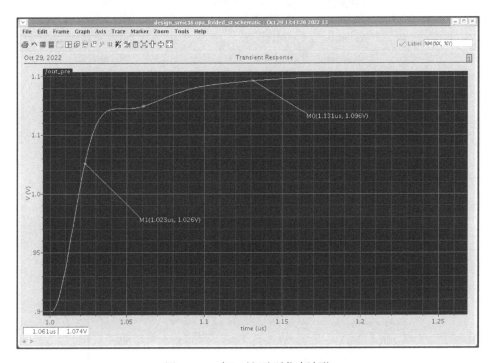

图 8.104　建立时间阶跃仿真波形

计算建立时间可以使用 Calculator，它可以通过设置阶跃信号的起始值、稳定值和误差百分比来自动计算。打开 Calculator，选择 tran 和 vt 后可弹出原理图，进入选择节点电压状态，单击节点 out_pre 后，在 Calculator 中会显示该信号。在函数区选择 Settling Time 后，计算器会出现如图 8.105 所示的 Settling Time 对话框，这个对话框用于设置阶跃信号的起始值、稳定值和误差百分比。

在图 8.105 中，在 Initial Value Type 栏中选择 x at y，表示阶跃的初始值位于给定的横坐标处，在 Initial Value 栏中直接填写横坐标值，对于本例可以选择 0 时刻。同理，在 Final Value Type 栏中也选择 x at y，在 Final Value 栏中填写一个已明显进入稳定后所对应的时间，对于本例可选择 3μs。在 Percent of Step 栏中填写误差百分比，本例填写 2%，单击 Apply，再单击 Eval，可以得到建立时间的计算结果为 1.13126μs，由于阶跃输入有 1μs 的延时，所以需要在计算结果中减去 1μs，因此接近 2% 的实际建立时间是 131.26ns。

对于理想的一阶系统，按表 8.5 中的参考数据，2% 对应 4τ，如果将这个放大器看作一个理想的一阶系统，则通过建立时间仿真得到的 τ 应为 131.26ns 除以 4，近似为 32.75ns，且这个 τ 值应与按照式（8-51）通过 UGB 计算出来的 τ 值吻合。

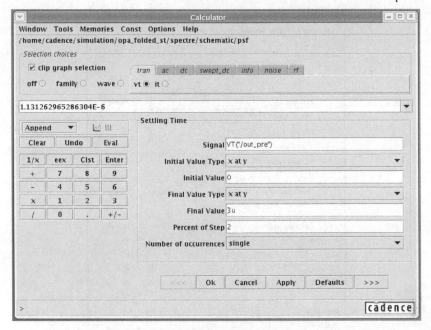

图 8.105 Settling Time 对话框

但由于这个放大器是一个二阶系统，参照图 8.27 所示的阶跃响应波形，相位裕度会影响阶跃响应的稳定时间，相位裕度越大，所需稳定时间越长，所以可以推断通过建立时间仿真得到的 τ 值应该与通过 UGB 计算出的 τ 值不吻合，且根据前面第二次 PVT 的仿真结果，本例放大器的相位裕度约为 81°，大于 60° 的最优值，系统的响应速度一定会较慢。所以可以得出推论，通过建立时间仿真得到的 τ 值（32.75ns）应大于通过 UGB 计算出的 τ 值，下面对这个判断进行计算验证。

根据前面第二次 PVT 的仿真结果，本例放大器的 UGB 为 8.669MHz，且由于放大器被连接成跟随器形式，所以系统的主极点频率就是 UGB，根据式（8-51）可得

$$\tau = \frac{1}{2\pi} \cdot \frac{1}{f_{p1}} = \frac{1}{2\pi} \cdot \frac{1}{\text{UGB}} = \frac{1}{2\pi} \cdot \frac{1}{8.669 \times 10^6} \approx 18.36\text{ns} \tag{8-98}$$

这个结果比 32.75ns 小很多，验证了前面的推论。可见，通过建立时间仿真得到的 τ 值与通过 UGB 计算所得到的 τ 值是不同的，其中通过建立时间仿真得到的 τ 值是可靠的，而通过 UGB 计算出的 τ 值只能用于定性分析，不能作为实际的设计结果。

（2）转换速率仿真 如前面所述，仿真转换速率也是将放大器连接成跟随器形式，它与仿真建立时间的电路结构完全相同，不同之处仅在于施加阶跃信号的幅度不同，因此直接复制和改造 opa_folded_st 单元来新建转换速率仿真单元 opa_folded_sr 会非常方便。在 Library Manager 中选中 opa_folded_st，单击右键通过下拉菜单复制 opa_folded_st 到 opa_folded_sr。打开 opa_folded_sr 的原理图，将阶跃信号 V1 的高低电平分别设置为电源电压 var_vdc 和 0，其他设置不变，设置结果如图 8.106 所示。保存电路并启动 ADE 仿真窗口，调出 opa_folded_st 的状态，且所有设置都保持不变，然后将当前状态保存起来，再单击红绿灯图标进行仿真，仿真结果如图 8.107 所示。

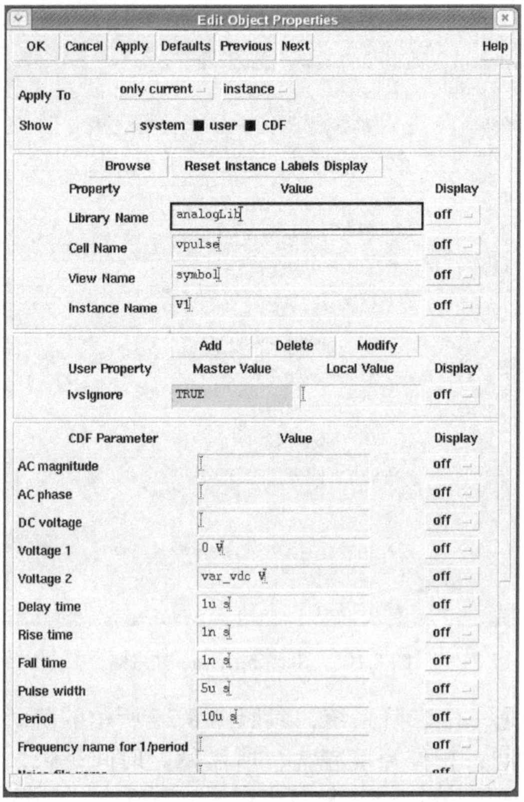

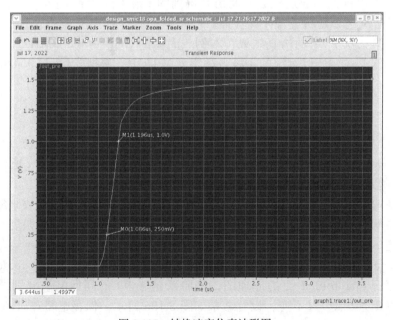

图 8.106 V1 的阶跃信号设置

图 8.107 转换速率仿真波形图

虽然转换速率是以恒流充放电定义的概念，电容两端的电压应该是线性的，但是通过图 8.107 所示的仿真波形可以看出，电压波形开始时确实是线性增长的，但是随着电压接近终值，线性增长变成了类似指数逼近，因此转换速率应该是线性增长部分的斜率。在本例中选取 0.25 ～ 1V 之间的部分进行计算，造成指数逼近的原因是随着输出电压的增加，MOS 管进入了深度饱和区，不再对电容恒流充电，而表现为一个与输出信号幅度相关的导通电阻。

计算转换速率可以在波形的直线区域上选取两个点，根据两个点的坐标来求斜率。例如，本例中选取了（1.086μS，0.25V）和（1.196μS，1V）两点，通过这两点计算的斜率（转换速率）为

$$SR = \frac{1-0.25}{1.196-1.086} = \frac{0.75}{0.11} \approx 6.82 V / \mu S \tag{8-99}$$

使用 Calculator 也可以计算转换速率，其参数设置与建立时间基本相同，需要设置起始值、终止值、起始点百分比和终止点百分比。转换速率设置对话框如图 8.108 所示，在 Initial Value Type 栏中选择 y，在 Initial Value 栏中填写 0，在 Final Value Type 栏中选择 y，在 Final Value 栏中填写 1.5，Percent Low 和 Percent High 用于选择计算区间，这里选择从 25% 到 70%，这样会更接近中间的线性部分。单击 Apply 和 Eval 后，显示的转换速率为 6.83V/μS，与式（8-99）基本相同。

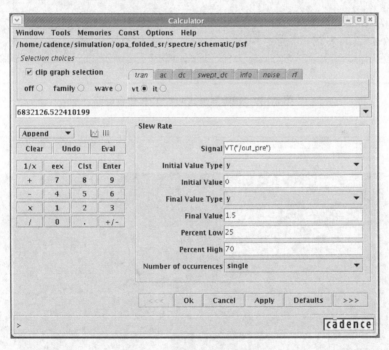

图 8.108 转换速率设置对话框

选取两点手工计算转换速率，算法直截了当，所见即所得，计算结果可靠，而使用 Calculator 计算转换速率虽然非常方便，但缺点是起止值和百分比的设置会影响计算结果。因此，如果把握不好计算区间，必要时还是需要采用手工计算进行最终确认。

（3）共模抑制比仿真　前面介绍了两种共模抑制比仿真电路，即跟随器形式的仿真电路和匹配电阻形式的仿真电路，它们的共同特点都是在放大器的两个输入端接入幅度相等、方向相同的交流信号源，这样才能为放大器提供变化的共模信号，为共模抑制比的仿

真创造条件，下面分别采用这两种仿真电路结构对共模抑制比进行仿真。

由于这两种仿真电路与 opa_folded_st 的电路最接近，所以也可以通过复制和改造的办法得到两个共模抑制比仿真单元，即 opa_folded_cmrr_1 和 opa_folded_cmrr_2，其中 opa_folded_cmrr_1 用于跟随器形式的仿真，opa_folded_cmrr_2 用于匹配电阻形式的仿真，复制和改造完成后的电路图分别如图 8.109 和图 8.110 所示。

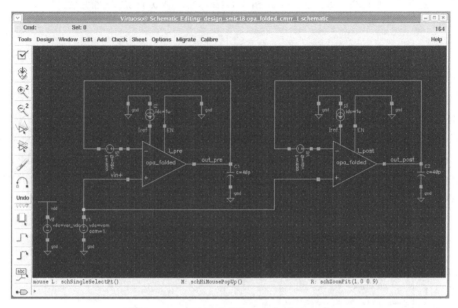

图 8.109　跟随器形式的 CMRR 仿真电路

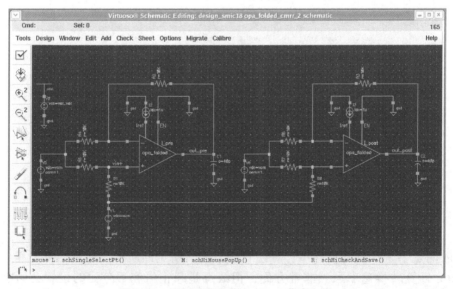

图 8.110　匹配电阻形式的 CMRR 仿真电路

在如图 8.109 所示的跟随器形式仿真电路中，接入 vin+ 的信号源和串接在反馈支路的信号源都是直流电压源，其中接入 vin+ 的直流电压为 vcm，串接在反馈支路中的直流电压为 0。虽然它们的直流电压不同，但它们的 AC magnitude 却都设置为 1，因此可以等效为两个相同的交流信号源，为放大器提供变化的共模信号。

在如图 8.110 所示的匹配电阻形式仿真电路中，所有的电阻都是 10k，从放大器的正负输入端向外看都是两个电阻的并联。两个放大器的连接结构相同，以左边的放大器为例，最左侧的信号源是直流电压为 vcm 和 AC magnitude 为 1 的直流电压源，通过电阻向正负输入端同时激励交流信号，为放大器提供变化的共模电压。另一个电压源通过电阻为正输入端提供偏置，它的 AC magnitude 为 0，不向电路提供交流信号。这个电路出自图 8.54，有关其仿真原理可以参阅图 8.54 的原理说明。

下面设置 opa_folded_cmrr_1 的 CMRR 仿真参数，打开 ADE 窗口，然后调出 opa_folded_st 的仿真状态，清空 Analyses 栏中的仿真类型之后添加 ac 仿真，频率范围从 1Hz 到 1GHz，对数频率，每 10 倍频程 10 个采样点。在 Outputs 栏中保留 out_pre 和 out_post 两个信号，再用 8.6.4 节中介绍的方法为这两个信号添加对应的 dB 显示信号，即 out_pre_db20 和 out_post_db20，设置完成后的效果如图 8.111 所示。保存仿真状态，然后单击红绿灯图标进行仿真，仿真结果如图 8.112 所示，其中左侧为 dB 显示，右侧为电压显示，放大器的低频 CMRR 为 111.4dB。

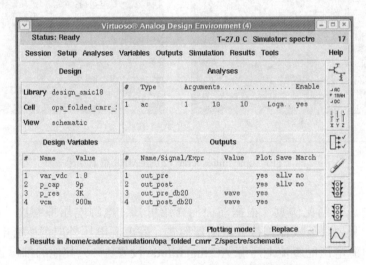

图 8.111　opa_folded_cmrr_1 的 CMRR 仿真设置

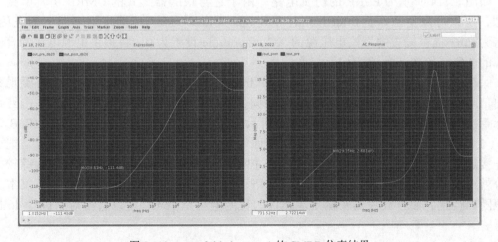

图 8.112　opa_folded_cmrr_1 的 CMRR 仿真结果

　　设置 opa_folded_cmrr_2 的 CMRR 更加简单，在打开它的 ADE 窗口后，直接调用 opa_folded_cmrr_1 的仿真状态，然后直接单击红绿灯图标即可进行仿真，仿真结果如图 8.113 所示。从图中可以看出，放大器的低频 CMRR 为 106.1dB，与跟随器形式的仿真结果相差 5.3dB。造成这种差别的主要原因可能有两个，一个是在这两种放大器 CMRR 公式的推导过程中，都有忽略和近似，这些忽略或近似对两个结果的影响程度不同。另一个是两种电路的反馈连接方式本身就不同，而且匹配电阻值的大小对仿真结果也会有一定的影响。至于哪种仿真结果更准确的问题留给大家去思考，但在通常情况下都采用跟随器形式的电路进行 CMRR 仿真。

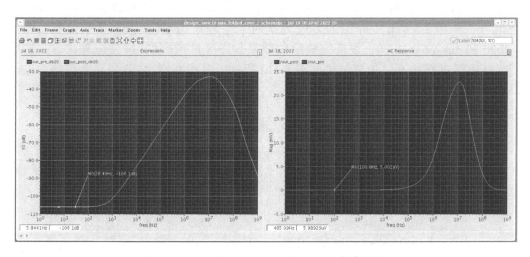

图 8.113　opa_folded_cmrr_2 的 CMRR 仿真结果

　　（4）电源电压抑制比仿真　根据前面的介绍可知，电源电压抑制比（PSRR）的仿真电路非常简单，只要将放大器连接成跟随器形式，除电源电压外取消所有电压源的交流信号，即将提供电源电压的直流电压源 AC magnitude 设置为 1，其他的都设置为 0，然后进行频率扫描即可，放大器输出电压的倒数就是电源电压抑制比。

　　如图 8.114 所示为 PSRR 的仿真电路，由于它与跟随器形式的 CMRR 仿真电路非常相似，所以可以复制 opa_folded_cmrr_1 到 opa_folded_psrr，删除反馈环路上的电压源，并将为 vin+ 提供偏置的直流电压源的 AC magnitude 设置为 0，将提供电源电压的直流电压源的 AC magnitude 设置为 1。

　　保存电路，打开 ADE 窗口，调出 opa_folded_cmrr_1 的仿真状态，由于需要观察的输出信号与共模抑制比仿真的输出信号相同，所以所有设置都不需要变动，单击红绿灯图标直接仿真即可，仿真结果如图 8.115 所示，放大器在低频段的 PSRR 超过 110dB。

　　（5）共模电压输入范围仿真　根据前面的介绍，仿真共模电压输入范围也是把放大器连接成跟随器形式，对输入信号进行 dc 扫描，然后观察输出的跟踪情况，跟踪较好的部分就对应放大器的共模电压输入范围。下面复制 opa_folded_psrr 单元，它不仅本身就是跟随器连接，而且放大器正输入端连接的直流电压是 vcm，可以直接对它进行 dc 扫描即可。

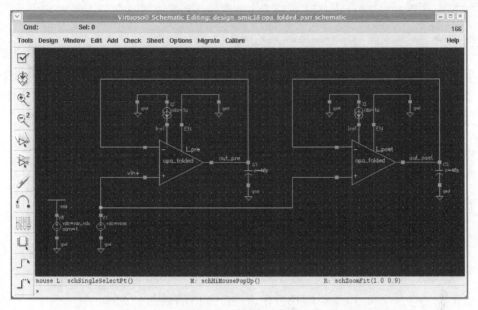

图 8.114 PSRR 仿真电路

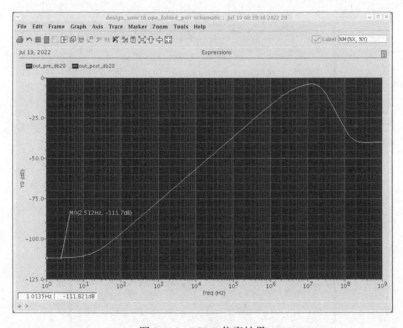

图 8.115 PSRR 仿真结果

复制 opa_folded_psrr 到 opa_folded_cmir，然后打开 opa_folded_cmir 的原理图（见图 8.116，不用进行任何修改和编辑），再打开 ADE 窗口，调出 opa_folded_psrr 的仿真状态，将原来的 Analyses 栏和 Outputs 栏清空。添加 dc 扫描仿真，选中 DC Analysis 栏中的 Save DC Operating Point，扫描变量为 vcm，扫描范围设置为 0 ~ 1.8V，线性扫描，步长为 0.01V，具体设置如图 8.117 所示。在原理图中选中 vin+、out_pre 和 out_post 为输出信号，最终 ADE 窗口设置如图 8.118 所示。保存当前设置状态，单击红绿灯图标进行仿真，仿真结果如图 8.119 所示，并且从图中可以看出，箭头所指的 1.5V 以下跟踪效果都很好，可以初步确定共模电压输入范围为 0 ~ 1.5V。

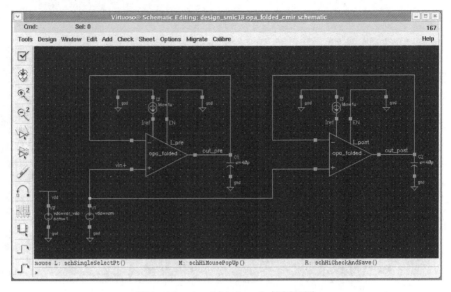

图 8.116　opa_folded_cmir 的原理图

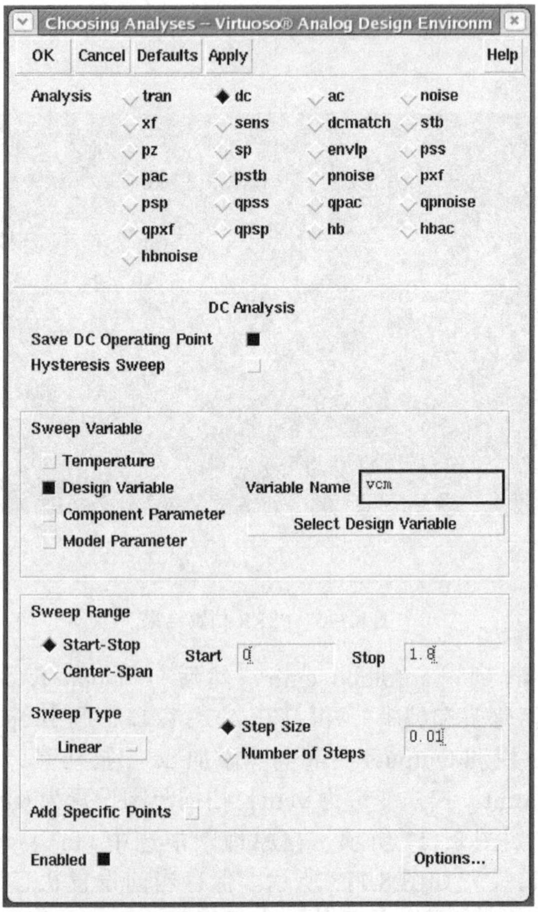

图 8.117　dc 扫描设置

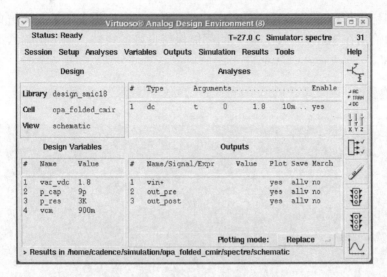

图 8.118　共模电压输入范围仿真设置

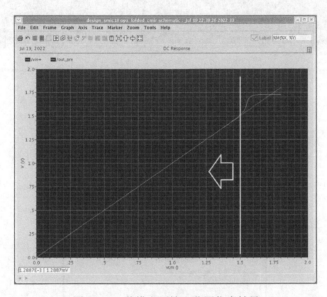

图 8.119　共模电压输入范围仿真结果

（6）输出摆幅仿真　根据图 8.65 所示的输出摆幅仿真电路，复制和改造 opa_folded_psrr 单元，得到反馈放大结构的输出摆幅仿真单元 opa_folded_os，电路中的反馈电阻为 10k，接入激励信号的电阻 1k，将放大器反馈成 10 倍增益。在负端加入的激励信号为直流电压源，电压值设置为参数 p_vinn，以备后续的 dc 扫描，改造完成后的电路如图 8.120 所示。

打开 ADE 窗口，调出 opa_folded_psrr 的仿真状态，然后单击菜单 Variable → Copy From Cellview 将新加的变量 p_vinn 读入到 Design Variables 列表中，并将其初始值设置为 900mV。然后清空 Analyses 栏和 Outputs 栏，增加对变量 p_vinn 的 dc 扫描，扫描范围为 0.6 ～ 1.2V，线性扫描，步长为 0.001V，具体设置如图 8.121 所示。在 Outputs 栏中添加 vin+、out_pre 和 out_post，最终的 ADE 设置结果如图 8.122 所示。保存状态，并

单击红绿灯图标进行仿真，得到如图 8.123 所示的输出摆幅仿真结果。从仿真结果可以看出，放大器的输出在 30mV ～ 1.77V 之间都能保持良好的线性，输出摆幅远远大于设计指标要求的 1.4V。

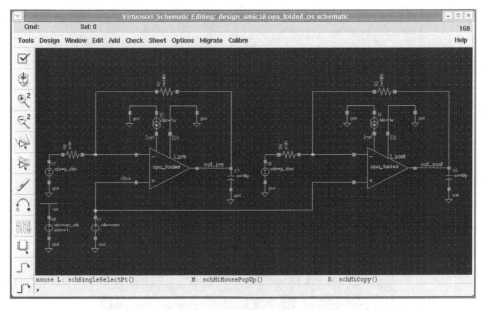

图 8.120　反馈放大结构的输出摆幅仿真电路

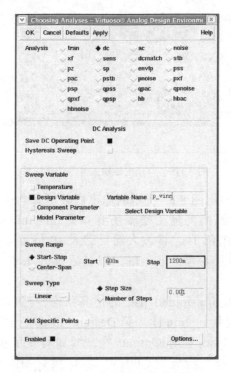

图 8.121　p_vinn 的 dc 扫描设置

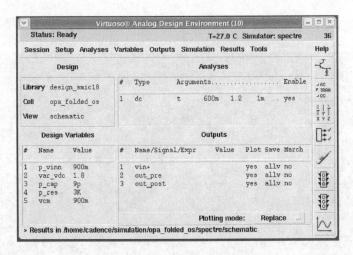

图 8.122　输出摆幅仿真设置结果

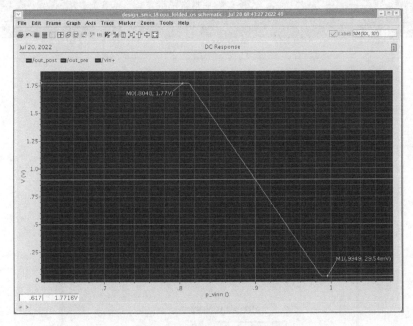

图 8.123　输出摆幅仿真结果

（7）总谐波失真仿真　如图 8.124 所示为新建的仿真总谐波失真（THD）的 opa_folded_thd 单元电路图，它可以通过复制和改造 opa_folded_st 获得。图中将放大器连接成跟随器形式，其中输入信号 V1 为直流电平 900mV 的 1kHz 正弦信号，幅度设置为参数 var_amp。如图 8.125 所示为瞬态仿真设置对话框，其中的 Accuracy Defaults 栏一定要勾选 conservative，否则 THD 指标会很差，如图 8.126 所示为设置完成的 ADE 窗口，其中 var_amp 设置为 500mV。

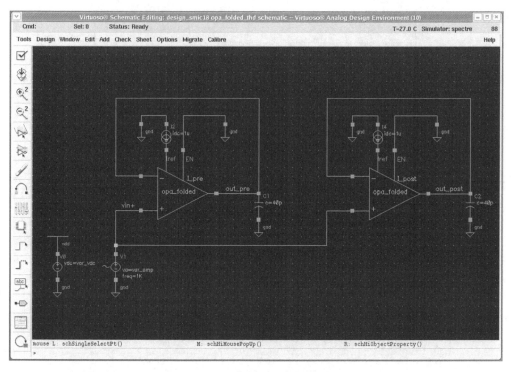

图 8.124　THD 仿真电路

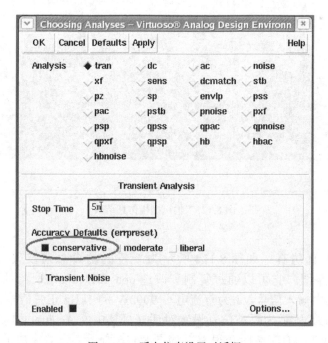

图 8.125　瞬态仿真设置对话框

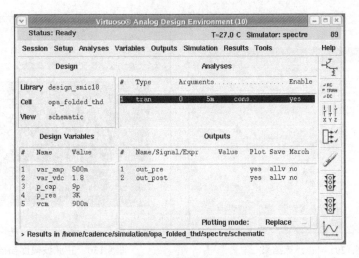

图 8.126　THD 瞬态仿真 ADE 设置

如图 8.127 所示为瞬态仿真波形，单击图中的计算器图标，弹出如图 8.128 所示的计算器窗口，然后单击 tran 选择 vt，再回到原理图中单击节点 out_pre，out_pre 就会显示在计算器的公式框中，接下来选择计算器中的 thd 函数，弹出 thd 设置对话框，在 From 栏中填写 0，在 To 栏中填写 1m，表示选择一个整周期的波形，在 Number of Samples 栏中填写 FFT 的点数，这里填写为 1024，Fundamental 栏表示基波频率，填写 1000，然后单击 Apply，就会得到图中显示的 thd 计算表达式，单击 Eval 可以得到如图 8.129 所示的 thd 计算结果，约为 0.055%，将其转换成 dB 为 $-20\log(0.055/100)=-65.19$dB。

随着输出信号幅度的增加，电路的非线性越来越大，表现为 THD 越来越大。如果对输入信号的幅度进行参数扫描，则可以得到 THD 随输出信号幅度变化而变化的情况。如图 8.130 所示为对正弦波幅度参数 var_amp 的扫描波形图，扫描范围为 100 ~ 900mV，扫描步长为 100mV。从仿真波形可以看出，随着输出信号幅度逐渐接近满幅，正弦波出现了非常明显的变形，这就意味着它的 THD 很大。

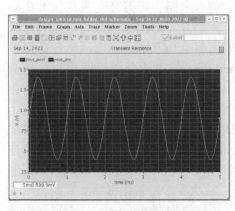

图 8.127　瞬态仿真波形

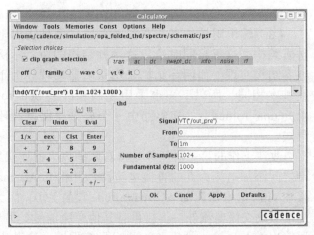

图 8.128　thd 参数设置

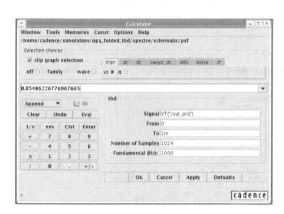

图 8.129 thd 计算结果

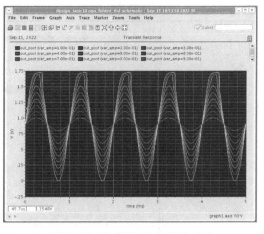

图 8.130 正弦波幅度扫描波形图

使用 Calculator 也可以同时计算出一组扫描波形的 THD，计算器中 thd 函数的设置方法不变，单击 Eval 可以显示 THD 随 var_amp 变化而变化的曲线，单击 Eval 上方的数表图标，可以显示 THD 的值，如图 8.131 所示为 THD 随幅度而变化的曲线和数表。

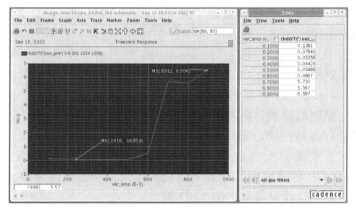

图 8.131 THD 随幅度而变化的曲线和数表

（8）输出阻抗仿真 在前面介绍过两种输出阻抗仿真电路，即开环仿真结构和闭环仿真结构，这里将同时给出这两种结构的仿真示例，其中开环结构采用超大电感和超大电容结构实现，而闭环结构采用跟随器实现。由于输出阻抗仿真电路与电压增益仿真电路基本相同，所以下面也采用复制和改造 opa_folded_sim 的方法来搭建输出阻抗仿真单元 opa_folded_z，在电路中一个放大器保持开环，而另一个放大器将被连接成跟随器形式。

改造工作的第一项任务是将右侧的放大器连接成跟随器；第二项任务是在电源与输出端之间添加电流为 0 的直流电流源，并将其 AC magnitude 设置为 1；第三项任务是将连接在 vin+ 上电压源的 AC magnitude 设置为 0，因为这里要进行输出阻抗仿真，除了在输出端激励交流电流外，不能再有其他交流信号。另外，放大器改造成跟随器形式后，放大器输出端与负输入端短路，此时只能保留一个节点名（这里保留 out_post），否则在保存电路时会报错，复制和改造完成的输出阻抗仿真电路如图 8.132 所示。

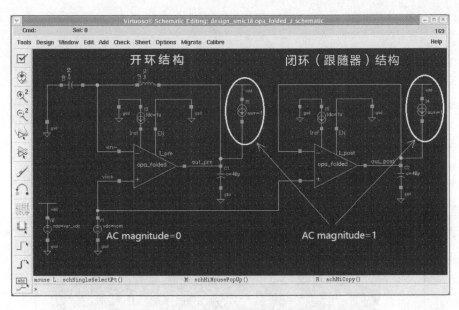

图 8.132　开环结构和闭环结构输出阻抗仿真电路

保存电路，打开 ADE 窗口，调出 opa_folded_sim 的仿真状态，Analyses 栏中只保留 ac 仿真，清空 Outputs 栏，添加 out_pre 和 out_post 作为输出信号，其中 out_pre 的电压值等效为开环输出阻抗，out_post 的电压值等效为闭环输出阻抗。ADE 窗口设置完成后的结果如图 8.133 所示，保存当前状态后，单击红绿灯图标进行仿真，仿真结果如图 8.134 所示。

在如图 8.134 所示的仿真曲线中，上面的曲线是开环结构的输出阻抗仿真结果，输出阻抗从直流的四十多千欧逐步下降到几百欧，这是因为在开环结构中，直流和低频处的输出阻抗就是输出级两个 MOS 管沟道电阻的并联值，此时各种寄生电容、密勒补偿电容和负载电容都没有发挥作用，所以输出阻抗比较大，而随着频率的增加，各种电容开始发挥作用，表现出输出阻抗被电容短路的情况，导致阻抗迅速减小。

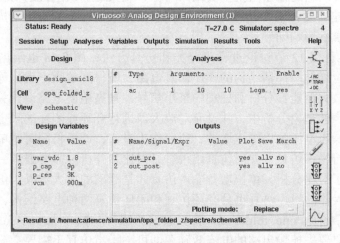

图 8.133　输出阻抗仿真设置

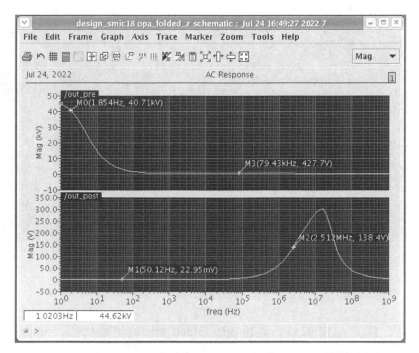

图 8.134　输出阻抗仿真结果

　　而在图 8.134 中下面的仿真曲线是闭环结构（跟随器形式）的输出阻抗仿真曲线，在低频段时输出阻抗为几十毫欧的水平，高频时最大也就 300Ω，这是因为放大器被连接成跟随器后，输出电压几乎与 vin+ 的偏置电压相等，不随输出电流变化，所以表现出了很小的输出阻抗，而随着频率的升高，放大器的放大能力降低，跟随特性变差，表现出输出阻抗不断上升的趋势，当频率进一步增加时，各种寄生电容占据主导地位，输出阻抗再次呈现出下降的趋势。

　　对比上述两种结构的输出阻抗仿真结果可知，放大器输出阻抗的仿真结果与仿真电路结构有关，感兴趣的读者还可以仿真一下不同反馈系数情况下的输出阻抗，进一步观察电路结构对输出阻抗的影响问题。

　　（9）噪声仿真　3.13 节讨论过噪声分类和仿真方法，图 8.68 也给出了放大器的噪声仿真电路，即单位增益缓冲器结构的噪声仿真电路，所得到的噪声就是等效输入噪声。等效输入噪声代表放大器能够分辨和处理的最小信号，是高精度电路设计关心的重点问题之一。另外，在噪声的理论分析中，并没有对放大器进行开环或闭环的限定，等效输入噪声电压就是输出端噪声电压除以电压增益，所以作为对比，这里将同时对单位增益缓冲器结构和开环结构进行噪声仿真，并对仿真结果进行对比和分析。需要强调一下，这里的开环噪声仿真只是为了对比分析，单位增益噪声仿真才是标准的放大器噪声仿真方法。

　　由于运算放大器的噪声仿真也分开环仿真和闭环仿真两种电路结构，所以可以复制和改造输出阻抗仿真单元 opa_folded_z，将其改造为噪声仿真单元 opa_folded_noise。改造方法也很简单，只要去掉输出端的电流激励源即可，噪声仿真不需要交流小信号激励，也不用在原理图上找节点观察波形，改造后的电路如图 8.135 所示。

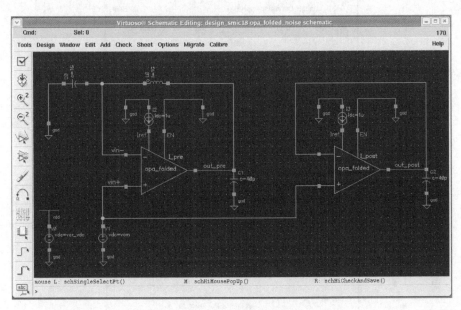

图 8.135　噪声仿真电路

保存原理图，打开 ADE 窗口，调出 opa_folded_z 的仿真状态，清空 Analyses 栏和 Outputs 栏，然后设置 noise 仿真。noise 设置与 ac 设置非常相似，通常都是对频率进行扫描，需要给出频率扫描范围，以及频率坐标类型等。本例的频率范围是 0.001Hz ～ 20MHz，频率为对数坐标，每 10 倍频程 10 个采样点。在 Output Noise 栏中选择 voltage，表示要显示节点的功率谱密度，然后单击 Postive Output Node 栏后面的 Select 按钮，在原理图中选择左侧放大器的输出节点 out_pre，表示要显示这个节点的功率谱密度。在 Input Noise 栏中也选择 voltage，然后单击 Input Voltage Source 栏后面的 Select 按钮，在原理图中选择放大器正输入端的电压源 V1，表示这里是等效输入噪声输入源位置，noise 仿真窗口的设置结果如图 8.136 所示，单击 OK 按钮后可得到如图 8.137 所示 ADE 窗口设置结果。

保存状态，单击红绿灯图标进行仿真，仿真结束需要单击菜单 Results → Direct Plot → Equivalent Output Noise 来显示波形，由于在 Postive Node 栏中选择的节点 out_pre 对应开环放大器电路，所以得到的是开环噪声功率谱密度曲线，如图 8.138 所示。

除了能得到功率谱密度曲线，还可以单击菜单 Results → Print → Noise Summary 菜单计算指定频带内输出噪声的方均根值电压和等效输入噪声电压，如图 8.139 所示为 Noise Summary 窗口设置，其中在 Type 栏中选择 integrated noise，表示要对功率谱进行积分，在 noise unit 栏中选择 V，表示要计算噪声的电压，From（Hz）栏和 To（Hz）栏规定了积分频率范围，由于 UGB 不到 10M，所以这里选择 20M 的积分带宽即可，在 weighting 栏中选择 flat，表示不对噪声频谱进行处理，FILTER 栏对应本例只选择 b3v3 即可，在 truncate 栏中选择 by number，在 top 栏中填写 10，在 sort by 栏中选择 noise contributors，表示将对噪声贡献最大的前 10 个器件列出来。单击 OK 按钮后可弹出如图 8.140 所示的噪声计算结果。

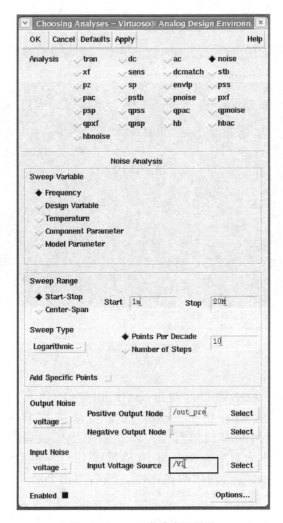

图 8.136 noise 仿真窗口设置

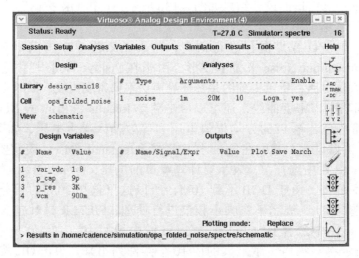

图 8.137 noise 仿真 ADE 窗口设置

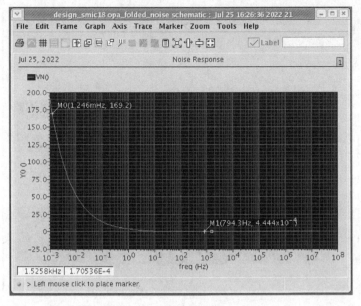

图 8.138　开环噪声功率谱密度曲线

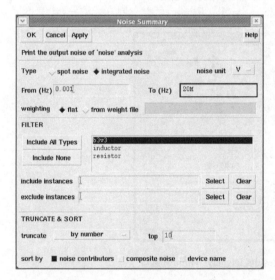

图 8.139　Noise Summary 窗口设置

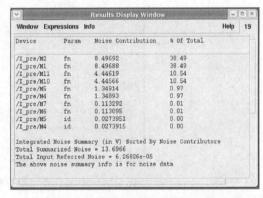

图 8.140　开环 Results Display Window 窗口

在图 8.140 中，前 10 行列出了对噪声贡献最大的器件，其中前两行表示差分输入管 M1 和 M2 的噪声最大，各贡献总噪声的 38.49%，而且都是 fn 噪声（闪烁噪声），这说明闪烁噪声在开环放大器的输出中为噪声的主要成分；Total Summarized Noise=13.6966 表示在 out_pre 处噪声电压的方均根值为 13.6966V，Total Input Referred Noise=6.26826e-05 表示等效输入噪声的方均根值为 62.6826μV。由于放大器处于开环状态，电压增益非常高，所以输出端噪声电压的方均根值为 13.6966V 并不奇怪，实际上将它除以开环电压增益后得到的等效输入电压并不高。

将图 8.136 中 out_pre 的改为 out_post 并单击 OK 按钮，表示将要仿真放大器闭环（跟随器）的噪声功率谱密度，单击红绿灯图标进行仿真，可得到如图 8.141 所示的闭环（跟随器）噪声功率谱密度曲线和如图 8.142 所示的噪声计算结果。

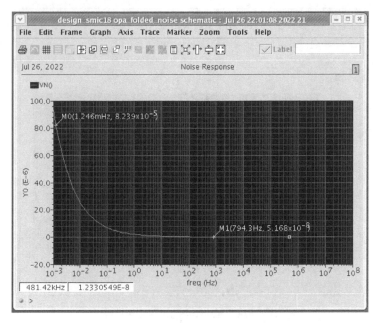

图 8.141　闭环（跟随器）噪声功率谱密度曲线

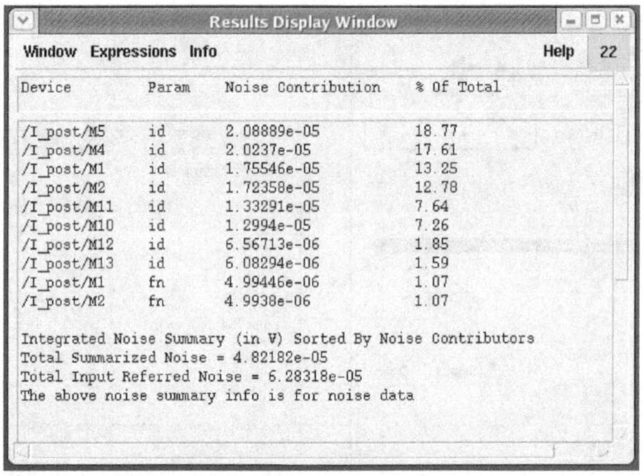

图 8.142　闭环（跟随器）Results Display Window 窗口

从图 8.142 可以看出，前 6 行列出了对噪声（沟道热噪声）贡献最大的器件，占总噪声的 90% 以上，闪烁噪声只占了 2%，这说明沟道热噪声在开环放大器的输出中为噪声的主要成分。Total Summarized Noise=4.82182e-05 表示在 out_post 处噪声电压的方均根值为 13.6966V，Total Input Referred Noise=6.28318e-05 表示等效输入噪声的方均根值为62.8318μV。

闭环时主要的输出噪声成分是 id 噪声（沟道电阻的热噪声），不是 fn 噪声（闪烁噪声），这主要是因为 fn 噪声表现为直流或频率很低的噪声，而 id 噪声基本可以理解为白噪声，频率很低的噪声表现为对放大器工作点的影响，但在放大器闭环时，输出端被反馈到负输入端，负输入端又虚短到正输入端，正输入端是固定值，所以输出端的工作点也就基本不变，即 fn 噪声被反馈抑制得很低，因此闭环的主要噪声是沟道电阻的热噪声。

另外，虽然开环输出噪声方均根值比闭环大很多个数量级，但是比较图 8.140 和

图 8.142 的等效输入噪声可以看出，二者基本相同，这应该不是巧合，因为开环电路中的电感和电容不会带来新的噪声，闭环电路也没有新的噪声源，所以无论输出噪声如何，其等效输入噪声必然相等，有兴趣的读者可以进一步考证一下。

8.7　二级折叠式共源共栅放大器版图设计与后仿真

本节首先将放大器划分为局部版图单元（也可以称为子模块），然后设计局部版图单元，再搭建完整的放大器版图，并对版图进行后仿真。

8.7.1　器件形状调整与局部版图单元划分

如图 8.143 所示为按照原理图参数直接生成的主要器件版图，其中 M3、M4 和 M5 是横向细长的形状，M1 和 M2 是纵向竖高的形状，M6、M7、M8、M9、M10 和 M11 尺寸适中，而且还需要匹配，在版图上也存在竖直叠放的关系，所以核心电路版图的横向宽度将由它们决定。超长管 M3、M4 和 M5 需要重新分段和折叠，M1 和 M2 也要重新处理，将高度转化为宽度，处理之后的宽度要与核心电路尽量接近。Cm 的面积非常大，将占据版图一半的空间，现在 3 行 5 列布局的高度比较合适，可将它放在版图的一侧。M12 和 M13 是输出级管，不需要匹配，只要保证宽长比即可，因此在必要时可以通过改变栅的数量和宽度来进行形状调整，与 Rm 配合，形成较为规整的版图形状。

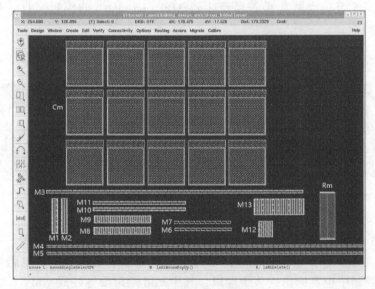

图 8.143　直接生成的器件版图

由于 M1 与 M2、M4 与 M5、M6 与 M7、M8 与 M9、M10 与 M11 需要匹配，所以可以把每对匹配管先分别制作成一个局部版图单元，在单元内部完成器件的匹配，最后将整个单元用保护环包围起来。由于需要调整形状、添加 dummy 和保护环，像 M3、M12、M13、Cm 和 Rm 这样的单个器件也需要制作成局部版图单元。偏置电路和控制电路的器件都比较小，而且相互之间的连接关系比较紧密，因此可将它们规划在同一个局部版图单元里。

采用局部版图单元设计法不仅可以分解电路，化繁为简，降低设计难度，而且还可以在版图单元内部进行 DRC 和 LVS 验证，查错和修改也相对容易，可以提前为整体版图的 DRC 和 LVS 验证很多障碍。局部版图单元不仅可以方便整体版图布局，而且在整体版图连线过程中，无须关注局部版图单元内部，只需要将各个单元连接起来即可，因此可以大大降低整体连线难度。

局部版图单元可以分为单器件版图单元、匹配器件版图单元和功能模块版图单元，下面分别对它们进行讨论。

8.7.2　单器件版图单元设计

设计单器件版图单元的主要任务是调整形状、添加 dummy 和保护环。本电路中尾电流管 M3、输出级负载管 M12、输出级放大管 M13、密勒补偿电容 Cm 和密勒补偿电阻 Rm 都需要做成单器件版图单元。

如图 8.144 所示为尾电流管 M3 的单器件版图单元，由于直接生成的 M3 版图太长，所以将其分成了两段，然后再并联起来。具体做法是先生成两个 m=35 的管，然后将它们的栅极连接在一起，再将所有的漏极连接在一起，作为尾电流输出端，而所有的源极就近连接到保护环上，由于保护环接电源，所以源极也就完成了电源连接。由于连接栅极的金属 M1 在版图的中间形成了一个横条，阻断了上下源极和漏极的并联通道，因此需要金属 M2 进行跨接。版图单元的两边是 dummy 管，共栅、源和漏都连接到保护环上。由于 dummy 管和单元中的 MOS 管不能源漏共用，所以保护环需要自己画，具体方法可以参阅 4.8 节，当然如果曾经产生过 Multipart Path 的模板文件，那么画这个保护环就非常容易了。

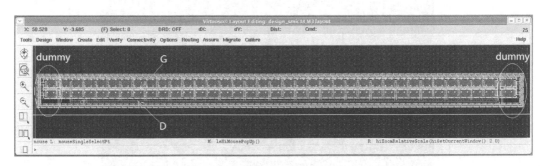

图 8.144　尾电流管 M3 的单器件版图单元

如图 8.145 所示为尾电流管 M3 版图单元的原理图和 LVS 选项设置。虽然这个原理图简单，但是必须要有，否则不能进行 LVS。从电路图中可以看到，电路端口包括 vdd、vb4 和 a1，在版图中也要标出这 3 个端口，其中 vdd 端口要标注成 vdd！，这个叹号表示全局端口。器件版图单元必须经过 DRC 和 LVS 验证，这个电路看似简单，但对一次通过 DRC 和 LVS 验证还是有一定困难的，由于这里只是一个管，DRC 和 LVS 错误也很容易查出来。因为原理图中没有画出 dummy 管，所以要在 Calibre 的 LVS Options 选项中勾选 Gates 中的 MOS devices with source，drain，and gate pins tied together，以屏蔽对 dummy 管的 LVS 检查。如果 LVS 窗口没有 LVS Options 按钮，可单击菜单 Setup → LVS Options 将其调出来。

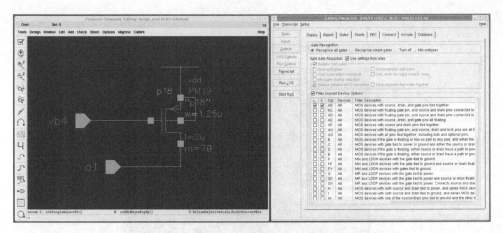

图 8.145　尾电流管 M3 版图单元的原理图和 LVS 选项设置

如图 8.146 所示为输出级负载管 M12 的版图单元，电路中的 MOS 管有 10 根手指，每指长为 1μ，宽为 6μ；栅源漏的并联连接由 Pcell 自己完成，版图的两边放置 dummy 管，栅宽为 6μ，栅长为 0.5μ，为负载管栅长的一半。另外，由于输出级电流相对较大，所以在生成 MOS 管版图时，把 S/D Metal Width 栏的默认值 230n 提高到 400n。

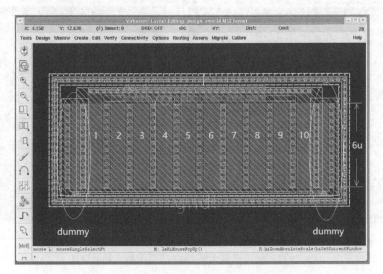

图 8.146　输出级负载管 M12 的版图单元

如图 8.147 所示为 M12 的原理图，从图中可以看出，原理图中 MOS 管的 m=6，在版图上应当对应 6 根手指，手指长度为 10μ，但版图单元中却用了 10 根手指，手指长度为 6μ，这里之所以用 10 根手指，主要是为了在宽度上与 M13 接近，版图会更规整，对输出级的 M12 来说，电流只要稳定即可，只要保证总的宽长比为 60μ/1μ，其他问题并不重要。需要提醒一下，在进行 LVS 之前，别忘了在版图上标出端口。

如图 8.148 所示为输出级放大管 M13 的版图单元和原理图，从原理图可以看出 MOS 管的总宽长比为 220μ/1μ，版图用了两个 10 指管并联构成，管的栅长为 1μ，栅宽为 11μ；管两侧放置 dummy 管，为了节省面积，dummy 管的栅长也是正常栅长的一半。由于输出管的电流较大，所以其 S/D Metal Width 栏中也填写 400n。MOS 管的源极金属 M1 直接连接到保护环上，上下 MOS 管的漏极通过金属 M2 在中间连接并引出。

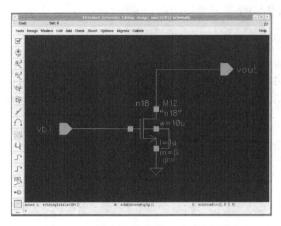

图 8.147　输出级负载管 M12 的原理图

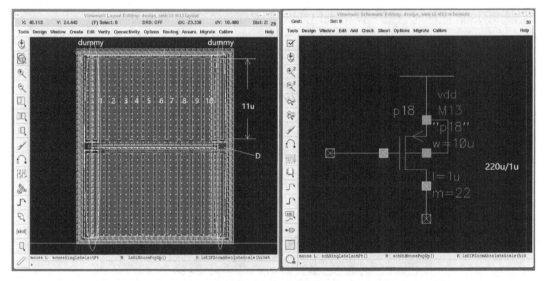

图 8.148　输出级放大管 M13 的版图单元和原理图

　　再次提醒一下，虽然上面几个版图只有一个 MOS 管，但是经过并联、添加 dummy 管和保护环后，DRC 和 LVS 都很容易出问题，这些问题一定要在版图单元阶段就解决。

　　如图 8.149 所示为密勒补偿电阻 Rm 的版图单元和原理图，从原理图和版图可以看出，电阻由两个 $5\mu \times 30\mu$ 的电阻并联构成，这样做的主要目的是提高电阻值的精度，因为在前面关于匹配的部分讲过，在保证相同方块数量的情况下，电阻面积越大，阻值精度越高。电阻的两侧也放置 dummy 电阻，宽度是正常电阻的一半，dummy 电阻的两端都连接到了保护环上实现接地。为了屏蔽对 dummy 电阻的比对，也要在 LVS Options 选项中勾选 Gates 中的 Resistors with POS or NEG pin floating 和 Resistors with POS and NEG pins tied together。

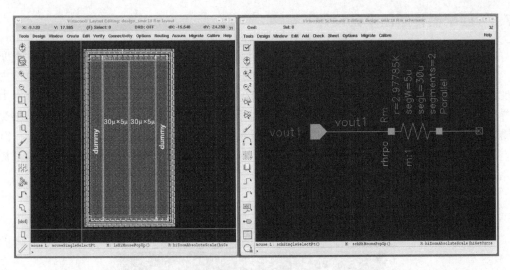

图 8.149　密勒补偿电阻 Rm 的版图单元和原理图

如图 8.150 所示为密勒补偿电容 Cm 的版图单元和原理图，版图由 15 块 $25\mu \times 25\mu$ 的 MIM 电容块构成，每个电容块的两极都由金属 M6 引出，左侧为一极，右侧为另一极，图中用金属 M6 的示意图表示了电容块的并联方式，总体上相当于两个交叉在一起的梳子，每个梳子代表一极，电容外围使用保护环包围。注意，MIM 电容分极性，此版图单元用上面的梳子连接 vout。其实 MIM 电容的极性并不是很重要，如果 LVS 因电容的极性报错，那么直接修改原理图即可。由于 Cm 的值不需要很高的精度，只要能保证放大器相位裕度就可以，所以版图单元中没有给电容周围添加 dummy。

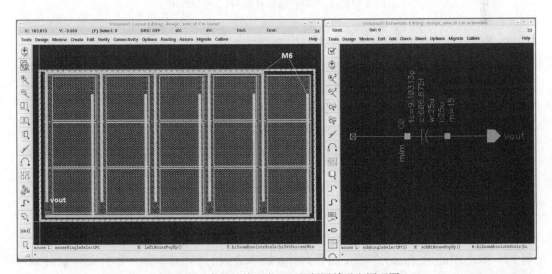

图 8.150　密勒补偿电容 Cm 的版图单元和原理图

以上介绍的都是单器件版图单元，不需要复杂的电路连接，不需要匹配，设计起来相对比较容易，DRC 和 LVS 错误也容易修改。下面将介绍匹配器件版图单元的设计，MOS 管的匹配方案从四方交叉变为交叉交错，在设计上有一定难度。

8.7.3 匹配器件版图单元设计

如图 8.151 所示为由差分输入对管 M1 和 M2 构成的匹配器件版图单元 M1,2 的原理图，图中的端口为放大器中对应的端口或线名。两个管的 m=2，宽长比为 23μ/1μ，为了实现匹配，特意用两个 m=46，宽长比为 1μ/1μ 的管实现，为了实现匹配，将两个管上下放置，并且每两个栅为一组，横向相邻组分属不同管，纵向相邻组分属不同管，采用交叉交错匹配方案，其具体版图结构如图 8.152 所示，其中的三角代表属于 M1 管的组，圆圈代表属于 M2 管的组，无论是横向还是纵向，相邻组都不属于同一个管。管的两侧都添加了 dummy，栅源漏都连接到保护环上。

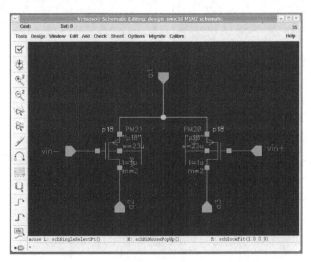

图 8.151　匹配器件版图单元 M1,2 的原理图

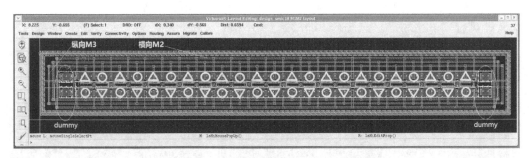

图 8.152　匹配器件版图单元 M1,2 的版图

如图 8.153 所示为栅极的交叉连接放大图，图中只显示了金属 M1 和栅，斜向的金属 M1 实现栅的跨接，另一组栅可以用金属 M2 进行斜向跨接。为了提高设计效率，保持连接的一致性，可以先将跨接的部分制作成一个跨接单元，如图 8.153 中虚线框所示，然后直接在两个 MOS 管上循环复制就能完成栅极的交叉跨接，如图 8.154 所示为跨接单元版图。在跨接单元版图中还包括源漏的上下延伸，它们将通过横向的金属 M2 并联在一起，最后由最外侧的纵向金属 M3 实现上下部分的并联，完成交叉交错匹配，跨接单元与大的多指 MOS 管配合，就可以完成匹配单元的版图。

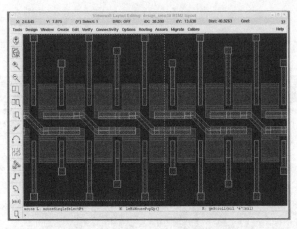

图 8.153　栅极的交叉连接放大图

如图 8.155 所示为由 M4 和 M5 构成的匹配器件版图单元 M4,5 的原理图，这两个 MOS 管的 m=60。如果直接生成两个 m=60 的管，则版图的横向太长，所以横向只能 m=10。将两行 m=10 的管放在一起构成匹配段，每两个匹配段构成一层匹配子单元，并用保护环包围起来。每层匹配子单元可以完成两个 m=20 的管的匹配，重叠 3 层匹配子单元，并将它们用金属 M3 并联起来，就可以完成 m=60 的 MOS 管匹配。每个匹配段的两侧都放置 dummy 管，并将栅源漏都连接到保护环上，栅长为 1μ 即可，最终的版图如图 8.156 所示。下面介绍一下每层匹配子单元的版图细节。

由于两个匹配管的栅极连接在一起，源极都接地，所以只需要漏极进行交叉，具体的交叉交错匹配版图如图 8.157 所示。图中以 4 个栅为一个基本单位（相当于一个 m=4 的管）进行交叉交错匹配，其分布情况如图 8.157 中的椭圆矩形所示。由于每个管由 5 个基本单位构成，这样就可以得到两个 m=20 的匹配版图。从原理图可以看出，由于两个 MOS 管的源极都接地，所以它们被就近连接到保护环上。同时由于两个管的栅极都连接在一起，所以可以用金属 M1 直接横向拉出。而两个管的漏极是相互独立的，所以漏极应采用波浪式的交叉交错连接，如图 8.157 中的波浪线所示。使用纵向金属 M3 将行的栅极和漏极在两侧并联起来，将来可以通过上下延伸 M3 就能把各层的栅极和漏极并联起来，版图布线非常方便。最后在每行管两侧都放置 dummy 管，并将匹配子单元使用保护环包围起来。

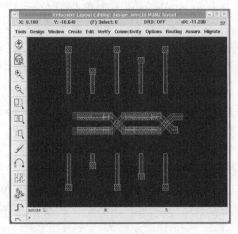

图 8.154　跨接单元版图

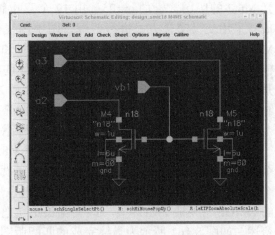

图 8.155　匹配器件版图单元 M4,5 的原理图

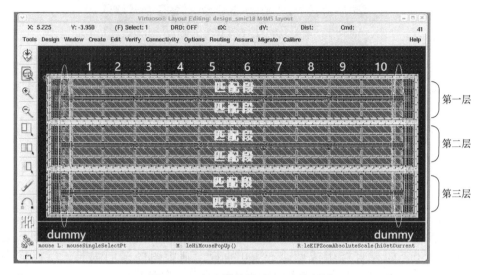

图 8.156　匹配器件单元 M4,5 的版图

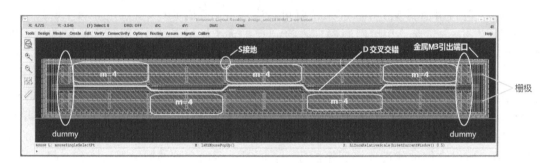

图 8.157　一层匹配子单元版图

如图 8.158 所示为匹配器件版图单元 M6,7 的原理图，单元对外有 5 个普通端口，即 a2、a3、a4、vb2 和 vout1，以及 1 个全局端口 gnd!。如图 8.159 所示为匹配器件版图单元 M6,7 的版图，管的 m=25，由 12 个双指管（并联后 m=24）和 1 个单指管（m=1）构成，采用交叉交错方式进行匹配，图中用线框标出了其中一个管分布。由于这两个匹配 MOS 管只有栅极是连接在一起的，而源极和漏极都相互独立，所以只能用相互隔离的双栅极管为基本单位进行交叉交错匹配，各基本单位的有源区无法连接在一起。版图中间是公共的栅极。由横向金属 M2 和纵向金属 M3 围成了 4 个圈，分别为 a2、a4、vout1 和 a3，双指管按照交叉交错分布匹配原则将源极与漏极通过金属 M1 连接到自己所属的圈上，交叉交错匹配是靠打孔实现的，所以版图上看不到波浪式交叉连线。

如图 8.160 所示为匹配器件版图单元 M8,9 的原理图，两个管的栅极连接在一起，每个 MOS 管的源极和漏极都对外输出，由于两个源极的功能完全相同，因此没有命名。这个单元在电路结构上与 M6,7 单元完全相同，所以在进行版图设计时，只要将 M6,7 单元的 NMOS 管换成 PMOS 管，改变宽长比，把保护环换为 N 阱保护环即可，具体细节不再赘述，如图 8.161 所示为最终完成的匹配版图。

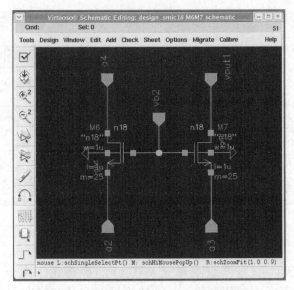

图 8.158　匹配器件版图单元 M6,7 的原理图

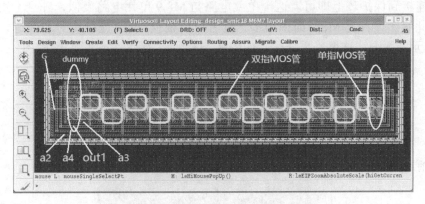

图 8.159　匹配器件版图单元 M6,7 的版图

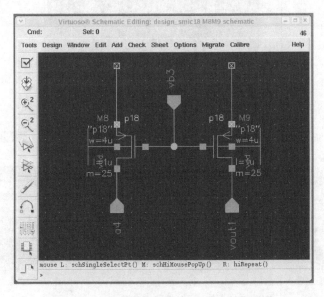

图 8.160　匹配器件版图单元 M8,9 的原理图

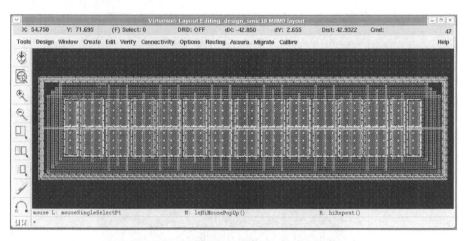

图 8.161　匹配器件版图单元 M8,9 的版图

　　如图 8.162 所示为匹配器件版图单元 M10,11 的原理图，两个 MOS 管的栅极连接一起，且源极共用，可以直接用两个 m=25 的管进行交叉交错匹配，源极不需要单独引出，直接连接到保护环上即可。这个单元电路与 M8,9 单元电路类似，并且不用单独引出源极，因此版图设计比 M8,9 简单很多，读者可以根据 M8,9 进行比对和改造，自行设计 M10,11 单元的版图，这里不再详述，如图 8.163 所示为最终完成的匹配版图。

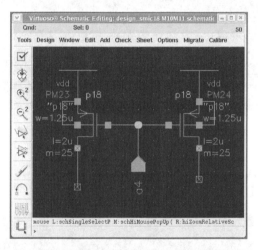

图 8.162　匹配器件版图单元 M10,11 的原理图

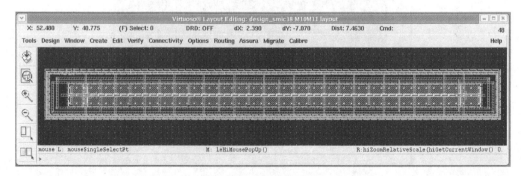

图 8.163　匹配器件版图单元 M10,11 的版图

8.7.4　主体单元布局与布线

到目前为止，关键器件的版图单元都已经完成，并且都通过了 DRC 和 LVS 验证，可以先对它们进行布局和布线，而由于偏置和控制电路的器件都比较小，且匹配也很容易实现，所以可以根据总体版图情况，后续再设计它们的版图，将它们放置在版图的边缘或角落，如图 8.164 所示为主体单元布局效果图。

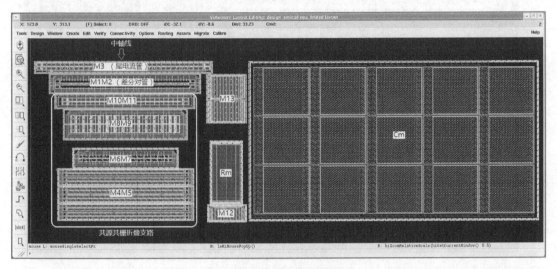

图 8.164　主体单元布局效果图

从布局效果图可以看出，放大器的第一级在版图左侧，第二级在中间，密勒补偿电容在右侧，这样的布局不仅与放大器信号流的方向相同，而且还能使版图总体呈现矩形形状。虽然版图单元内部都采用了交叉交错匹配的方法，差分支路并不一定需要左右对称，但是版图第一级还是以一条中轴线进行对称布局，这主要是为了保证主电路供电的对称性，以及单元间布线的对称性，以使版图单元内部管的特性尽量保持一致。

如图 8.165 所示为主体单元的布线图，从图中可以看出，由于各版图单元都在两侧拉出对称端口，所以可以在两侧对称布线。同时各个版图单元都被保护环包围，所以主体电路采用横 2 竖 3 的布线策略，即端口横向延伸使用金属 M2，纵向连接使用金属 M3，这样可以大大减小布线难度。另外，由于 Cm 为 MIM 电容，PDK 要求只能使用顶层金属进行连接，所以无论是从哪层金属过来，与 Cm 的连线最终都要跨层到金属 M6（顶层金属）。

还有一点需要说明，由于 MIM 电容只占用了顶层金属和次顶层金属，电容以下不仅还有多层金属可以布线，而且也能制作 MOS 管和电阻等器件，因此为了节省面积，很多设计都将全部或部分电路放到 MIM 下面。就本例放大器的版图而言，如果将主体电路都放到 MIM 下面，整个放大器版图的面积也就相当于 MIM 电容的面积，总面积可以减少很多。将电路放到 MIM 下面是一种常用的做法，通常需要 PDK 的支持，如果 PDK 不支持，就需要采取一些特殊的处理方法。

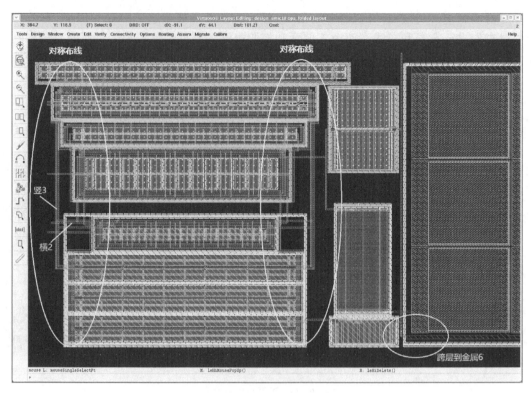

图 8.165　主体单元的布线图

8.7.5　功能模块版图单元设计

偏置电路和控制电路可以划分为功能模块单元，其中偏置电路可以划分为两个功能模块单元，即 bias_pmos 单元和 bias_nmos 单元，控制电路可以划分为 ctrl 单元，如图 8.166、图 8.167 和图 8.168 所示分别为 bias_pmos 单元、bias_nmos 单元和 ctrl 单元的原理图。从图中可以看出，bias_pmos 单元由偏置电路中的 PMOS 管构成，bias_nmos 单元由偏置电路中的 NMOS 管构成，同类管放在一起便于统一连接衬底。ctrl 单元由一个反相器和 3 个 PMOS 开关管构成，而控制 vb1 的 NMOS 开关管被移到了 bias_nmos 单元中，以使 NMOS 管尽量集中，便于衬底连接和布线。

如图 8.169 所示为 bias_pmos 单元的版图，从它对应的原理图可以看出，这个单元包括 3 对串联的 PMOS 管，其中的 M22_1 和 M22_2 串联构成倒比管 M22。每对 PMOS 管在版图中都靠近摆放，在其上方标出了其所对应的端口。为了尽量提高器件的工艺一致性，无论宽长比差别多大，MOS 管的栅极都要垂直放置。由于对应端口 vb2 和 vb4 的两对 MOS 管需要匹配，所在版图中不仅将它们就近对称放置，而且为了减小倾斜离子注入带来的阴影效应影响，匹配管源极和漏极相对于其栅极的左右关系也是一致的，单元版图的两侧也放置了 dummy 管进行保护。有关阴影效应的原理请参阅 6.7 节。

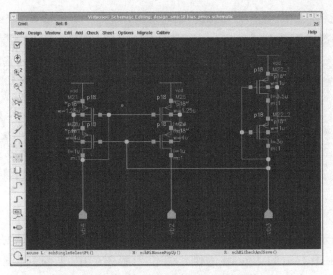

图 8.166　bias_pmos 单元的原理图

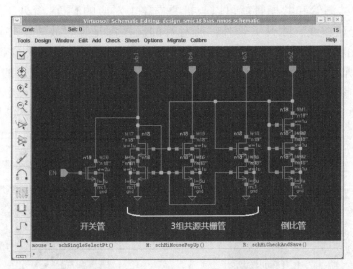

图 8.167　bias_nmos 单元的原理图

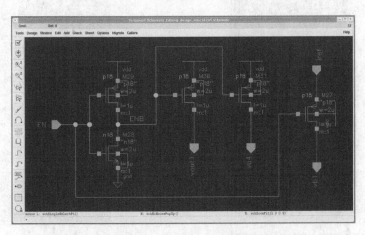

图 8.168　ctrl 单元的原理图

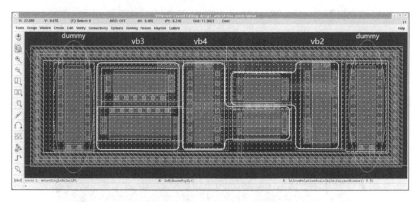

图 8.169　bias_pmos 单元的版图

如图 8.170 所示为 bias_nmos 单元的版图，在其原理图中最左边的开关管位于版图的最上端，原理图中最右边的 27μ/1μ 的倒比管位于版图的中间，原理图中的 3 对共栅管、共源管分别位于倒比管的上面和下面，其中共栅管位于倒比管的上面，共源管位于倒比管的下面，这样共源管和共栅管就可以与折叠支路上对应的 MOS 管处于同一高度，有利于电流镜的匹配和布线。除开关管外，所有管的栅极都是竖直放置，并且两侧都放置了 dummy 管。单元整体被保护环包围起来，呈现竖高矩形以合理利用版图空间。

如图 8.171 所示为 ctrl 单元的版图，其中包括两个用来控制栅极电压的开关管、一个反相器和一个控制参考电流的开关管，图中标出了它们的具体摆放位置。由于反相器中还包括 NMOS 管，而且也需要衬底接地，所以在全局布线时需要通过金属 M2 跨过 P 型衬底保护环从外面引入。另外，这个控制电路没有对称性要求，因此没有放置 dummy 器件。

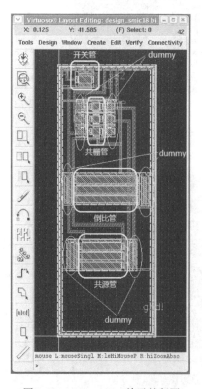

图 8.170　bias_nmos 单元的版图

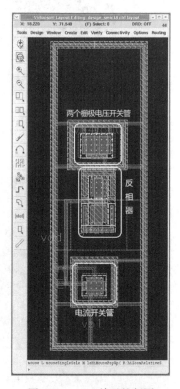

图 8.171　ctrl 单元的版图

　　各功能模块将摆放在版图的主体单元旁边，bias_pmos 单元应尽量与 PMOS 尾电流管 M3 靠近，bias_nmos 单元应尽量与 NMOS 管构成的 M4,5 单元和 M6,7 单元靠近，ctrl 单元的位置没有特殊要求，但是摆放要尽量方便布线，功能模块具体摆放位置如图 8.172 所示，从图中可以看出，3 个功能模块都摆放在主体电路的左侧，从上到下依次为 bias_pmos、ctrl 和 bias_nmos 单元，其中 bias_pmos 单元与尾电流管 M3 水平对齐，bias_nmos 中的共源管和共栅管也尽量与 M4,5 单元和 M6,7 单元保持相同水平高度，ctrl 电路放在中间位置，便于电路连线。图 8.172 也是放大器最终的完整版图。

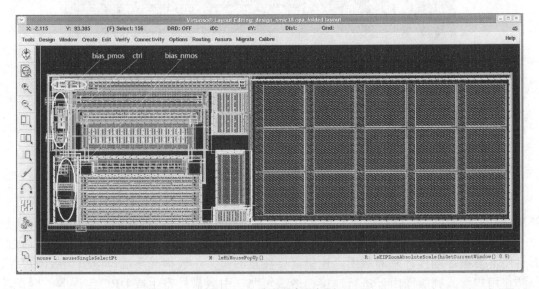

图 8.172　放大器完整版图

8.7.6　版图的后处理

　　布局布线后的版图还要进行一些必要的后处理，主要包括加宽电源和地、增加保护环和标注端口等，然后再进行总版图的 DRC 和 LVS 验证。版图后处理工作非常重要，否则即使 DRC 和 LVS 验证通过，版图也可能存在工艺或电气方面的隐患。

　　加宽电源和地可以减小电源和地的寄生电阻，从而减小 IR drop。通常电源线在版图上方，地线在版图下方。电源线就是 PMOS 管单元的 N 阱保护环，地线就是 NMOS 管单元的 P 型衬底保护环。对于 1mA 以下的电路可以直接在保护环上取电，但由于保护环上的金属线条较窄，所以必须加宽，具体加宽多少并没有什么明确规定，对于本电路来说，电源和地都加宽到 5μm 以上。对于具有较大驱动的电路，除了要加宽保护环外，还应将电源或地直接加到驱动管上，以防止出现 EM 或 Latch-up 问题。

　　增加保护环主要是将多个子单元合在一起加上保护环，然后将整个电路再用保护环包围起来以形成多层保护环的版图结构。多层保护环不仅可以使衬底连接更可靠，而且对噪声的抑制效果会更好，同时还相当于增加了电源和地的宽度。给整个电路添加保护环可以使整体版图的矩形轮廓更加清晰。由于整个顶层版图是被接地的 P 型衬底保护环包围的，所以电源不能直接通过金属 M1 引出，而必须使用金属 M2 跨过金属 M1 对外连接，跨接金属 M2 时要尽量多打过孔，以减小接触电阻。如图 8.173 所示为加宽地线和多层保护环的局部版图。

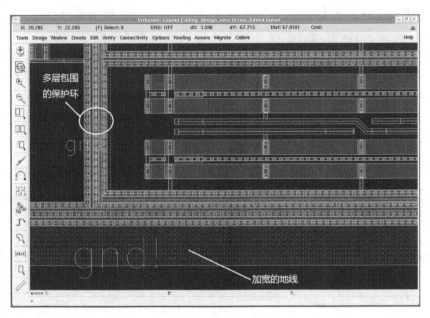

图 8.173　加宽的地线和多层保护环的版图

　　标注端口是顶层版图后处理的重要工作，由于顶层版图已经被保护环包围，所以对外端口只能用金属 M2 或更上层的金属引出，然后再进行标注。标注端口后还需要再新建一个 cell，将顶层 cell 例化到这个新建的 cell 中后再标注一次端口，这样 LVS 才能通过，而且还不会损坏刚设计好的版图。这里需要注意的是，一般情况下端口应引到版图边缘，以防止用户深入到版图内部进行连接，造成短路、引入额外寄生或 DRC 错误等。匹配端口应合理选择位置和方向，使用户在连接时也能保持对称性。另外，相关端口应尽量集中摆放，以方便连接和管理。

　　对后处理的版图进行 DRC 和 LVS 验证，最终应得到如图 8.174 所示的 LVS 笑脸。

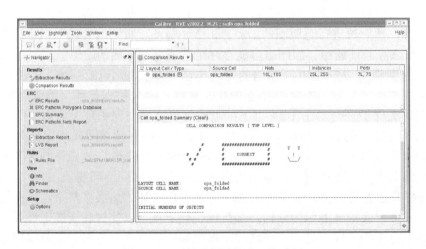

图 8.174　后处理版图通过 LVS 验证

8.7.7　寄生参数提取与后仿真

　　DRC 和 LVS 之后进行寄生参数提取（PEX）和后仿真，有关使用 Calibre 进行 PEX

的步骤和方法可以参阅 5.6 节，最后要生成顶层版图的 calibre view。后仿真要基于前仿真的电路图建立 config view，建立 config view 的步骤和方法可以参阅 5.7 节。由于在 8.6 节的前仿真电路中，每个仿真电路都例化了两个放大器，所以可以在 config view 中将第二个放大器（输出为 out_post）配置为 calibre view，而第一个仍然是 schematic view，这样只要对 config view 进行一次仿真，就能同时得到前仿真和后仿真的结果，对比起来非常方便。当然，对于 8.6 节中那些开环和闭环同时仿真的电路，后仿真时都应配置为 calibre view。

　　如图 8.175 所示为典型条件下放大器增益和相位裕度的前后仿真结果，这里的典型条件是指工艺角为 tt、室温为 27℃和电源电压为 1.8V。从前后仿真的曲线可以看出，在 UGB 内，前后仿真差别很小，但总体来说后仿真结果略差一些。从这里也可以大致得到一个结论，只要版图设计得当，前后仿真结果的差别不像 PVT 那么悬殊。

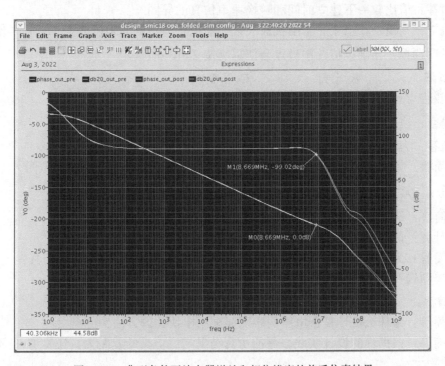

图 8.175　典型条件下放大器增益和相位裕度的前后仿真结果

　　其他指标的后仿真方法与增益的后仿真方法基本相同，而且也都需要 PVT 后仿真，后仿真时可以直接调用 8.6 节保存的 PVT 组合文件 smic18.cor，并在 Performance Measurements 栏中添加相应的输出信号即可，这里就不一一举例了。

　　请读者自己完成所有指标的 PVT 后仿真，通过反复练习，做到脱稿且熟练，彻底摆脱基本设计流程的困扰，以便能将精力专注于电路理论学习和电路性能优化上来。

8.8　本章小结

　　本章从共源极单管放大器及其变形电路开始，逐步深入地分析了差分放大器的主要结构原理，并重点讨论了两级放大器的相位裕度与密勒补偿。对手工计算必备的基本公式和常用参数计算进行了归纳总结，在此基础上介绍了运算放大器的主要性能指标及仿真电路结构和仿真方法。最后以二级折叠式共源共栅放大器设计为例，从放大器结构规划开始，对放大器进行了手工计算、原理图输入与仿真、PVT 仿真与优化，以及版图设计与后仿真，涵盖了模拟集成电路设计的整个流程。

知识点巩固练习题

1. 证明题：无论是从源极看进去，还是从漏极看进去，MOS 二极管接法的等效电阻都是 $1/g_m$。

2. 简答：为什么二级放大器比一级放大器设计优化更灵活？

3. 简答：比较一下套筒结构和折叠式共源共栅结构的主要优缺点。

4. 简答：请比较一下建立时间和转换速率仿真的异同。

5. 填空：共栅管相当于一个阻抗放大镜，能把管另一侧的阻抗放大（　　　）倍。

6. 单项选择：在画波特图中极点会使幅度按 20dB/dec（　　　）。

A. 下降　　　　　　B. 上升　　　　　　C. 不变

7. 判断：在进行密勒补偿时相位裕度（PM）越大越好。

8. 填空：速度与稳定性综合考虑，最佳的相位裕度（PM）为（　　　）。

9. 简答：为什么一级系统一定是稳定的？

10. 简答：解释一下为什么稳定二级放大器的 UGB 与第一级的输出电阻 R_{out1} 和第二级的增益 A_{v_2} 无关？

11. 简答：请写出 g_m 的 3 种表达式，并举例说出一些应用场景。

12. 计算：请画出两种 CMRR 的仿真电路，并推导其 CMRR 表达式。

13. 简答：为什么本章中使用超大电感反馈放大器的仿真被称为开环仿真？

14. 单项选择：总谐波失真（THD）是反映系统（　　　）的指标。

A. 增益　　　　　　B. 带宽　　　　　　C. 线性度

15. 简答：为什么设计复杂电路的版图要采用模块化的方法？

16. 简答：根据你的设计实践，是前仿真结果与后仿真的差距大，还是 PVT 不同组合仿真的差距大？

17. 判断：只要我够认真，设计的版图就可以不用进行 DRC 和 LVS 验证。

第 9 章

四运放芯片设计与 COB 封装测试

本章将使用前面设计的运算放大器搭建一个完整的四运放芯片，芯片由 4 个运算放大器构成，每个放大器都独立引出输入输出引脚，而电源和地统一引出。为整个芯片设计顶层电路图和符号图，以便进行 DRC 和 LVS 验证，然后进行 PEX 和后仿真。最后再讨论一下四运放芯片的 COB（Chip-On-Board）封装与测试，形成完整的芯片设计和封装测试流程。

9.1 Padframe 规划与顶层电路设计

如图 9.1 所示为包括 Padframe 和四运放完整芯片的顶层电路图，它是由 24 个 Pad（P1、P2、P3、…、P24）组成的 Padframe、4 个运算放大器（OP1、OP2、OP3 和 OP4）和位于电路正中的 MOS 管（NM0）构成的。每个放大器的输入输出端 vin+ 和 vin−、参考电流输入端 Iref 和使能端 EN 都连接到专用的 Pad 上。NM0 由 4 个宽长比为 480μ/10μ 的 NMOS 管并联构成，它的源极、漏极和衬底连接到地，栅极连接到电源，构成 MOS 电容对电源滤波。在原理图上还设置了端口 pin，它们对应 Pad 的压焊点。

如果不算电源和地，由于每个运放有 5 个输入输出端口，所以 4 个运放就需要 20 个端口，也就是说需要 20 个 Pad，再加上两个电源 Pad 和两个地 Pad，Padframe 一共有 24 个 Pad，用每边 6 个 Pad 的正方形排列，正方形的上下两边各放一个电源 Pad，左右两边各放一个地 Pad，这样可以保持版图上电源和地的平衡分布。

本例的电路结构比较简单，Padframe 中只有 3 种 Pad，即电源 Pad、地 Pad 和输入输出 Pad，其中电源 Pad 和地 Pad 为 Padframe 提供电源和地，输入输出 Pad 为放大器引出输入输出端口。另外，根据第 7 章的内容，Padframe 会自然形成电源环和地环，所以每个 Pad 都有电源端口和地端口，本例的电源端口和地端口分别为 AVDDC 和 AGNDC。

为了控制 Pad 电源的开启顺序，本例所使用的 Pad 都有一个 E3V 端口，当 E3V 端口为低时，Pad 电源接通。E3V 也要形成一个环，由于本例不需要控制电源开启顺序，所以在原理图中 E3V 环直接接地，但在版图中将由专用 Pad 给 E3V 接地。

在如图 9.1 所示的 Padframe 内部有 3 个闭合环路，从里到外分别为电源环、地环和 E3V 环，在右下角处，E3V 环与地环相连，完成接地。再次提醒说明，Padframe 中的 3 个闭合回路在版图中是自然形成的，只要 Padframe 能形成一个完整的 Pad 环即可，在原理图中画出这 3 个环是为了与版图的连接关系保持一致，只有这样 LVS 才能通过。

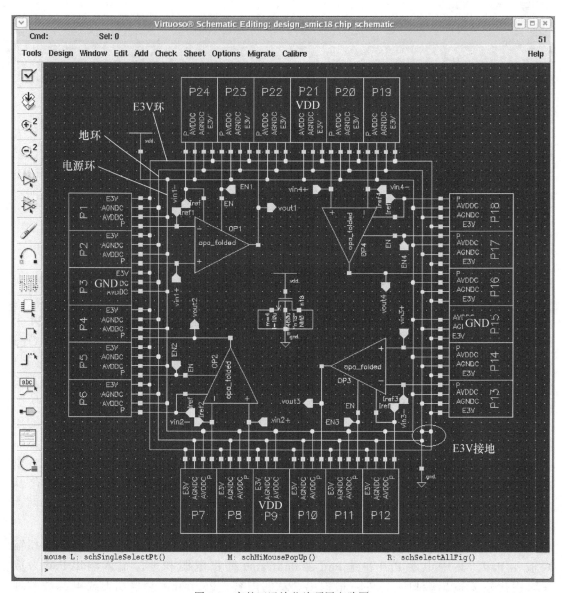

图 9.1　完整四运放芯片顶层电路图

如图 9.2 所示为 OP1 的 Pad 引脚连接电路，P2、P1、P24、P23 和 P22 依次引出 OP1 的 vin+、vin-、Iref、EN 和 vout 引脚，其顶层端口名依次为 vin1+、vin1-、Iref1、EN1 和 vout1。由于输入输出 Pad 上的 P 端口代表压焊点，所以顶层端口就代表每个 Pad 的压焊点。Pad 的排列顺序和方向安排与运放版图上 Pin 的位置有关，现在图中运放的摆放形式非常有利于版图上 Pad 的连接。同理，OP2、OP3 和 OP4 的摆放和 Pad 的排列与 OP1 完全类似，这里就不一一介绍了。

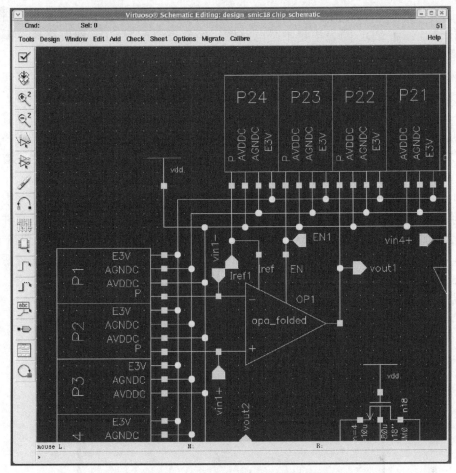

图 9.2　OP1 的 Pad 引脚连接电路

9.2　创建 Pad 版图、符号图和电路图

在 7.2 节中介绍过 Pad 的结构，它是由 ESD 保护电路、辅助电路和 Padhead 构成的。Pad 库通常将 ESD 保护电路和辅助电路合在一起制作成不同种类的单元，这些单元被称为 Pad，但其实它还缺少 Padhead，也就是压焊块，所以这里暂且称它们为初始 Pad。Pad 库也提供 Padhead 单元，由于 Padhead 的通用性比较强，所以 Padhead 的种类并不多。本节讨论的创建 Pad 版图就是将 Padhead 单元与初始 Pad 单元拼接起来，得到完整的 Pad 版图。为了表述方便，这里暂且将拼接了 Padhead 的 Pad 称为组合 Pad。本节介绍如何创建组合 Pad 版图（layout view）、符号图（symbol view）和电路图（schematic view），以供四运放芯片设计使用。

Pad 库为每个初始 Pad 提供了 GDSII 版图和符号图，由于 Padhead 本身并没有电路，只起到连接引线的作用，所以组合 Pad 的符号图与初始 Pad 的符号图应该是相同的，因此创建组合 Pad 的符号图也就是将初始 Pad 的符号图复制过来。

Pad 库也会为每个初始 Pad 提供 CDL 网表，且网表与版图应该能通过 LVS 检查。但是由于 LVS 规则文件的版本差异，或者 LVS 选项设置的不同，也有可能会出现网表与版图 LVS 比对结果不一致的情况。另外，很多人习惯了在具备版图、符号图和电路图的条件下进行设计，而 CDL 网表毕竟不是电路图，经常需要配置 CDL 网表路径，操作过程显得非常烦琐，甚至有时会因路径错误而操作失败。

虽然可以用 CDL 网表生成电路图，但是其流程比较复杂，而且还需要生成转换专用的 map 文件，如果 map 文件有问题，将导致转换失败或电路图中出现错误。为了解决上述问题，这里介绍一种通过版图和符号图产生电路图的方法，这种方法的核心思想是在版图中提取电路，而不用 Pad 库中的 CDL 网表。通过版图提取的电路与版图电路一定是匹配的，LVS 一定能通过，可以为后续的芯片级版图设计与验证铺平道路。为了增加本章的可操作性，下面的介绍将从导入初始 Pad 符号库和 Pad 版图库开始。

（1）导入初始 Pad 符号图库　Pad 库通常会包括一个符号库文件夹，文件夹中包含所有的初始 Pad 符号图，例如 .../IO/Symbol/cadence/smic18io 就是一个符号图库文件夹，将它的路径添加到 Library Manager 中，就可以导入这个符号图库。导入时首先单击 Library Manager 菜单 Edit → Library Path...，弹出如图 9.3 所示的 Library Path Editor 对话框，然后在 Library 栏中输入 smic18io，在 Path 栏中输入 smic18io 文件所对应的路径，保存设置即可完成初始 Pad 符号图库的导入。

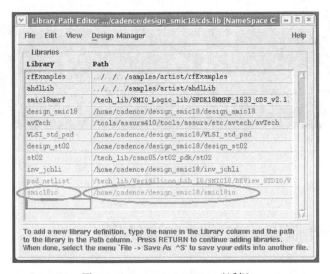

图 9.3　Library Path Editor 对话框

（2）导入初始 Pad 版图　为了能将初始 Pad 的 GDSII 版图导入到 smic18io 库中，需要为 smic18io 库关联 smic18mmrf 工艺，具体方法是在 Library Manager 中选择 smic18io 库，单击右键下拉菜单 Properties 弹出如图 9.4 所示的 Library Property Editor 对话框，在其中的 techLibName 栏中填写 smic18mmrf，然后单击 OK 按钮即可。

在 5.8 节中介绍过 GDSII 的导入方法，为了保持本章内容的完整性，这里将导入初始 Pad 版图到 smic18io 库中的具体过程再介绍一下。首先单击 CIW 主窗口菜单 File → Import → Stream...，弹出如图 9.5 所示的 Virtuoso Stream In 对话框。在其中的 Run Directory 栏中填写 "·"，在 Input File 栏中通过单击 Browse... 按钮来选择初始 Pad 的 GDSII 文件，本例为 SMIC18IOLIB_L_M6.gds.gz，文件名中的 "_L" 表示普通 Pad，而另一个带 "_S" 的表示可以交叠的 Pad，本例使用普通 Pad。Top Cell Name 栏为空，在 Output 栏中选择 Opus DB，在 Library Name 栏中填写 smic18io，然后单击 OK 按钮。

导入完成后会弹出 STRMIN PopUp Message 消息框，单击 OK 按钮即可查看导入的版图。本例将使用的初始 Pad 为 PLAVDDC、PLAGNDC 和 PLBIAC。

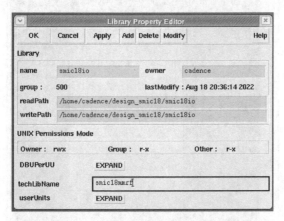

图 9.4 Library Property Editor 对话框

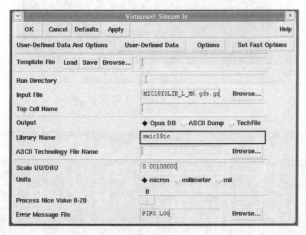

图 9.5 Pad 的 GDSII 版图导入对话框

（3）创建组合 Pad 版图　如前所述，将拼接了 Padhead 的 Pad 称为组合 Pad。在 design_smic18 库中新建 3 个组合 Pad 单元，即 P_VDD_18、P_GND_18 和 P_IO_18，它们的功能分别是为芯片提供电源、地和输入输出接口。通过查阅 Pad 单元库的说明文档可知，P_VDD_18 的初始 Pad 应为 PLAVDDC，对应的 Padhead 为 PL_PAD；P_GND_18 的初始 Pad 应为 PLAGNDC，对应的 Padhead 为 PL_PAD_G；P_IO_18 的初始 Pad 应为 PLBIAC，对应的 Padhead 为 PL_PAD。因此，构建本例所用的 3 个组合 Pad 共需要 3 种初始 Pad 和 2 种 Padhead。需要再次说明，Padhead 并非简单的钝化窗口，不同种类的 Padhead 之间也存在差异，在搭建组合 Pad 时要根据说明书的要求，为 Pad 搭配正确的 Padhead，否则会出现很严重的问题。

如图 9.6 所示为 P_VDD_18 的版图，它由初始 Pad（PLAVDDC）和 Padhead（PL_PAD）组合而成。如图 9.7 所示为 PLAVDDC 和 PL_PAD 交界处的版图细节，图中只显示了金属 M3，左侧为上下对齐时的样子，右侧为特意错开的样子。就本例而言，上下单元的金属 M3 在交界处都有一个小斜角，连接时要使斜角的拐点重合。Padhead 拼接完成后，要对整个 Pad 进行 DRC 检查，确保没有 DRC 错误，density 问题可以暂时忽略。

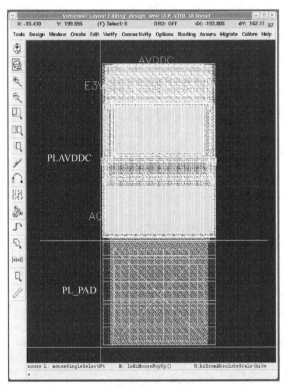

图 9.6 P_VDD_18 的版图

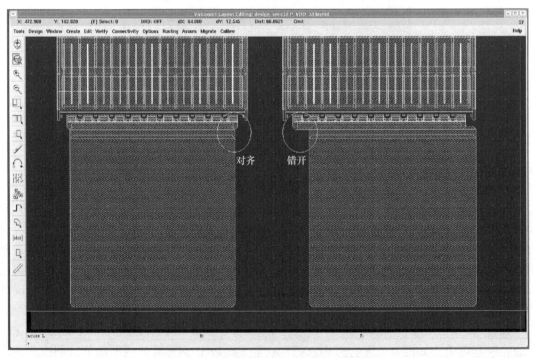

图 9.7 PLAVDDC 和 PL_PAD 交界处的版图细节

新创建的组合 Pad 版图上也需要添加端口，且端口的位置和名称都要与初始 Pad 保持一致。由于初始 Pad 是组合 Pad 的底层单元，所以初始 Pad 版图上的端口在组合 Pad 上是无效的，因此还需要参照初始 Pad 版图在组合 Pad 版图上重新标注，标注时要保证端口名称相同、使用的层相同和标注的位置也相同，所谓位置相同就是指代表端口位置的十字标志要重合，否则可能会出现端口无效的问题。

初始 Pad 版图上的端口位于版图左右两侧边缘，局部放大就可以看见，不仅很多，而且还大量重复，在顶层添加时不能遗漏，否则后续的 LVS 验证可能会出现问题。用手工添加这些端口不仅工作量会很大，而且还容易出错，因此下面将以 P_VDD_18 为例，为初学者推荐一种统一复制的方法。

首先在 P_VDD_18 的版图上复制一个 PLAVDDC 放在旁边，然后将复制的 PLAVDDC 打散（Flatten），打散后删除所有的几何图形，只保留四周的端口文字，并要保持端口文字相互之间的位置关系不变。然后同时选中所有的端口文字，将它们整体移动，精确地覆盖在 PLAVDDC 的相同位置上即可。放置完成后要仔细核对，避免出现错位情况或局部移动现象，最后再对 P_VDD_18 进行 DRC 检查，确认添加端口过程没有误操作。

使用同样的方法可以设计 P_GND_18 和 P_IO_18 的版图，这里不再赘述，但需要提醒一下，与 PLAGNDC 配套的 Padhead 是 PL_PAD_G，与 PLBIAC 配套的 Padhead 是 PL_PAD，二者的搭配关系一定不能弄错。

（4）创建组合 Pad 符号图　到此已经有了 P_VDD_18、P_GND_18 和 P_IO_18 的版图，下面需要为它们创建符号图。由于 Padhead 本身只是一块导体，所以 P_VDD_18、P_GND_18 和 P_IO_18 的符号图与 PLVDDC、PLAGNDC 和 PLBIAC 的符号图相同，因此只要把 PLVDDC、PLAGNDC 和 PLBIAC 的符号图复制过来即可。

下面以 P_VDD_18 为例介绍符号图复制的具体方法。在 Library Manager 中选择 smic18io 中 PLAVDDC 的 symbol，然后单击右键选择下拉菜单中的 Copy...，弹出如图 9.8 所示的 Copy View 对话框，在 To 帧的 Library 栏中选择 design_smic18，在 Cell 栏中填写 P_VDD_18，在 View 栏中填写 symbol，其他都采用默认，然后单击 OK 按钮，复制完成后再到 Library Manager 中打开 P_VDD_18 的 symbol 确认一下复制是否正确。

使用同样的方法为 P_GND_18 和 P_IO_18 复制符号图，并打开确认。因为符号图有 Pad 的端口，PEX 需要通过符号图确定电路的端口名称和属性，所以一定要先建立符号图，然后再提取电路，否则可能会出现原理图无端口，或者端口与符号图不一致的情况。

（5）提取组合 Pad 电路图　如果在 PEX 时选择 No R/C，则 PEX 可以只提取电路而不提取寄生参数，使用这个选项对组合 Pad 版图提取电路，就能得到组合 Pad 的电路图，而不包括寄生参数。关于 PEX 的步骤和方法可

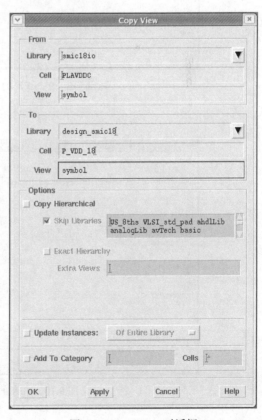

图 9.8　Copy View 对话框

以参阅 5.6 节，为保持本章内容的独立性和完整性，下面以 P_VDD_18 为例具体介绍提取过程。

打开 P_VDD_18 的版图，单击菜单 Calibre → Run PEX，可弹出 Calibre Interactive-PEX 对话框和 Load Runset File 对话框，在 Load Runset File 对话框中选择 5.6 节保存的 smic18_PEX.rst，单击 OK 按钮，这样 PEX 的规则文件就会自动填入，然后再单击 Cailbre Interactive-PEX 对话框的 Rules 按钮查看确认一下。

单击 Inputs 按钮，查看其中的 Layout 和 Netlist 两项即可，其中 Layout 的 Format 选择 GDSII，并选择 Export from layout viewer，表示从 Layout 中提取 GDSII，如图 9.9 所示。Netlist 的 Format 选择 SPICE，并选择 Export from schematic viewer，表示从 schematic 中提取网表，如图 9.10 所示。其他选项采用默认即可。

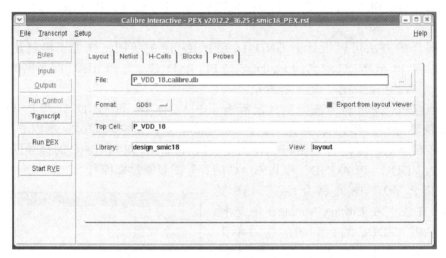

图 9.9　PEX 的 Inputs 设置（Layout）

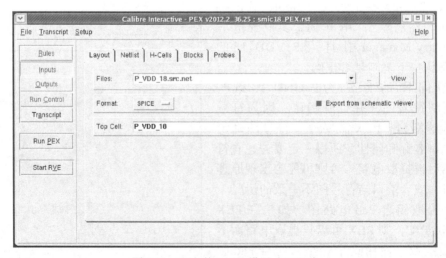

图 9.10　PEX 的 Inputs 设置（Netlist）

单击 Outputs 按钮，如图 9.11 所示，图中被圈中的 3 个选项非常重要，与一般的 PEX 差别很大，其中在 Extraction Type 栏中选择 No R/C，表示不提取寄生参数，只提取电路。Format 栏的 CALIBREVIEW 表示输出 calibre view。Use Names From 栏的 LAYOUT 表示端口和连线（net）名称与版图保持一致，默认情况时 Use Names From 栏为 SCHEMATIC，由于此时还没有电路图，所以一定要设置为 LAYOUT！

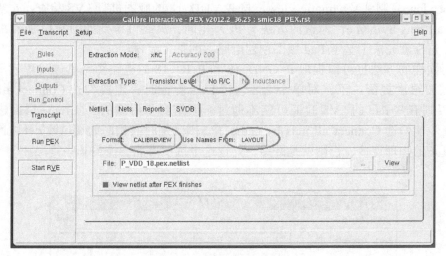

图 9.11　PEX 的 Outputs 设置

每个 Pad 的版图上都有很多重复出现的电源和地端口标注，它们在 P_IO_18 版图内部可能没有实际的物理连接，最终要靠外界帮助才能连接在一起，具体说就是靠 Padframe 中的电源 Pad 和地 Pad 来连接在一起。在对 Pad 版图进行电路提取时，必须勾选上 Connect all nets by name 选项，表示即使没有物理连接，同名 net 也被认为是相连的，否则在后续的 LVS 验证中可能会出问题。要勾选 Connect all nets by name，首先要单击 PEX 的菜单 Setup → PEX Options 调出 PEX Options 按钮，单击该按钮后选择 Connect 栏，再勾选 Connect all nets by name 即可，如图 9.12 所示。

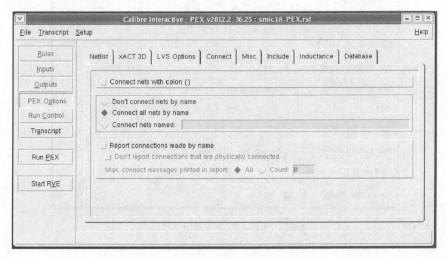

图 9.12　勾选 Connect all nets by name

以上设置完成后，单击 Run PEX 按钮开始进行电路提取，期间会弹出如图 9.13 所示的 Calibre View Setup 对话框，在 Calibre View Type 栏中选择 schematic，表示生成电路图，在 Create Terminals 栏中选择 if matching terminal exists on symbol，表示提取的端口要与符号图的端口一致，这也就是为什么这里要先有符号图才能进行 PEX 的原因。设置完成后单击 OK 按钮，最后得到电路图形式的 calibre view，然后在 Library Manager 中将 calibre view 复制到 schematic view。与 P_VDD_18 的版图进行 LVS 检查，也需要勾选 Connect all nets by name，勾选的方法与 PEX 相同，最终可得到如图 9.14 所示的比对成功笑脸，这样就完成了基于 Pad 版图创建电路图的整个流程。

使用同样的方法也可以提取 P_GND_18 和 P_IO_18 的电路图，具体过程就不一一介绍了。需要再次提醒一下，对单个 Pad 进行 LVS 验证时一定要勾选 Connect all nets by name，否则有些 Pad 的 LVS 验证可能不通过。但是到了后续的 Padframe 层面进行 LVS 验证时就不能勾选 Connect all nets by name 了，因为那时候相同的端口或 net 之间必须已经有了真正的物理连接，否则就是开路，勾选这个选项可能会掩盖某些错误。

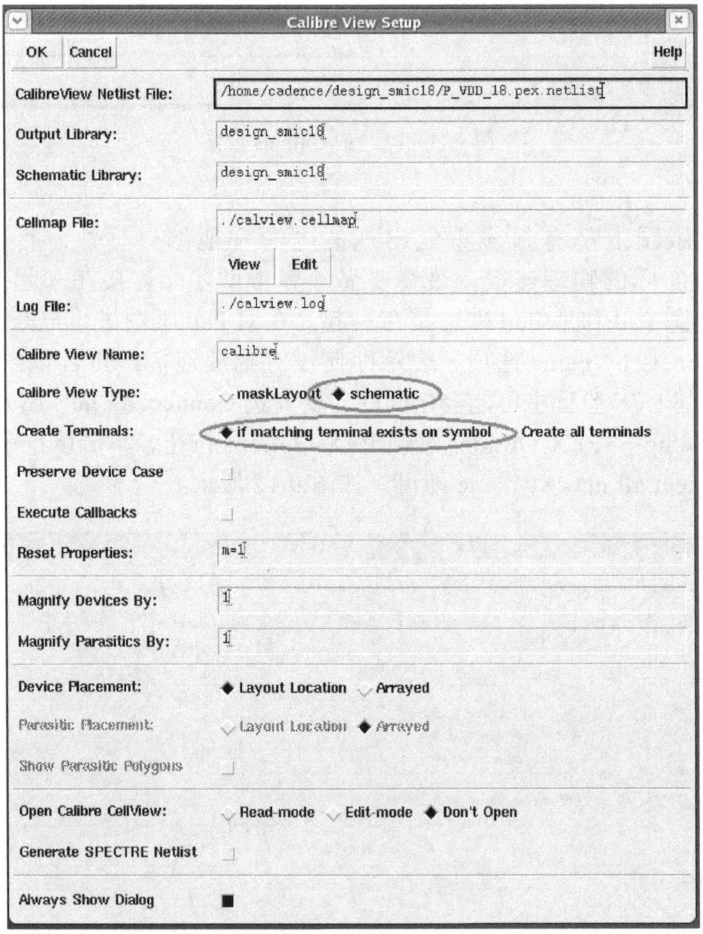

图 9.13　Calibre View Setup 对话框

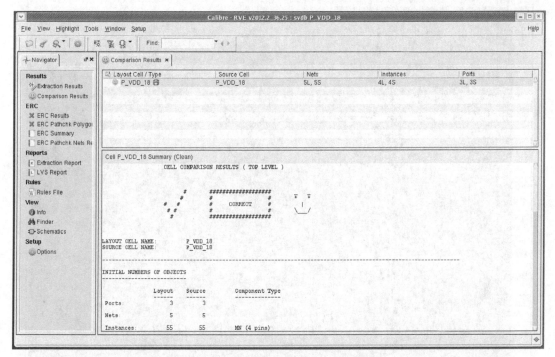

图 9.14 P_VDD_18 的 LVS 结果成功

9.3 Padframe 版图设计与验证

根据图 9.1 可知，四运放芯片的 Padframe 共有 24 个 Pad，整个 Padframe 围成了一个正方形，每边 6 个 Pad，将图中的 Pad 单独提出来，并加上端口，可以得到如图 9.15 所示的 Padframe 单元 PAD_FRAME_6X4 的电路图，其中电源和地端口用双向全局端口 vdd! 和 gnd! 表示，叹号表示全局端口。

PAD_FRAME_6X4 的上边由 P24 到 P19 组成，版图如图 9.16 所示，其他 3 个边的版图与上边类似，4 个边由转角 Pad 连接。如图 9.17 所示为完整的 PAD_FRAME_6X4 的版图。

在本例所用的 Pad 库中，模拟域的转角 Pad（corner Pad）为 PLCORNER_A。这里需要注意，在版图拼接时，普通 Pad 之间、转角 Pad 与普通 Pad 之间，边缘都需要严格对齐，且不能重叠。如果 Pad 之间有空隙，则使用填充 Pad（Filler-Pad）补齐，在本例没有这个问题，不需要填充。严格对齐 Pad 边缘是指 Padhead 的金属 M1 边缘严格对齐，不是 Pad 的轮廓线对齐，因为在大多数情况下，Pad 轮廓线边缘与金属 M1 边缘是不同的。另外，PAD_FRAME_6X4 中还有 4 个很窄的 Pad，即 PLPOSINVALID，作用是 E3V 接地，其实使用 1 个 PLPOSINVALID 就可以，这里使用 4 个是为了保证各个边长相等，图中虽然用可见的矩形窄条框标出，但实际上它们非常非常窄，在 Padframe 上几乎看不出来。

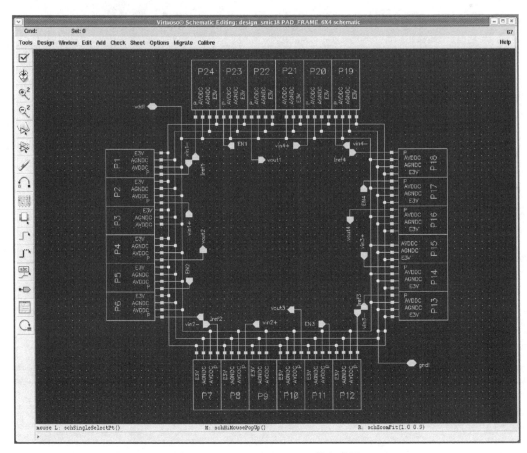

图 9.15　PAD_FRAME_6X4 的电路图

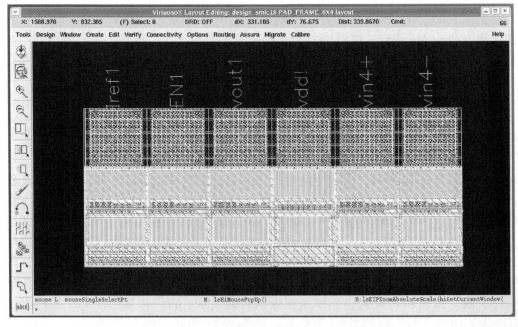

图 9.16　PAD_FRAME_6X4 上边的 6 个 Pad 版图

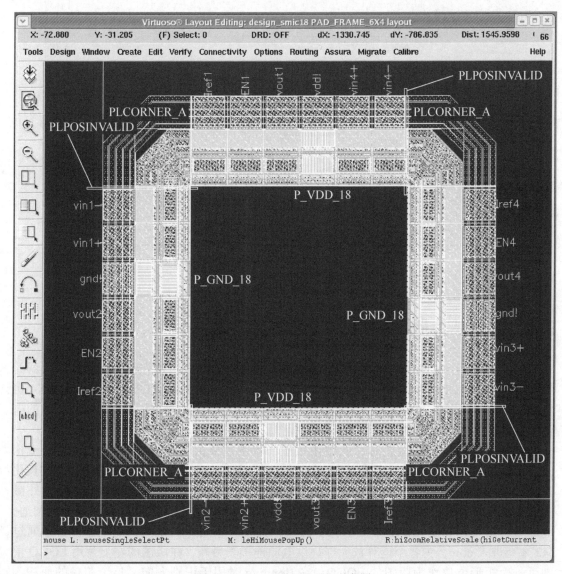

图 9.17　PAD_FRAME_6X4 的版图

Padframe 上也需要添加端口，端口的名称与电路图中的端口一一对应，端口最好加在 Padhead 上。由于 Padhead 的金属 M1 在整个 Padframe 上是相连的，所以端口一定不能加在金属 M1 上，而要加在金属 M2 上。注意，P_VDD_18 的端口是 vdd!，P_GND_18 的端口是 gnd!（注意要加上叹号）。

端口添加完成，PAD_FRAME_6X4 的版图也就算完成了，接下来需要进行 DRC 和 LVS 验证。DRC 只需要使用常规的方法进行即可，金属密度问题可以暂时忽略。LVS 必须要通过，而且不能勾选 Connect all nets by name，应该勾选 Don't connect nets by name，比对成功可以得到如图 9.18 所示的笑脸！

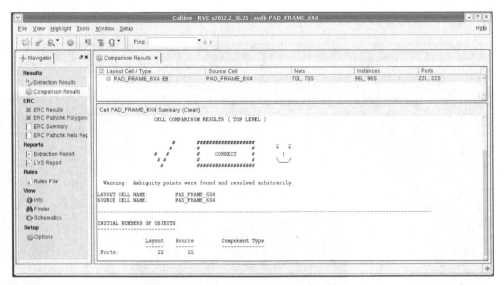

图 9.18　PAD_FRAME_6X4 的 LVS 结果成功

9.4　整体芯片版图搭建、验证与后仿真

　　为了方便 4 个运算放大器在 PAD_FRAME_6X4 内的摆放，首先将 4 个运算放大器的版图先合成一个如图 9.19 所示的版图单元 core，然后再将 core 和 PAD_FRAME_6X4 例化到一个顶层版图中进行连接，为了进行 LVS 检查，也为 core 设计了如图 9.20 所示的电路图，为了确保比对成功，也要在 core 的版图上加上端口。

　　如图 9.21 所示为四运放芯片的整体版图，版图主要由 PAD_FRAME_6X4 和 core 构成，在版图的中心部位还放置了 4 个 MOS 管连接成的电容，对应电路图中的 4 个宽长比为 480μ/10μ 的 MOS 管。在 core 与 PAD_FRAME_6X4 之间有两圈金属 M1 的环，外圈的为电源环，内圈的为地环，电源环和地环与相应的 Pad 连接，并为 core 提供电源和地，地环可直接与运算放大器最外圈的保护环边缘连接，不用专门走线，而电源环必须通过 M2 才能进入 core，为各个运算放大器提供电源连接。另外，在版图的左上角用 LOGO 层画了一个矩形方块作为版图的 LOGO，在 Bonding 时用于识别方向。整个芯片的面积为 (825×825) μm^2。

　　经过 DRC 发现整个芯片存在栅密度（poly density）不足的问题，因此手工添加由栅层（或者专用的 poly dummy 层）构成的矩形小块作为填充块，这些小块也被称为 dummy poly。另外，别忘了根据 DRC 的要求，这些 dummy poly 必须由 N 扩散区选择层（SN）或 P 扩散区选择层（SP）包围。放置 dummy poly 既不能破坏电路连接关系，也尽量不影响电路性能，因此这里选择在 Padhead 下面放置 dummy poly，因为这里有金属 M1 进行了隔离，dummy poly 的具体位置在图 9.21 中进行了标注。

　　如图 9.22 所示为 PAD_FRAME_6X4 与 core 连线的局部放大图，在本例中 Pad 与 core 的连线使用金属 M2，为了显示清楚，图中也只显示了金属 M2。从图中可以看出，Pad 对内的端口很宽，而信号连线却很窄。对普通信号的连接来说，连线的引入位置并不重要，只要让信号线连接到 Pad 端口上即可，但差分信号则不然，不仅要求尽量平行，而且接入到 Pad 的位置也要对称，这样才能最大限度地保证差分信号线的匹配。本例中差分输入线不仅平行走线，而且与 Pad 端口的连接位置也是对称的。完成连线后，再为版图添加端口标注，这样一个完整的四运放芯片版图就设计完成了。

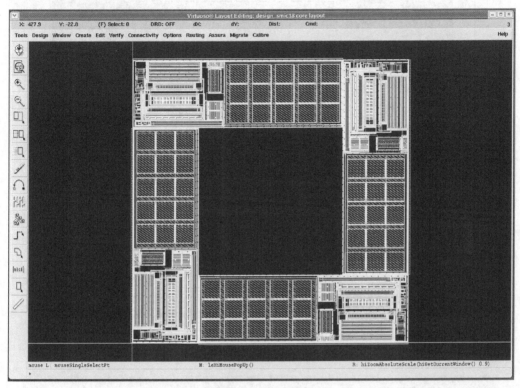

图 9.19　core 的版图

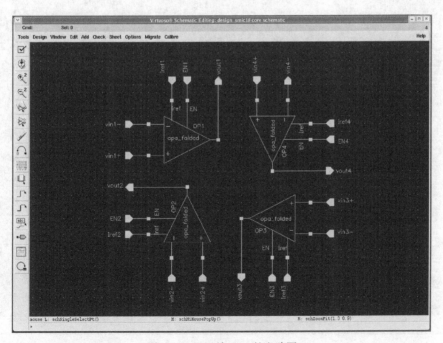

图 9.20　四运放 core 的电路图

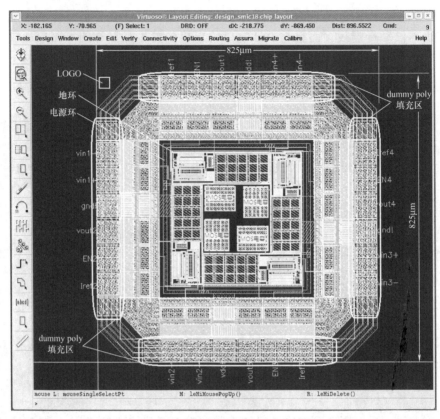

图 9.21　四运放芯片的整体版图

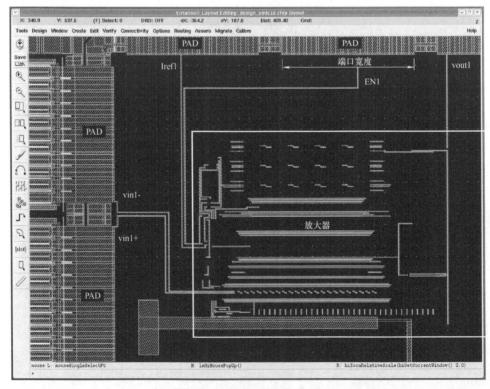

图 9.22　Pad 与 core 连线的局部放大图

添加端口标注之后，需要为四运放芯片进行 LVS 验证，得到如图 9.23 所示的 LVS 结果成功的笑脸。注意，此时 LVS 一定要勾选 Don't connect nets by name，因为版图已经设计完成，不能再有未连接的连线了。

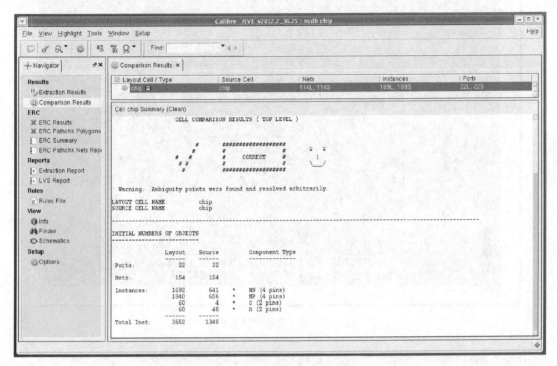

图 9.23　四运放芯片 LVS 结果成功

如图 9.24 所示为芯片顶层的符号图，为了方便添加反馈电路，符号图中特意将负输入端靠近输出端口。如图 9.25 所示为芯片顶层幅度和相位的前仿真电路图，它采用与图 8.76 相同的超大电感和超大电容反馈方案，激励参数设置也相同，调用以前的仿真状态可直接仿真，仿真结束后可采用单击 Results → Direct Plot → AC magnitude & Phase 的方法显示仿真结果。如图 9.26 所示为四运算放大器在典型条件下幅度和相位曲线的前仿真结果，与调整后放大器第二次 PVT 仿真中典型情况的仿真结果相差不多，说明 Pad 对幅度和相位的影响并不大。

前仿真完成后接下来对整个芯片版图进行 PEX 以得到 calibre view 用于后仿真。这里需要提醒注意，虽然在 PEX 时 Outputs 的 Extraction Type 栏中选择 R+C+CC 会更加客观，但是由于版图的寄生电容和寄生电阻提取量十分庞大，进行 PEX 的时间会很长，有时还会因存储空间不够而卡住，所以建议大家先使用 No R/C 选项提取电路，主要目的是跑跑流程，看看后仿真能否通过，然后再回过头来重新进行 PEX，并进行 R+C+CC 的提取和后仿真。如果此时再出现什么新问题也不属于设计流程问题了，可以做到心中有数。

不管 Extraction Type 使用什么选项，PEX Options 里一定要勾选 Don't connect nets by name。当弹出 Calibre View Setup 对话框时，建议 Calibre View Type 勾选 maskLayout，这样就可以得到如图 9.27 所示 calibre view，从图中可以看出，提取出的 MOS 管和寄生器件按版图位置摆放，在高亮选中所有器件时，还可以大致看出版图轮廓。

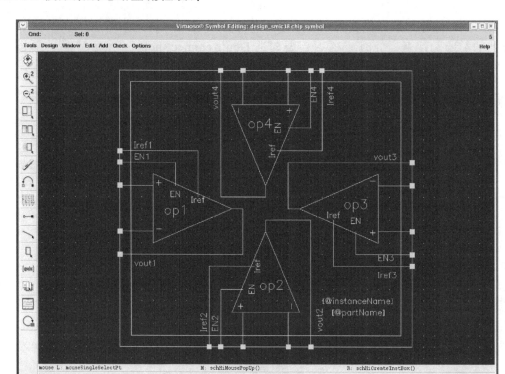

图 9.24　整个芯片顶层符号图

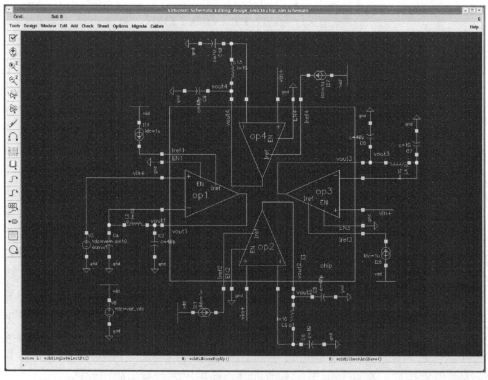

图 9.25　芯片顶层幅度和相位的前仿真电路图

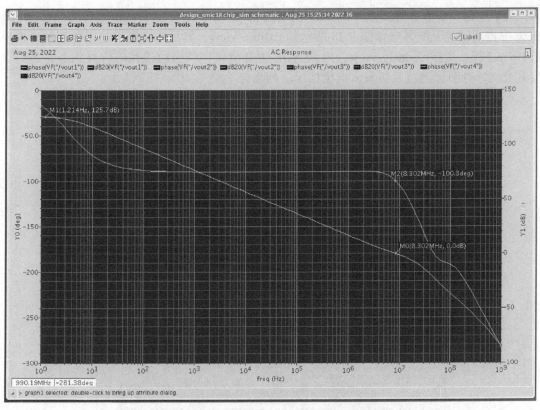

图 9.26　芯片顶层电路典型情况下的前仿真结果

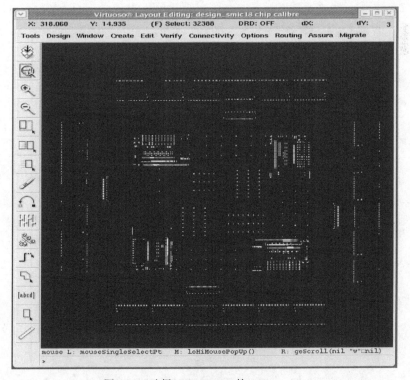

图 9.27　选择 maskLayout 的 calibre view

为了进行后仿真，先要基于图 9.25 所示的 schematic view 生成 config view，在 config view 中将顶层单元配置成如图 9.28 所示的 calibre view，然后单击图中的保存按钮，再单击 Open 按钮，打开 config view，启动 ADE 仿真窗口，调出前仿真的仿真状态，然后直接单击红绿灯图标进行后仿真，典型情况下的后仿真结果如图 9.29 所示。

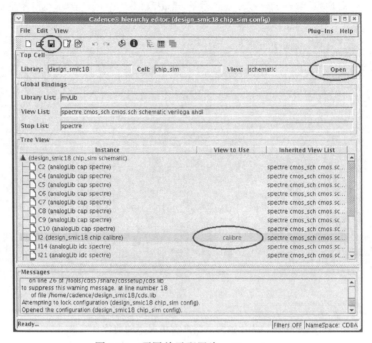

图 9.28　顶层单元配置为 calibre view

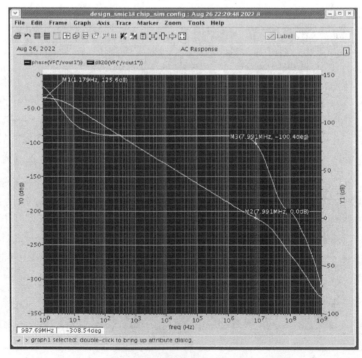

图 9.29　整体芯片典型情况下的后仿真结果

从前后仿真结果可以看出，在典型情况下前后仿真的直流增益都在 125dB 以上，仅相差 0.1dB 左右，相位裕度都是 89° 以上，也仅相差相位 0.1° 左右，而 UGB 的后仿真结果为 7.991MHz，前仿真结果为 8.302MHz，相差 0.3MHz 左右，说明 Pad 寄生参数对 UGB 的影响明显大于对直流增益和相位裕度的影响。

关于其他指标可参照 8.6 节自行仿真，这里就不再一一举例了。

9.5 MPW 流片与封装测试

一般的芯片项目都会参加 MPW（Multi Project Wafer，多项目晶圆）流片，MPW 是将多个基于相同工艺设计的集成电路放在同一晶圆片上流片，制造完成后，每个设计可以得到数十片芯片样品。由于芯片加工的一次性制版成本很高，而 MPW 可以按照芯片面积收费，这样多个项目就可以分摊流片费用，大大降低芯片原型设计与测试验证阶段的成本，是大中院校、科研院所和中小企业芯片研发的首选方案。

以 CMOS 0.18μm 工艺为例，一个制版单元的面积为（5×5）mm²，流片费用十几万元，如果参加 MPW 的芯片为（2.5×2.5）mm²，那只需要承担 1/4 的费用，核算下来也就几万元，普通项目还是可以承受的。另外，Foundry 通常只接待规模稍大的客户，大中院校、科研院所和中小企业需要委托代理机构参加 MPW 流片或工程批生产，所以了解一些 MPW 流程还是很有必要的。

MPW 代理机构通常会在网站上公布流片班车表，表中有相关 Foundry 不同工艺的流片时间，同一个工艺通常是两个月一班，流片周期 3 ～ 5 个月。准备参加 MPW 流片前，先与 MPW 代理机构取得联系，签订保密协议和流片协议，确定流片工艺、选择 Foundry 和班车时间，申请相关工艺的 PDK、标准单元库和 IP 等。客户应按照时间节点提交 GDSII 版图和其他数据，代理机构会对 GDSII 版图进行 DRC 和 IP Merge 等相关工作，也可以为客户提供芯片封装服务。

MPW 流片完成后，需要对裸芯片进行封装和测试，否则只能上探针台进行测试。具备探针台测试条件的单位并不是很多，所以通常还是先对裸芯片进行封装，并设计测试专用 PCB，然后在一般的实验室就可以进行基本功能指标的测试了。

在 7.5 节中提到过封装形式，不管是普通封装还是 COB 封装，都要向封装厂家提供裸芯片 pin 与封装引脚的对位关系表。由于普通封装的工期时间比较长，而且封装 50 颗芯片以下也按 50 片收费，导致总封装成本也较高，所以对于时间和成本都有限制要求的项目来说，可以选择 COB 封装，一般情况下，两三天就可以完成封装并拿到测试板。由于 COB 封装是按照引脚的打线数量收费，因此非常适合封装数量不大的项目。

下面以四运放芯片为例介绍一下关于 COB 测试版的设计。如图 9.30 所示为四运放芯片 RC 反馈式测试电路图，电路采用 USB 供电，使用 LM1117 将 5V 稳压到 1.8V，为整个电路提供直流电源。电路采用如图 8.41 所示的 RC 反馈式运算放大器测试结构，即放大器通过电阻反馈到负输入端，负输入端通过电容接地，这种电路结构需要合理设置电容值和电阻值。另外，电路将每个运放的端口都连接到插排 P_OP1、P_OP2、P_OP3 和 P_OP4 上，用于连接测试仪器。

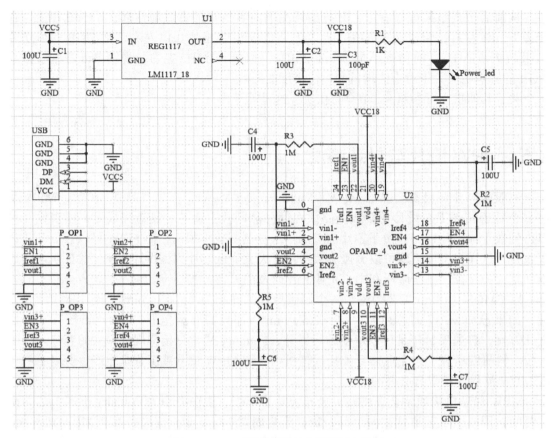

图 9.30　RC 反馈式运算放大器测试电路图

如图 9.31 所示为四运放芯片测试 PCB 伪 3D 图。从图中可以看出，四运放芯片位于 PCB 中央，运放的接口排成一列位于 PCB 右侧，每个接口插排都单独对应一个运算放大器，插排从左到右的接口顺序为 vin+、EN、vout 和 Iref，最右侧的接口是 GND。PCB 的 4 个角上设计了安装孔用于安装小铜柱来支撑 PCB。虽然这个 PCB 可以设计得更小，但是太小电路板放不稳，在测试过程中很容易被探针接线拉走或弄翻，所以这里有意设计大些。

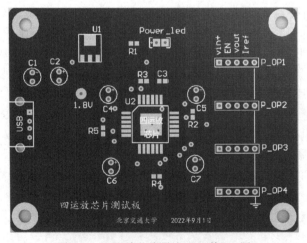

图 9.31　四运放芯片测试 PCB 伪 3D 图

在讨论 RC 反馈式测试电路结构时曾经提到过反馈电阻和电容的取值问题，要求反馈产生的零极点要小于开环运放主极点，这样图 8.42 中的反馈部分和回归部分才能都位于低频增益区，但如果开环运放主极点的频率非常低，则测试电路就需要很大的电阻和电容。由于本例电路中运放主极点的频率就非常低，大约几赫兹的样子，所以在测试电路中将电阻设置为 1MΩ，电容设置为 100μF，这只是个估算值，在实测时还须不断调整。

如图 9.32 所示为 RC 反馈式结构和理想开环结构仿真电路，其中左侧的放大器连接成 RC 反馈式测试电路，右侧的放大器使用超大电感和超大电容连接成理想开环结构。如图 9.33 所示为仿真结果，左侧为幅度，右侧为相位。从仿真结果可以看出，无论是幅度还是相位，都可以明显分成反馈部分和回归部分，其中反馈部分仿真结果偏离较大，而回归部分基本重合，这说明只要合理选择 RC 的值，回归部分的测量结果还是正确的，尤其是 UGB 和相位裕度都是非常可靠的。同时还可以看出，开环增益的主极点频率越低，所要的 R 和 C 就越大，当主极点频率太低时，所需的 RC 值将会非常巨大，甚至无法实现。这里做这个仿真对比，是为给 RC 选值提供一些参考。

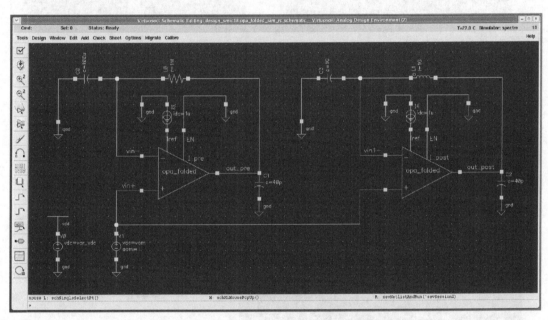

图 9.32   RC 反馈式结构和理想开环结构仿真电路

测试板加工完成后，既可以将封装好的芯片焊接到 PCB 上，也可以采用 COB 的方法，直接将裸芯片 Bonding 到 PCB 上。普通封装需要提供裸芯片 Pad 与芯片外壳引脚的对应关系表，便于 Bonding 机自动作业，而 COB 封装通常面对各种不同的 PCB，PCB 与 PCB 之间差异很大，当芯片数量较少时也经常人工作业。为了保证裸芯片摆放方向以及 Pad 与 PCB 上芯片引脚的对应关系正确，最好为 COB 厂家提供一张裸芯片与 PCB 上芯片引脚的对应关系图。

如图 9.34 所示为四运放芯片的 COB 引脚图，芯片外壳的轮廓边长大约为 10mm，内部的裸芯片边长不到 1mm，为了更加清晰显示裸芯片细节，这里并没有按实际比例画图。图中左侧为 PCB 测试板整体图，右侧为 COB 引脚连接的局部放大图。在局部放大图中，裸芯片上的 LOGO 起到了确认摆放方向的作用，裸芯片 Pad 与四周封装引脚一一对应。将这张图片和 PCB 与裸芯片一起交给 COB 厂家，厂家就可以准确无误地进行 COB Bonding。

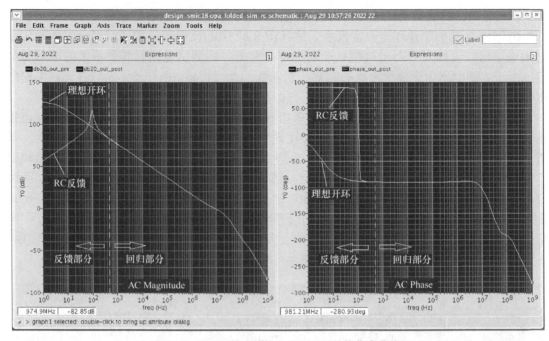

图 9.33　RC 反馈式结构和理想开环结构仿真曲线

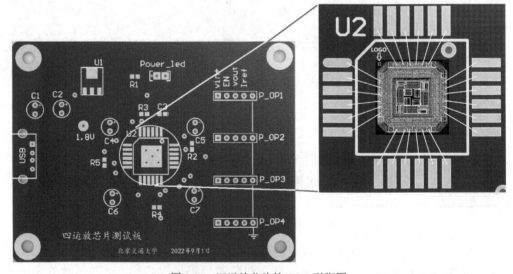

图 9.34　四运放芯片的 COB 引脚图

现在网上制作 PCB 也非常简单，选择 PCB 制作网站，按照网站要求填写 PCB 尺寸和一些必要的选项，然后上传 PCB 文件，等待客服进行设计规则检查，确认无误后网上支付制板费用，一般几天就可以收到加工好的 PCB。

这里需要说明一下，用于 COB 的 PCB 必须进行沉金处理，在网站上填写 PCB 选项时，一定要选择沉金，否则 PCB 不能 Bonding。PCB 沉金就是通过化学方法使 PCB 焊盘表面覆盖一层导电性能良好的镍金合金，并非真正的黄金。另外，COB 之前最好不要在 PCB 上焊接元器件，以免影响 COB 操作。

9.6　本章小结

本章首先介绍了四运放芯片的 Padframe 规划方案和顶层电路结构，然后讨论了 Pad 版图、符号图和电路图的创建方法，并在此基础上进行了 Padframe 版图设计与验证，完成了四运放芯片的整体搭建、验证与仿真。最后讨论了有关 MPW 流片的基本过程，还对裸芯片的封装与测试问题进行了简单的介绍，并以四运放芯片为例设计了用于 COB 的 PCB 测试板，绘制了裸芯片 Pad 与 PCB 芯片引脚对应关系图，到此完成了从芯片设计到流片测试的全过程。

知识点巩固练习题

1. 判断：一个完整的 Padframe 可以形成电源环和地环。

2. 判断：Pad 之间的空隙可以用金属连接。

3. 判断：模拟 Pad 和数字 Pad 可以直接紧挨在一起。

4. 简答：简述 Split Pad 的作用。

5. 判断：由于 Foundry 一般不直接接待小客户，所以小客户流片时需要通过代理机构参加 MPW 流片。

6. 简答：什么是 COB 封装？

7. 填空：与普通 PCB 不同，需要 COB 封装的 PCB 必须进行（　　　）处理。

参 考 文 献

[1] Moore G E. Cramming More Components Onto Integrated Circuits[J]. Proceedings of the IEEE，1998，86（1）：82-85.

[2] Behzad Razavi. Design of Analog CMOS Integrated Circuits[M]. New York：McGraw-Hill，2000.

[3] Phillip E Allen. CMOS Analog Circuit Design[M]. Oxford：Oxford University Press，2011.

[4] 何乐年，王忆 . 模拟集成电路设计与仿真 [M]. 北京：科学出版社，2008.

[5] Christopher Saint，Judy Saint. IC Mask Design：Essential Layout Techniques[M]. New York：McGraw-Hill，2004.

[6] Alan Hastings. The Art of Analog Layout[M]. Upper Saddle River：Prentice Hall，2001.

[7] 潘红娜，李小林，黄海军 . 晶体硅太阳能电池制备技术 [M]. 北京：北京邮电大学出版社，2017.

[8] 张克从，张乐潓 . 晶体生长科学与技术：上册 [M]. 2 版 . 北京：科学出版社，1997.

[9] Donald A Neamen. 半导体物理与器件 [M] . 4 版 . 赵毅强，姚素英，史再峰，等译 . 北京：电子工业出版社，2018.

[10] Digh Hisamoto，Jakub Kedzierski，Erik Anderson，et al. FinFET：a self-aligned double-gate MOSFET scalable to 20 nm[J]. IEEE Transactions on Electron Devices，2000，47（12）：2320-2325.

[11] S. Bangsaruntip，G M Cohen，A Majumdar，et al. High Performance and Highly Uniform Gate-All-Around Silicon Nanowire MOSFETs with Wire Size Dependent Scaling：IEDM[C]. IEEE，2009.

[12] 林成鲁 .SOI——纳米技术时代的高端硅基材料 [M]. 合肥：中国科学技术大学出版社，2009.

[13] Behzad Razavi. 射频微电子：英文版 [M]. 2 版 . 北京：电子工业出版社，2012.

[14] 池保勇，余志平，石秉学 .CMOS 射频集成电路分析与设计 [M]. 北京：清华大学出版社，2006.

[15] Nagel L W. SPICE2：A Computer Program to Simulate Semiconductor Circuits[J]. Memo ERL-M520，1975.

[16] T Quarles. Analysis of Performance and Convergence Issues for Circuit Simulation[R]. University of California，Berkeley Technical Report，1989.

[17] Charles Hymowitz. Step-By-Step Procedures Help You Solve Spice Convergency Problems[J]. EDN Magazine，1996.

[18] 陈春章，艾霞，王国雄 . 数字集成电路物理设计 [M]. 北京：科学出版社，2008.

[19] 韦亚一 . 计算光刻与版图优化 [M]. 北京：电子工业出版社，2021.

[20] Michael Quirk，Julian Serda. 半导体制造技术 [M] . 韩郑生，等译 . 北京：电子工业出版社，2004.

[21] 温德通 . 集成电路制造工艺与工程应用 [M]. 北京：机械工业出版社，2018.

[22] 王英菲，等 . 先进工艺下的版图邻近效应研究进展 [J]. 微电子学，2020，50（05）：675-682.

[23] 韩雷，王福亮，李军辉，等 . 微电子封装超声键合机理与技术 [M]. 北京：科学出版社，2014.

[24] 郑君里，应启珩，杨为理 . 信号与系统 [M]. 3 版 . 北京：清华大学出版社，2011.

参考答案

第 1 章

1. B
2. ABD
3. 答题要点：见图 1.1。
4. 答题要点：见 1.3 节中的 6 条基本条件。

第 2 章

1. 欧姆
2. 地、电源
3. 答题要点：PMOS 管与 NMOS 管不同时导通，电源和地之间没有直流通路。
4. 0.1
5. A
6. e
7. FinFET
8. 方块电阻 $R_\square$
9. 电容、电阻
10. C
11. A、B
12. D
13. 顶
14. ×
15. 答题要点：因为它是 P 型衬底，为了实现器件隔离，所以必须接地。

第 3 章

1. BSIM3v3 或者 Level 49
2. BSIMCMG
3. 一
4. A
5. Q、X
6. sin、pulse、pwl、exp
7. D
8. 答题要点：工艺有偏差，造成器件快或慢，而工艺角仿真可以考虑工艺偏差造成的影响，提高可靠性和成品率。
9. 快、快
10. −20 ∼ 85℃
11. 答题要点：PVT 最快组合是工艺角 FF，电源电压最高，温度最低，最慢组合与之相反。

12. 答题要点：对 V2 在 0 ~ 3V 之间以步长 0.1V 进行 20 次蒙特卡罗 DC 扫描。

13. 答题要点：首先需要仔细检查电路连接是否正确，电路结构是否合理，再检查各器件属性、参数和激励设置是否正确合理。如果问题没有得到解决，再用 uic 选项、.ic 和 .nodeset 语句设置电路的初始条件，以解决不收敛问题。必要时还可通过改变 Spice 仿真的一些选项 Options。

14. 答题要点：

*NAND netlist

M1 a vin1 gnd gnd nv l=0.2u w=5u

M2 vout vin2 a gnd nv l=0.2u w=5u

M3 vout vin2 vdd vdd pv l=0.2u w=5u

M4 vout vin1 vdd vdd pv l=0.2u w=5u

16. 答题要点：工艺角只是 PVT 仿真的一个特例，PVT 仿真最全面，蒙特卡罗仿真是随机改变器件参数或电路参数进行多次统计的仿真，它可能是工艺角仿真，可能是 PVT 仿真，也可能是普通的仿真。

第 4 章

1. DG 层

2. 答题要点：poly 与单晶硅一样本身并不导电，需要进行离子注入。

12. 答题要点：为 MOS 管连接衬底、隔离噪声和防止 Latch-up。

22. 接触孔

24. 答题要点：这是由于 N 阱位于 P 型衬底上方，N 阱内的少子（空穴）可以垂直进入 P 型衬底而不经过少子保护环，也就是说在 N 阱内用 P+ 围成的圈没什么用。因此，N 阱上通常只用 N+ 围成多子保护环，几乎不考虑用 P+ 围成的少子保护环。

25. D

26. A

第 5 章

1. √

2. A、B、C

3. √

4. A

5. A

6. √

7. B、C、D

8. 答题要点：版图通常会规划成矩形，上下（或者左右）是电源和地，输入输出端口引到矩形边缘；为了减小版图面积，器件摆放要尽量紧密；为了减少衬底噪声相互串扰，通常会在各模块外围放置多层保护环。

9. A、B、C

10. B

11. C

12. ×

13. Assura、Calibre

第6章

1. 电流密度

2. 答题要点：在正常的输入电压范围内两个反偏的二极管不导通，不影响输入信号，但当输入端静电感应电压比 VDD 高 0.7V，或比 GND 低 0.7V 时，则其中的一个保护二极管导通，导通的二极管可以将感应电荷释放掉，从而起到 ESD 保护作用。

3. Latch-up 或闩锁

4. 基、集电

5. A、B、C、D

6. ×

7. A、B、C、D

8. 答题要点：在深亚微米工艺中，经常采用等离子体刻蚀（plasma etching）技术，在刻蚀过程中会产生游离电荷，这些电荷可能会被裸露导体或多晶硅收集，当电荷超过一定数量时就有可能损伤栅氧层，降低了芯片的可靠性和使用寿命，这种现象被称为工艺天线效应（Process Antenna Effect，PAE）。

9. 答题要点：将 M1 切断，连接到 M2，再连接回 M1。

10. A、C

11. 应力

12. A、C

13. A、C

14. 答题要点：为了控制离子的注入深度，防止沟道效应，在集成电路工艺中有意将离子注入角度倾斜 7°～9°，而这个有意倾斜的角度会产生栅阴影效应（shadowing effect），导致 MOS 管源漏区的横向扩散不再对称。

15. 答题要点：WPE 就是在对阱进行离子注入时，注入的离子与阱区周围的光刻胶发生散射和反射，导致阱边缘掺杂浓度高于内部，造成水平方向掺杂浓度不均匀的现象。

16. 3

17. 答题要点：栅间距效应（Poly Space Effect，PSE）是指器件电学参数随着器件栅极间距变化而发生变化的现象。

18. A

19. ×

20. A、D

21. √

22. B

23. A、B

24. √

25. √

26. A、B、C

27. √

28. 答题要点：如下所示。

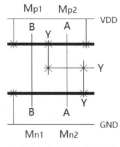

两输入与非门的棒图

29. 答题要点：

1）理解电路原理和结构；2）规划版图总体布局；3）优先规划大电流器件；4）规划电源和地（Power and Ground，PG）方案；5）保护或屏蔽（shielding）关键信号；6）使用多重保护环；7）划分和设计子模块；8）优先布线关键信号；9）布线方向横纵一致；10）减小电源和地的寄生电容；11）差分交错布线。

30. 答题要点：对关键信号的保护或屏蔽也被称为 shielding，其 2D 的版图结构是用两条接地线把信号线包起来，3D 的版图结构是用高低两层金属包夹信号线，两侧打满孔。

31. 答题要点：

1）面积较大的 MOS 管、电阻或电容最好单独划分为一个子模块，在子模块内部完成各个基本单元的并联或串联连接；2）差分对管最好单独划分为一个子模块，在子模块内部完成交叉匹配连接；3）把功能相对集中的逻辑电路和控制电路做成一个子模块；4）子模块必须通过 DRC 和 LVS 验证，不能把隐患带到顶层去，否则将可能给整体电路的设计和验证带来很大的隐患。

32. A、B、C

33. A、B、C、D

第 7 章

1. SiO_2

2. 钝化窗口

3. √

4. ESD 保护

5. ESD 保护电路

6. √

7. √

8. ×

9. √

10. C

11. B

12. A

13. Padframe

14. ×

15. 翘皮

第8章

1. 解题要点：按照本章介绍的计算方法，再将激励施加到源极进行计算即可。

2. 答题要点：对于一级放大器而言，为了提高电压增益，要求输出阻抗越大越好，但是这样放大器的带负载能力就会很低。而通过降低输出阻抗的办法来提高带负载能力，电压增益就不高。而二级放大器没有这些问题，因为第一级的负载就是第二级的输入阻抗，而第二级的输入阻抗又很高，所以第一级的增益可以很高，减轻了第二级的压力，第二级的电压增益可以不用很高，因此输出阻抗可以低一些。

3. 答题要点：套筒结构比折叠式结构节约功耗，但是输入共模范围和输出摆幅都不如折叠式结构的大；套筒结构的增益比折叠式结构的高一些。

4. 答题要点：相同点是仿真电路完全一样，且都使用阶跃信号进行仿真。不同点是激励信号的幅度不同，建立时间仿真时运算放大器处于正常放大状态，MOS 管工作在饱和区，所以阶跃信号幅度不大，而转换速率仿真是工作在开关状态，所以阶跃信号幅度要很大。

5. 本征增益

6. A

7. ×

8. 60°

9. 答题要点：因为一级系统只有一个极点，相位最大变化到 90°，所以其相位裕度（PM）至少为 90°，所以是稳定系统。

10. 答题要点：因为 UGB 等于两级总增益乘以第一级的主极点频率，即 $A_{v_1}A_{v_2}$ 乘以 $1/R_{out1}C_{L1}$，其中 A_{v_1} 为 g_{m1} 乘以 R_{out1}，这样分子分母的 R_{out1} 相互消掉；而 C_{L1} 为 A_{v_2} 乘以 C_m，所以 A_{v_2} 也消掉了，这样在 UGB 的表达式中，分子只剩下 g_{m1}，分母只剩下 C_m。

11. 答题要点：3 种表达式见表 8.2，即 g_m 的电压公式、g_m 的电流公式和 g_m 的电压电流公式。当知道宽长比和跨导时，可以使用 g_m 的电压公式求出所需要的过驱动电压，一般以 200mV 左右最合适。当知道电流和宽长比时，可以使用 g_m 的电流公式求出跨导，但是此时不知道所需的跨导，如果求出的跨导太小，则需要调整宽长比或者电流，使之在 200mV 左右为宜。当分配了电流，也规定了过驱动电压后，可以使用 g_m 的电压电流公式估算可以达到的跨导值，如果太小则只能增加电流，或者减小过驱动电压。

12. 答题要点：电路图见图 8.53 和图 8.54，CMRR 表达式推导可参照式（8-67）～式（8-73），其核心思想是在放大器的两个输入端产生相同的交流信号，用于模拟共模的变化，而由于反馈的作用，两个输入端的信号还是不同的，可以得到模拟差模的变化，这就为一次得出 CMRR 创造了条件，经过推导发现输出电压约等于 CMRR 的倒数。

13. 答题要点：超大电感只能反馈直流信号，根据虚短路的原理可为放大器负输入端提供直流偏置，而对于直流以上的频率信号相当于无穷大的阻抗，所以没有反馈，因此相当于开环。另外，再配合超大电容的交流接地，使放大器负输入端的电压无限接近直流。

14. C

15. 答题要点：便于降低设计难度，DRC 和 LVS 错误都很容易检查和修改。

16. 答题要点：多做多总结，逐渐形成自己的观点。一般情况下 PVT 不同组合仿真的差距远远大于前后仿真的差距。

17. ×

第 9 章

1. √

2. ×

3. ×

4. 答题要点：隔离模拟域 Pad 与数字域 Pad。

5. √

6. 答题要点：将裸芯片直接 Bonding 在 PCB 上的封装形式。

7. 沉金